中国石油天然气集团有限公司统建培训资源
业务骨干能力提升系列培训丛书

石油地震勘探采集技术

《石油地震勘探采集技术》编委会　编

石油工业出版社

内容提要

本教材紧密结合东方地球物理勘探有限责任公司的地震采集业务工作及基层一线的技术需求，秉承加强员工技术能力和专业化知识培训的核心理念，旨在帮助物探技术人员迅速且深入地掌握地震勘探采集的关键知识，从而有效提升其专业化水平。全书共分为八章，分别介绍了石油地震勘探概述，地震观测系统设计，地震波激发，地震波接收，地震采集质量控制，近地表建模及静校正，地震采集新技术、新方法，地震采集软件。本书具有较强的实用性，在清晰阐述相关理论知识的基础上，结合生产实际进行了深入剖析，对员工的实际工作有显著的指导意义。

本书适用于地球物理师及后备骨干、现场专业技术人员、操作技能人员进行学习及培训，也可作为地震队技术管理人员的参考用书。

图书在版编目（CIP）数据

石油地震勘探采集技术 /《石油地震勘探采集技术》编委会编. -- 北京：石油工业出版社，2025.2.
（中国石油天然气集团有限公司统建培训资源）. -- ISBN 978-7-5183-5728-4

Ⅰ. P618.130.8

中国国家版本馆 CIP 数据核字第 2025120D17 号

出版发行：石油工业出版社
　　　　　（北京安定门外安华里 2 区 1 号楼　100011）
　　网　址：www.petropub.com
　　编辑部：（010）64256770
　　图书营销中心：（010）64523633
经　销：全国新华书店
印　刷：北京中石油彩色印刷有限责任公司

2025 年 3 月第 1 版　2025 年 3 月第 1 次印刷
787×1092 毫米　开本：1/16　印张：20.5
字数：521 千字

定价：70.00 元
（如出现印装质量问题，我社图书营销中心负责调换）
版权所有，翻印必究

《石油地震勘探采集技术》编委会

主　　任：李　刚

副 主 任：刘小庆　李彦鹏

委　　员：李海翔　李领山

《石油地震勘探采集技术》编审人员

主　　编：李彦鹏

编写人员：任　光　蔡锡伟　何宝庆　王井富　李伟波
　　　　　聂伟华　王秋成　祖云飞　许银坡　肖永新
　　　　　王梅生　凡辰池　门　哲　邬　龙　白志宏
　　　　　王　岩　杨　剑　袁正达　王　萍

审核人员：郭　宇　任　光　郭亚平

前 言

近年来，我国陆上油气勘探的重点已转向复杂构造、地层岩性、碳酸盐岩和非常规储层等领域，地震勘探的目标也趋向于储层的微观特征，对地震资料的分辨率要求越来越高。同时，勘探作业区域的地表条件日趋复杂，给地震数据采集带来了诸多困难。东方地球物理勘探有限责任公司（简称东方物探公司）在借鉴国际先进经验的基础上，结合国内实际地震地质条件，发展了一系列地震勘探技术，"两宽一高"地震勘探技术，即宽方位、宽频带和高密度三维反射地震勘探技术在实践中日益成熟。另外，节点与高效采集技术带来生产效率大幅提升，KLSeis国产地震采集软件不断升级，为油气勘探提供了强有力的技术支撑。随着技术的快速发展，一线地震采集技术人员能力亟待提升，中国石油天然气集团有限公司（简称集团公司）高度重视，明确要求强化从事勘探开发业务人员的素质能力，以应对当前复杂多变的油气勘探开发环境和技术挑战。

本书紧密结合东方物探公司的地震采集业务工作及基层一线的技术需求，秉承加强员工技术能力和专业化知识培训的核心理念，旨在帮助物探技术人员迅速且深入地掌握地震勘探采集的关键知识，从而有效提升其专业化水平。期望通过大力培养具备高素质和高度专业化的采集技术人才队伍，为东方物探公司的高质量发展提供坚实的人才支撑。

本书旨在全面介绍地震勘探采集的基础知识、理论、技术、方法及软件。全书共分为八章，第一章由任光执笔，详细介绍了地震波的基础知识、传播理论，并对地震勘探采集的基本内容进行了全面的概述；第二章由蔡锡伟、何宝庆、聂伟华执笔，详细阐述了地震采集观测系统设计的理论与方法，从地质任务分析到具体的二维和三维地震观测系统设计，深入探讨了照明与正演模拟等新技术及其应用，本章也包含了野外试验的设计与分析的内容；第三章由王井富执笔，对野外采集中的激发设备与原理进行了系统介绍，包括传统的炸药激发、可控震源激发以及气枪激发等，重点是可控震源的激发原理的扫描参数选择等内容；第四章由李伟波执笔，重点介绍了地震波接收的关键设备——地震检波器和地震记录仪器，包括近年来广泛应用的节点设备；第五章由聂伟华、王秋成执笔，系统介绍了地震采集各个阶段的质量控制方法和原则，并对施工前后的质量检查以及实时质控等作了全面论述；第六章由祖云飞、许银坡、肖永新执笔，主要介绍了陆上采集的表层调查、近地表建模、基于AI的初至拾取及静校正等基础知识和技术方法；第七章由李彦鹏、王梅生、凡辰池、王井富、门哲、邬龙、白志宏、王岩等执笔，对当前地震勘探领域的新技术和新方法进行了介绍，包括"两宽一高"、节点采集、可控震源高效采集、多采样率勘探技术、多分量勘探技术、基于AI的地物识别和物理点自动避障设计技术、分布式光纤声波传感等特色前沿技术，并对这些技术的理论方法和应用实例进行了分析，展示了地震勘探技术发展的最新趋势；第八章由杨剑执笔，介绍了国内外地震采集软件的整体状况，并对KLSeisⅡ软件平台架构、开发工具包以及应用软件功能进行了详尽介绍，为地震采集提供了有力的软件支持。

  本书的编写团队由具有丰富地震数据采集工作经验和专业技术知识的专家组成，内容具有很强的实践性和专业性。本书编写过程中得到东方物探公司采集技术中心领导和专家的大力支持与指导。本书适用于地球物理师及后备骨干、现场专业技术人员、操作技能人员进行学习及培训，也可作为地震队技术管理人员的参考用书。

  由于编者水平有限，书中难免存在不足之处，敬请广大读者和同行专家不吝赐教，提出宝贵意见，以便我们不断改进和完善。

目 录

第一章　石油地震勘探概述	1
第一节　地震波的基础知识	1
第二节　地震波传播理论	13
第三节　地震勘探采集工序简介	22
第二章　地震观测系统设计	26
第一节　地震观测系统设计前期工作	26
第二节　二维地震观测系统设计	31
第三节　三维地震观测系统设计	41
第四节　基于波动正演与照明的观测系统优化	57
第五节　试验方案设计	66
第三章　地震波激发	69
第一节　炸药激发	69
第二节　可控震源激发	79
第三节　气枪激发	87
第四节　其他激发源	94
第四章　地震波接收	100
第一节　地震检波器	100
第二节　地震记录仪器	110
第三节　单点接收	117
第四节　组合接收	120
第五章　地震采集质量控制	125
第一节　施工前的质量控制	126
第二节　施工中的质量控制	135

第三节　野外作业现场的质量控制 ·· 138
  第四节　实时质量控制 ·· 142
  第五节　资料整理与验收阶段 ··· 150

第六章　近地表建模及静校正 ··· 151
  第一节　基础知识 ·· 151
  第二节　表层调查 ·· 164
  第三节　初至拾取 ·· 184
  第四节　折射法建模及静校正 ··· 197
  第五节　走时层析建模及静校正 ··· 205
  第六节　近地表 Q 建模 ·· 221

第七章　地震采集新技术、新方法 ··· 233
  第一节　"两宽一高"地震采集技术 ··· 233
  第二节　节点采集技术 ·· 241
  第三节　可控震源高效采集技术 ··· 249
  第四节　非规则采集及压缩感知技术 ··· 258
  第五节　多分量地震采集技术 ··· 264
  第六节　地物识别和物理点设计技术 ··· 271
  第七节　光纤传感技术 ·· 281

第八章　地震采集软件 ··· 290
  第一节　国内外地震采集软件简介 ··· 290
  第二节　KLSeis Ⅱ 软件平台 ·· 291
  第三节　KLSeis Ⅱ 应用软件功能 ··· 295

参考文献 ··· 314

第一章 石油地震勘探概述

石油地球物理勘探简称石油物探，是指综合应用地球物理学与石油地质学原理，借助于各种地球物理仪器和设备在地面或空中观测地下岩石的地球物理场特征（包括弹性、导电性、磁性、密度、放射性以及导热性等）和岩石的各种物理特性，通过分析物理场的分布和变化特征，结合已知地质资料，研究和探索地下的介质结构、物质组成、形成和演化，评估潜在的石油和天然气储量，指导油气资源的勘探与开发。石油物探方法主要有重力勘探、磁法勘探、电法勘探、地震勘探及放射性勘探等。

而石油地震勘探能够展示油气藏相关的复杂地质结构和岩性分布，是解决油气勘探问题最有效的一种石油物探方法。石油地震勘探是指人工激发所引起的弹性波利用地下介质弹性和密度的差异，通过观测和分析人工地震产生的地震波在地下的传播规律，推断地下岩层的性质和形态的地球物理勘探方法。它是钻探前勘测石油与天然气资源的重要手段，在煤田和工程地质勘查、区域地质研究和地壳研究等方面，也得到广泛应用。

第一节 地震波的基础知识

在石油地震勘探工作中，由震源激发的弹性震动在地球介质内部及其表面传播的扰动统称地震波。石油地震勘探的主要研究内容就是通过研究地震波的传播规律提取地震波中的有效信息。

一、地震波的类型

在石油地震勘探过程中，会产生各种各样的地震波，关于地震波的分类，从以下几方面进行表述。

按照波在传播过程中质点振动的方向与传播方向的关系，可以分为纵波和横波。当形变使质点振动的方向与波传播的方向一致时，称为纵波；当质点振动的方向与波传播的方向垂直时，称为横波。

按照波动所能传播的空间范围，可以分为体波和面波。纵波和横波可以在介质的整个立体空间中传播，因此称为体波；在自由表面或者不同弹性的介质分界面可以观测到一种特殊的波，其强度随离开界面的距离加大而迅速衰减，这类波称为面波，包括瑞雷波、勒夫波和斯通利波。

（1）瑞雷波出现在弹性介质的自由表面，类似于水波，为椭圆极化波，速度慢、频率低、频带宽，具有频散特性。

（2）勒夫波存在于高速介质覆盖低速弹性层的表面，是一种 SH 型横波，振幅随深度指数衰减。

（3）斯通利波形成于两个半无限弹性介质的分界面，沿界面传播，振幅指数衰减。在海洋油气勘探作业中，存在于海水层与海底地层交界面上的斯通利波，对于探测工作产生影响。在超声波测井记录中可以看到斯通利波，在地面地震勘探中则接收不到，但是如果使用三分量检波器在介质内部进行观测，可以接收到斯通利波。

按照波在传播过程中传播的路径特点，可以把地震波分为直达波、反射波、透射波、折射波等。由震源出发向外传播，没有遇到分界面而直接到达接收点的波称为直达波；当波传播到两种介质的分界面时，一部分能量发生反射，即形成反射波，另一部分能量能穿过界面继续传播，形成透射波；当地震波在传播过程中遇到下层的波速大于上层波速的弹性分界面时，入射角达到临界角（透射角为90°）时，透射波将沿分界面滑行，产生引起界面上部地层质点振动并传回地面的波，称为折射波。

按照各种波在地震勘探中所起的作用，地震波还可以分为有效波、干扰波。在进行反射波法地震勘探时，目前主要利用反射纵波，通常将其称为有效波。相对于这种有效波而言，妨碍记录有效波的其他波都称为干扰波。干扰波可分为规则干扰和随机干扰。

需要指出，干扰波是相对的，有些波在某种地震方法中被看成是干扰波（如反射法中的浅层折射），而在另一种地震方法中可能是有效波；还有一些包含地下地质信息的波，在未被利用时只能看成是干扰波，但随着方法技术的改进，它们可以被利用，也可能转变成有效波。

二、地震波的特征

（一）振动和振动曲线

振动是某质点在其平衡位置附近做来回往返的运动，通常以周期性为其特征，用振幅、频率来描述。

振幅（A）：质点离开平衡点位置的距离（位移）；

频率（f）：每秒钟内振动的次数；

周期（T）：质点从某个位置振动后再回到该位置所需的时间，周期与频率互为倒数，$f=1/T$。

在地震勘探中，每个检波器所记录的，是该检波器所在点的振动，它的振动曲线称为该点的振动图，如图1-1所示。

（二）波动

波动就是振动在介质中的传播，介质内的一个质点振动会通过相互作用传递给相邻的质点，这样连续传递下去便形成了波动。

为了更好理解波动的传播过程，引入两个概念：波前面和波后面。波前面是指波动传播的最前端，也就是波动刚开始传播的地方，它是波动最先到达的区域。随着波动向前传播，原本处于波前面位置的质点逐渐变成了波后面。波后面指的是波动已经通过的区域，在这个区域中，质点的振动状态由最初的动态逐渐过渡到静止。

因此，在波动传播的过程中，介质中的每个质点都会经历从波前面到波后面的转变，

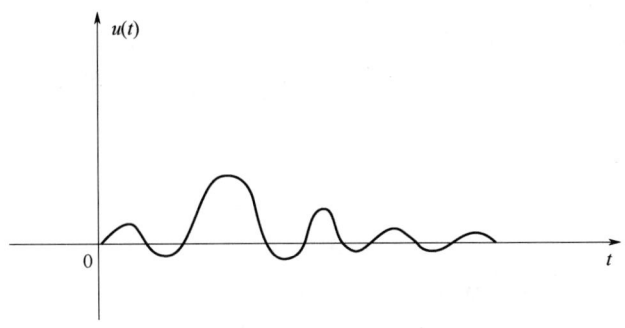

图 1-1 振动图

它们受到波动的影响而振动起来，随后又逐渐恢复平静。这种不断变化、不断推移的传播过程，构成了波动的本质。

单独考虑每一个点，它的运动只是在平衡位置附近进行振动，介质中无限多个点当作一个整体来看，它的运动就是波动。

沿着某一直线（如 x 轴）来研究问题，x 轴上每一值代表介质中一小块物质的平衡位置。选定一时刻 t，用纵坐标代表各物质小块离开平衡位置的位移，就得到一条曲线，这条曲线称为波在 t 时刻沿 x 方向的波形曲线。在地震勘探中，通常把沿着测线画出的波形曲线称为波剖面，如图 1-2 所示。

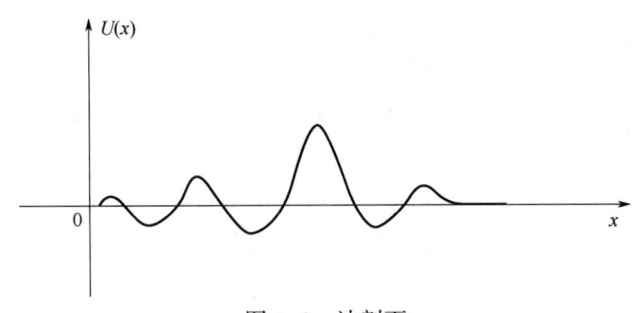

图 1-2 波剖面

（三）射线

在条件适当时，可以认为波及其能量是沿着一条"路径"从波源传到所考虑的一点 P，然后又沿着那条"路径"从 P 点传向别处，这样假想路径称为射线，如图 1-3 所示。

三、地震波的速度

岩石作为弹性介质，其特性直接影响着地震波的传播速度，也决定了地震波在地层中的传播路径。正是由于地震波与岩层的这种密切关联，地震勘探得以揭示深埋地下的复杂地质

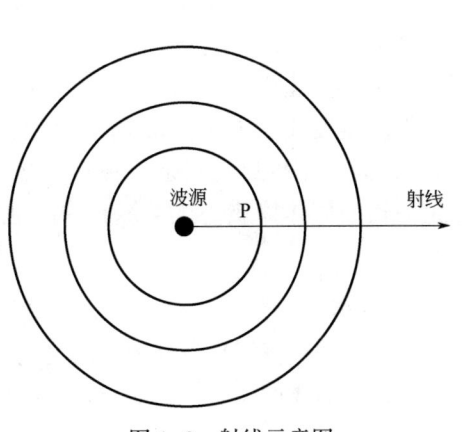

图 1-3 射线示意图

结构。地震波在岩层中的传播速度受到多种因素的影响，包括地层的弹性模量、岩石组成、密度、地质年代、埋藏深度以及孔隙度等。需要特别强调的是，目前在石油地震勘探领域，主要关注纵波（P 波）的应用。因此，除非特别指出，在讨论地震波速度时通常是指纵波速度。

（一）影响地震波速度的因素

1. 岩石弹性常数

地震波纵波速度 v_P 和横波速度 v_S 与介质弹性常数之间的定量关系如下：

$$v_\mathrm{P} = \sqrt{\frac{\lambda+2\mu}{\rho}} = \sqrt{\frac{E(1-\upsilon)}{\rho(1+\upsilon)(1-2\upsilon)}} \tag{1-1}$$

$$v_\mathrm{S} = \sqrt{\frac{\mu}{\rho}} = \sqrt{\frac{E}{2\rho(1+\upsilon)}} \tag{1-2}$$

式中　λ，μ——拉梅系数，Pa 或 GPa；

ρ——介质密度，g/cm³；

E——杨氏模量，Pa 或 GPa；

υ——泊松比。

v_P 和 v_S 都是说明介质弹性性质的参数。泊松比 υ 的数值在大多数情况下约为 0.25，只有在最为疏松的岩石中 υ 才约为 0.5，可见 υ 值的变化不大。杨氏模量 E 的大小与岩石的成分、结构有关。随着岩石密度的增加，E 比 ρ 增加的级次更高，所以当岩石密度增加时，地震波的速度不是减少而是增加的。

由上述两个式子可以得到同一介质中纵波和横波速度比的关系：

$$\frac{v_\mathrm{P}}{v_\mathrm{S}} = \sqrt{\frac{2(1-\upsilon)}{1-2\upsilon}} \tag{1-3}$$

可见，纵波和横波速度之比取决于泊松比。如果泊松比为 0.25，则纵波和横波的速度之比一般为 1.73。

2. 岩性

在应用地震勘探方法解决石油勘探中的地质问题时，还需要细致地研究地震波的传播速度与地层岩性的关系。大多数火成岩和变质岩只有很少或几乎没有空隙，因此地震波的速度主要取决于构造这些岩石的矿物本身的弹性性质。一般来说，火成岩地震波速度的变化范围比变质岩和沉积岩的小，火成岩地震波速度的平均值比其他类型岩石的要高。大多数变质岩的地震波速度变化范围比较大。对于沉积岩（如砂岩、页岩和石灰岩），它们的结构比较复杂，在颗粒之间存在孔隙，这些孔隙中可能填充了液体或类似黏土的软的固体物质。这类岩石中的地震波速度密切地依赖于孔隙度和充满于孔隙中的物质。

3. 密度

经验表明，沉积岩中的地震波速度与岩石密度有密切的关系。可以把速度与密度表示成一种近似的线性关系。例如，对某些石灰岩和砂泥岩来说，这种关系可以表示成如下方程式：

$$v = 6\rho - 11 \tag{1-4}$$

式中　v——速度，km/s；
　　　ρ——密度，g/cm³。

通过对大量岩石样品进行岩石物性研究，在对大量数据分析整理的基础上，可知纵波速度 v_P 与岩石密度（完全充水饱和体积密度）之间存在着良好的定量关系，通常用加德纳公式来表示：

$$\rho = 0.31 \times v_P^{\frac{1}{4}} \tag{1-5}$$

式中　v_P——纵波速度，m/s；
　　　ρ——岩石密度，g/cm³。

4. 地质年代和构造历史

许多实际观测资料表明，深度相同、成分相似的岩石，当地质年代不同时波速也不同，古老的岩石比年轻的岩石具有更高的速度。

速度与构造运动之间的关系在不同地区有不同的表现。在强烈褶皱地区经常能观测到速度的增大，而在隆起的构造顶部则表现为速度降低。一般来说，地震波在岩石中的传播速度与地质过程中的构造作用力有一定的关系，速度随压力的增加而增加。此外，压力的方向不同，地震波沿不同方向传播的速度也不同。

5. 埋藏深度

大量实际资料表明，在岩石性质和地质年代相同的条件下，地震波的速度随岩石埋藏深度的增加而增大，这主要是埋藏深的岩石所受的地层压力大的缘故。

在不同的地区，特别是当基底埋藏深度不同时，速度随深度变化的垂直梯度可能相差很大。一般而言，在浅处速度的垂直梯度较大，深度增加时垂直梯度减小。

根据地层的埋藏深度和电阻率计算地层速度的经验公式：

$$v = 2 \times 10^3 (zR)^{\frac{1}{6}} \tag{1-6}$$

式中　v——速度，m/s；
　　　z——深度，m；
　　　R——电阻率，$\Omega \cdot m$。

在没有地震测井和声波测井资料但有电测井资料的地区，这个经验公式可用来换算速度资料。

6. 孔隙度和流体性质

通过对地震波在沉积岩中的传播速度与岩石的孔隙度和含水性关系的研究可知，岩石孔隙中含油、水或气时，岩石的波速（及密度）会发生变化，因而引起波阻抗的变化，最后导致在该界面反射波振幅的变化。利用地震波振幅变化与反射界面波阻抗的联系来进行"直接"找油找气的方法技术就是所谓的亮点技术。

在大多数沉积岩中，岩层的实际速度是由岩石的基质的速度、孔隙度、充满孔隙度的液体的速度以及颗粒之间的胶结物的成分等因素来决定的。目前认为比较合适的是 Wyllie 等提供的液体速度、基质速度与孔隙度之间一个很简单的关系式，即：

$$\frac{1}{v}=\frac{\Phi}{v_f}+\frac{1-\Phi}{v_r} \qquad (1-7)$$

式中　v——波在岩石中的实际层速度，m/s；
　　　v_f——波在岩石孔隙流体中的速度，m/s；
　　　v_r——波在岩石基质中的速度，m/s；
　　　Φ——岩石的孔隙度，%。

实验资料表明，在很宽的频率范围内，纵波、横波的速度与频率无关。这说明纵波和横波不存在频散，或频散现象不明显。

速度随温度可能有微小的变化，温度每升高100℃，波速减小5%~6%。

（二）各种地震波速度的求取

为了解决地球物理问题，引入了各类地震波速度，地震波速度参数贯穿于地震数据采集、处理和解释的整个过程，是地震勘探中重要的参数之一，用途十分广泛，如动校正、偏移、时深转换等处理都是以它为参数，它可以直接用来进行地质构造以及地层岩性的解释。

1. 层速度

在地震勘探中，将某一相对稳定或岩性基本一致的沉积地层所对应的速度称为该地层的层速度。声波测井资料、地震测井或零井源距 VSP 资料可以得到比较细致、精确的层速度资料。可以用层速度来划分岩性、岩相，预测油气藏等地质问题。

2. 平均速度

一组水平层状介质中某一界面以上介质的平均速度就是地震波垂直穿过该界面以上各层的总厚度和总的传播时间之比。n 层水平层状介质的平均速度 V_{av} 为：

$$V_{av}=\sum_{i=1}^{n}h_i \bigg/ \sum_{i=1}^{n}\frac{h_i}{V_i}=\sum_{i=1}^{n}t_iV_i \bigg/ \sum_{i=1}^{n}t_i \qquad (1-8)$$

式中，h_i，V_i，t_i 分别为每一层的厚度、速度和传播时间。

3. 均方根速度

把水平层状介质情况下的反射波时距曲线近似地看成双曲线，求出的速度就是这一水平层状介质的均方根速度。在水平层状介质中，均方根速度的表达式为：

$$V_{rms}=\left[\frac{\sum_{i=1}^{n}V_i^2 t_i}{\sum_{i=1}^{n}t_i}\right]^{1/2} \qquad (1-9)$$

式中　V_i——第 i 层的层速度，m/s；
　　　t_i——第 i 层的垂直双程旅行时间，s。

由式可见，均方根速度值与各层速度的平方有关。这意味着速度高的地层影响大，这在一定程度上考虑了不均匀地层的折射效应。而地震波平均速度是各分层层速度对各分层垂直传播时间的加权平均，低速地层和厚度大的地层影响较大。一般情况下地震波均方根速度大于地震波平均速度。

在实际应用中，均方根速度是通过速度分析得到的。在地表水平、介质均匀、排列长度小于目的层深度时，对于多层水平介质所求的地震波叠加速度就是均方根速度；对于相互平行的倾斜界面，均方根速度与地震波叠加速度的关系为：

$$V_{rms} = V_{NMO} \cos\varphi \tag{1-10}$$

式中　φ——倾斜界面倾角，（°）；
　　　V_{NMO}——叠加速度，m/s。

4. 叠加速度

由地震资料抽取共反射点道集并通过一系列参考速度作地震速度扫描或由地震波速度谱叠加速度分析获得的速度。不论是用速度扫描或是速度谱分析均以共反射点道集经动校正叠加后的能量达到最大为选取叠加速度的准则。叠加速度也称为 NMO 速度，以 V_{NMO} 表示。

只有在地表水平、介质均匀、反射界面为水平的假设条件下，叠加速度才等于介质波速。在地表水平、介质均匀、一个倾斜反射界面的假设条件下，叠加速度 V_{NMO} 与介质波速 V 的关系为：$V_{NMO} = \dfrac{V}{\cos\phi}$ 其中，ϕ 是地层倾角。在地表水平、多层水平均匀介质情况下，当排列长度小于目的层深度时，反射波时距曲线近似双曲线。此时叠加速度也是均方根速度。在地表水平、多层任意倾斜均匀介质情况下，当排列长度小于目的层深度时，反射波时距曲线也近似为双曲线。此时叠加速度与各层介质速度 V_i（i 为层序号）的关系为：

$$V_{NMO}^2 = \frac{1}{t_0 \cos^2\beta_0} \sum_{i=1}^{N} V_i^2 \Delta t_i \prod_{k=1}^{i-1} \left(\frac{\cos^2\alpha_k}{\cos^2\beta_k} \right) \tag{1-11}$$

式中　Δt_i——第 i 层介质的垂直双程旅行时，s；
　　　α_k——在界面 i 的入射角，（°）；
　　　β_k——界面 i 的透射角，（°）；
　　　$t_0 = \sum \Delta t_i$。

此外，基于叠前时间偏移的速度分析方法可用来获得具有不同倾角相互交错的倾斜地层地区叠加速度的估计。一般认为，此法可获得较准确的叠加速度资料。

四、地震分辨率

地震勘探的分辨率包括垂向和横向两个方面。垂向分辨率是指地震记录或地震剖面上能分辨的最小地层厚度，地震勘探的横向分辨率一般在 1/4 波长到 1/8 波长之间。横向分辨率（空间分辨率）是指在地震记录或水平叠加剖面上能分辨相邻地质体的最小宽度。横向分辨率通常由第一菲涅尔带的大小来表示。第一菲涅尔带的半径 R 为：

$$R = \frac{V_{av}}{2} \sqrt{t_0/f_m} \tag{1-12}$$

式中　V_{av}——平均速度，m/s；
　　　t_0——双程反射时间，s；
　　　f_m——地震波的主频，Hz。

由于实际生产中总是要进行偏移处理的，经偏移处理后的第一菲涅尔带的半径会大大减小。但减小到何等程度取决于空间采样率、偏移孔径、偏移速度的精度、偏移方法本身、观测系统等。

（一）影响分辨率的因素

1. 子波的频率成分

对于简谐波，可以给出分辨率的具体表达式。例如，对垂向分辨率，地层厚度 $\Delta h \geqslant \lambda/4$，可分辨；用菲涅尔带半径表示的横向分辨率 $R = \dfrac{V_{av}}{2}\sqrt{t_0/f_m}$，小于这个范围的波相长叠加，不能分辨。从上述公式可以看到，子波的波长 λ 越小，分辨率越高。波长 $\lambda = v/f$，即波长与频率 f 成反比，因此就子波（地震反射子波是脉冲波，可以视为由一系列具有不同幅度、不同频率和不同初相位的简谐波叠加而成）的频率而言，子波的频谱中高频成分越多或频谱的带宽越宽，其分辨率就越高，但高频的穿透能力较弱。

2. 子波的频带宽度

在地震勘探中，子波是地震信号的基本波形单元。频带宽度（ΔF）是指子波包含的频率范围，而振动的延续时间（ΔT）是指子波从开始到结束的总持续时间。根据傅里叶变换的原理，一个信号的频率成分越丰富（即频带宽），它在时间上的定位就越精确。因此，宽频带的子波可以提供更高的时间分辨率，这样能够更清晰地区分地下不同地层反射的信号。

简而言之，频带越宽和延续时间越短的子波使地震数据具有更高的分辨率，从而更准确地反映出地下结构的细节，对于油气勘探等领域至关重要。

3. 子波的相位

在地震记录中，零相位子波具有最高的分辨率。考虑子波振幅谱和相位谱的影响，并定义频谱分辨率 R_{sf}。

$$R_{sf} = \left[\int_{f_1}^{f_2} S(f)\cos\theta(f)\,\mathrm{d}f\right]^2 \Big/ \left[\int_{f_1}^{f_2} S^2(f)\,\mathrm{d}f\right] \tag{1-13}$$

式中　R_{sf}——频谱定义的分辨率；

　　　$S(f)$、$\theta(f)$——分别为子波振幅谱和相位谱；

　　　f_1、f_2——频谱的有效频带区间。

振幅谱的绝对宽度 $B = (f_2 - f_1)$，B 越大，子波延续时间越短，分辨率越高。决定分辨率的是振幅谱的绝对宽度，而不是相对宽度。

4. 信噪比

在地震勘探中，子波的频谱在理想条件下可以通过分析地震记录的频谱来获得。这种理想化的处理暂时忽略了地震记录中普遍存在的噪声成分。然而，实际的地震数据总是伴随着噪声，且有些地震记录的信噪比极低。信噪比通过比较同一时刻的有效地震信号的能量（或振幅）与背景噪声的能量（或噪声振幅）来衡量。

高信噪比是实现高分辨率地震成像的前提。当信噪比较低时，有效信号被噪声干扰严重，这将直接影响地震资料的成像质量，降低其分辨能力。因此，提高信噪比至关重要，它是提升地震勘探成功率的核心要素。

为了增强信噪比，地球物理学家采用了多种方法和技术，包括精心设计的数据采集方案、高效的噪声压制和信号增强算法等。通过这些技术手段，可以有效地突出地震信号中的有用信息，同时抑制或消除噪声，从而为高精度地质构造成像奠定坚实的基础。

5. 炮检距或入射角

如果子波不随炮检距的变化而变化，则分辨率与炮检距似乎无关，但事实上地震勘探的成果是以零炮检距形式表示的，所有非零炮检距的道都要经过动校正后再叠加。动校正是把非零炮检距变成零炮检距的过程。非零炮检距道的分辨率应该按动校正后的结果来衡量。根据这一标准，炮检距增大，分辨率会减小，这是因为：

（1）动校正的过程对于非零炮检距道除了向时间减小方向移动外，同时还产生时间方向的拉伸。拉伸程度随炮检距增大而增大。动校正的拉伸畸变导致子波的拉伸。子波拉伸后频率降低，延续时间加大，则分辨率降低。

（2）非零炮检距道分辨率低的原因还在于动校正之前相邻层反射时间差比零炮检距道要小。在子波不变的情况下，时间差较小的两个反射要比时间差较大的两个反射更难分辨。

（3）由于炮检距越大，传播路程就越长，高频成分损失也越多，因此子波随炮检距是有变化的。

6. 岩石的吸收衰减

在地震波传播过程中，介质的吸收导致能量损失，表现为振幅衰减。这种衰减可通过吸收系数 α、衰减因子 h、对数衰减 δ 和品质因子 Q 来描述。其中，吸收系数 α 与频率 f 成正比，说明高频成分比低频成分衰减得快。品质因子 Q 反映了地震波传播一个波长后的能量损失比例。

这些参数对地震成像的分辨率有直接影响。具体来说：随着传播距离的增加，振幅呈指数衰减，导致信号变弱，影响分辨率，高频成分衰减较多，降低了信号的高频细节，从而降低分辨率；Q 值较小时，表示介质对地震波的吸收强，衰减多，同样影响分辨率。

因此，为了提高分辨率，需要尽可能减小介质吸收的影响，保留更多的高频成分。这就要求在数据处理中进行适当的补偿和恢复信号的高频信息。

7. 近地表的影响

在表层很厚的地区对高频起主导作用的是表层，即使表层厚度不大，它的衰减作用也是不小的。表层厚度和低速带在横向上常有显著变化，由此导致不同记录道的子波不一致。

实际工作中常把地下介质视为层状介质，在层状介质的任何一个层面上都会产生反射和透射，因而不可避免地产生一系列多次反射。这些地层常常很薄，每层内的双层传播时间比子波的延续时间小得多，因此层间多次反射改造了子波形状，从而影响了分辨率。

（二）提高分辨率的方法

提高地震勘探的分辨率，有以下几种方法。

1. 选择合适的野外采集参数

首先，在地震波激发时，应采用能产生宽频带、高频率地震波的震源，以获得丰富的地下构造信息。其次，在地震波接收时，应选用高灵敏度、与大地耦合较好的地震检波器,并科学布置检波器排列,确保最大限度地接收到反射和绕射波等信息。同时,采用高采样率地震勘探方式,可以更准确地捕获高频信号。最后,观测系统的设计也要确保有足够的覆盖次数和适当的偏移距,以增强有效信号和抑制随机噪声。通过优化这些采集参数,将显著提高地震勘探的分辨率。

2. 提高分辨率的处理方法

地震资料处理的目标为提高信噪比、分辨率、保真度及成像精度。其中,提高地震分辨率的处理方法主要有:

1) 反褶积

反褶积是地震资料处理流程比较重要的一个步骤,常用的有脉冲反褶积、预测反褶积和零相位反褶积。

2) 反 Q 滤波

反 Q 滤波也称大地吸收补偿反褶积,该方法从物理角度,补偿了地震波在传播过程中介质对高频成分的吸收作用。

3) 谱白化处理

谱白化处理是一种展宽频带的基本方法,它对有限频带进行纯振幅滤波后,外推此频带之外的频率成分,达到扩展频带的目的。谱白化处理既可在频率域中实现,也可在时间域中进行。

4) 子波零相位化

子波零相位化(子波处理)就是保持振幅谱不变,只改变子波的相位谱,使非零相位子波转换成零相位子波。

5) 速度分析

提高速度分析的精度可以改进动校正、偏移成像的效果,进而可提高地震资料的分辨率。加强因炮检距变化、旅行时变化和方向不同而产生的波速变化特征的研究将有助于地震资料分辨率的提高。

6) 地震偏移成像

通过改进偏移处理的方法技术、选好偏移参数,经过偏移处理后的数据,其菲涅尔带的尺度大大减小,可以有效提高地震资料的空间分辨率。

3. 地震反演

形成反射波的基本条件是地下介质存在波阻抗差异,所以从本质上来说,地震反演的目标就是根据已获得的地震反射波形成反推波阻抗的分布情况。波阻抗反演的方法很多,如道积分法、最大似然法、地震岩性模拟(SLIM)法、广义线性反演等。

五、地震波的吸收与衰减

(一) 几何扩散

地震波由震源向四周传播,波前面越来越大,前进着的地震波的振幅越来越小,这种现象称为几何扩散。波通过介质时产生与介质有关的能量是波的一个重要特征。单位体积内的能量定义为能量密度,谐波的能量密度为:

$$E=\frac{1}{2}\rho\omega^2 A^2 \tag{1-14}$$

显然能量密度 E 与介质的体密度成正比，和波的振幅 A 的平方成正比，与频率 ω 的平方成正比。对于谐波：

$$E=\frac{1}{2}\rho v\omega^2 A^2 \tag{1-15}$$

图 1-4 是球面波能量密度示意图。能流密度 I 定为单位时间内，在垂直于波传播方向上单位面积的通量。因为能量只沿径向流动，在单位时间内流出球冠 S_1 的能量等于流出球冠 S_2 的能量，因此：

$$I_1 S_1 = I_2 S_2 \tag{1-16}$$

球冠面积 S_1 和 S_2 都与他们的半径平方成反比，

$$I_2/I_1 = S_1/S_2 = (r_1/r_2)^2 \tag{1-17}$$

由于 E 与 I 成反比，因此有：

$$I_2/I_1 = E_1/E_2 = (r_1/r_2)^2 \tag{1-18}$$

可见，几何扩散使球面波强度和能流密度都随距离的平方呈反比衰减，这种现象称为球面扩散。柱面扩散使柱面波的强度和传播距离成反比。平面波不存在几何扩散。

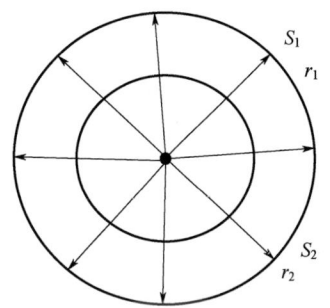

图 1-4 球面波能量密度示意图

（二）地层吸收

弹性能转化成热能的过程称为吸收。岩石颗粒之间出现的内摩擦是导致振动能量向其他形式转化的主要原因，这种内摩擦力称黏滞力。同时考虑弹性形变和黏性形变的物体叫黏弹性体。当平面波在黏弹性介质中传播时，由于岩石对地震波的吸收作用，使得地震波的振幅按指数规律衰减：

$$A = A_0 e^{-\alpha x} \tag{1-19}$$

其中 A 是距炮点相距 x 处平面波的振幅值，α 是吸收系数。当波的频率很低时，吸收系数和传播速度为：

$$\alpha = \frac{1}{2}\frac{\eta\omega^2\sqrt{\rho}}{\sqrt{\lambda+2\mu}} \tag{1-20}$$

$$v \approx v_P \tag{1-21}$$

式中 η 为黏滞系数。当介质的频率很高时，吸收系数和波速：

$$\alpha \approx \sqrt{\frac{\rho\omega}{2\eta}} \tag{1-22}$$

$$v \approx \sqrt{\frac{2\eta\omega}{\rho}} \tag{1-23}$$

当波的频率很低时，地震波在黏弹性介质中以恒速 v_P 传播，振幅随 ω^2 增加而衰减；对于高频波来说，振幅和波速都与频率的平方根成正比。因此弹性波随传播距离的增加，高频成分很快被吸收，只保留较低的频率成分。由此可见，弹性波在实际介质中传播相当于一个滤波器，滤去较高的频率成分，而保留较低的频率成分，这种作用称为大地滤波作用。弹性波经大地滤波作用后，频率变低，频带变窄，振幅降低。

当波的频率很低时，地震波的速度还与频率有关，这称为波的频散特性。但在吸收作用不太大的情况下，地震波的频散不很明显，在地震波的频带范围内，大多数岩石的速度很少发生变化，在正常情况下，地震体波的频散不严重。

（三）地震波的透射损失

设地下存在 n 个反射界面，地震波垂直入射时，此时不产生转换波。反射波和透射波都沿界面的法线方向传播。

如图1-5所示，每个反射界面的反射系数用 R_i 表示，透射系数用 T_i 表示，下脚标 i 表示第 i 个反射界面。设入射波的振幅为 A_0，对于三层介质来说，地面观测到的 R_2 界面的反射波振幅 A_2 应是：

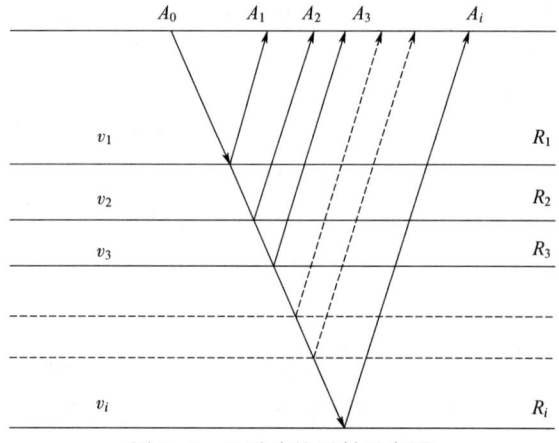

图1-5 地震波的透射示意图

$$A_2 = A_0 T_1 R_2 T_1 \tag{1-24}$$

式中 T_1 表示由第一层向第二层介质入射时 R_1 界面的透射系数，而 T_1' 表示反方向入射到 R_1 界面上的透射系数。显然垂直入射时，不考虑波前扩散和衰减，有式中 T_1 表示由第一层向第二层介质入射时 R_1 界面的透射系数，而 T_1' 表示反方向入射到 R_1 界面上的透射系数。显然垂直入射时，不考虑波前扩散和衰减，则有：

$$T_1 = 1 - R_1 \tag{1-25}$$

$$T_i = 1 - R_i \tag{1-26}$$

其中 R_1' 为反方向入射时 R_1 的反射系数：

$$R_1' = \frac{\rho_1 v_1 - \rho_2 v_2}{\rho_1 v_1 + \rho_2 v_2} = -R_1 \tag{1-27}$$

$$R_1' = \frac{\rho_1 v_1 - \rho_2 v_2}{\rho_1 v_1 + \rho_2 v_2} = -R_1 \tag{1-28}$$

$$T_1' = 1 - R_1' = 1 + R_1 \tag{1-29}$$

于是：

$$A_2 = A_0(1-R_1)R_2(1+R_1) = A_0(1-R_1^2)R_2 \tag{1-30}$$

同理，R_3 界面的反射振幅为：

$$A_3 = A_0(1-R_1^2)(1-R_2^2)R_3 \tag{1-31}$$

以此类推，第 n 个反射界面的反射振幅 A_n 为：

$$A_n = A_0(1-R_1^2)(1-R_2^2)\cdots\cdots(1-R_{n-1}^2)R_n \tag{1-32}$$

式中 $1-R_i^2$ 称为透射损失因子。A_n 表达式中的连乘积 Π $(1-R_i^2)$ 称为第 n 层反射波的透射损失，一般大于 0.99，在粗略讨论振幅时可以忽略。

第二节　地震波传播理论

地震射线就是表示地震波振动由一点传播到达另一点所经过的路径。在各向同性介质中，地震射线也是波阵面法线的轨迹。

一、地震波的传播规律

（一）费马原理

费马原理：波在各种介质中的传播路线，满足所用时间为最短的条件。如图 1-6 所示，图中的实线代表波在传播中的实际路线，而虚线则代表任意画的另外几条曲线，称为假想路线。也就是说波从一点 P 传到另一点 Q，沿着实际路线传播时所用的时间比沿假想路线传播时所用的时间要"短"。

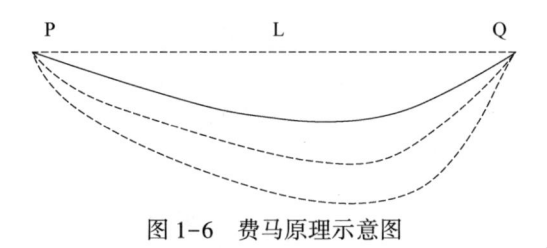

图 1-6　费马原理示意图

（二）惠更斯原理

惠更斯原理：介质中波所传到的各点，都可以看成新的波源，称为子波源。可以认为每个子波源都向各方发出微弱的波，这种新的波是以所在点处的波速传播的。如图 1-7 所示，可以利用惠更斯原理根据已知的波前求后来时刻的波前。S_1 代表时刻 t_1 的波前，如要确定时刻 $t_2 = t_1 + \Delta t$ 的新波前，可以把 S_1 上的所有点都看成新波源，认为它们从时刻 t_1 开始向外发出新的波。过一段时间 Δt，这些波动的"波前"应是半径为 $V\Delta t$ 的球面。用一个曲面 S_2 将这些小球面上离曲面 S_1 最远的各点连起来，就得到和时刻 $t_2 = t_1 + \Delta t$ 相对应的波前。

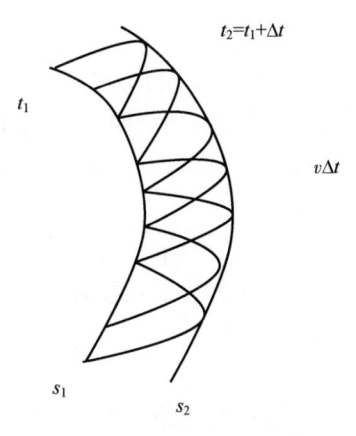

图 1-7　惠更斯原理示意图

（三）斯奈尔定理

综合反射定律和透射定律，并扩展到水平层状介质的情况，可以得到斯奈尔定律，它包括横波和纵波的传播。设各层的纵波、横波速度分别为 V_{P1}，V_{S1}，V_{P2}，V_{S2}，$\cdots$，V_{Pi}，V_{Si} 表示，各种波的入射角分别用 θ_{P1}，θ_{S1}，θ_{P2}，θ_{S2}，$\cdots$，θ_{Pi}，θ_{Si} 表示，则斯奈尔定律可以表示为：

$$\frac{\sin\theta_{P1}}{V_{P1}}=\frac{\sin\theta_{S1}}{V_{S1}}=\frac{\sin\theta_{P2}}{V_{P2}}=\frac{\sin\theta_{S2}}{V_{S2}}=\cdots=\frac{\sin\theta_{Pi}}{V_{Pi}}=\frac{\sin\theta_{Si}}{V_{Si}}=P \tag{1-33}$$

式中，P 为射线参数。

在水平介质中，当波的某条射线以某一个角度入射到某一个界面后，再向下透射和向上反射或发生波型转换的方向将由上式决定。

（四）反射定律和透射定律

当波入射到两种介质的分界面时，通常会分成两部分。一部分回到第一种介质中，称为反射波；另一部分透入第二种介质中，就是透射波。如图 1-8 所示，设有两种介质的分界面，ρ_1 和 ρ_2 代表第一种介质和第二种介质的密度，v_1 和 v_2 分别代表波在两种介质中的传播速度，密度和波速的乘积称为波阻抗，只有在两种介质的波阻抗不同的条件下，地震波才会发生反射，波阻抗差别越大，反射波越强。

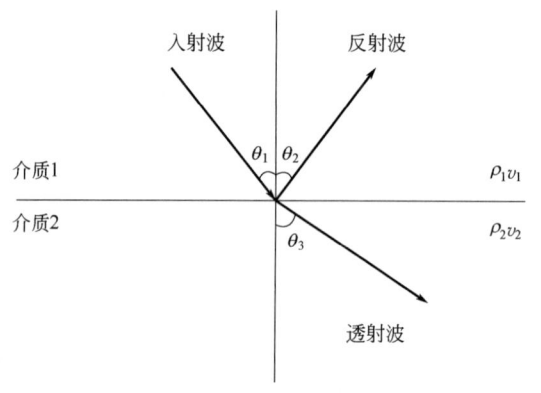

图 1-8　入射波、反射波和透射波

反射定律：反射线位于入射面内，反射角等于入射角，即 $\theta_1 = \theta_2$。地震波在垂直入射情况下，不产生波的转换，此时反射波与透射波的强弱只与入射波振幅和分界面两边介质的波阻抗（介质的密度与速度的乘积）有关。

反射波振幅与入射波振幅存在如下关系：

$$A_{反}=\frac{\rho_2 v_2 - \rho_1 v_1}{\rho_2 v_2 + \rho_1 v_1}A_{入} \tag{1-34}$$

若用 R 代表反射系数，则有：

$$R=\frac{A_{反}}{A_{入}}=\frac{\rho_2 v_2 - \rho_1 v_1}{\rho_2 v_2 + \rho_1 v_1} \tag{1-35}$$

反射系数的绝对值大小反映了反射界面反射能力的强弱，其正负号反映了反射界面的性质和反射波的极性。当反射系数为正时，反射波极性与入射波相同，表现在地表检波器上的反应为反射波到达时检波器随地表上跳；当反射系数为负时，反射波极性与入射波相反，表现在地表检波器上的反应为反射波到达时随地表下跳。根据能量守恒，反射波能量和透射波能量的总和应与入射波能量相等，因此，反射波的能量越强，透射波的能量就会越弱，所以在有些工区，当浅层的反射能量太强时，往往深层的勘探效果不好。

透射定律：透射线也位于入射面内，入射角的正弦和透射角的正弦之比等于第一种、第二种介质中的波速之比，如图1-8所示，即：

$$\frac{\sin\theta_1}{\sin\theta_3}=\frac{v_1}{v_2} \text{或} \frac{\sin\theta_1}{v_1}=\frac{\sin\theta_3}{v_2} \tag{1-36}$$

透射定律要求两种介质必须都是各向同性的，也就是说，当在同一种介质中传播时，波的速度必须是一个不随方向而变的常量。

如果 $v_1>v_2$，当 θ_1 增大到一定程度但还没到 90°时，θ_3 已经增大到 90°，这时透射波在第二种介质中沿界面"滑行"，出现了"全反射"现象，这时的入射角称为临界角。

二、各种地震波的时距曲线

通常把地震波的传播时间称为旅行时间，炮点与检波点之间的距离称为炮检距。地震波旅行时间与炮检距之间的关系曲线称为时距曲线。对地震波旅行时间和炮检距找出明确的定量关系，即时距曲线方程。

（一）直达波

在均匀介质情况下，直达波的旅行时间可以表示为：

$$t=\frac{x}{v} \tag{1-37}$$

式中　v——直达波的传播速度，m/s；
　　　x——炮检距，m。

上式就是直达波时距曲线方程。可以看出，直达波的时距曲线是一条直线，因为地表附近波速极低，因此直线的斜率很大，如图1-9所示。

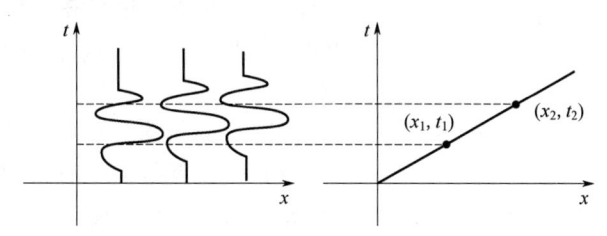

图1-9　直达波时距曲线

（二）反射波

图1-10为均匀介质结构，地下界面倾角为 φ，激发点到界面的法线深度为 h，界面 R 以上的介质是均匀的，波速是 v。坐标系原点在激发点 O 上，轴正方向与界面上倾方向一致。

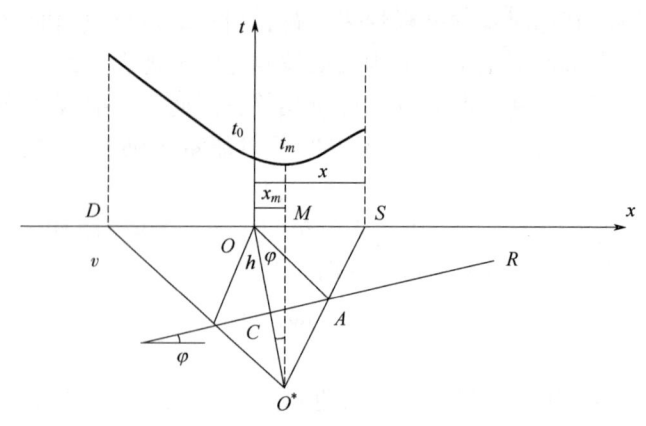

图 1-10　倾斜界面反射波时距曲线

从 O 点出发作 R 界面的垂线延长线到 O^*，使得 $CO=CO^*$，则 O^* 为虚震源，即地震波从 O 入射到 A 点再反射回 S 点等效于从 O^* 点直接传播到 S 点，这个原理称为虚震源原理。

因此，地震波从 O 点经 A 点反射至 S 点的旅行时间 t 为：

$$t=\frac{1}{v}\sqrt{x^2+4h^2-4xh\sin\varphi} \tag{1-38}$$

这就是界面 R 上倾方向与 x 轴方向一致时的反射波时距曲线方程。同理，也可以推导出 x 轴正方向与界面上倾方向相反时反射波时距曲线方程为：

$$t=\frac{1}{v}\sqrt{x^2+4h^2+4xh\sin\varphi} \tag{1-39}$$

如果是水平界面情况下，即 $\varphi=0$，代入倾斜界面的时距曲线方程，得到水平界面反射波时距曲线方程 $t=\frac{1}{v}\sqrt{x^2+4h^2}$，如图 1-11 所示。

反射波时距曲线的特点：

（1）反射波时距曲线的形状为一双曲线。以过虚震源的纵轴为对称，极小点坐标（$2h\sin\varphi$，$t_0\sin\varphi$），极小点坐标是相对激发点偏向界面上倾一侧，在极小点上，反射波返回地面所需时间最短。

（2）界面越深，双曲线越缓。

（3）炮检距越大，时距曲线斜率越大，其渐近线为直达波时距曲线。

野外地震监视记录上的同相轴实际上就是地震波的时距曲线在地震记录上的反映，不同的地震波其时距曲线的形状不同，在监视记录上的同相轴表现也不一样。

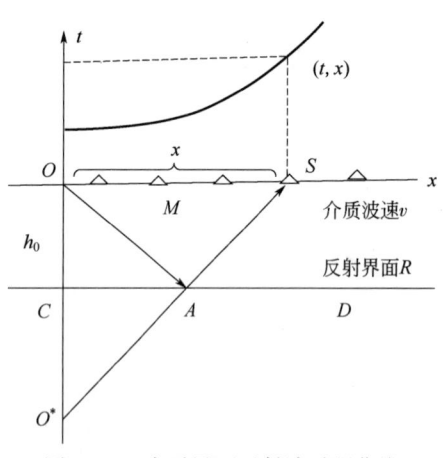

图 1-11　水平界面反射波时距曲线

如果通过观测，得到一个界面反射波时距曲线，由时距曲线方程给出关系，可求出界面法线深度，这就是利用反射波法研究地下地质构造的基本依据。

对于非均匀介质，可以使用平均速度或均方根速度等效的方法对其时距曲线进行研究。

（三）折射波

1. 水平层状介质的折射波时距曲线

如图 1-12 所示，在 O 点激发，根据折射波形成和传播的特点，折射波在 M_1 和 M_2 点以外的区间接收到，在 OM_1 或 OM_2 范围内是接收不到折射波的，这个范围称为折射波的"盲区"。由图 1-12 可见，在波源所在的水平面上，"盲区"是一个圆，其半径 $\overline{OM}$ 是：

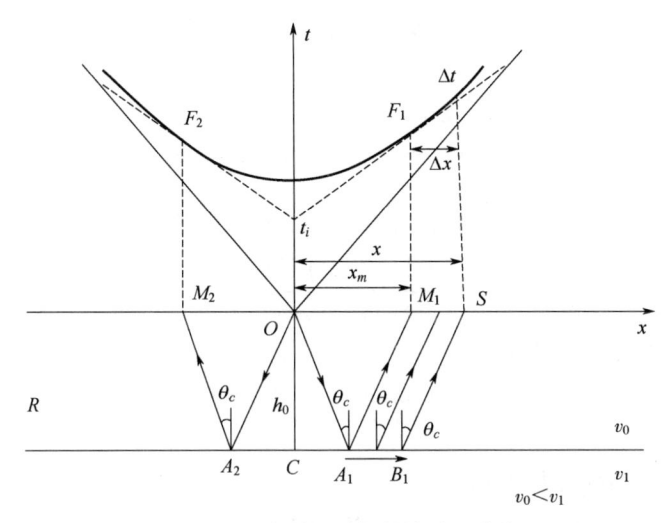

图 1-12　水平界面折射波时距曲线

$$\overline{OM} = 2h_0 \tan\theta_c \tag{1-40}$$

推导折射波的时距曲线方程就是考察 S 点记录到的折射波所走的路径 $O \to A_1 \to B_1 \to S$，其所需的旅行时间是 $t = \dfrac{\overline{OA_1}}{v_1} + \dfrac{\overline{A_1B_1}}{v_2} + \dfrac{\overline{B_2S}}{v_1}$。根据图 1-12 的几何关系，得到水平界面折射波时距曲线方程为：

$$t = \frac{x}{v_2} + t_i \tag{1-41}$$

$$t_i = \frac{2h_0 \cos\theta_c}{v_1} \tag{1-42}$$

式（1-42）中 t_i 为折射波时距曲线延长后与时间轴（$x=0$）的交点，称为与时间轴的交叉时，这是折射波时距曲线与反射波时距曲线的区别之一。式（1-41）是一条标准的直线方程，其斜率 $K = 1/v_2$，截距为 t_i（交叉时）。

2. 倾斜界面的折射波时距曲线

在图 1-13 中，折射界面 R 的倾角为 φ，界面上、下的介质波速分别为 v_1 和 v_2，且 $v_2 > v_1$，激发点是 O。这时折射波到达测线上倾方向和下倾方向的时距曲线是不一样的。推导的方法是先求出折射波时距曲线的始点坐标，再求出它的斜率，有了始点位置和斜率，折射波时距曲线方程就可以写出来了。

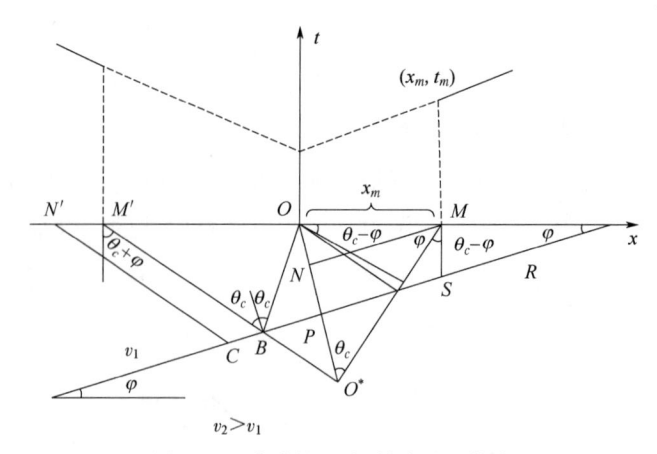

图 1-13 倾斜界面折射波时距曲线

对以上过程进行几何关系式推导，可得到沿上倾方向的时距曲线方程：

$$t_{上} = \frac{x\sin(\theta_c - \varphi)}{v_1} + \frac{2h\cos\theta_c}{v_1} \tag{1-43}$$

沿下倾方向的时距曲线方程：

$$t_{下} = \frac{x\sin(\theta_c + \varphi)}{v_1} + \frac{2h\cos\theta_c}{v_1} \tag{1-44}$$

由上述两个时距曲线方程可知：

$$t_i = \frac{2h\cos\theta_c}{v_1} \tag{1-45}$$

也就是说，倾斜界面折射波时距曲线的交叉时与水平界面一样；上倾方向和下倾方向的交叉时也一样，但应该注意的是，这里 h 是界面的法线深度。

（四）绕射波的时距曲线

在地面激发的地震波，在传播过程中遇到地层岩性的突变点时，这些突变点就会成为新的点震源而产生球面波向四周传播，在地震勘探中称这种波为绕射波，形成新震源的点叫绕射点。下面以断棱绕射波的时距方程为例来说明。

设测线垂直于断棱，在 O 点激发的地震波入射到绕射点 D 后，然后以 D 点为新的点震源产生绕射波，传播到地面测线上各接收点。绕射点 D 的埋深为 h，接收点 S 距震源 O 距离为 x，绕射点 D 在测线上的投影点为 M，并且 $OM = d$。

时距方程为：

$$t = \frac{OD + DS}{v} = \frac{1}{v}\left[\sqrt{d^2 + h^2} + \sqrt{(x-d)^2 + h^2}\right] \tag{1-46}$$

绕射波时距曲线的特点：绕射波时距曲线为一条双曲线，但其极小点位于绕射点的正上方；绕射波的时间是绕射波从震源点到绕射点之间来回传播的时间；绕射波时距曲线与同界面的反射波时距曲线，在 $x = 2d$ 处相切，绕射波时距曲线比具有相同 t_0 时间的反射波时距曲线弯曲度大（图 1-14）。

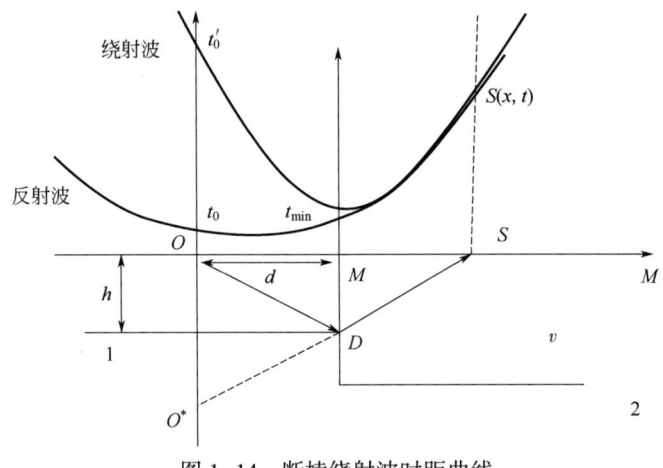

图 1-14　断棱绕射波时距曲线

三、地震波动理论

地震波动理论是研究地震波在地球介质中的产生和传播规律的一门学科，通过分析介质的受力与变形的静态与动态关系，研究机械振动在地球介质中的运动形式和能量传播规律，在地震学研究、矿产勘探、建筑工程、海洋勘测以及爆破技术等众多领域都有广泛的应用。

（一）波动理论的基本概念

1. 虎克定律

线性弹性理论的一个基本假设是：应力与应变间存在着单值的线性关系，称为虎克（Hooke）定律，其表达式为：

$$\tau_{ij} = \sum_{k,l=1}^{3} C_{ijkl} e_{kl} \tag{1-47}$$

式中，τ_{ij} 和 e_{kl} 分别表示应力张量和应变张量；C_{ijkl} 包含一系列比例系数，是由弹性介质性质所决定的弹性常数。下标 i, j, k, l 均取值 1、2、3，代表 x, y, z 三个坐标，由于 τ_{ij} 和 e_{kl} 各有 9 个分量，因而 C_{ijkl} 构成了一个具有 81 个分量的四阶张量。

2. 应力应变关系

1）正应力和正应变的关系

如图 1-15 所示，设有一柱状弹性体，长度为 l，截面为 S，其上端固定在 yOz 平面上，x 轴取为圆柱体长轴方向。若沿 x 方向对柱体均匀作用一个外力 F，则作用于截面 S 上的应力大小为 $\sigma_{xx} = \dfrac{F}{S}$，其作用方向与截面法线方向重合，在平行于截面的方向应力为零。此时，物体被拉伸了，其相对伸长量与应力成正比，即：

$$e_{xx} = \frac{\sigma_{xx}}{E} \tag{1-48}$$

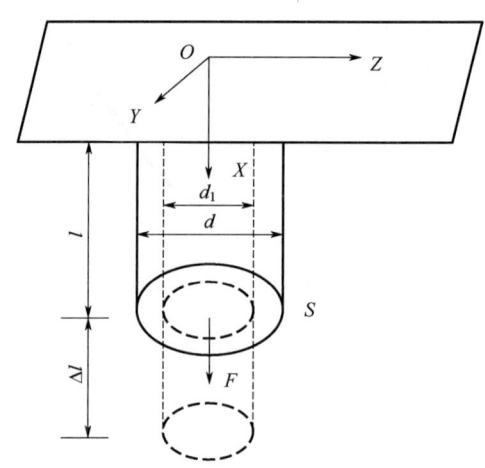

图 1-15　正应力和正应变的关系

式中，E 为杨氏模量。另一方面，当物体沿一个方向拉伸时，在其他两个垂直方向将会发生压缩，称为横向压缩，若定义伸长为正，压缩为负，则纵向拉伸与横向压缩之间也存在比例关系：

$$e_{yy}=e_{zz}=-ve_{xx}=\frac{-v\sigma_{xx}}{E} \tag{1-49}$$

其中，e_{yy} 和 e_{zz} 是由于 e_{xx} 拉伸引起的压缩，由于物体具有各向同性性质，所以在 y 和 z 方向上的压缩是一样的，比例系数 v 称为泊松比。

2) 切应力和切应变的关系

在弹性体内截取一个立方体形状的单元体，物体处于纯剪切应变状态，此时，在各个侧面上表现出切应力作用，以支持切应变状态。

单元体侧面角错动量即切应变和它相对应的切应力成正比，比例系数是 μ，又称为剪切模量。对于液体，$\mu=0$，表示无形状改变。不同侧面上的侧面角错动量对应着不同的切应力分量，可以证明，它们之间存在的关系如下：

$$\left.\begin{array}{l}\tau_{xy}=\mu e_{xy}\\ \tau_{yz}=\mu e_{yz}\\ \tau_{zx}=\mu e_{zx}\end{array}\right\} \tag{1-50}$$

（二）波动方程及其基本解

1. 弹性纵波和弹性横波

在均匀各向同性完全弹性介质中存在着两种互相独立的弹性波。

(1) 一种波的传播速度是 v_P，这种波在传播时，体变系数 θ 满足波动方程 $\nabla^2\theta-\frac{1}{v_P^2}\frac{\partial^2\theta}{\partial t^2}=-\frac{\nabla\cdot F}{v_P^2}$，标量位 φ 满足波动方程 $\nabla^2\varphi-\frac{1}{v_P^2}\frac{\partial^2\varphi}{\partial t^2}=-\frac{F_\varphi}{v_P^2}$，位移矢量的无旋部分 u_P 满足波动方程 $\nabla^2 u_P-\frac{1}{v_P^2}\frac{\partial^2 u_P}{\partial t^2}=-\frac{\nabla F_\varphi}{v_P^2}$，这些波动方程描述的是介质某一区域的体积变化，即膨胀或压

缩，在这种状态下介质质点围绕其平衡位置往返运动，单元体不旋转，这种类型的波动称为无旋转或纵波。

（2）另一种波的传播速度是 v_S，这种波传播时，转动矢量 ω 满足波动方程 $\nabla^2\omega-\dfrac{1}{v_S^2}\dfrac{\partial^2\omega}{\partial t^2}=-\dfrac{\nabla\times F}{2v_S^2}$，矢量位 ψ 满足波动方程 $\nabla^2\psi-\dfrac{1}{v_S^2}\dfrac{\partial^2\psi}{\partial t^2}=-\dfrac{F_\psi}{v_S^2}$，位移矢量的无散部分 u_S 满足波动方程 $\nabla^2 u_S-\dfrac{1}{v_S^2}\dfrac{\partial^2 u_S}{\partial t^2}=-\dfrac{\nabla\times F_\psi}{v_S^2}$。在这种情况下，运动形式是弹性介质单元体旋转，而不发生膨胀或压缩现象，这种波称为旋转波，这种类型的波动，介质质点位移方向与振动传播方向互相垂直，因而也称为横波、剪切波。

2. 波动方程

根据广义虎克定理可以得到应力和应变关系，柯西方程则描述了应变和位移的关系，根据牛顿第二定律得到的运动微分方程则描述了简谐波的动态传播波场。研究地震波传播问题时忽略外力的影响，根据这些关系就可以得到以位移表示的一般各向异性介质弹性波的波动方程：

$$\rho\frac{\partial^2 u_i}{\partial t^2}=c_{ijkl}\frac{\partial^2 u_k}{\partial x_j\partial x_l} \tag{1-51}$$

均匀各向同性理想弹性介质的波动方程可以表示为：

$$\rho\frac{\partial^2 u}{\partial t^2}=(\lambda+2\mu)\nabla(\nabla\cdot u)-\mu\nabla\times\nabla\times u \tag{1-52}$$

其中 u 为位移矢量场，令：

$$v_P^2=(\lambda+2\mu)/\rho, v_S^2=\mu/\rho \tag{1-53}$$

$$\mu=\mu_p+\mu_s=\nabla\varphi+\nabla\times\Psi \tag{1-54}$$

则纵波的波动方程可表示为：

$$\frac{\partial^2\varphi}{\partial t^2}=V_p^2\,\nabla^2\varphi \tag{1-55}$$

横波的波动方程可表示为：

$$\frac{\partial^2\Psi}{\partial t^2}=V_s^2\,\nabla^2\Psi \tag{1-56}$$

以上方程是波动方程偏移成像和数值模拟的基础方程。实际偏移时可以采用差分法或积分法进行求解。

3. 波动理论向射线理论的过渡

各向同性弹性近似的纵横波波动方程可以统一表示为：

$$\nabla^2\varphi=\frac{1}{v^2(x,y,z)}\frac{\partial^2\varphi}{\partial t^2} \tag{1-57}$$

这里 v 为传播速度。其通解形式可以表示为：

$$\varphi=\varphi_0(x,y,z)\exp[i\omega(\tau-t)] \tag{1-58}$$

这里 τ 为垂直于等相位面的射线旅行时：

$$\tau(x,y,z) = r(x,y,z)/v(x,y,z) \tag{1-59}$$

将通解带入波动方程，在高频近似条件下可以得到：

$$\left(\frac{\partial\tau}{\partial x}\right)^2 + \left(\frac{\partial\tau}{\partial y}\right)^2 + \left(\frac{\partial\tau}{\partial z}\right)^2 = \frac{1}{v^2(x,y,z)} \tag{1-60}$$

这就是特征函数方程或哈密顿方程，又称时间场方程或程函方程。通过该方程，波动地震学就过渡到了射线地震学。程函方程的向量形式可以表示为：

$$\mathrm{grad}\tau = \frac{1}{v}r_0 \tag{1-61}$$

其中 r_0 为传播方向单位向量，沿 s1 点到 s2 点的线积分得到传播时间为：

$$\int_{s2}^{s1} \mathrm{grad}\tau \mathrm{d}l \leqslant \int_{s2}^{s1} \frac{1}{v}\mathrm{d}l \tag{1-62}$$

由于沿梯度方向传播时间最短，因此从上式可以看出两点间沿射线传播时间最短，这就是著名的费马原理。

第三节 地震勘探采集工序简介

地震资料的采集是根据油田的勘探或开发部署，组织专门的地震队实施的，主要工序包括测量、激发（钻激发井、下炸药人工爆炸或使用可控震源，海上则使用空气枪）和接收（使用检波器、采集站、电缆和数字地震仪等设备），涉及的主要方法和技术包括观测系统设计、组合和多次覆盖等。野外采集的主要成果是测量数据、施工班报及大量的原始地震记录数据。

一、地震采集工序及流程

野外工作是整个地震勘探中最重要、实践性强的基础工作，其基本任务是采集地震数据。

（一）地震部署

1. 部署原则

在地震地质综合评价的基础上，部署原则如下：

（1）应根据现有地震资料，以及资料存在的主要问题、实施地震采集的可行性等进行部署。

（2）根据地质任务要求，采取整体部署、分步实施的原则。

（3）地震部署应考虑探区的安全环保和季节等因素，减少施工风险。

2. 部署要求

地震部署要求内容如下：

（1）明确地质情况、资源潜力、勘探开发现状及存在的主要问题。

(2) 明确勘探目标、地质任务、勘探精度要求等。
(3) 明确满覆盖工作量、端点（拐点）坐标、施工期等。

（二）地震采集设计

1. 前期准备

收集相关资料，了解工区地质、地球物理特征和地震波传播特性等。

2. 设计参数确定

根据工区的特点和任务要求，确定采集参数，如道间距、炮检距、观测系统等。

3. 施工方案设计

结合实际情况和资源条件，设计合理的施工方案，包括炮点、检波点的布局和激发、接收方式等。

4. 设计质量评估

对设计方案进行质量评估及优化，确保方案的科学性、经济性和可操作性。

5. 设计成果输出

将设计方案以图纸、报告的形式输出，为实际施工提供指导。

（三）地震采集施工

1. 工区踏勘

在编写施工设计前，应对工区进行详细踏勘，编写工区踏勘报告，分析和评估工区主要施工风险和难点，给出具体措施和建议。

2. 施工设计

施工设计主要内容包括：工区概况、地震地质条件、资料品质现状、地质任务、技术指标、测线（束）布置、工作量、野外采集参数论证、拟定采集方案、试验方案、主要施工设备、施工质量指标、HSE管理要求、施工进度安排和要求等。

3. 施工前验收

所有在用的勘探设备都应按相关的技术标准和要求取得合格检测记录或检定合格证后，方可进行试验和投入生产（人员、设备）。

4. 测量工作

(1) 所有物理点应实测坐标与高程，并按规定提供测量成果。
(2) 放样的接收点和激发点应设立明显、牢靠的标志。
(3) 测站应有牢固的标识标明位置。
(4) 每测量一条测线后应及时进行室内处理，并检查测量成果和设计相符情况。检查每条（束）测线施测精度（如物理点复测率、点距限差、道距限差、交点限差等）是否达到标准要求，检查测量原始数据（如均方根差、基线解的类型等）指标是否符合标准要求，及时提交测量成果，绘制详细的地形地物平面草图。

5．激发工作

（1）应按测量设置的激发点位置施工，确保位置准确。

（2）遇特殊地形、地物不能按规定位置施工，应及时上报施工组或有关人员。

（3）激发参数应符合设计规定或试验后确定的参数。

（4）当激发点连续空点较多时，致使总覆盖次数低于设计覆盖次数四分之三时，应及时进行补炮或变观。

（5）使用节点地震仪器采集时，应记录激发点 TB 时间，时间精度达到微秒级。

6．接收工作

（1）地震仪器及辅助设备应进行年检、月检及日检。

（2）开工前应对数据采集系统进行极性检查，极性统一规定为初至下跳（记录为负数）。

（3）同一工区或至少同一条测线的记录因素应保持相同。

（4）采用多台仪器联机工作时，应确保各台仪器的时间同步。

（5）激发前应检查电缆和检波器的通断、绝缘、道序及警戒等情况。

（6）每日开工前，应至少记录一张环境噪声记录。

（7）应做好地震电缆和各种检波器串的日常维护，修理后的电缆线和检波器串进行测试，经检查合格后方可投入使用。地震电缆线型号统一或性能指标一致（水陆交互带除外）。

（8）可控震源高效采集施工中，有线仪器应满足要求如下：

① 应能实时监控记录的噪声道、频率、能量等指标。

② 应能实时监控可控震源的平均相位、峰值相位、平均出力、峰值出力、平均畸变、峰值畸变等指标。

7．近地表调查工作

1）小折射法要求

（1）接收方式采用单点接收，检波器与地面耦合良好。

（2）排列宜布设在平坦地段，排列内相对高差小于 2m。

（3）炸药震源激发时激发深度不大于 0.5m。

（4）室内进行解释时，时距曲线按线性规律分段拟合。拟合时距曲线时不应出现丢层、多层现象，互换时间差应小于 10ms。

2）微测井法要求

（1）地面接收微测井：激发源应与井壁耦合良好，激发位置准确；激发参数的选择应保证初至清晰、起跳干脆；激发顺序由深至浅依次激发。

（2）井中接收微测井：检波器应采用推靠装置或埋井方式，保证耦合良好，检波器位置准确；激发参数的选择应保证初至清晰、起跳干脆。

3）层析反演法要求

（1）激发参数的选择应保证初至清晰、起跳干脆。采用炸药激发时激发深度为 0.5~6m，激发深度应保持一致。

（2）初始速度模型可采用速度纵向连续变化的梯度模型，或采用其他方法建立初始速度模型。

（3）网格面元横向距离（即横向采样间隔）的选取宜与道距相等；纵向距离（即纵向采样间隔）要视层析反演区域内低速层、降速层的深度即横向分布而定，低速层、降速层较厚的区域宜选择 10~20m，盆地边缘的山前戈壁区宜选择 5m。

（4）模型深度应大于射线追踪的最大深度。

8. 现场处理工作

现场处理员开工前要熟悉工区的地质情况和地质任务，了解主要目的层的波组特征、地质现象及叠加速度分布规律。现场处理内容主要包括：

（1）地震仪月检、年检的相关资料分析。

（2）地震仪器系统极性检验。

（3）采集方法试验资料处理：

① 试验点：近地表条件变化剧烈的地区，宜先恢复反射波双曲线形态；干扰波发育地区，应选取适当去噪方法，对影响目的层的干扰进行衰减；对目的层主频（频宽）有特殊要求的项目，可选择反褶积等提高分辨率处理的方法，提高主频及拓展频带后再进行试验点分析。分析内容一般包含：（固定或自动）增益显示，分频扫描（低通滤波、高通滤波、带通滤波），频谱分析，能量估算和信噪比估算。

② 试验线：应对不同采集参数、观测系统参数进行叠加剖面及信噪比、频谱等对比。

③ 定量分析所需要的特殊处理要求。

（4）正式施工的现场处理：

① 检查观测系统正确性。

② 二维施工时，全部测线提交叠加剖面；三维施工时，至少每隔半个排列片宽度提交一条 CMP 线的叠加剖面。

③ 有频率或分辨率的技术要求时，应进行单炮记录的带通滤波等分析。

④ 采用节点仪器施工时，宜在共检波点道集上进行质量控制。

⑤ 根据设计要求进行其他处理分析。

二、地震采集质量控制

（1）资料采集工作开始前应对参与采集的主要设备和计量器具按国家标准、行业标准和出厂说明书中规定的技术指标和检验项目进行测试，各项指标应符合要求。

（2）在资料采集过程中，对所有生产炮的单炮数据的质量进行检验。

（3）在资料采集过程中，对各工序的施工质量应进行定期检查和抽检。

（4）每个施工阶段结束后，应对施工质量进行小结和评价。

三、地震资料整理

整理的资料包括地震仪器班报和辅助数据电子文档、数据磁带和其他资料等。

以上是地震资料采集过程的简述，在本书后续的内容中，将对采集流程做详细叙述。

第二章　地震观测系统设计

在地震数据采集之前，需要对勘探区域的地形地貌、以往地震资料特征和地质任务要求等进行详细分析，结合现有采集设备能力、投资成本可控等前提下尽最大努力满足资料处理对采集的需求，形成合理可靠、经济可行的地震采集技术方案，这一过程称为地震观测系统设计。

第一节　地震观测系统设计前期工作

一、观测系统设计的预备知识

（一）理解勘探地质目标

三维地震采集设计者应当熟知地震勘探目的，这些可以简单地归纳为以下几类：

（1）构造解释。

（2）地层解释。

（3）储层描述，如孔隙度、孔隙充填物、裂缝方位等。

（4）地下目标随时间推移的变化。

（二）建立地质与地球物理关系

地震采集项目确定后，需要结合地震部署情况对地质任务进行解译和理解，得到地质和地球物理问题的对应关系，因此，在地震观测系统设计之前应明确以下几方面：

（1）完整单次覆盖的最浅层位（用于静校正）的时间深度。

（2）最浅成图层位、最深目的层、主要目的层等的时间深度。

（3）关注层位上所需的最小分辨率和可实现的最高频率，以及这些层位的最陡倾角。

（4）有代表性的切除函数，有代表性的速度函数（如果横向上有很强的速度变化则需要几个速度函数）。

（5）原始炮记录特征及噪声分布特征（多次波、散射波、面波等）。

（6）可解释的区域，以及解释过的地震剖面。

（7）地表、地形、地貌以及障碍物等条件。

（8）对于复杂地质情况还需要构造模型。

通过明确以上的地球物理信息，结合地质目标问题，从而使地震观测系统设计更具针对性。

二、基础资料分析

（一）基础资料收集

1. 自然人文地理资料

（1）自然地理情况：地形、河流、湖泊、水网、地表覆盖物类型、植被分布范围等。

（2）人文地理情况：城市规划图、行政区划分、村庄、道路、铁路、通信电缆、工业电网、风力发电分布、太阳能发电设施、水利设施、工业建筑、地下设施、文物古迹、民族风俗等。

（3）气象资料：最高温度、最低温度、平均温度；年降雨量及降雨季节、风季及风的强度、暴雨与雷电或沙暴发生的季节和频度；潮汐、水深变化、禁渔期；有效的勘探作业时间、最佳的勘探作业时间等。

通过对自然地理、人文地理资料的分析，可以为装备选择和配备提供依据，同时，可以确定施工的最佳时间窗口和作业顺序。

2. 测绘资料

（1）工区精确坐标位置，以及大比例尺地形图、数字地形图、行政交通图、卫星遥感图片、航空照片等。

（2）工区内 GNSS（Global Navigation Satellites System）控制点成果及大地坐标系。

根据这些测绘资料可以提前进行测网部署，模拟设计，对保证障碍物区的特殊观测设计效果有较大的作用。

3. 地质资料

（1）勘探部署图、区域构造、地层、岩性及地面地质图。

（2）主要钻井、岩性综合柱状图。

（3）目的层段分布及含油气情况。

（4）地震勘探成果报告等。

通过分析地质资料，可以了解工区的总体构造特征，对地震资料总体情况及变化规律有一个宏观的认识，能够清楚地了解地震观测系统设计的重点层位、重点区域。

4. 地球物理资料

（1）表层资料：表层岩性、结构、速度、厚度、潜水面及其他水文资料，小折射、微测井、地质露头、卫星遥感数据、航空照片及以往静校正数据库资料等。

（2）干扰波资料：各种干扰波类型、速度、频率、波长、分布的范围及能量变化情况等以及环境噪声情况（城镇、厂矿、大型机械施工、各类电磁信号干扰等）。

（3）以往地震资料：地震测线位置图，试验资料及不同地震地质条件下的典型单炮记录，典型的水平叠加和偏移剖面及资料处理流程及主要参数。

（4）以往勘探成果：主要测线的水平叠加及偏移剖面；主要目的层的等 T0 图、构造图及资料品质图；有关工区的地震采集、处理、解释成果等物探技术报告。

（5）VSP 及非地震资料：VSP 成果资料（含速度资料、走廊叠加记录、上下行波场资料等）；重力、电法、磁法等非地震勘探资料等。

（6）测井资料：主要有密度、自然电位、自然伽马、速度、电阻率、全波测井等资料。

通过对上述资料的收集分析，了解工区以往地震采集方法、资料品质情况和以往资料存在的问题或不足，初步制定地震采集的对策。

5. 其他相关资料

根据地震采集项目需要，采集技术设计前收集的其他有关资料包括：

（1）相关技术标准、规范及要求，工区所在地的勘探补偿政策、与施工有关的安全环保规定及相关要求。

（2）生态保护区、生态红线等区域范围。

（3）工区检波点禁止布设区域，民爆物品禁止使用区域和可控震源禁止进入区域。

（二）以往资料品质分析

1. 参数分析

分析以往的采集方法（如观测系统、覆盖次数、激发参数、接收参数等），研究所采用的采集方法是否适合工区新的地质任务要求。根据收集的基础资料，对以往的采集方法主要从以下几方面进行分析。

观测系统：道距、排列长度、接收道数、覆盖次数；

激发：激发方式、激发参数；

接收：检波器类型、接收方式；

静校正：表层调查成果、静校正方法及静校正成果；

采集效果：以往生产单炮、最终成果剖面。

通过以上分析，总结出该区以往采集方法的优点及不足。结合地质任务、质量指标及目前的勘探水平，从激发、接收和静校正等方面提出地震观测系统设计可能存在的技术难点。

2. 品质分析

在工区内选取典型剖面和有代表性的原始资料进行品质分析，根据资料品质的变化规律和分布特征，研究资料品质变化与地表、地下地震地质条件变化之间的关系，分析可能影响资料品质的原因（如地表、表层结构、干扰波特征、地表环境和地下构造等）。综合干扰波发育情况、地震地质条件、以往采集方法、以往剖面和原始资料等，绘制以往资料品质图。

3. 物理参数分析

根据所掌握的资料，全面分析表层条件、深层地震地质条件，获取探区的地球物理参数。主要分析数据如下：

（1）干扰波分析：常规干扰波的类型、速度、频率、波长、方向特性分析；次生干扰源的特性分析（影响范围、强度等）。

（2）原始单炮资料分析：频率特征、波组特征（能量强弱变化、连续性）。

（3）剖面特征分析：浅层、中层、深层资料是否齐全；波组特征（能量强弱变化、连续性）；剖面信噪比及分辨率情况；频谱分析。

（4）建立表层模型：通过近地表结构调查和分析以往近地表相关资料，建立低降速带模型。

（5）建立地质模型：结合钻井、测井及地震资料建立二维或三维地质模型，并提供地球物理主要参数，包括主要地震反射层位埋深、T_0 时、倾角、主频、层速度、均方根速度、平均速度、地层密度、信噪比等。

（6）分辨率分析：勘探目标要求的纵向、横向分辨率。

通过地球物理参数分析，根据工区内地质构造特征、表层结构特点以及典型剖面和有代表性的原始资料以及资料品质图进行分析，提出以往采集方法存在的不足以及地震采集难点，并建立目的层的深度、双程旅行时、最大倾角、层速度、平均速度、均方根速度、主要反射目的层主频、最高频率、地层厚度、地质体单元的最小宽度等地球物理参数模型，为地震观测系统设计提供依据。

三、工区踏勘

工区踏勘是地震观测系统设计的一项基础环节，根据地质任务及地震采集、处理、解释的需求，地震观测系统设计前，需要对工区进行全面踏勘，包括地形地貌、水文、气候、障碍物分布、表层结构等，分析地震工区的可实施性，编写踏勘报告，主要为地震观测系统设计指明方向，也为项目运作提供基础信息保障。

（一）踏勘范围标注

依据给定的工区范围（或从部署图上提取坐标），在地形图、卫星遥感图、构造图等有关图件上标注踏勘边界范围。然后对踏勘区域的地形地貌、表层岩性、低降速带、地质露头情况等进行分析确定踏勘工作的重点。

（二）踏勘组织

根据地质任务、勘探部署和技术要求，及时成立踏勘小组。踏勘小组应包括物探、测量、钻井、生产管理等人员。踏勘前的准备工作主要包括：

（1）确定踏勘的具体目的和任务；以地形图或高清地理影像数据为基础详细策划，并确定踏勘路线。

（2）准备必要的装备，主要包括：地形图、卫星遥感图、GNSS 导航定位设备、照相机、无人机、越野车、钻机等。

（三）踏勘目的

（1）通过高精度航拍或高清遥感数据对勘探工区范围的地形、地表条件及现有测量控制点情况进行详细实地踏勘，确认不同地形地貌的分布范围及比例，并了解工区内地表出露地层分布范围、出露地层岩性及含水性，掌握钻井、激发、检波器埋置等条件。

（2）了解工区内城镇、铁路、隧道、管线、高压输电线、农作物分布、森林覆盖区分布、水库、河流、作业区水深/水速、自然保护区、军事要地、文物古迹、气候状况等分布位置和数量，确定工区所有的障碍物类型、干扰强度、干扰范围评估，明确工农协调及技术设计工作重点。

（3）对于西部复杂山地区域，根据踏勘情况要详细划分推修路区域、施工难易分区及井震分区等情况，明确推路、修路的工作量，明确激发分区以及炮检点布设难易程度范围。

（4）了解工区内水源地、动植物保护、安保、社区情况、民爆物品存放、疫病风险及地方部门对环境保护和安全生产的要求等，掌握工区内存在的采集质量和HSE风险等内外部风险点源，以及周边社会依托，优选营地、水电等生产组织支撑保障来源。

（四）踏勘报告

将踏勘的成果进行汇总整理，编写踏勘报告。踏勘报告编写内容主要包括踏勘简述、地表特征描述、影响地震采集因素分析。

1. 踏勘简述

踏勘简述主要包括踏勘目的、踏勘时间、参加人员、交通方式，并绘制踏勘路线图。

2. 地表特征描述

根据工区地表特征完成地表分区，绘制踏勘草图、岩性分区图和激发分区图，并标明踏勘所得的各种信息。特别要标明已经变化了的实际状况与原地形图和前期收集到的资料不一致的地方与内容。地表特征描述应包括：地表海拔高度、起伏情况、植被、障碍物分布情况、地下电缆、管线分布情况等内容。并根据不同的地表类型，有所侧重地进行描述。

山地：出露地层岩性、复杂地表的陡缓度（坡度）、风化程度、山洪记录等；

平原：地表岩性、村庄、农田及潜水面深度；

沼泽：面积、水深、大小是否随季节变化、植被种类及密度等；

沙漠：沙漠种类、最高地表温度等；

戈壁：砾石的大小、胶结程度、砾石层的厚度和速度及含水程度等；

滩海：盐田、卤池、养殖区、滩涂类型、水深、潮汐等。

3. 影响地震采集因素分析

根据资料收集及工区踏勘情况，分析和评估可能影响地震观测系统设计的因素。主要分析的因素包括：

（1）根据工区的障碍物（文物古迹、桥梁、水系、工业电网、地下设施、公路、油区的分布状况及其他基础设施等），分析炮检点变观范围对炮检点布设和覆盖次数均匀性的影响。

（2）根据工区噪声源（居民区、工业区、油田、井场、矿区、道路、港口、码头等）的分布情况，分析噪声分布特征，为后续施工提供环境噪声控制依据。

（3）根据工区的气候条件制定合理的地震采集施工时间窗口。

（4）根据工区地震地质情况（包括地表植被、地表岩性、地形地物、地形坡度、地下构造等），分析对炮检点布设的影响，为优化技术设计提供参考。

通过对上述资料的了解、掌握、分析，找出可能遇到的问题，对各种前期风险进行评估，并制定相应的对策，为合理确定地震采集设计方案提供参考，同时为预算项目费用提供依据。

第二节　二维地震观测系统设计

一、二维观测系统的基本概念

二维观测系统是指激发点与接收点位于同一（或几条）直线上，其获得的地震信息为该条线之下或者附近的信息的观测系统。有时由于地表的特殊性，激发点和接收点不是分布在一条直线上，而是分布在一条折线上或一条弯线上，其分别称为折线或弯线观测系统。有时由于压制干扰波的需要，采用相互平行的小线距的几条排列线接收，这种观测系统称为宽线观测系统。无论是折线、弯线还是宽线观测系统所获取的地震资料严格意义上并非一条线下的地质信息，但是在地震资料处理中一般只能处理出一条线下的地质信息，因此，通常将它们仍划属二维观测系统的范畴。

二维观测系统的主要术语是：道距、炮点距、CMP 点距、最小炮检距、最大炮检距、仪器接收道数、覆盖次数。

(1) 道距：两个相邻接收点之间的距离。
(2) 炮点距：两个相邻激发点之间的距离。
(3) CMP 点距：相邻两个共中心点之间距离，一般为道距的一半。
(4) 最小炮检距：激发点到最近接收点之间的距离。
(5) 最大炮检距：激发点到最远接收点之间的距离。
(6) 接收道数：一个点激发时，地震仪器同时记录的有效道数。
(7) 覆盖次数：一个共中心点上重复观测的次数。

二维观测系统可以用图示方式将炮点、检波点、CMP 点距和覆盖次数联系起来，用观测系统图直观地看出不同位置的覆盖次数分布情况；也可以看出不同线的含义，主要包括共中心点线、共炮检距线、共接收点线和共炮点线（图 2-1），图中 R 表示检波点，S 表示炮点。

二、二维地震设计原则

二维地震测线设计遵循原则如下：

(1) 地震测线应根据地质任务要求，按区域地质单元进行整体规划。一般采取先部署骨干测网，然后逐步加密。
(2) 主测线应垂直构造走向。
(3) 测线原则上按直线布置；无法按直线布置时，可按折线布置；无法按折线布置时，采用弯线布置；勘探区域内有探井时，宜部署过井测线。
(4) 相邻工区、不同年度、不同野外采集方法的两条测线连接时，其接点应在各自的满覆盖段内；目标勘探阶段应注意地震测线方位对地质效果的影响。

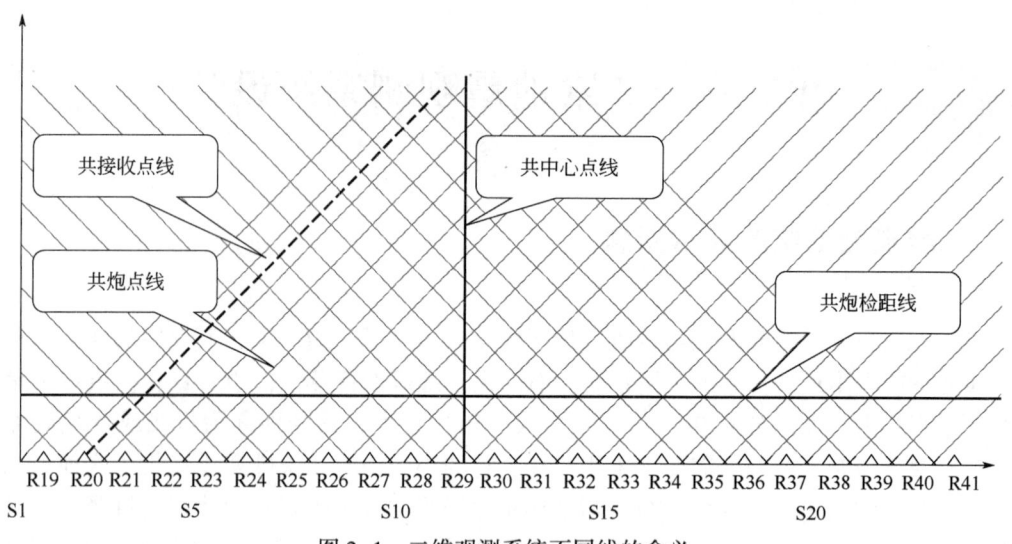

图 2-1 二维观测系统不同线的含义

（5）根据卫星遥感影像数据（DSM、DOM 数据）或其他地形资料（如：DEM 数据）结合实地踏勘情况进行选线。二维炮点距为道距的整数倍或者整分数之一。

（6）中点激发时，纵向覆盖次数一般不设计为奇数。

三、二维地震测线命名及表述

（一）二维地震测线命名

（1）测线的命名应由测线所在地区、施工年份和测线编号三部分组成。测线编号由西向东、由南向北递增，在规则测网情况下，测线编号单位宜采用千米。命名形式举例如下："QY2003—356.5"，"QY" 为某地区名拼音的头一个字母组合，由 1~4 个字母组成；"2003" 为施工年份，由 4 个阿拉伯数字组成；"356.5" 为测线编号，由 2~7 个字符组成。对于宽线，宜在线号后加标识明示。

（2）测线桩号编排由西向东、由南向北递增，以千米为单位。两条测线交点桩号相互与线号对应。

（3）测线坐标为 2000 国家大地坐标系，并且标注工区测线起点计算坐标。

（二）二维地震测线表述

二维地震测线表述应反映道距（ΔX）、最小炮检距（X_{min}）、最大炮检距（X_{max}）等主要观测参数和炮点、检波点的相对位置。宜表述为：

单边放炮：大号放炮 "X_{max}-X_{min}-ΔX" 或小号放炮 "ΔX-X_{min}-X_{max}"。

示例：大号放炮 "6075-125-50" 或小号放炮 "50-125-6075"。

中间放炮："X_{max}-X_{min}-ΔX-X_{min}-X_{max}"。

示例："6075-125-50-125-6075"。

四、二维观测系统参数设计

（一）频率分析

1. 垂向分辨率

通常认为反射地震记录是地震子波经一系列地震反射界面反射后叠合而成，因此，对于顶底反射界面的到达时差大于子波延续长度的较厚地层，很容易利用反射记录识别其顶底反射界面，但实际上绝大部分情况并非如此。当地层较薄时，其顶底反射界面产生的相邻两个反射子波肯定彼此重叠从而影响对地层的分辨。垂向分辨率就是分辨薄层顶底反射的能力，即可分辨时的顶底反射界面时间差。

根据地质任务或储层的厚度，确定要保护反射波的最高频率。对垂向分辨率而言，地震波分辨率为地震波长的1/4。即：

$$D_r = V_{int}/(4F_{max}) \tag{2-1}$$

式中 D_r——纵向分辨率，m；
V_{int}——目的层层速度，m/s；
F_{max}——目的层最大频率，Hz。

对不考虑噪声影响的情况下分辨率的极限问题，一些学者提出了不同的见解，主要有以下几种，其中 λ 表示子波的视主周期或视主波长：

Rayleigh 准则：当两个相邻子波的时差大于或等于子波的半个视周期，则两个子波是可分辨的，否则是不可分辨的。半个视周期是指子波的主极值与相邻反符号次极值的时间间隔。

Ricker 准则：当两个相邻子波的时差大于或等于子波主极值两侧的两个最大陡度点的间距时，这两个子波可分辨，否则是不可分辨的。

Widess 准则：当两个极性相反的子波到达时差小于1/4视周期时，合成波形非常接近于子波的时间倒数，极值位置不能反映到达时差，两个异号极值的间距始终等于子波的1/2周期。尽管此时合成波形的时差不能分辨薄层，但合成波形的幅度与时差近似为正比，利用振幅信息可解释薄层厚度。由于所获取地震波的双程时差，因此薄层厚度在 $\lambda/8 \sim \lambda/4$，可利用调谐振幅识别薄层。

从上述分辨率准则可以看出，不同准则虽有区别，但相差不大，基本是将子波的1/2视周期的时差作为两个子波波形可分辨的极限值。两个子波时差在1/4~1/2视周期时，从波形角度难以分辨，但可以通过振幅值的变化进行估算。

垂向分辨率主要是分辨地层的厚度，对于一个地层而言，上下反射界面的时差是由双程时形成的，因此从波形解释的角度可分辨地层厚度的极限就是 $\lambda/4$，在地层尖灭的位置，可以利用振幅的变化预测厚度的变化，但极限是 $\lambda/8$。

2. 横向分辨率

地震资料在水平方向上所能分辨的最小地质体或地质异常的尺寸称为横向分辨率或空间分辨率。它与地震波的频带宽度、主频、子波类型、信噪比等性质密切相关，也与采样率、资料处理方法有关。但在横向分辨率的定义上还存在不同的认识，由此也产生了不同的计算方法。传统的横向分辨率的定义是指分辨地质体大小或两个地质体距离的能力，用菲涅尔带的大小来计算；另一定义是横向上分辨反射界面间隔的能力，用横向波数来计算。

对横向分辨率而言，两个绕射点的距离若小于最高频率的一个空间波长，它们就不能分开。因此，最高频率的一个空间波长可定义为横向分辨率。即：

$$H_r = v_{int}/F_{max} \tag{2-2}$$

式中　H_r——横向分辨率，m；

v_{int}——目标层的上一层的速度，m/s；

F_{max}——目的层最大频率，Hz。

尽管偏移被公认是提高空间分辨率的有效手段，但对其作用的机理也有不同的观点。有人认为偏移可缩小菲涅尔带的大小，所以提高了横向分辨率；另一种观点认为偏移是通过压缩水平方向的空间子波达到提高横向分辨率的效果；还有人认为可用绕射波归位后水平方向子波的波数来衡量横向分辨率。

正像用 $\lambda/4$ 作为纵向分辨率的极限一样，用菲涅尔带作为横向分辨率的极限不一定很严格，但作为一个统一的参考标准，用菲涅尔带衡量横向分辨能力还是合理的。用菲涅尔带作为横向分辨率的极限，表明当一个地质体小于一个菲涅尔带时就很难确定它的尺寸。如图 2-2 所示，如果地质体的宽度比第一菲涅尔带小，则该反射表现出与点绕射相似的特征，故无法识别地质体的实际大小，只有当地质体的延续度大于第一菲涅尔带时，才能分辨其边界。当然由于信噪比和地下构造等方面的差异，可识别的地质体的大小或间隔也可能突破这一极限，也可能达不到这一极限。

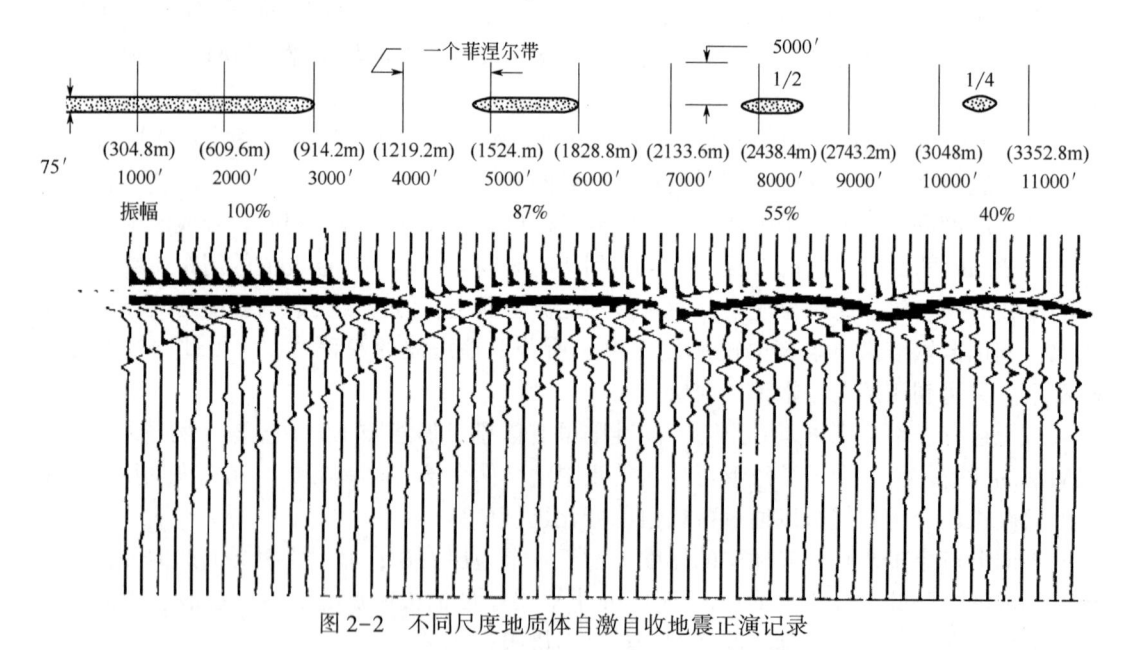

图 2-2　不同尺度地质体自激自收地震正演记录

按照菲涅尔带准则，对于零偏移距的自激自收剖面（即叠加剖面），视波长为 λ 的子波在深度为 h 的反射界面上的菲涅尔带半径为：

$$r_1 = \sqrt{\left(h+\frac{\lambda}{4}\right)^2 - h^2} \tag{2-3}$$

当子波的波长 λ 远小于地层的垂直深度 h 时，横向分辨率一般由第一菲涅尔带的大小决定：

$$r_1 \approx \sqrt{\frac{h\lambda}{2}} = \frac{v}{2}\sqrt{\frac{t_0}{f}} \tag{2-4}$$

式中　v——反射界面以上介质的平均速度，m/s；

　　　h——反射界面深度，m；

　　　t_0——双程反射时间，s；

　　　f——地震波的主频，Hz；

　　　λ——波长，m。

上式说明，除频率因素外，横向分辨率还与地层的速度和深度有关，速度越大分辨率越低，深度越大分辨率也越低。

上面的式(2-4)只能用于计算叠加剖面上较深反射层的菲涅尔带半径，不能用于计算偏移剖面上的空间分辨率。对偏移剖面来说，由于偏移过程是使波场不断向下延拓，直到 $t=0$ 为止，即使之接近地质体，所以菲涅尔带变小，因此偏移是提高横向分辨率的有效方法。当 0 点延拓到反射界面上时，即当 $h=0$ 时，由式(2-4)可得：

$$r_1 = \lambda/4 \tag{2-5}$$

这说明在偏移剖面上，菲涅尔带的半径为反射波的 1/4 波长，和通常的纵向分辨率相同。一般认为横向分辨率是菲涅尔带的直径，所以在理想情况偏移剖面上的空间分辨率应是 $\lambda/2$，这也表明地震子波的主频直接影响空间分辨率。

尽管从理论上讲，偏移后菲涅尔带半径为零，即偏移剖面的横向分辨率可以任意高，实际上是达不到的，偏移效果的好坏不但受到横向采样间隔（道距）、偏移速度、信噪比、算法的精度等因素的影响，而且受到垂向分辨率的限制。当仅考虑垂向分辨率影响时，横向分辨率与垂向分辨率有以下关系：

$$\Delta H = \frac{\Delta Z}{\sin\alpha} \tag{2-6}$$

式中　ΔH——横向分辨率；

　　　ΔZ——垂向分辨率；

　　　α——偏移角。

无论如何，横向分辨率不可能小于道距，因此，对横向分辨率的追求必然引起对小面元的要求。

（二）覆盖次数

覆盖次数的选择由地震资料的信噪比决定，而地震资料信噪比受地质目标体的复杂程度、表层地震地质条件、激发和接收条件、静校正等多种因素影响，在实际操作中无法通过这些影响因素来定量分析或推断覆盖次数的大小。因此覆盖次数的选择一般遵循以下原则：

(1) 覆盖次数的选择应能充分压制各种随机干扰（次生干扰、随机噪声和环境噪声等），增加目的层的反射能量，从而提高资料的信噪比，拓宽优势频率；根据工区内地震地质条件分析单炮信噪比的情况，对于低信噪比地区一般采用较高的覆盖次数；对高信噪比地区，采用较低的覆盖次数。同时，还要重点考虑主要目的层频带范围内高频端的信噪比要求。

（2）通常情况下，地震资料的信噪比随着覆盖次数的增加而提高，当覆盖次数增加到某个水平时，再继续增加覆盖次数，信噪比的提高并不明显，其生产成本却随之猛增；在确定覆盖次数时要考虑地质任务的需要，在质量要求与生产成本间选择一个平衡点，确定合理的覆盖次数。

（3）根据地质任务要求，通常可对以往二维地震资料进行覆盖次数分析，通过抽炮、相邻道组合等方法处理出不同覆盖次数的剖面，分析以往不同覆盖次数的剖面信噪比，选择合适的覆盖次数。

（4）在新勘探区域，可以根据地下构造的复杂程度，借鉴相类似的地区覆盖次数进行针对性试验；或者进行探索性地震采集，可以适当将覆盖系数设计高一些，便于资料的分析对比，为下一步确定观测系统提供基础资料。

（5）当观测系统固定时，覆盖次数与炮点距成反比，覆盖次数低，炮点距较大；覆盖次数高，炮点距变小，最高覆盖次数一般不超过接收道数的1/2。提高覆盖次数的途径一般有两个：一是减小炮点距或道距，二是增加接收道数。

二维覆盖次数计算公式：

$$N_{\text{fold}} = \frac{N \times S}{2d} \tag{2-7}$$

式中　N_{fold}——覆盖次数；
　　　N——观测系统接收道数；
　　　d——炮点移动的道数；
　　　S——单边激发时等于1，双边或中间激发时等于2。

（三）道距

道距的选择要考虑满足空间采样、满足叠前偏移的要求。一般道距选择在横向上满足有效反射波的1/2波长，在纵向上满足有效反射波的1/4周期。在地震采集设计中，道距与最大炮检距、接收道数、覆盖次数等相关联，通常考虑几个基本约束条件：目标体尺度、最高无混叠频率、横向分辨率和绕射波能量收敛等。

1. 满足最高无混叠频率

根据采样定理，采样间隔Δt与谐波频率f必须满足一定关系$f \leq 1/2\Delta t$。如果这个条件不满足，就会产生假频现象。$f_N = 1/2\Delta t$为奈奎斯特频率，大于f_N的高频成分要加到低于f_N的范围（$-1/2\Delta t$，$1/2\Delta t$）上去，得到的频谱是一个假频谱，这种现象称为假频现象，这一过程称为频率混叠。

采样定理是在时间方向上讨论假频现象，要防止假频出现，一个周期内不能少于两个采样点。在空间方向上，可以依照上述讨论进行，如果要防止空间假波数的出现，在一个波长内至少要有2个采样点（图2-3），也就是说，CMP的大小，必须保证在一个波长内有2个以上的道。为防止空间假频现象的发生，要保证最小波长内至少有两个空间采样点，并且空间采样间隔要小于地质目标体的1/5，即满足反射波不出现空间假频法则：

$$\Delta x_2 = \frac{v_{\text{rms}}}{2f_{\text{max}} \sin\theta} \tag{2-8}$$

式中　Δx_2——道距大小；
　　　v_{rms}——均方根速度，m/s；
　　　f_{max}——有效波最高视频率，Hz；
　　　θ——地层倾角，(°)。

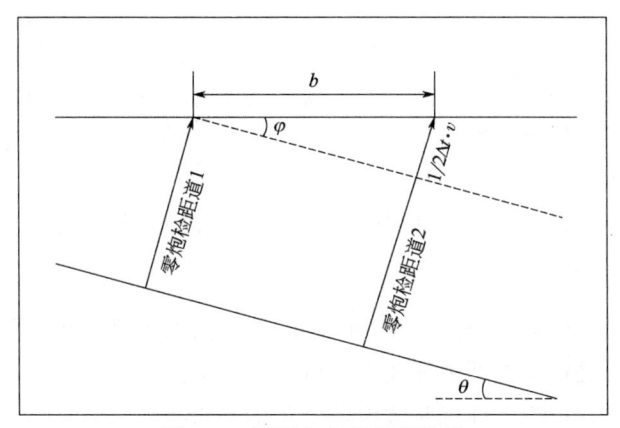

图 2-3　道距与空间假频关系

2. 防止产生偏移噪声

偏移过程会降低同相轴的频率（倾角越陡，偏移后频率越低）。偏移前的频率混叠，看起来很像特定算法偏移后的频散。选择道距大小要考虑到偏移后成功保持最高频率。

偏移后的道距和最高无混叠频率的关系公式与上面的公式相似，只要用 $\tan\theta$ 来取代 $\sin\theta$ 即可。

$$\Delta X_3 = V_{int}/(2f_{max}\tan\theta) \tag{2-9}$$

式中　ΔX_3——道距大小；
　　　V_{int}——均方根速度，m/s；
　　　f_{max}——有效波最高视频率，Hz；
　　　θ——地层倾角，(°)。

3. 满足绕射收敛

绕射收敛的偏移孔径一般为 30°，因此要满足 30° 的绕射波偏移成像时不产生偏移噪声，即满足：

$$\Delta X_4 = \frac{v_{rms}}{2f_{max}\sin 30°} \tag{2-10}$$

式中　ΔX_4——道距大小；
　　　v_{rms}——均方根速度，m/s；
　　　f_{max}——有效波最高视频率，Hz；
　　　30°——偏移时绕射收敛角度。

4. 基于剖面的道距选择

从地震剖面中量取倾角最大的道间时差，分析满足资料叠加对道距的要求，基本原则是相邻道时差小于半个周期。即：

$$\Delta X_5 \leqslant v_{\text{rms}} \times \Delta T/2 \tag{2-11}$$

式中　ΔX_5——道距大小；

　　　v_{rms}——均方根速度，m/s；

　　　ΔT——相邻道时差，s。

但是在实际中却没有如何定量来分析不同道距的选择依据，因此，可以利用波动方程的正演模拟和资料处理来分析这一问题。从模拟记录的F—K谱分析散射噪声的成像情况，避免因采样密度不足而导致的噪声空间假频，以免给去噪处理留下隐患。同样也没必要一味缩小道距，增加无意义的勘探成本。

以上的道距计算公式中，满足绕射收敛是道距设计的最关键公式。

（四）最大炮检距

最大炮检距的设计应考虑获得最深目的层的反射信息，保证同一面元内的叠加道有不同的炮检距分布，满足资料处理精细速度分析、动校正拉伸、目的层埋深、压制干扰波等要求，因此，最大炮检距的设计主要考虑以下几个方面因素。

1. 考虑目的层埋深

炮检距对偏移结果具有较大影响，加德纳等人于1974年曾经得出结论，若界面深度为 h，则波长为 λ 的脉冲，经偏移后脉冲波长变为：

$$\lambda' = \lambda \times \left(1 + \frac{x^2}{8h^2}\right) \tag{2-12}$$

若炮检距 x 等于界面深度 h，则展宽至 $1+1/8=1.125$ 倍，即频率降低了12.5%。根据动校正拉伸畸变公式可计算出，当炮检距 x 等于界面深度 h 时，动校正拉伸畸变率约为12%，即动校正后信号频率约为动校正前信号频率的88%。因此选择最大炮检距约等于最深目的层的深度，可使各反射点上纵波反射系数变化不大，振幅比较均匀等。因此，最大炮检距应近似等于目的层的埋深：

$$X_{\max} \approx H \tag{2-13}$$

式中　H——主要目的层埋深，m；

　　　$X_{\max}$——最大炮检距，m。

2. 考虑动校正拉伸的影响

最大炮检距满足动校正拉伸允许的最大排列长度，其关系如下式：

$$D = \frac{X^2}{2v^2 T_0^2} \times 100\% \tag{2-14}$$

式中　D——动校正拉伸百分比；

　　　X——最大炮检距，m；

　　　T_0——目的层双程反射时间，s；

　　　v——叠加速度，m/s。

3. 满足速度分析精度的要求

最大炮检距满足速度分析要求所需的炮检距，其关系如下式：

$$X = \sqrt{\frac{2T_0}{f_p\left[\frac{1}{v^2(1-k)^2} - \frac{1}{v^2}\right]}} \quad (2-15)$$

式中　X——最大排列长度，m；

k——速度分析精度 $\left(k = \frac{\Delta v}{v}\right)$；

v——均方根速度，m/s；

f_p——反射波主频，Hz；

T_0——目的层双程反射时间，s。

4. 满足识别多次波的要求

多次波的压制效果与动校正后的多次波的剩余时差有关，一般当最大剩余时差大于多次波周期的1.2倍时，可得到较好的压制，以此来估算最大炮检距，多次波最大炮检距 X_{max} 计算：

$$X_{max} \geq v_m v_p \left(\frac{2t_0 \Delta t_i}{v_p^2 - v_m^2}\right)^{\frac{1}{2}} \quad (2-16)$$

式中　Δt_i——多次波剩余时差，s；

t_0——一次波零炮检距双程旅行时，s；

v_m——多次波的传播速度，m/s；

v_p——一次波的传播速度，m/s。

5. 反射系数的稳定性

地震波入射波阻抗界面时，地震波将随入射角度的变化而发生不同程度的透射损失和反射损失，反射系数随着排列长度的变化而变化，因此设计接收排列长度时，需要考虑最佳接收范围。当反射界面入射角小于临界角时反射系数比较稳定。反射系数是根据佐普瑞兹（Zoeppritz）方程求解得到。实际操作中通过建立地球物理模型参数或反射界面参数，应用采集设计软件进行论证分析，来选择合适排列长度。

（五）附加段

施工测线应延长附加段以满足满覆盖处理的要求。对于单边激发观测系统，激发端延伸附加段计算公式和接收端延伸附加段计算公式如下：

$$激发端附加段长度 = (N-1)d + \frac{\Delta x}{2} \quad (2-17)$$

$$接收端附加段长度 = X_{max} - \frac{\Delta x}{2} - d \quad (2-18)$$

中间激发观测系统，应在两端延伸附加段，每端附加段计算公式如下：

$$中间激发附加段长度 = (0.5N-1)d + X_{max} + \frac{\Delta x}{2} \quad (2-19)$$

式中　X_{max}——最大炮检距，m；

N——覆盖次数；

Δx——道距，m；

d——炮点距，m。

（六）记录参数

记录参数设计包括：记录长度、采样率、记录格式、滤波方式、前放增益等内容。

记录长度：最深目的层反射 T_0 时间+绕射收敛时间+仪器延迟时间+最大偏移距动静校正时间。

采样率：采样频率必须至少是信号中最大频率的两倍，否则就不能从信号采样中恢复原始信号。根据工区内地震资料要保护的最高频率，同时要考虑资料处理的需要，以及地震仪器实现的可能性，选择采样率。

记录格式：要符合 SEG 的标准格式。根据不同的地震仪器选择不同记录格式，但要满足资料处理的格式要求。

滤波方式：通常采用线性相位滤波，保持数据的原始状态。

前方放增益：根据投入的地震仪器进行试验确定。

（七）弯线观测系统

1. 弯线应用条件

在激发和接收条件变化较大，信噪比差异大且可以在一定范围内选择不同激发接收点的地区，一般可以采用弯线观测系统来改善激发和接收条件，提高地震勘探的采集效果。当弯线采集时，地下 CMP 点必然存在离散，为保证面元内 CMP 点能同相叠加，必须限制 CMP 点的离散范围，一般从两个方面来考虑。

2. 满足绕射叠加

从绕射叠加的角度看，第一菲涅尔带内的绕射能量是相长的，因此允许的 CMP 点的最大离散范围可限定为第一菲涅尔带半径的两倍。通过下式计算第一菲涅尔带半径：

$$r=\sqrt{\frac{\lambda z}{2}+\frac{\lambda^2}{16}} \tag{2-20}$$

式中　z——目的层埋深，m；

　　　λ——反射波视波长，m；

　　　r——第一菲涅尔带半径，m。

当倾斜界面时：

$$R'=r\cos\alpha \tag{2-21}$$

式中　α——地层倾角；

　　　R'——界面倾斜的第一菲涅尔带半径，m。

CMP 点的离散程度与弯线的边长和弯曲测线的拐角大小有关，边长越长，拐角越大，CMP 点的离散程度就越大。经过推导，CMP 点的离散程度与弯线的边长和拐角的关系应该满足下式：

$$a=\arcsin\frac{2L}{d} \tag{2-22}$$

式中　L——离散度；

d——离散边长，m；

a——拐角，(°)。

离散度是指弯线实际共中心点位置与理论共中心点位置偏移量，离散边长是指弯线偏离点到测线的最大垂直距离，利用上面公式就可推导弯线的拐角和弯线长度大小。

CMP 点同相叠加的原则：

图 2-4 为面元叠加示意图，根据偏移离散后 CMP 点能够同相叠加的原则，即同一个面元内的地震波传播时差 $\Delta t \leqslant T/4$，这样在设计中必须限制炮点横向偏移量的大小。

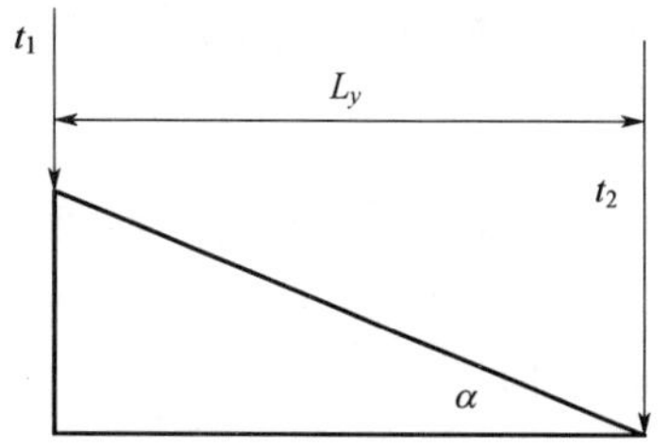

$$\Delta t = t_2 - t_1 = 2 \times L_y \times \tan\alpha / v_{rms} \tag{2-23}$$

图 2-4 面元叠加示意图

式中 Δt——同一个 CMP 面元内的地震波传播时差，s；

t_1——面元内最先到达的反射时间，s；

t_2——最后到达的反射时间，s；

α——目的层在横向上的视倾角，(°)；

L_y——面元的横向宽度，m；

v_{rms}——均方根速度，m/s。

要保证同相叠加：

$$2L_y \times \tan\alpha / v_{rms} \leqslant T/4 = 1/4f_{dom}$$

$$L_y \leqslant v_{rms}/8F_p\tan\alpha \tag{2-24}$$

（八）宽线观测系统

宽线地震采集方法是针对复杂地表区的强烈空间散射而形成的一种方法。这种方法是利用线束进行观测，炮点设在线束之外或者之内。最终是利用空间散射到达各条线上相同道号的时差，通过叠加压制空间散射。

宽线观测系统在地震资料处理时有两个方面的好处，一是可以利用横向上的叠加压制侧面散射干扰，突出有效信号的能量；二是利用横向面元组合叠加提高覆盖次数。

在宽线采集中，要求横向宽度（即最大线距）不小于横向干扰波的波长，同时还必须保证其地下垂直于测线方向的 CMP 面元宽度内的反射波能够同相叠加，要求满足最大线距产生的纵向反射波信号时差不大于信号周期的 1/4，也就是使面元宽度范围内的时差不大于目标层反射波周期的 1/4。

第三节 三维地震观测系统设计

地震波是在三维空间传播的，要解决复杂的空间地质目标体（薄储层、小断裂、岩性体等），三维地震勘探是必要的技术。三维地震观测系统设计是三维地震勘探的一个重要环节，在三维地震观测系统设计时，首先对三维观测系统基本参数（覆盖次数、面元、接收线距、最大炮检距、最大非纵距等）进行论证分析，同时要考虑地震资料处理和解释的需求，确保采集的资料质量利于资料的准确成像，地震资料各种属性能正确反映地下地质体的变化规律。因此，在三维观测系统设计上首先要保证面元内远炮检距、中炮检距、近炮检距分布要均匀，提高资料处理时速度分析精度；其次，观测系统方位角在全区分布较为均匀，有利于获得各个反射信息，对后续资料解释时进行储层预测较为有利；最后考虑有利于静校正量的耦合。综上所述，三维观测系统宜采用较小面元和较高的覆盖次数。

一、三维观测系统基本概念

三维观测系统炮点、检波点不是分布在一条直线上，而是分布在一个平面内（图2-5），并且炮点、检波点通过按一定规律在Inline和Crossline方向上的连续滚动获得一个平面下的地震信息。

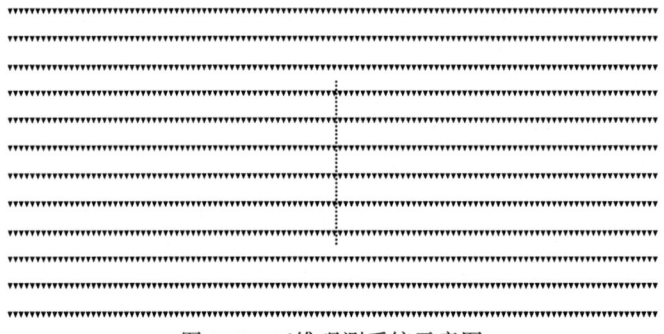

图2-5 三维观测系统示意图

三维观测系统的主要术语有：道距、接收线距、炮点距、炮线距、CMP面元尺寸、子区、排列片、最大最小炮检距、纵向最大炮检距、最大炮检距、最大纵距、最大非纵距、接收道数、覆盖密度、覆盖次数、横纵比。在二维观测系统中已经介绍的术语，这里不再重复介绍。

（1）接收线距：指两条相邻接收线之间的距离。

（2）炮点距：指同一炮线上两个相邻炮点之间的距离。

（3）炮线距：指两条相邻炮线之间的距离，在正交观测系统中炮线与接收线相互垂直。

（4）CMP面元尺寸：由Inline方向和Crossline方向上相邻共中心点围成的面积大小称为CMP面元尺寸。

（5）子区：由相邻两条接收线和相邻两条炮线围成的范围。

（6）排列片：一个炮点所占用的有效接收道数。

（7）最大最小炮检距：在一个子区内，不同CMP面元的最小炮检距是不同的，其中最大的最小炮检距称为最大最小炮检距（图2-6）。最大的最小炮检距求取方法如下：

（8）最大炮检距：在三维观测系统中，炮点到最远检波点的距离，称为最大炮检距。实际上，不同面元对应的最大炮检距又是不同的，因此，提出了最小最大炮检距的概念。

（9）观测方位：是指地震观测系统在地面接收到地震信息的范围。在三维地震勘探中，习惯用炮检距的横纵比来表述三维地震观测系统的方位角，一般认为横纵比的公式如下：

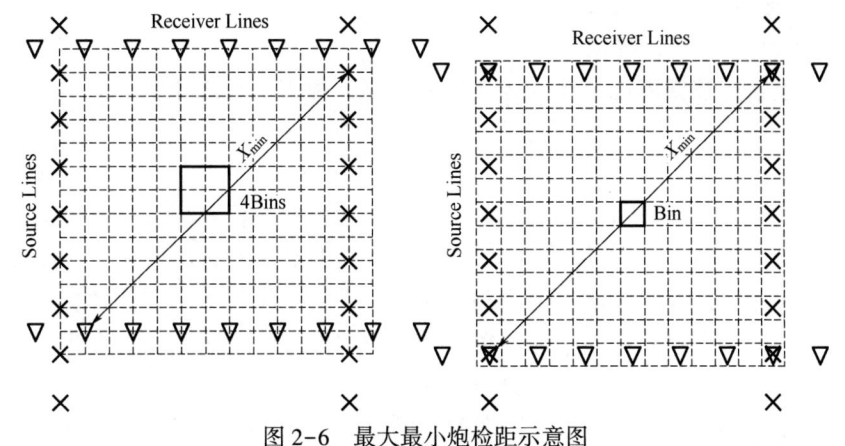

图 2-6 最大最小炮检距示意图

$$\gamma_t = L_{mco}/L_{mio} \tag{2-25}$$

式中 γ_t——横纵比；

L_{mio}——最大纵向炮检距（maximum inline offset），m；

L_{mco}——最大横向炮检距（maximum crossline offset），m。

三维观测系统示意图，如图 2-7 所示。

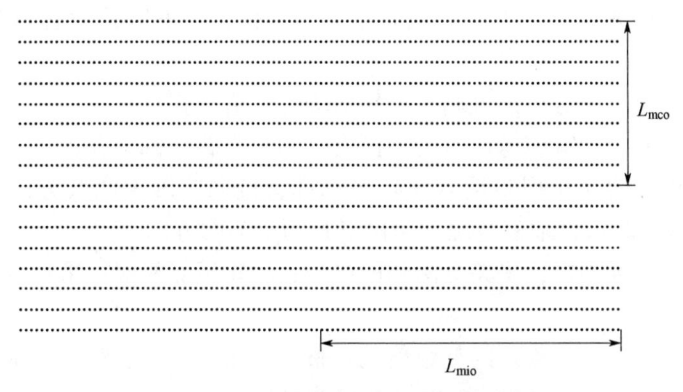

图 2-7 三维观测系统示意图

地震观测系统模板横纵比是描述三维观测方位宽窄的关键因素，也是常用的表达式。通常认为当排列片的横纵之比大于 0.5 时为宽方位地震观测系统，当排列片的横纵之比小于 0.5 时为窄方位地震观测系统。也有人进一步细化认为：当排列片的横纵之比小于 0.5 时为窄方位地震观测系统，当排列片的横纵之比在 0.5~0.6 时为中等方位地震观测系统，当排列片的横纵之比在 0.60~0.85 时为宽方位地震观测系统，当排列片的横纵之比在 0.85~1 时为全方位地震观测系统。

牟永光教授综合考虑了不同方向上的炮检距和覆盖次数的大小、排列片的接收方式等因素，提出的宽度系数概念，用于衡量三维地震观测的宽窄。宽度系数计算公式如下：

$$\gamma = \frac{\theta}{2\pi} \cdot (C_1\gamma_t + C_2\gamma_n) \tag{2-26}$$

式中 γ——三维观测宽度系数；

θ——半炮检线的张角，(°)；

γ_t——观测系统模板的横纵比；

γ_n——覆盖次数横纵比（横向覆盖次数与纵向覆盖次数之比）；

C_1、C_2——γ_t、γ_n 有关的系数。

$C_1<1$、$C_2<1$，且 $C_1+C_2=1$，一般情况下 $C_1=C_2=0.5$；同时约定：$\gamma<0.5$ 时为窄方位观测系统；$\gamma \geq 0.5$ 时为宽方位观测系统；$\gamma \geq 0.85$ 时为全方位观测系统。宽方位观测只有在炮点域、共检波点域、共中心点域的不同观测方向有足够的远炮检距、中炮检距、近炮检距且分布比较均匀，并且保证每个观测方向都有满足成像基本需要的覆盖次数，也就是说在每个方位的覆盖次数要足够高并且每个方位的炮检距分布比较均匀合理，才是真正意义的宽方位观测。因此，宽方位观测要与高密度相结合。

（10）覆盖次数：对三维地震采集来说，同一面元内的炮检对数量，称为覆盖次数。三维覆盖次数可分解纵向覆盖次数和横向覆盖次数。纵向覆盖次数与二维覆盖次数计算一样；横向覆盖次数一般为接收线数的 1/2。

二、三维地震设计原则

三维地震测网设计要求：

（1）根据地质任务要求，以区域地质单元为单位，一般采取整体部署、分步实施的原则。

（2）三维工区边界应尽可能规则，以矩形为宜，边界拐点尽可能少。

（3）三维工区的长、宽应考虑目的层深度、倾角及叠前偏移孔径。

（4）三维线束方向（排列布设方向）的选择宜按照二维主测线方向的选择原则，当采用全方位三维观测时依据地表情况和工区形状调整测网方向。

（5）两块三维工区相接，采集方法相同或相近时物理点相接；采集方法差别较大时应满覆盖相接。

（6）三维接收线距为炮点距的整数倍或者整分数之一；炮线距为道距的整数倍或者整分数之一；横向、纵向覆盖次数为整数（最好为偶数）；若采用细分观测系统，则不遵守上述设计原则。细分面元观测系统往往利用炮点距整数倍与接收线距的差值，实现横向面元边长，利用道距整数倍与炮线距的差值实现纵向面元边长。

三、点线的编排

接收线、激发线、接收点、激发点以及 CMP 点线按由西向东、由南向北递增的规则统一编排。线号、点号、线束号的编排要求如下：

（1）接收线、激发线线号最小范围应为 4 位数，最大范围不超过 10 位数，由阿拉伯数字组成，即"××××—××××××××××"。

（2）接收点号、激发点号编排可以是整数（最小范围应为 4 位数，最大范围不超过 7 位数，由阿拉伯数字组成，即"××××—×××××××"），也可以是整数+小数（小数部分最小范围应为 1 位数，最大范围不超过 2 位数，即"××××.×—×××××××.××"）。

(3) 三维地震线束号由施工地区、施工年度、施工工区代号和线束编号四部分组成。

(4) 测网坐标为 2000 国家大地坐标系,并且标注工区三维起点计算坐标。

示例:线束号"QY2021SW0001"。"QY"为工区名字的拼音首字母组合;"2021"为施工年度,由 4 个阿拉伯数字组成;"SW"为施工工区代号,由 2 位大写字母表示,以区分同一年度施工的其他三维项目,该施工工区同一年度无其他三维项目时,该代号为默认 SW;"0001"为线束号,由 4 个阿拉伯数字组成。

四、三维观测系统参数设计

(一) 频率分析

无论勘探目标是什么,最终都可归结为分辨率的要求,落实到地震数据上就是频率要求,根据地质目标的最高分辨率要求确定所需要的最高频率 f_{max},根据此参数设计观测系统就能基本完成地质任务。

对于水平分辨率所需要的最高频率为:

$$f_{H_{max}} = \frac{c}{2} \cdot \frac{v}{R_\alpha} \cdot \frac{1}{\sin\theta_{max} \cos i} \tag{2-27}$$

对于垂直分辨率所需要的最高频率为:

$$f_{V_{max}} = \frac{c}{2} \cdot \frac{v}{R_z} \cdot \frac{1}{\cos i} \tag{2-28}$$

式中 $f_{H_{max}}$——水平分辨率所需要的最高频率;

$f_{V_{max}}$——垂直分辨率所需要的最高频率;

i——地震波照射目标时的入射角,与炮检距有关,(°);

θ_{max}——炮检对的最大倾角,与偏移半径有关,(°);

c——常数,与处理或解释能力有关;

v——局部层速度,m/s。

选择 $\cos i = 0.9$ 近似对应于最大炮检距等于深度的准则,在确定最大炮检距时该准则常常当作为经验准则。$\theta_{max} = 30°$ 是一个好的折中值,它可以捕获大多数的绕射能量。然而,更陡的倾角要求更大的 θ_{max}。为了在有更高层速度的更深的反射层上得到同样的垂直分辨率需要更高的频率。垂直分辨率是两个紧靠在一起的同相轴的可分辨性,按照 Rayleigh 准则 c 取 0.715,此时对所需要的最高频率要求很高。在特殊的情况下,有可能得到比 c 取 0.715 更好的分辨率。如假设目的层的周围除了厚度外其他参数基本不变,因而可以把层位属性的任何变化都归因于厚度的变化。当检测在平缓反射层中的小断层时,就可能出现另一种这样的情况,在这些情况下可以使用 $c = 0.25$ 的参数(1/4 波长的分辨率)。

通过地震采集和处理得到的最高频率是可实现的最高频率,为了达到地质任务要求的分辨率,可实现的最高频率 f_{ach} 应该大于所需要的最高频率 f_{max}。通常,可实现的最高频率大于所需要的最高频率是理所当然的,但是,震源子波的频率成分常常会受到影响。因此,应该确定一些分辨率要求,如要解释的最小层厚度是什么,断层位置的横向精度应该是什么,然后比较所需要的最高频率与可实现的最高频率之间的关系。

（二）观测方向

观测方向的选择主要考虑以下内容：构造走向、断层倾向、地层倾角和岩性体发育方向。如果为全方位三维观测系统，或者是整体区块部署后局部的构造三维勘探，可以弱化或不考虑其观测方向。

（三）覆盖次数

三维覆盖次数的选择与前面二维覆盖次数选择原则一样，由地震资料的信噪比决定，但是三维覆盖次数与二维覆盖次数的计算公式区别比较大，在这里单独叙述：

$$三维覆盖次数 = 纵向覆盖次数 \times 横向覆盖次数 \tag{2-29}$$

纵向覆盖次数与二维覆盖次数计算公式一样。

横向覆盖次数计算比较复杂，通常可以用3种方法来描述：

（1）对于正交、直线型的三维观测系统，一般横向覆盖次数为接收线数的1/2。

（2）一些设计中，横向覆盖次数与接收线数相等；横向覆盖次数可以用下面公式计算：

$$横向覆盖次数 = N_r \times N_s / 2d \tag{2-30}$$

式中　N_r——接收线数；

　　　N_s——观测系统的炮点数；

　　　d——相邻束线横向滚动距离相当于炮点距数。

此公式适用于正交、直线型的三维观测系统。

（3）用 Z 变换法计算横向覆盖次数，适用于任意的规则三维观测系统。其按一维坐标轴写出炮点（S）、检波点（G）的位置方程，将炮点（S）、检波点（G）和共中心点（X）写成褶积形式：

$$S \times G = X \tag{2-31}$$

其 Z 变换公式为：

$$S(Z) \times G(Z) = X(Z) \tag{2-32}$$

式中　$S(Z)$——炮点（线）位置的 Z 变换多项式；

　　　$G(Z)$——检波点（线）位置的 Z 变换多项式；

　　　$X(Z)$——共中心点（CMP）位置的 Z 变换多项式。

Z 的指数分别表示炮点或检波点或CMP点至起始零点或起始零线（起始零点或起始零线可以是炮点、炮点线，也可以是接收点、接收点线，视实际观测系统而定）的相对位置；Z 的系数表示覆盖次数。公式（2-33）表示了炮点和检波点的分布形式与CMP点分布形式的关系。如已知任意2个参数的分布形式，即可求得第三者的分布形式。

$$第一束线：X_1(Z) = S_1(Z) \times G_1(Z) \tag{2-33}$$

施工第二束线时，是把第一束线及炮点顺移若干个距离单位。设移动 X 个地面距离单位（在实际生产中经常使用此种观测系统，以使其横向覆盖次数及CMP间隔均匀）。那么：

$$第二束线：X_2(Z) = S_2(Z) \times G_2(Z) \tag{2-34}$$

依次顺推下去，将横向滚动 n 次求和，得到横向CMP点的 Z 变换形式的计算公式：

$$\sum_{i-1}^{n} X_i(Z) = \frac{1-z^{2m \times n}}{1-z^{2m}} G_1(Z) \times S_1(Z) \qquad (2-35)$$

式中　i——束线序号；

　　　m——束线间滚动的距离单位；

　　　Z 的指数——CDP 或 CMP 的距离单位；

　　　n——滚动的线束数，n 一般选择观测系统接收线数的 1/2。

各项的系数就是横向覆盖次数分布，最大系数为横向覆盖次数；如果最大值不唯一，说明覆盖次数不均匀；如果横向炮点滚动距离与接收线不一致时，$2m$ 可以改写为 $m+k$ 的形式。

（四）覆盖密度

从充分采样原理可知，叠前偏移成像的效果取决于偏移孔径范围内叠前数据的数量，数据越多越有利于实现叠前数据的充分性。以往人们通常用面元尺度或覆盖次数单一参数的提升来说明地震采集设计方案的强化，这样很难说明地震采集设计方案的综合状况。国外有文献把面元尺度和覆盖次数统一为成像道密度，但常误导人们认为是排列片接收道的密度，为此将这种"道密度"也称覆盖密度。

从叠前偏移原理可知，把偏移孔径范围内所有的地震道数据按照各自的绕射轨迹归位到绕射点（成像点）位置，即完成一个绕射点的偏移归位。计算每一个成像点值所用的总样点数就是在所有共炮点距道集上绕射双曲面截取的地震道的总和。孔径内的地震道总数量 N_{total} 决定了叠前偏移成像的质量。即：

$$N_{\text{total}} = N_{\text{fold}} \times \frac{10^6}{b_x \times b_y} \times \pi R^2 \qquad (2-36)$$

式中　N_{total}——地震道总数量；

　　　b_x——面元的横向尺度；

　　　b_y——面元纵向尺度；

　　　N_{fold}——覆盖次数；

　　　R——偏移孔径。

则：

$$D_{\text{fold}} = N_{\text{fold}} \times \frac{10^6}{b_x \times b_y} \qquad (2-37)$$

式中：D_{fold} 为覆盖密度，单位是每平方千米范围内的地震道数（万道/km²）。

计算式表示为覆盖次数除以面元尺度×10^6，等于覆盖次数与面元密度的乘积×10^6。理解观测系统基本概念的含义，不仅有利于地震采集设计，而且便于理解地震采集与资料处理的联系。可以看出，覆盖密度是覆盖次数与面元面积的比值，就是单位面积内地震道的炮检对数目，当覆盖次数越大，CMP 面元面积越小，覆盖密度越大。

覆盖密度与覆盖次数、面元均有关，能够反映观测系统的综合状况。覆盖密度与覆盖次数一样要求炮检距分布均匀和方向特性均匀。特别是关联面元以后，覆盖密度与炮检距分布充分性密切相关，有效地指示了观测系统的叠前偏移成像能力。这是与覆盖次数概念的本质差别。覆盖次数、面元的选择在这里不做复述。

（五）面元尺寸

面元尺寸主要考虑有利于提高资料的横向分辨率，落实构造及断裂细节特征；同时，面元尺寸必须保证各面元叠加时的反射信息具有真实代表性。在地震数据采集时面元与最大炮检距、接收道数、覆盖次数等相关联。在地震采集设计中，通常考虑几个基本约束条件：地质目标体尺度、最高无混叠频率、横向分辨率、满足叠前偏移和绕射波能量收敛等。基于在二维观测系统设计已经阐述的内容在就不复述了，只是面元的选择为道距的1/2，这里只论述地质目标体的要求。

1. 最小地质目标体

满足最小地质体分辨能力，一个小目标通常有 2~3 道就够了，这是因为在三维工作中这就意味着在目的层时间切片上有 4~9 道。要落实岩性体或尖灭点等细微特征，采用小面元，有利于提高这些地质现象的分辨能力。经验法则：

$$面元边长 = 目标尺度/(2 \text{ 或 } 3) \tag{2-38}$$

2. 满足叠前偏移

目前，业界最常用的偏移成像方法是 Kirchhoff 时间偏移。Kirchhoff 时间偏移的实现过程：将绕射波轨迹拉平，沿拉平轨迹进行求和，将得到的值放置在绕射点位置上，这就实现了绕射波场的偏移。为了简单起见，以绕射积分叠后偏移为例，偏移前地震波场是叠加数据，沿着绕射波轨迹求和，实际上是三种波场的叠加，即反射波、绕射波和随机噪声，随着绕射波轨迹的拉平，反射波变成与绕射波成镜像关系的曲线，因此偏移的实质就是：(1) 绕射同相叠加；(2) 随机干扰为满足统计规律的叠加；(3) 反射波非同相叠加。

对于同相叠加来说，一道与多道的叠加结果是一样的，因此，绕射波的偏移收敛与空间采样没有关系。对于随机干扰而言，空间采样的非规则分布增加了随机干扰的随机性，有利于实现统计压噪。但对于反射波来说，空间采样的非均匀性直接影响着波场的水平方向求和结果，就是说直接影响着偏移成像的效果。因此，从倾斜地层的绕射波场的分布特征出发，按照地震偏移成像对绕射波场保护的要求，根据同相叠加原理，动校正后的反射波时差应不大于反射波的 1/2 最小周期。考虑空间采样计算公式的通用性，倾斜地层反射波的空间采样计算公式表示为：

$$\mathrm{d}x \leq \frac{v}{4f_{\max}(\sin\alpha + \sin\theta)} \tag{2-39}$$

当地层水平时，上式就变成了绕射波偏移归位对空间采样要求的计算公式。对于倾斜地层的反射波偏移来说，地层倾角在 $0° < \alpha < 90°$ 之间，它的正弦值总是大于零，因此与原来计算空间采样的公式相比较，更能反映倾斜地层地震偏移成像对空间采样的要求。

（六）炮检距

1. 最大最小炮检距

最大最小炮检距是由两条相邻接收线和两条相邻激发线构成的中心点的 CMP 面元中最大最小炮检距，$X_{\min}$ 一般不大于 1.0~1.3 倍的最浅目的层深度。最大最小炮检距越小，浅层覆盖次数越高，最浅层的成像质量越好。

接收线（RLI）和炮线（SLI）在交叉点重合时：

$$X_{\text{minmax}} = (RLI^2 + SLI^2)^{1/2} \tag{2-40}$$

接收线（RLI）和炮线（SLI）在交叉点不重合时：

$$X_{\text{minmax}} = [(RLI-SI/2)^2 + (SLI-RI/2)^2]^{1/2} \tag{2-41}$$

式中　X_{minmax}——最大最小炮检距，m；
　　　RLI——接收线距，m；
　　　SLI——炮线距，m；
　　　SI——炮点距，m；
　　　RI——接收点距，m。

2. 最大炮检距

最大炮检距的论证内容基本与二维观测系统设计中最大炮检距的论证一样，这里就不做复述了，但是三维观测系统的炮检距分布均匀和方向特性均匀。

3. 最大非纵距

资料处理不做方位倾角校正时，最大非纵距要保证同一面元内不同方位三维资料能同相叠加，需满足：

$$Y_{\max} \leqslant \frac{\bar{v}}{2\sin\theta}\sqrt{\frac{T_0}{F_p}} \tag{2-42}$$

式中　$Y_{\max}$——最大非纵距，m；
　　　$\bar{v}$——平均速度，m/s；
　　　T_0——目的层双程反射时间，s；
　　　θ——目的层最大倾角，(°)。

根据上式及勘探地区地球物理参数，可以计算出不同层位对应的最大非纵距。上式是常规三维勘探中论证最大非纵距的公式，但随着勘探装备、资料处理技术的进步，宽方位勘探越来越多。由此，只要勘探装备、处理能力满足生产需要，就可以不考虑此参数。

（七）接收线距

接收线距是观测系统的重要参数，接收线距的选择还要考虑浅层的有效覆盖次数。接收线距的选择需满足以下要求：（1）接收线距应考虑满足最浅目的层覆盖次数设计要求；（2）接收线距应考虑合适的线距与道距比值，减轻采集脚印；（3）接收线距受最大最小炮检距和最大非纵距的限制；（4）接收线距应不大于一个菲涅尔带半径；满足以下公式：

$$R = \left[\frac{v^2 t_0}{4f_p} + \left(\frac{v}{4f_p}\right)^2\right]^{1/2} \tag{2-43}$$

式中　v——平均速度，m/s；
　　　t_0——目的层双程时间，s；
　　　f_p——反射波主频，Hz。

（八）偏移镶边

为了倾斜地层和断层正确归位，在勘探设计时必须考虑到偏移镶边引起的满覆盖面积扩大这一点。在走向和倾向扩大程度由两个方向的倾斜地层和断层的倾角与深度确定不一定相同。根据每个边界的地层或者断层倾角不同，每端的增加长度也不相同。偏移镶边应考虑以下三个条件：

1. 考虑第一菲涅尔带半径

$$M > 0.5 v_a \sqrt{2t_0/f_p} \tag{2-44}$$

式中　M——偏移镶边，m；
　　　v_a——平均速度，m/s；
　　　t_0——双程时间，s；
　　　f_p——频率，Hz。

2. 满足绕射波能量收敛的原则

$$M > Z \times \tan 30° \tag{2-45}$$

式中　M——偏移镶边，m；
　　　Z——最深目的层埋深，m。

3. 倾斜层偏移的横向移动距离

$$M > Z \times \tan \phi_{max} \tag{2-46}$$

式中　M——偏移镶边，m；
　　　Z——最深目的层埋深，m；
　　　ϕ_{max}——最深目的层最大倾角，(°)。

偏移镶边的距离一般选上述计算中最大的距离。

五、三维地震观测系统类型

三维地震观测系统基本可分为两大类，即规则观测系统和不规则观测系统。规则观测系统用于地面施工条件好、无特殊障碍物的地区，不规则观测系统用于地面施工条件不好、有特殊施工障碍的地区。

（一）规则观测系统

规则观测系统的形式也是多种多样的，下面介绍几种基本的和常用的类型。

1. 十字形观测系统

十字形观测系统是规则观测系统中最基本的形式，其特点是激发点排列与接收点排列相互垂直，形成一个正交的"十"字排列。如图2-8所示，○为激发点，+为接收点，●为CMP点。

要想进行多次覆盖观测就必须把整个十字排列沿检波点方向及炮点方向移动。十字形观测系统一般用于地震仪道数不多的情况，是三维地震工作早期所采用的一种观测系统。

2. 正交观测系统

正交观测系统是在十字形观测系统的基础上，增加了接收线数，其特点是激发点排列与接收点排列相互垂直，如图2-9所示。

野外观测时，接收排列不动，一排炮点逐点激发后就完成一次基本测网。这种观测系统的一个基本测网完成后，覆盖次数还不满。应在纵向和横向上移动这个基本测网（或称

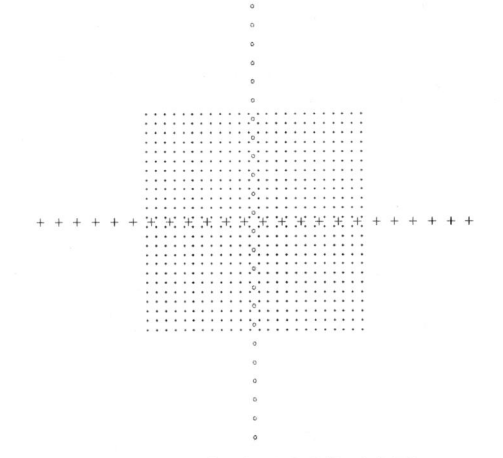

图 2-8　十字形观测系统示意图

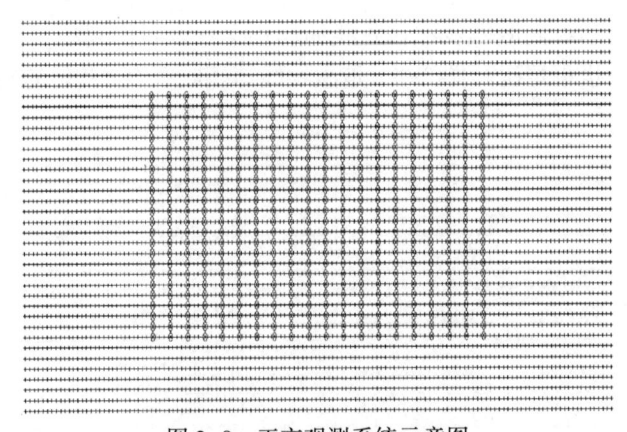

图 2-9　正交观测系统示意图

三维排列)。首先将炮点排列和接收排列同时沿前进方向滚动,再进行下一排炮点的激发,直到完成整条线束面积。然后再垂直于原滚动方向整个移动炮点排列及接收排列,重复以上步骤进行第二束线、第三束线……的施工,直到完成整个探区面积的多次覆盖观测。这种观测系统是三维地震勘探常用的一种观测系统。

3. 砖块状观测系统

砖块状观测系统也称为砖墙式观测系统,由于激发线、接收线的图形类似砖墙而得名。砖块状观测系统是在正交观测系统的基础上,只需要交替地把相邻接收线之间的激发点群移动一定的位置,使激发线、接收线的图形类似砖墙,如图 2-10 所示。

砖块状观测系统最初是为了改善正交观测系统的炮检距而提出的。对于窄方位角观测系统而言,砖块状观测系统的炮检距分布确实要比正交观测系统好。但纵横比很大时,其优势逐渐减弱。此外,砖块状观测系统相对正交观测系统的另一个优势是最大最小炮检距要小。

但也有人指出,砖块状观测系统由于在 Crossline 方向炮点分布不连续造成 Crossline 方向炮检距分布明显存在跳跃式分布。Crossline 方向上的不均匀性会对噪声采样、断层信息接收、速度分析造成较大影响。

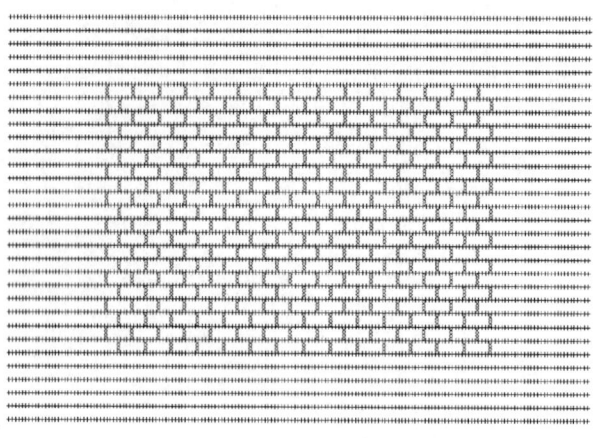

图 2-10　砖块状观测系统示意图

4. 斜交观测系统

斜交观测系统是通过使激发线和接收线的非正交布设而得到的。斜交观测系统本质上是砖块状观测系统的极端情况。图 2-11 是激发线与接收线有 45°角的斜交束状观测系统。

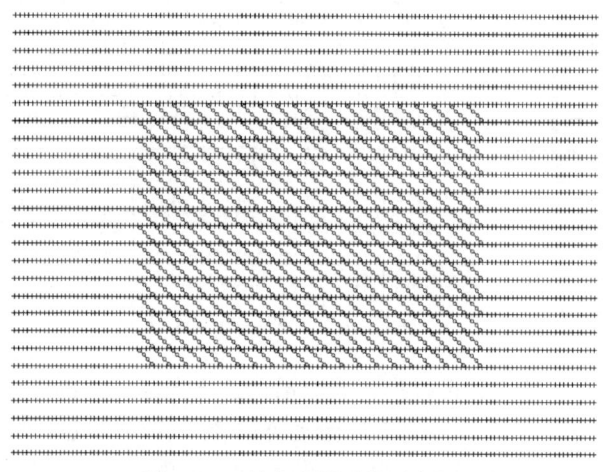

图 2-11　斜交观测系统示意图

斜交观测系统具有砖块状观测系统的优点，但也有人认为也具有砖块状观测系统的缺点。

5. 锯齿状观测系统

锯齿状观测系统是由激发线呈锯齿状而得名，可以看作是斜交观测系统的一种变形。锯齿状观测系统分为常规锯齿观测系统、镜像锯齿观测系统，如图 2-12、图 2-13 所示。

6. 纽扣观测系统

纽扣观测系统的检波器排列片由多个纽扣组成，纽扣按国际象棋棋盘式排列，在纵向和横向上接收点纽扣之间间隔一个空白子区。因为排列片形状似纽扣而得名。一个排列子区就是一个纽扣，每个纽扣都规则地布设接收点，接收点排列成矩形点阵，一般以 A×B 表示，A 表示有 A 排检波器，B 表示每排有 B 个检波器，如图 2-14 所示。

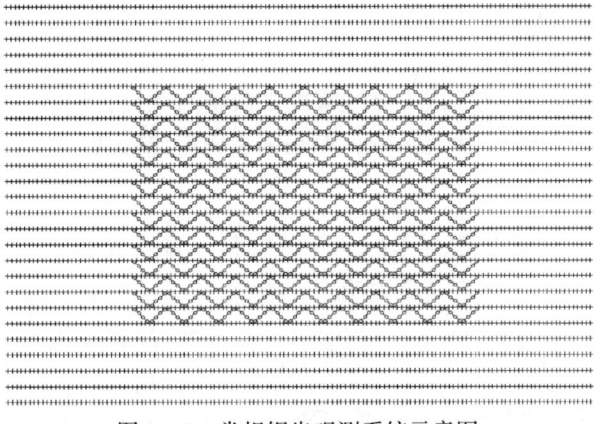

图 2-12 常规锯齿观测系统示意图

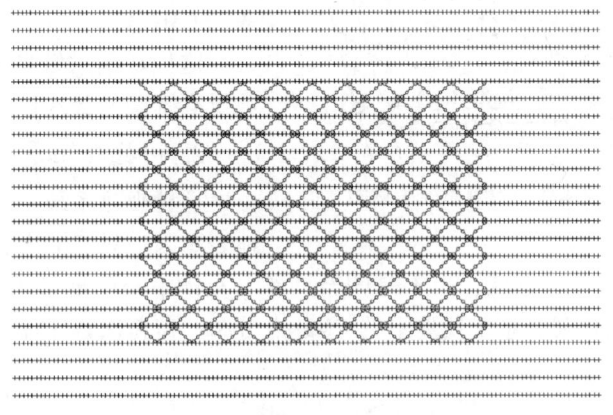

图 2-13 镜像锯齿观测系统示意图

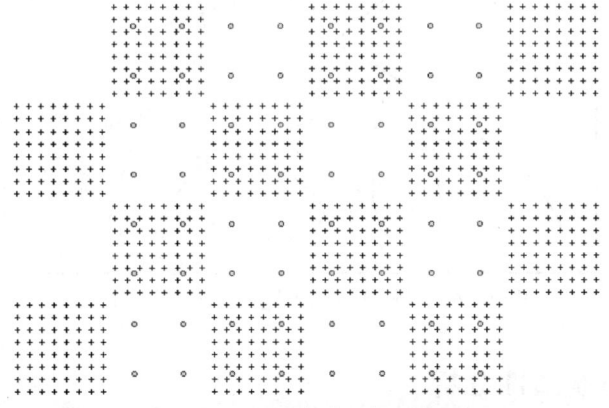

图 2-14 纽扣观测系统示意图

纽扣观测系统设计时要十分注意获得较小的最大最小炮检距。纽扣观测系统的优点是可灵活地使障碍落入纽扣的空洞中，也可以妥善地处理震源点布设。

7. 线束三维观测系统

线束三维观测系统类似二维观测系统的宽线观测，也类似三维的正交观测；采集参数论证时按照三维方式论证；野外观测时，按照一定接收线条数，一排炮点（炮点数多于正交三维模板的炮数）逐点激发后就完成一次三维观测，炮点排列和接收排列同时不断沿纵向移动，横向上不滚动，直到完成整条线束的多次覆盖观测，形成一窄长面积的三维数据体。这种观测系统适合极低信噪比区域，但是采集成本比较高。

（二）不规则观测系统

不规则观测系统的形式是多种多样的，可以是任意形状的，主要是根据地表条件而定。下面仅以两种观测系统进行简单说明。

1. 框架式或环形观测系统

这种观测系统激发点和接收点都布设在各矩形或任意闭合形块的边界上，如图 2-15 所示。×为激发点，○为接收点，●为 CMP 点。

这种观测系统的 CMP 点距、覆盖次数没有统一的公式计算。

2. 树状观测系统

这种观测系统一般多用于山区，由于地表原因，只能沿山谷布设观测系统。这种观测系统，既不成规则形状，也不是闭合回路，只能沿实际地形采用树状的观测方式，如图 2-16 所示。这种观测系统使地下的 CMP 点分布、覆盖次数更加不均匀。

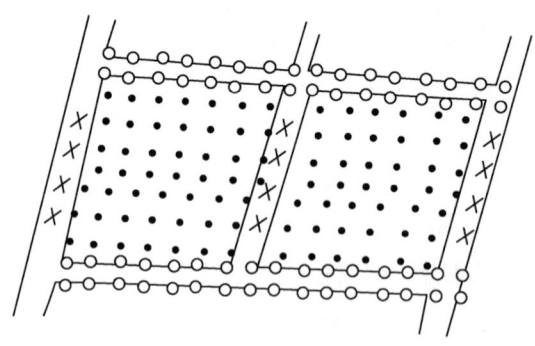

图 2-15 框架式或环形观测系统示意图

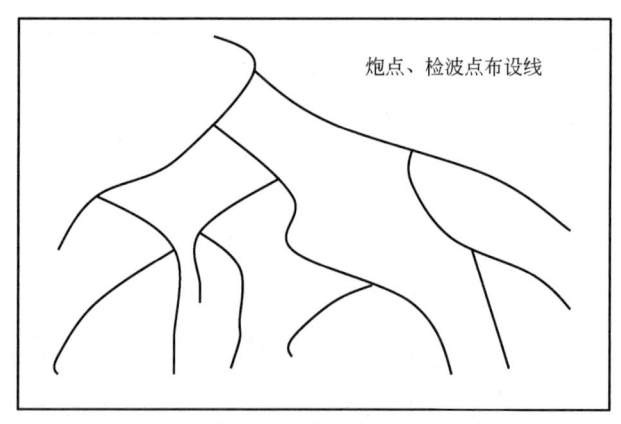

图 2-16 树状观测系统炮点、检波点布设线

六、三维观测系统属性分析

（一）三维观测系统常规属性分析

三维观测系统常规属性分析主要包括覆盖次数分析、炮检距分布分析和方位角分布分析（图 2-17）。总体上讲，要求面元间覆盖次数、炮检距分布和方位角分布均匀、稳定，变化尽量小。

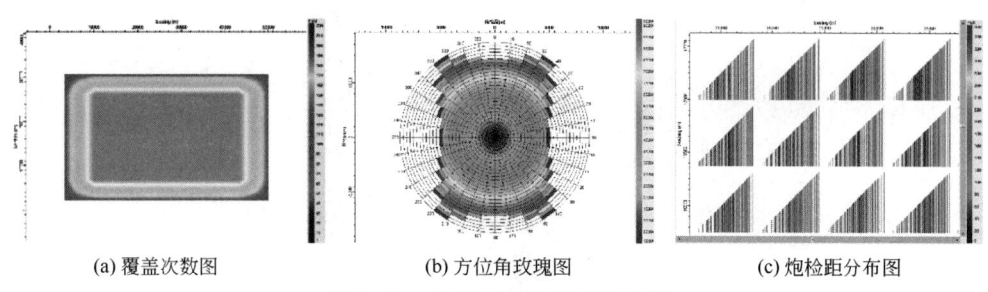

(a) 覆盖次数图　　　　　(b) 方位角玫瑰图　　　　　(c) 炮检距分布图

图 2-17　观测系统常规属性分析

1. 炮检距分布

当炮检距分布均匀时，能够很好地对多次波、绕射波、相干干扰与随机噪声进行压制，进而提高资料品质，突显目的层，而且炮检距分布均匀可以提高速度分析的准确度。覆盖次数也对炮检距分布影响很大，可以认为覆盖次数与炮检距分布成正比关系，炮检距分布越均匀，越有利于速度分析，提高成像质量。

2. 方位角分布

一般情况下，覆盖次数的高低严重影响着方位角在面元内的分布的均匀性，覆盖次数降低，方位角的分布就变差。另一个会使方位角分布不均匀的因素则是排列片的纵横比过小，这种情况还可能引起静校正的耦合问题。

3. 覆盖次数分布

叠加数据的信噪比主要由采集资料的覆盖次数的高低决定的，同时覆盖次数还影响着干扰波的压制（包括规则干扰波、随机噪声）、速度分析以及静校正量的计算。为了获得更好的资料品质，这几个方面都需要有较高的覆盖次数。

（二）三维观测系统叠前偏移属性分析

1. 叠加响应分析

叠加响应分析是分析观测系统在资料处理时对噪声的压制能力。其分析方法是选取工区里较为典型的 CMP 道集，或根据工区模型正演模拟出 CMP 道集作为模型道，选取的模型道偏移距要均匀分布，经过能量均衡和动校正拉伸切除后，对最小循环子区内的某一面元内的所有偏移距抽取对应模型道，加权叠加就得到该面元的最终输出［图 2-18(a)］。这样得到的叠加响应由于剔除了地质信息，更能反映观测系统本身的优劣。

2. PSTM 响应分析

PSTM 响应分析是通过对输入数据道上地下某点的绕射曲面进行叠前时间偏移归位处理［图 2-18(b)］。

绕射波能量脉冲被认为是来自于通过该绕射点并聚焦于激发点和接收点的 PSTM 椭球上任何一点，因此，叠前时间偏移形成的数据道就是对所有通过给定输出点的 PSTM 椭球求和的结果。所以三维观测系统炮检点的布设将直接影响 PSTM 的输出。在观测系统设计时尽量保持面元内炮检距与方位角均匀，以减少偏移噪声。通过 PSTM 响应子波宽窄及噪声旁辨宽窄能量强弱进行观测系统优劣评价。

(a) 叠加响应　　　　　　　　　　　(b) PSTM响应

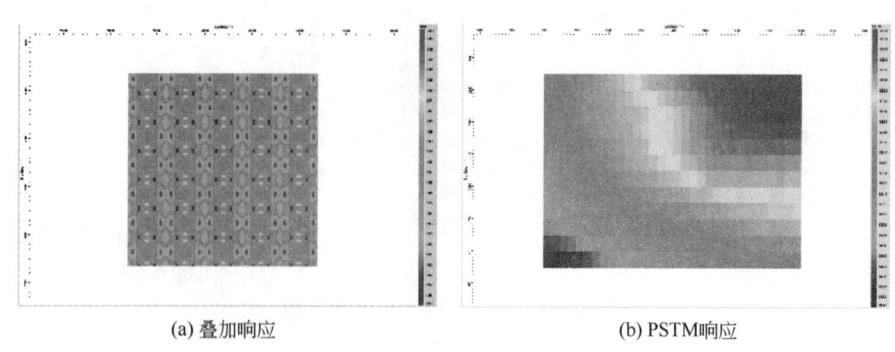

图 2-18　观测系统叠前属性分析

3. 噪声压制分析

水平叠加后一次波同相相加而得到最大加强，多次波和线性噪声由于剩余时差的存在致使在各个叠加道之间存在大小不一的相位差，相加后振幅就不可能得到最大加强，这样就相对压制了噪声，提高了信噪比。对多次覆盖效果的描述，主要有对噪声压制能量特征曲线、振幅频率特性和相位频率特性进行观测系统优劣评价［图 2-19(a)］。

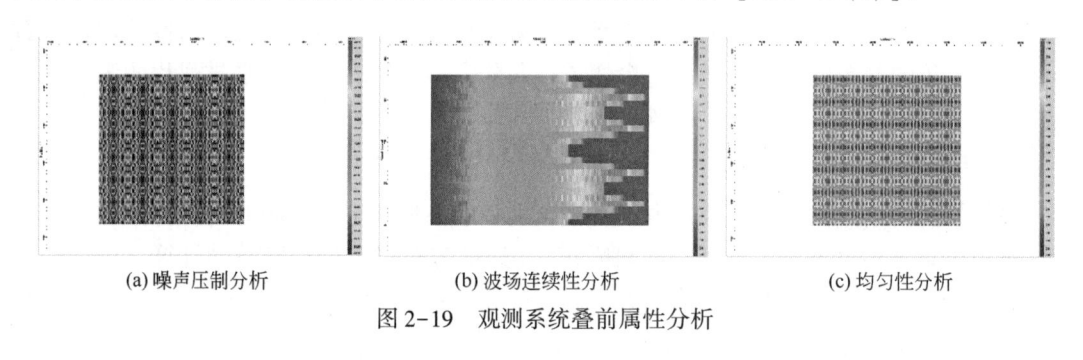

(a) 噪声压制分析　　　　　(b) 波场连续性分析　　　　　(c) 均匀性分析

图 2-19　观测系统叠前属性分析

4. 波场连续性分析

地震波场是时间变量和空间变量的连续函数 $W(t,x_s,y_s,x_r,y_r)$，如果 t,x_s,y_s,x_r,y_r 连续采样，则地震波场 W 也连续，若采集到的地震数据能够恢复所需要的波场，则认为观测系统空间波场连续。通过计算共偏移距范围的反射波的采样密度，进而分析观测系统对地震波场的采样能力，进一步分析不同数据子集的空间波场连续性，从而找到影响空间波场连续性的观测系统的参数，如线距、道距、接收道数等，再根据这些参数定量计算出空间波场连续性的数值，根据波场连续性数值得出观测系统及炮检点变观准则［图 2-19(b)］。

5. 均匀性分析

国内外有很多人用不同的算法实现面元均匀度计算，面元的均匀度可以理解为面元的炮检距等间距分布的程度，如果面元内所有炮检距是等间距分布的，那么其均匀度就高，反之则低［图 2-19(c)］。一般认为实际炮检距与理想炮检距之差绝对值不大于理论炮检距变化量的一半，即为有效炮检距（作为衡量速度分析精度的有效炮检对个数即有效覆盖次数）。用加权系数更加精确地表示炮检距对面元有效贡献大小，其公式如下：

$$U = \frac{1}{N} \sum_{i=1}^{N} \frac{1}{W_i} \left[1 - \left(\frac{X_{ri} - X_{ti}}{W_i \times \Delta X} \right)^2 \right] \tag{2-47}$$

其中：

$$W_i = \text{INT}\left(1.5 + \frac{|X_{ri} - X_{ti}|}{\Delta X} \right)$$

式中 W_i——加权系数即面元内实际炮检距和理论炮检距之差，是理论炮检距增量的整倍数；

N——覆盖次数；

X_{ri}——对应第 i 个实际炮检距，m；

X_{ti}——对应第 i 个理论炮检距值，$\left(\Delta X = \dfrac{X_{r_{\max}} - X_{r_{\min}}}{N-1},\ X_{ti} = \Delta X \times (i-1) + X_{r_{\min}} \right)$。

第四节　基于波动正演与照明的观测系统优化

一、基于波动方程正演的观测系统优化

基于射线理论的计算方法虽然特征显示直观、计算快捷，但反射波场的能量变化情况无法获得，并且在复杂地质模型上容易产生路径畸变、偏折。而基于地质目标的波动方程正演，可以更精确地得到地下波场的能量信息，更准确地描述目的层的能量分布，为观测系统的优化提供指导。

（一）弹性波动方程

由弹性理论可知，在外力作用下，介质内部质点的位置发生相对变化而导致物体形态改变，这种改变被称为弹性应变，简称应变。应变又分为表示物体压缩和拉伸量的正应变和表示物体旋转或体元侧面错动量的切应变。应变可通过弹性体内部质点的位移的不均衡性来表示：

$$\begin{cases} \varepsilon_{xx} = \dfrac{\partial u}{\partial x}\quad \varepsilon_{yx} = \varepsilon_{xy} = \dfrac{\partial v}{\partial x} + \dfrac{\partial u}{\partial y} \\ \varepsilon_{yy} = \dfrac{\partial v}{\partial y}\quad \varepsilon_{zy} = \varepsilon_{yz} = \dfrac{\partial v}{\partial z} + \dfrac{\partial w}{\partial y} \\ \varepsilon_{zz} = \dfrac{\partial w}{\partial z}\quad \varepsilon_{zx} = \varepsilon_{xz} = \dfrac{\partial w}{\partial x} + \dfrac{\partial u}{\partial z} \end{cases} \tag{2-48}$$

式中 u，v，w——质点位移在坐标 x，y，z 轴三个方向上的分量；

ε_{xx}、ε_{yy}、ε_{zz}——在坐标 x，y，z 轴方向上的正应变；

ε_{xy}、ε_{yz}、ε_{zx}——切应变分量，下标为侧面角错动所在的坐标平面。

式（2-48）在弹性力学中称为柯西方程或几何方程，表示的是位移与应变之间的关系。当弹性体在外力作用下发生形状改变时，弹性介质内部会产生与外力对应的反作用

力，它分布在弹性介质内任一截面上，故称之为面力。作用在截面单位面积（即面元）上的面力称作应力，包括方向与面元垂直的正应力和与面元相切的切应力。通过应力和应变分析可以得出，弹性介质的胀缩正应变与正应力相关，弹性介质的旋转切应变与切应力相关。根据广义胡克定律得到的均匀各向同性完全弹性介质中的应力应变关系为：

$$\begin{cases} \sigma_{xx} = \lambda\theta + 2\mu\varepsilon_{xx} \\ \sigma_{yy} = \lambda\theta + 2\mu\varepsilon_{yy} \\ \sigma_{zz} = \lambda\theta + 2\mu\varepsilon_{zz} \end{cases} \tag{2-49}$$

$$\begin{cases} \sigma_{xy} = \sigma_{yx} = \mu\varepsilon_{xy} \\ \sigma_{zy} = \sigma_{yz} = \mu\varepsilon_{yz} \\ \sigma_{xz} = \sigma_{zx} = \mu\varepsilon_{xz} \end{cases} \tag{2-50}$$

式中　λ，μ——拉梅系数，是反映正应力与正应变的比例系数的一种形式；

　　　θ——体应变，$\theta = \varepsilon_{xx} + \varepsilon_{yy} + \varepsilon_{zz}$；

　　　$\sigma_{ij}(i,j=x,y,z)$——应力分量。

式（2-49）和式（2-50）也被称为本构方程或物理方程，它描述的是应力与应变之间的关系。

为了描述弹性介质中质点的运动规律，利用力学中的牛顿第二定律可以得到弹性体运动平衡方程：

$$\begin{cases} \dfrac{\partial \sigma_{xx}}{\partial x} + \dfrac{\partial \sigma_{xy}}{\partial y} + \dfrac{\partial \sigma_{xz}}{\partial z} + f_x = \rho \dfrac{\partial^2 u}{\partial t^2} \\ \dfrac{\partial \sigma_{yx}}{\partial x} + \dfrac{\partial \sigma_{yy}}{\partial y} + \dfrac{\partial \sigma_{yz}}{\partial z} + f_y = \rho \dfrac{\partial^2 v}{\partial t^2} \\ \dfrac{\partial \sigma_{zx}}{\partial x} + \dfrac{\partial \sigma_{zy}}{\partial y} + \dfrac{\partial \sigma_{zz}}{\partial z} + f_z = \rho \dfrac{\partial^2 w}{\partial t^2} \end{cases} \tag{2-51}$$

式中　$f_i(i=x,y,z)$——外力（体力）在坐标 x，y，z 轴上的分量；

　　　$\sigma_{ij}(i,j=x,y,z)$——应力分量；

　　　u，v，w——质点位移在坐标 x，y，z 轴三个方向上的分量；

　　　t——时间，s；

　　　ρ——密度，g/cm^3。

式（2-51）也被称为纳维尔方程或运动的应力方程。

根据式（2-51），分别将弹性介质中的质点振动速度在 x，y，z 三个坐标轴方向上的分量记为 v_x，v_y，v_z。当外力停止作用或没有外力作用时，即 $f_x = f_y = f_z$，弹性介质中质点的运动平衡方程可表示为：

$$\begin{cases} \dfrac{\partial \sigma_{xx}}{\partial x} + \dfrac{\partial \sigma_{xy}}{\partial y} + \dfrac{\partial \sigma_{xz}}{\partial z} = \rho \dfrac{\partial v_x}{\partial t} \\ \dfrac{\partial \sigma_{yx}}{\partial x} + \dfrac{\partial \sigma_{yy}}{\partial y} + \dfrac{\partial \sigma_{yz}}{\partial z} = \rho \dfrac{\partial v_y}{\partial t} \\ \dfrac{\partial \sigma_{zx}}{\partial x} + \dfrac{\partial \sigma_{zy}}{\partial y} + \dfrac{\partial \sigma_{zz}}{\partial z} = \rho \dfrac{\partial v_z}{\partial t} \end{cases} \tag{2-52}$$

式中 v_x，v_y，v_z——质点振动速度在 x，y，z 三个坐标轴方向上的分量。

（二）基于三维正演的观测系统优化

通过对三维地质模型进行不同观测方案的正演模拟，然后对正演数据进行偏移成像，再对成像结果进行对比，从而优选观测方案，并提前预判所选观测方案能否满足地质任务的要求。

图 2-20 是我国西部某工区所建立的三维地质模型，其中模型的宽度和长度分别为 18km 和 26km。为了实现观测方案分析，这里选取模型中心的满覆盖 6km×6km 为目标，采用 60L1S600T 正交观测系统进行布设。

图 2-21 是使用表 2-1 观测方案进行三维声波有限差分正演模拟得到的地震记录（P波分量），可以看到记录中存在着大量的绕射信息，同时由于模型构造复杂，所以深层的地震资料信噪比要比传统的正演模拟的信噪比稍低一些。

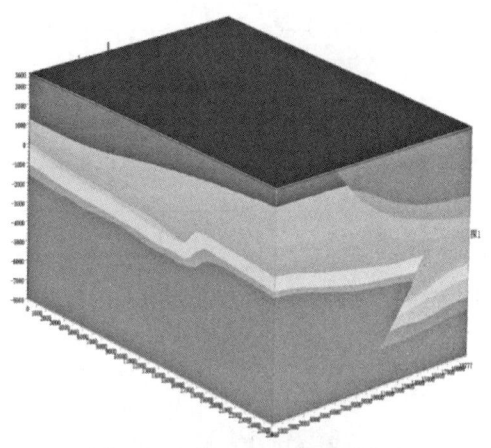

图 2-20 某工区三维地质模型

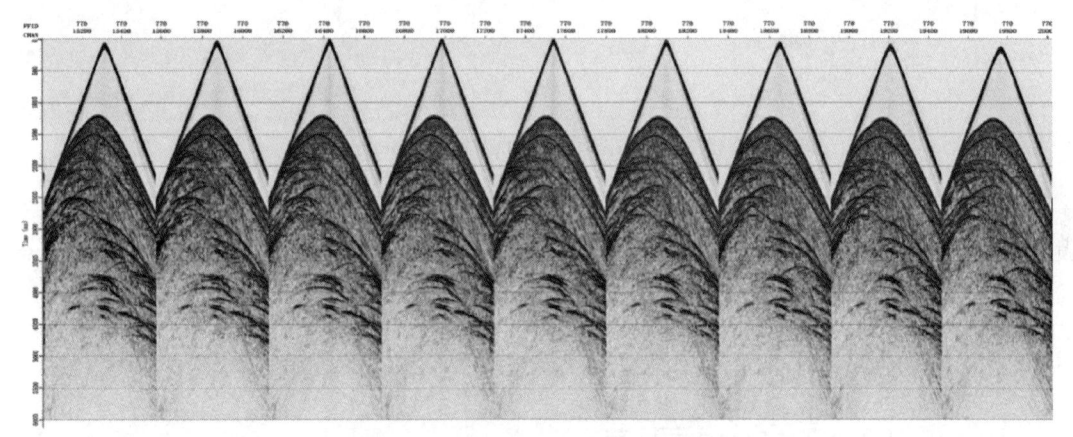

图 2-21 三维声波有限差分正演模拟的地震记录（P波分量）

表 2-1 正演模拟观测方案参数表

名称	正演方案
系统类型	60L1S600T
道距/炮点距（m）	30/120
接收/炮线线距（m）	120/720
面元（m×m）	15×60
纵向排列	8985-15-30-15-8985
覆盖次数（次）	360
覆盖密度（道/km²）	40万

续表

名称	正演方案
接收道数（道）	23040
纵横比	$0.64/E_3^2$
最大非纵距（m）	2850
最大炮检距（m）	9426

这里采用抽稀接收线距的方式产生不同接收线数的观测系统方案，选取模型南北方向某位置切片进行分析，图 2-22 为切片展示图。

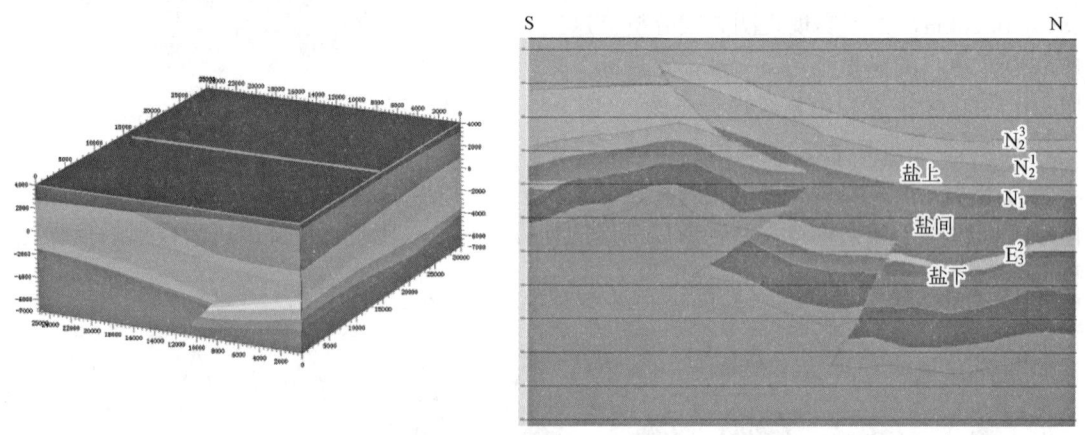

图 2-22 模型沿南北方向切片（inline 方向）

通过图 2-23 偏移成像剖面可以看出，增加观测方位宽度，获取横向偏移距信息和观测密度，有利于压制侧面散射噪声，断点和断面绕射归位更准确，薄层成像更清晰，同时消除盐下断裂带下盘的"假层"，提高盐间和盐下构造成像精度。

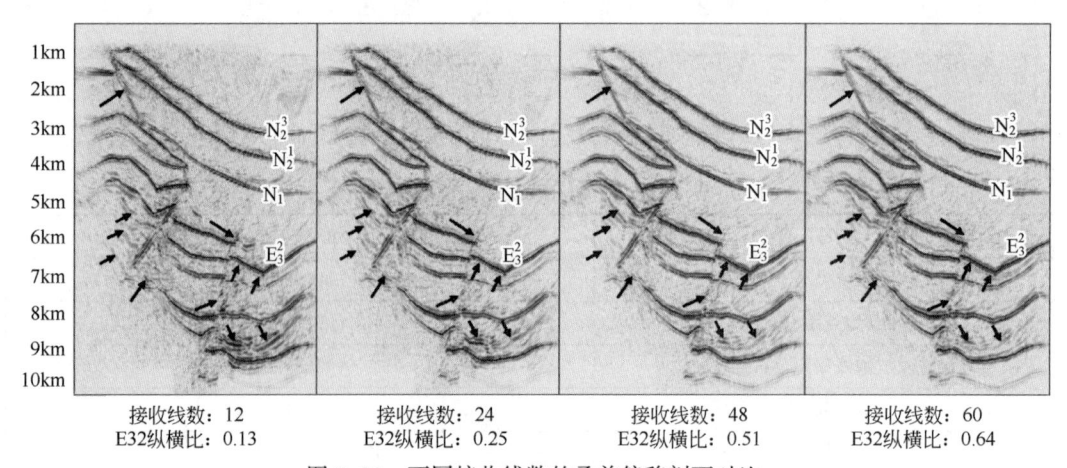

接收线数：12　　接收线数：24　　接收线数：48　　接收线数：60
E32纵横比：0.13　E32纵横比：0.25　E32纵横比：0.51　E32纵横比：0.64

图 2-23 不同接收线数的叠前偏移剖面对比

通过图 2-24 不同接收线距偏移成像剖面可以看出，通过抽稀接收线，接收线距增加，空间采样密度不足，导致层间反射噪声增大和信噪比降低，空间成像精度降低。

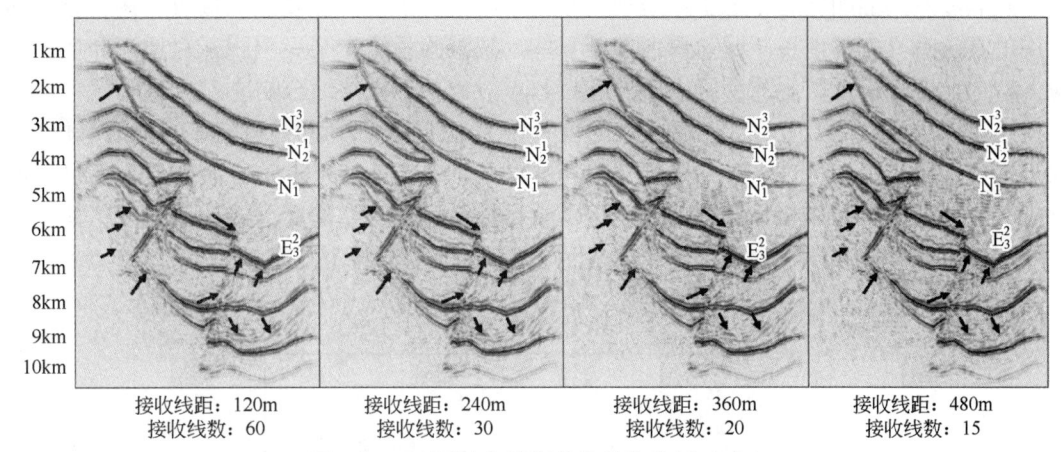

图 2-24 不同接收线距的叠前偏移剖面对比

接收线距：120m　接收线数：60
接收线距：240m　接收线数：30
接收线距：360m　接收线数：20
接收线距：480m　接收线数：15

二、基于照明分析的观测系统优化

地震照明分析技术是研究观测系统对勘探目标的地震波振幅或波场的模型分析技术。地震照明不仅可得到震源激发的地震波场在地下介质中的分布情况，而且还可得到能反映震源激发和检波点接收效应的照明分布情况。因此，基于地震照明分析的观测系统优化设计，可提高观测系统对勘探目标的探测能力，进而改善其成像质量。

（一）波动照明分析的基本原理

地震照明不同于通常意义的照明。虽然照明分析是针对地下反射层进行的，但这一照明依赖于通过整个系统在地表得到反射能量的能力。它不仅取决于震源的能力能否到达成像目标，而且取决于目标反射的能力能否回到地面并被接收到，二者缺一不可。如果反射面能够将地震波反射到地表并被接收到，则可以得到地震记录；如果反射面能够将地震波反射到地表但是没有被接收到，则不能得到来自特定目标位置的信息，因此也不能对该位置成像，如图 2-25 所示。

图 2-25 地震照明示意图

地震波单向照明是指只考虑震源或接收点的地震照明。它是通过采用正演得到地下介质或目的层上的波场照明能量和地表或接收点位置的波场照明能量。在地表布设震源得到目的层上的单向照明能量，或者在目标位置布设震源得到接收点的单向照明能量，可以用来评价和优化观测系统设计；也可以评价目标反射层的初始反射能量水平，从而确定地表采集数据的可靠性和均匀性。

地震波双向照明同时考虑了地震观测系统中的地震激发和接收点的接收作用，是上面所说的真正意义上的地震照明。单向照明只能反映观测系统中某一个因素对地下介质的响应，双向照明可以反映观测系统中震源和接收点对地下介质的综合响应。

这里以激发点的位置在 r_s、接收点的位置在 r_g 组成的简单观测系统来研究地下位置 r 附近的目标区域 $V(r)$ 的波场，如图 2-26 所示。激发点向目标体发出地震波，在目标区域内，入射波和反射体相互作用并且产生了由目标体到接收点的反射波或散射波。使用多次向前散射或者单次向后散射近似，传播到 r 处波场的数学表达式为：

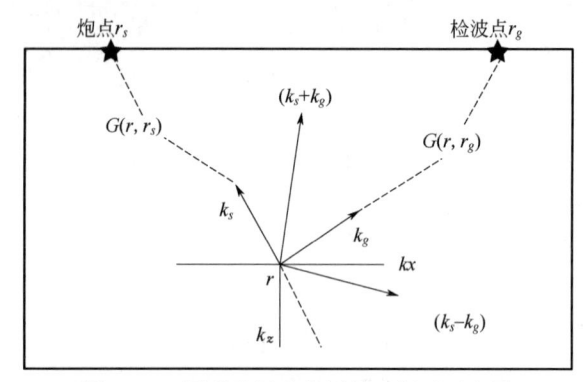

图 2-26 照明分析中使用的坐标系示意图

$$u(r,r_s) = 2k_0^2 \int_V m(r') G(r';r_s) \mathrm{d}v' \tag{2-53}$$

从目标区域 r 处，再传播到检波点处的波场则为：

$$u(r,r_s,r_g) = 2k_0^2 \int_V m(r') G(r';r_s) G(r';r_g) \mathrm{d}v' \tag{2-54}$$

其中 r' 是 $V(r)$ 内的局部坐标，v' 是包围 r' 的局部体积，$m(r') = \delta c/c(r')$ 是速度扰动，$c(r')$ 是速度，$k_0 = \omega/c_0(r)$ 是背景波数，$c_0(r)$ 是 $V(r)$ 处的背景速度，ω 是角频率（角速度），$G(r';r_s)$ 和 $G(r';r_g)$ 和 r_s 和 r_g 处的格林函数，黑色方框代表模型空间。

在 $V(r)$ 内应用局部平面波分解，格林函数可以分解为：

$$G(r';r_s) = \int G(K,r',r_s) e^{ikr'} \mathrm{d}K$$

$$G(r';r_g) = \int G(K,r',r_g) e^{ikr'} \mathrm{d}K \tag{2-55}$$

将式(2-52)带入式(2-53)，得到：

$$u(r,r_s,r_g) = 2k_0^2 \iint G(K_s,r,r_s) G(K_g,r,r_g) m(r,k_g+k_s) \mathrm{d}K_g K_s \tag{2-56}$$

其中：

$$m(r,k_g+k_s) = \int_V m(r') e^{i(k_g+k_s)} \mathrm{d}v' \tag{2-57}$$

式中　k——局部波数，且 $k = K + k_z \widehat{e_z}$；

K——水平波数；

k_z——垂向波数；

$\widehat{e_z}$——垂直单位矢量；

K_s，k_g——相对于 r 的局部变换，且 $k_s = K_s + k_{sz}\widehat{e_z}$，$k_g = K_g + k_{gz}\widehat{e_z}$，$k_{sz}$ 和 k_{gz} 是 k_s 和 k_g 的垂直分量，下角标 s 和 g 代表源和接收点处的波场。

式（2-55）表明了震源、观测系统和地下目标点的关系，它是许多地震方法的基础参数。该式同样说明，如果给定一个速度模型，目标体 r 处在观测炮检对 (r_s, r_g) 下可以被"照明"到何种程度。该式的被积函数描述的是从 k_s 方向来的入射波和从目标点沿 k_g 方向离开的散射波。为了把它推广到一个任意的非水平的反射层，替换 $m(r, k_g + k_s)$，它被认为是波数域内的一个局部反射率和它的归一化振幅谱。这样，目标体照明响应函数就被定义为：

$$D(r, r_s, r_g) = \iint A(r, K_s, K_g; r_s, r_g) M(r, k_g + k_s) dK_g K_s \qquad (2-58)$$

其中：

$$M(r, k) = |m(r, k)|$$

表示震源和接收点的局部照明矩阵。

$$A(r, K_s, K_g; r_s, r_g) = 2k_0^2 I(K_s, r', r_s) I(K_g, r', r_g) \qquad (2-59)$$

其中：

$$I(K_s, r', r_s) = G(K_s, r', r_s) G^*(K_s, r', r_s)$$

$$I(K_g, r', r_g) = G(K_g, r', r_g) G^*(K_g, r', r_g)$$

式中 K_s，K_g——相对于 r 的局部变换，且 $k_s = K_s + k_{sz}\widehat{e_z}$，$k_g = K_g + k_{gz}\widehat{e_z}$。

上角标的 * 代表复共轭。式（2-59）是格林函数的平均数的平方，它与从震源和接收点到目标点的能流成正比。

（二）基于三维照明的观测系统优化

基于照明的观测系统分析，应该从照明强度和照明均匀度两个方面来考虑，照明强度是地震波照明到达目的层的能量强度，照明均匀度是照明能量在目的层上分布的均匀程度。在目的层上的照明能量强，且沿目的层上的照明是均匀的或者变化较少的，这个观测系统就是比较合理的。但是基于波动方程的照明分析中，激发点及接收点到目的层的能量流密度与介质的速度成正比，也就是速度越高，照明能量越强，所以要结合以往的地震资料综合分析，只有这样才能设计出更合理的面向目标的观测系统。

分析不同层位的照明能量，可以有效地对比出不同观测系统方案的优劣，从而优选观测系统方案。以国内东部某工区三维采集观测系统方案设计为例，通过对比不同宽窄方位的三种观测方案对于目的层的照明效果，进行定量的曲线对比分析，进而优选了观测方案。

图 2-27 为该工区的三维地质模型，模型中共包含 6 个反射层位，其中主要目的层位是第六个反射层位。不同层位间的层速度也是不同的，速度的变化会使地震波传播路径发生变化，进而影响不同层位的照明能量。表 2-2 为不同宽窄方位的三维观测系统方案参数表，其中方案一中的参数 8L6S384T 代表单元模板中含有 6 个激发点、8 条检波线、每条检波线含有 384 个检波点，其他方案参数的意义与此类似。

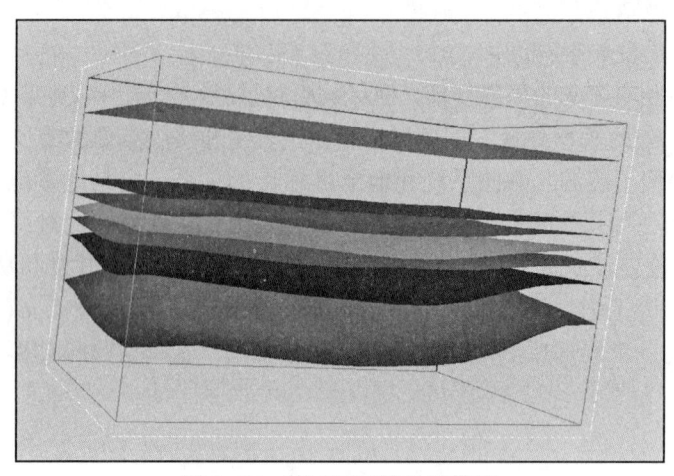

图 2-27　某工区三维地质模型

表 2-2　观测系统方案参数表

采集参数	方案一	方案二	方案三
观测系统	8L6S384T	10L6S384T	12L6S384T
纵向观测方式	4787.5-12.5-25-12.5-4787.5	4787.5-12.5-25-12.5-4787.5	4787.5-12.5-25-12.5-4787.5
接收道数	3072	3840	4608
道距/炮点距	25m/50m	25m/50m	25m/50m
最小炮检距	28m	28m	28m
最大炮检距	4930m	5010m	5106m
面元	12.5m×25m	12.5m×25m	12.5m×25m
覆盖次数	井炮 192 次 气枪 384 次	井炮 240 次 气枪 480 次	井炮 288 次 气枪 576 次
接收线距	300m	300m	300m
炮线距	井炮 100m/气枪 50m	井炮 100m/气枪 50m	井炮 100m/气枪 50m
纵向滚动距	井炮 100m/气枪 50m	井炮 100m/气枪 50m	井炮 100m/气枪 50m
横向滚动距	300m	300m	300m
横纵比	0.24	0.31	0.37
覆盖密度	61.4 万道/km²/122.8 万道/km²	76.8 万道/km²/153.6 万道/km²	92.1 万道/km²/184.3 万道/km²

图 2-28 为不同宽窄方位三维观测系统方案的单元模版示意图，通过单元模板可以看出，从方案一到方案三，单元模板中的接收线数逐渐增加，而纵向接收道数不变，表明了接收方位逐渐加宽。

为了对比不同观测方案对主要目的层的影响，抽取主要目的层进行显示，图 2-29 为不同方案对目的层的双向照明结果的三维显示，图件中使用相同的色带标尺，从图中主要

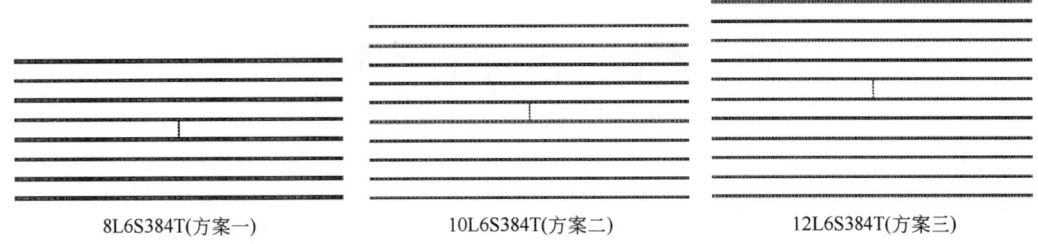

8L6S384T(方案一)　　　　　10L6S384T(方案二)　　　　　12L6S384T(方案三)

图2-28　三维观测系统单元模版

目的层的双向照明能量可以看出，方案一至方案三颜色逐渐变深，说明方案三对于主要目的层的双向照明能量最大，也表明观测方案三对主要目的层的贡献最大。由于从方案一到方案三的接收方位逐渐变宽，说明在目的层埋藏较深的情况下，宽方位观测接收更为有利。

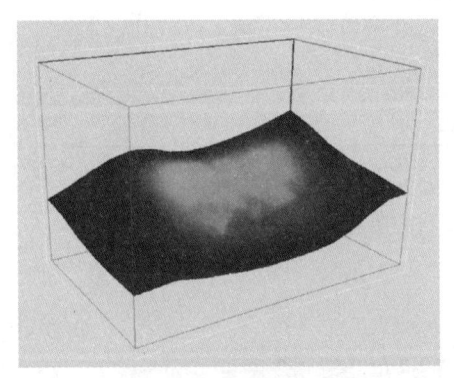

8L6S384T双向照明(方案一)　　　　　10L6S384T双向照明(方案二)

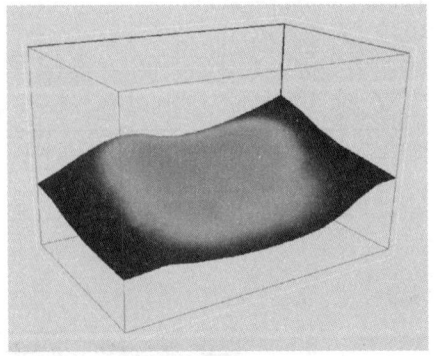

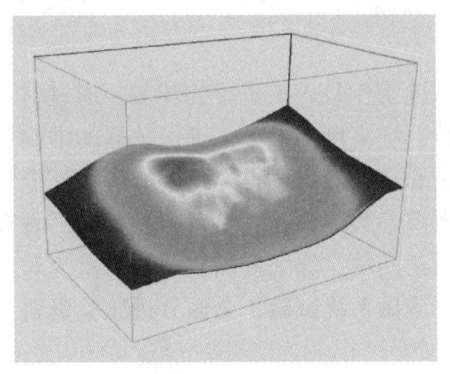

12L6S384T双向照明(方案三)

图2-29　不同观测方案接收，主要目的层的双向照明结果

通过颜色对比在照明能量值比较接近时会存在一定困难，这时使用曲线对比则更为直观，图2-30为不同方位观测时主要目的层的双向照明结果曲线对比显示，从曲线对比图中可以得出结论，宽方位观测接收对深层照明更为有利。

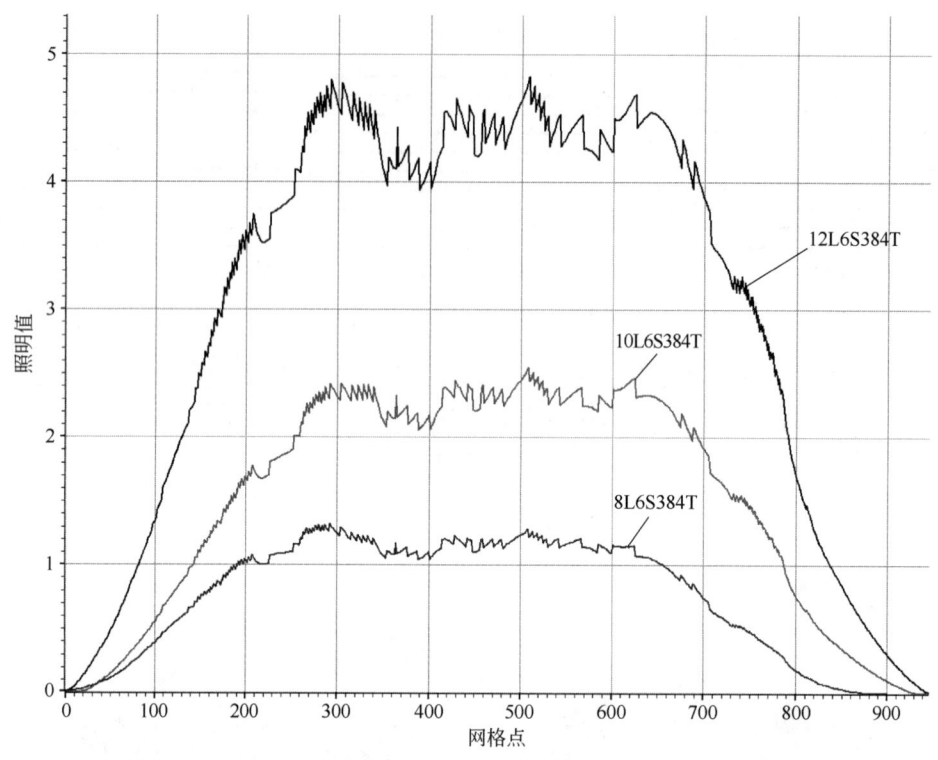

图 2-30　不同观测方位接收，主要目的层的双向照明结果曲线对比

第五节　试验方案设计

在地震勘探作业中，试验工作是一个重要的环节，通过对不同方案的数据进行对比分析，以确定最佳的作业参数，提高勘探效果，确保数据的准确性和可靠性。试验工作主要涵盖表层结构调查、干扰波和环境噪声调查、地层响应特征分析、激发因素优选、接收因素优选、仪器因素和观测系统参数等方面。在生产过程中，发现资料品质下降时，通过试验来更新作业参数，及时纠正问题，保证勘探数据的质量。对于采集方法成熟的工区可以只进行验证性试验；新工区应做系统试验，全面分析试验资料。

一、试验方案编制

试验方案编制应遵循以下要求：

（1）试验方案设计前要收集、研究以往资料，充分分析工区存在的地质和地球物理问题，调查了解工区表层、深层地震地质条件后，并在方法技术论证的基础上进行编制。

（2）系统试验点应选择在测线交点处或其他有典型代表性的地段。试验考核点或段（束）应选择在不同表层、深层地震地质条件、能控制全区的地方进行对比试验。试验点、线位置宜进行实地详细踏勘确认方案的可行性。

（3）在技术论证的基础上制定试验方案。在建立工区表层和地下构造模型的基础上，针对要解决的地质和地球物理问题，通过定量计算对激发因素、组合参数、观测系统、仪器因素等采集参数进行预测，制定试验方案。

（4）试验方案设计编写内容包括：试验的任务、目的，试验区的地质情况，地震工作程度及存在问题的分析，方法论证结果，试验方案及参数，试验要求及工作量，资料现场处理分析项目及要求。

二、试验设计

试验设计应遵循以下要求：

（1）试验目的、项目、内容要明确，针对性强，试验参数要具体、要有针对性，统计性要强，对比因素要单一，不能同时改变两种以上因素。

（2）对室内分析无法确定的施工参数和对采集质量有影响的施工参数进行重点试验，关键项目重复做以增强统计性。

试验设计编写主要内容包括：工区概况、试验目的、试验位置、试验内容、试验实施、试验资料分析的内容与方法。

三、试验资料分析

严格野外试验的质量控制，应有专业技术人员在野外对各工序施工质量进行监督和指导。试验资料分析完成后及时进行处理、分析，并完成试验报告的编写，提出试验结论与建议。

试验资料分析应该做到及时、全面、真实、可靠，对试验资料进行定量分析和记录品质对比，资料分析的关键点是能量（振幅）、频率和速度、信噪比，规范整理试验分析资料。必要时，进行二次方法论证。

通过单炮记录分析可识别直达波、面波、折射波、反射波等地震信息以及外界干扰信息。通过分析噪声的视速度、视波长、频率、振幅等，为炮检组合压噪、统计压噪提供依据。通过频谱分析、频率扫描等确定反射波频带宽度。

在进行单炮资料分析中，不同的显示可以达到不同的目的，对初至波起伏剧烈的单炮记录进行分析时可先拉平初至或使用静校正。

（1）固定增益显示：
① 对比单炮的能量变化情况。
② 查看噪声出现的位置及类型。
③ 确定地表突变点的噪声特征。
④ 了解背景噪声。

（2）AGC 显示分析：
① 查看单炮的反射信息。
② 了解噪声特征。

③ 确定地表突变点的散射特征。

（3）分频扫描。可以看到各个频段的反射信号的视觉信噪比。

（4）振幅谱分析。直观对比不同时窗的反射信号、规则干扰的能量强度。

（5）FK 分析。FK 谱上看噪声的情况及假频情况，以及侧面的干扰。

（6）信噪比分析。直观对比不同单炮的信噪比。

点试验无法解决问题就需要进行不同激发因素的线试验对比，线试验对比就是对叠加剖面的分析对比，其分析方法有固定增益、AGC、分频扫描、信噪比分析等。

试验资料分析工作一般应该进行以下分析：

（1）干扰波分析：

① 对所有试验炮进行环境噪声评价。

② 按照炮检距顺序显示干扰波记录。

③ 分析计算干扰波的各项参数（视速度、视频率、视波长、频率范围），分析干扰波的性质、类型、在记录上出现时间和影响范围。

④ 分析干扰波强度随炮检距、时间的衰减情况及其与激发、接收因素的关系。

（2）有效波分析：

① 分析不同采集因素各目的层反射波有效频率范围。

② 分析不同采集因素单炮记录上反射波可见范围以及反射同相轴的连续性差异。

③ 分析不同采集因素情况下反射波的能量变化情况。

（3）信噪比分析：

① 对比不同采集因素情况下浅层、中层、深层相应部位反射波与干扰波能量变化规律。

② 估算不同采集因素情况下记录的浅层、中层、深层的信噪比。

（4）参数确定。应根据不同目的层反射同相轴连续性差异、反射信号频率范围、干扰波范围大小及能量强弱情况评价试验资料，选择反射同相轴相对连续性较好、反射信号频率范围较宽、干扰波范围较小、干扰能量相对较弱的激发接收因素作为采集生产因素。

（5）试验总结报告。试验总结报告内容主要包括：试验目的、项目内容（参数）、工作量、试验点（段）位置、试验效果和结论、最佳野外采集方法、主要参数分析数据及图件。野外采集方法试验总结报告需提交有关部门审批。

第三章　地震波激发

地震勘探中，地震波激发通常就是通过人工来产生地震波的技术、方式、方法和工艺。地震波激发技术主要研究如何根据工区的地表、近地表条件和地质任务需求，优化激发方式与激发参数，以获得良好的激发效果。

地震勘探采用的激发源有炸药震源、可控震源、气枪震源及其他震源。炸药震源一直是地震勘探常用的主要激发方式之一，但是随着安全环保要求的提高，炸药震源受到越来越多的限制，而可控震源与气枪震源的应用越来越广泛。

本章将对不同激发方式的基本原理及参数选取方法进行介绍。

第一节　炸药激发

一、爆炸机理

通常将爆炸形成的波场分为三个区：冲击波传播区为"近区"，应力波传播区为"中区"，地震波传播区为"远区"（图3-1）。而在岩石中爆炸时，则又称"破碎区""塑性区"和"弹性区"。

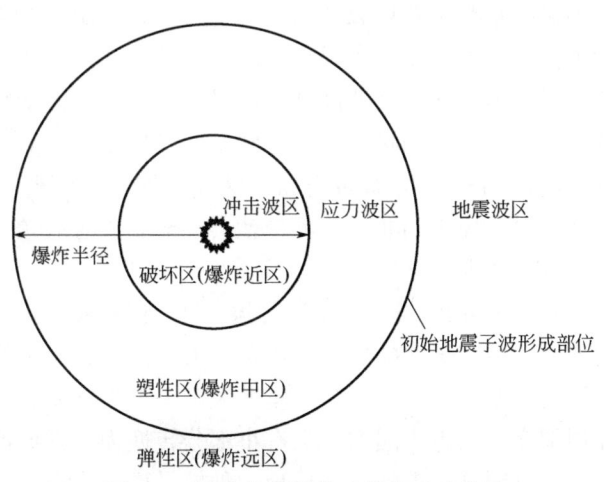

图3-1　点状炸药爆炸后的分区示意图

在爆炸的近区（又称破碎区）的波主要是冲击波。当爆破接近药包的表面时，炸药全部转入气态，由于爆破产物对周围介质作用的结果，冲击波向邻近介质传播。冲击波的形状和爆炸产物对周围介质的作用形式相适应。在冲击波的阵面也和在爆轰波的阵面一样，表示介质状态特征的压力、质点运动速度、密度和其他参数都发生突变。波阵面之前介质的参数和未激发之前一样，波阵面之后，它们发生不连续的变化。冲击波的波速、压力和能量随着距离很快地衰减。在离开爆炸中心 $10\sim25R_0$（R_0 为药包半径）处，脉冲传播的速度等于声速，硬岩中的冲击波便转化为应力波。

当硬岩中的冲击波转化为应力波后，就是爆炸的中区，也称"塑性区"。应力波与冲击波的区别在于传播速度不同，应力波振幅的最大值出现在应力起始时刻。应力波特征与药型、药包长度、药包形状以及围岩性质有关。

在应力波以外爆炸远区（弹性区），应力波蜕变为地震波，地震波的速度是以介质的速度进行传播。它的初始波形称为地震子波，地震子波的形态很大程度上取决于爆炸产生的冲击波，所以，地震子波特性与围岩介质也有很大关系。地震子波主频与破坏区半径 r_p 与塑性区最大半径 a 有关，破坏区半径 r_p 与塑性区最大半径 a 比值 r_p/a 越大，产生的地震子波的主频就越低，反之，地震子波的主频就越高。

二、激发效果影响因素

炸药激发影响因素主要有：药量、井深、激发岩性。

（一）药量

关于药量与分辨率的关系，俞寿朋在《高分辨率地震勘探》一书中介绍了 1942 年美国 Sharp 在"The production of elestic waves by explosion pressure"一文中的观点，并对不同药量的子波振幅值、子波谱极大点值和振幅均方根值进行了推导。激发子波频率及频谱中的峰值频率 F_p 与药量的立方根成反比：$F_p = cQ^{-1/3}$。可见大炸药量时激发的视周期大、主频低。此外，脉冲的频宽与炸药量 $Q^{1/3}$ 成反比；频谱的振幅与炸药量 $Q^{2/3}$ 成正比。关于爆炸所产生的能量与药量按指数关系可以用公式表达为：$A = cQ^{1/3}$，但当药量 Q 值增大到某个值以后，再增大 Q，其产生的能量 A 增加幅度很小，即 A 随 Q 的增大有一个极限值。

实践表明，随着药量的增大，地震波高低频能量都在增大，但低频能量增加比高频能量增加快，因此大药量的频谱和小药量的频谱形状不同（图 3-2）。在仅考虑环境噪声时，各个频率信号的信噪比将随着药量增加而增加，这种增加会直到药量达到饱和为止。因此，在高频端信噪比增加时，原来的非有效频带就会逐渐变成有效频带，既而会提高分辨率。但大药量视主频偏低，小药量视主频偏高。

表 3-1 是某一地区激发药量 Q 与激发子波的振幅 A、视频或主频 f_p 的关系。从表中可以看出，随着药量的增大，地震子波的振幅也不断增大，但两者不呈线性关系。在药量增加的起始阶段，振幅增大的幅度较大，而当药量增大到一定程度后，由于炸药爆炸后产生的大部分能量消耗在周围介质的破碎圈内，只有小部分转换为弹性波能量，此时，药量的增大不再能够使子波振幅有明显的提高，而呈现一种较平稳的状态；与之相对应，随着药量的增大，激发子波的主频在起始阶段迅速变低，但当药量大到一定值时，随着药量的增大，主频降低梯度明显变小，主频变化也相对平稳。因此，在考虑激发药量时，既要保证激发子波的能量，即必需的信噪比，又要使子波频带较宽、主频较高，以提高地震资料的分辨率。

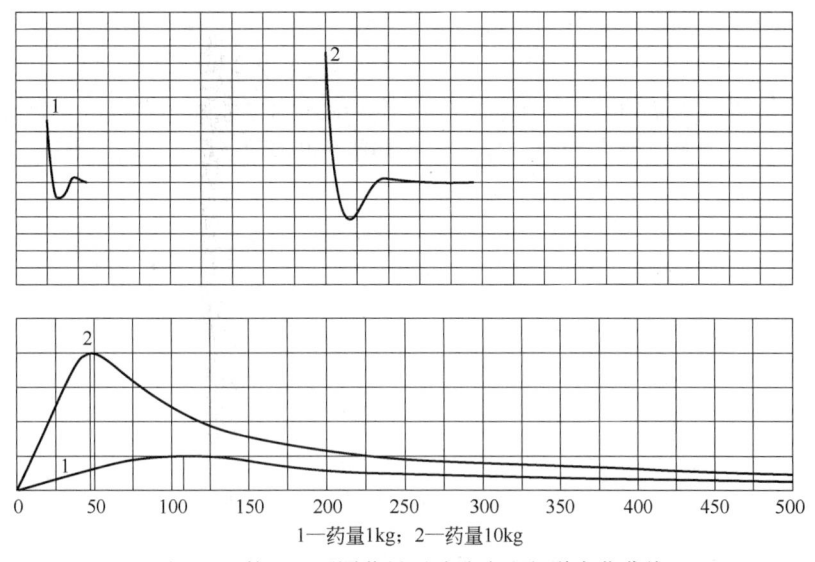

图 3-2　某地区不同药量子波响应和频谱变化曲线

1—药量1kg；2—药量10kg

表 3-1　药量与地震波振幅与主频关系

药量 Q(kg)	1	2	3	4	5	6	7	10	15
振幅 A	1.00	1.25	1.44	1.58	1.70	1.81	1.91	2.15	2.5
主频 f_p(Hz)	100	79.3	69.3	62.9	58.4	55	52.2	46.4	40.5

在炸药激发时，所产生的能量主要转化成两部分，一部分即所期望的弹性波，而另一部分能量则在产生爆炸圈时而损失掉，并且在爆炸圈产生的同时，也伴随着噪声，即经常提到的源生噪声。图 3-3 是某区不同药量试验资料在 BP（50~100Hz）频段的对比，可以看出 0.25kg 与 0.5kg 和 1kg 药量在该频段信噪比基本相当，但随着药量进一步加大，其信噪比不但没有提高，反而降低了，说明大药量的源生噪声高频能量的增速大于高频信号的增速，导致高频段信噪比不但没有提高反而降低了。

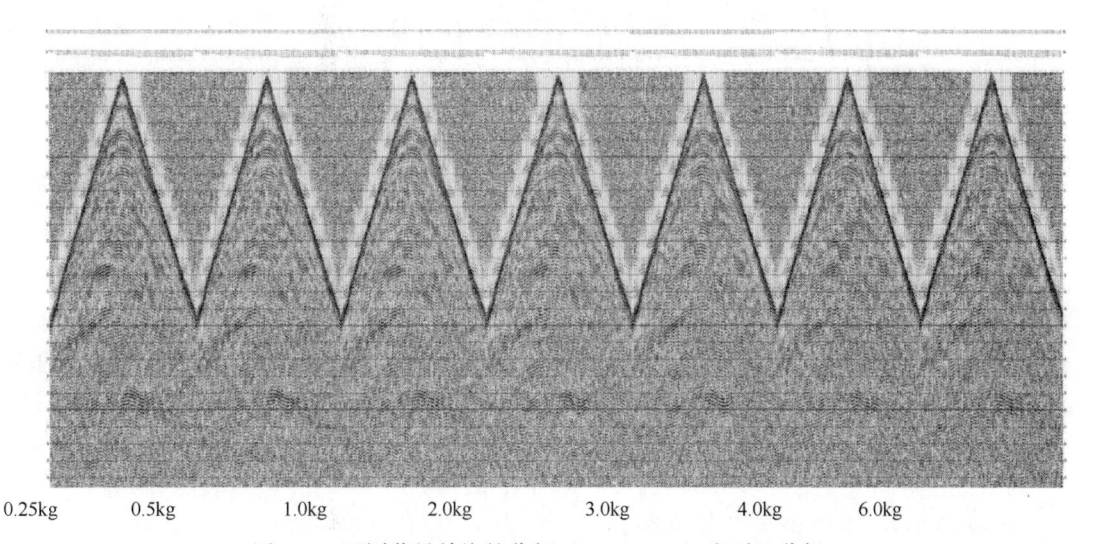

图 3-3　不同药量单炮的分频（50~100Hz）段对比分析

振幅随药量变化的曲线可分为三段（图3-4）：振幅随药量增加而线性增大至第一拐点，振幅随药量增加而较快增大至第二拐点，振幅随药量增加缓慢增大。当振幅值达到第二个拐点进入缓慢增大阶段以后，此时的源生噪声迅速增大，也就是说，当药量再增大的话，很可能就会因为源生噪声的影响导致资料信噪比的降低。

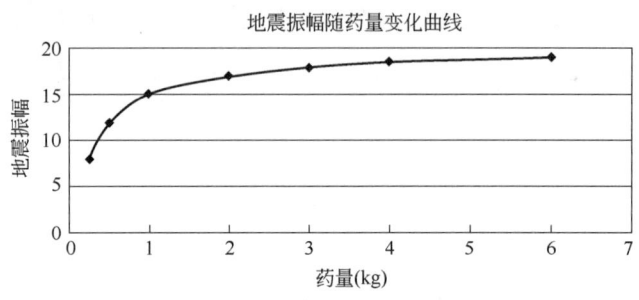

图 3-4 地震波振幅随药量变化曲线

最佳药量应在振幅较快增加段内选择，并且要避免药量选择过大，否则有可能因为源生噪声的加强而导致资料高频段信噪比降低。

（二）井深

勘探实践表明，在潜水面（高速顶）以下激发，能够有效地避开低速层对地震波能量的吸收和衰减作用，提高激发效果。在潜水面以下激发的另一方面关键因素是充分考虑到了虚反射对激发效果的影响。

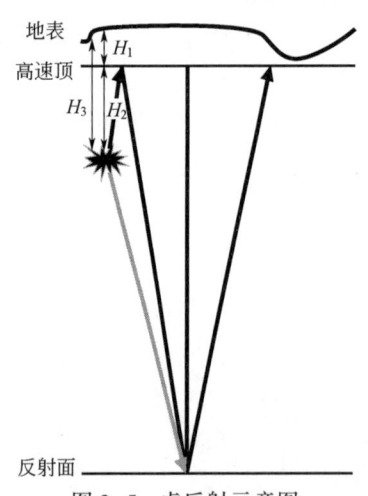

图 3-5 虚反射示意图

虚反射是指在高速顶界面下激发地震波时（图3-5），高速顶界面对向上传播地震波产生的下行反射，虚反射对地震资料频率有很强的滤波效应。

理论上，对两个相同的波在时间相差为 $T/2$ 时，则振幅完全抵消。针对虚反射而言，由于虚反射存在先上行然后再下行的过程，假设激发点到高速层顶界面的距离为 H_2，则虚反射与激发直接产生的下行地震波实际距离相差为 $2H_2$。受虚反射界面的反射影响，虚反射与原下行地震波的相位相差180°。

根据 H_2 与不同 λ 的分析图（图3-6）可以看出，当 $0<H_2<\lambda/4$，虚反射与激发直接产生的下行地震波随着井深的增加是相干加强的，当 $H_2=\lambda/4$ 振幅达到最强，在 $\lambda/4<H_2<\lambda/2$ 区域内，振幅是逐渐减弱的，并且当 $H_2=\lambda/2$ 时，叠加振幅则完全抵消，在此段选择井深，取得的效果势必与原期望值是相反的。所以最理想的激发深度是激发点位于高速层以下刚好 $\lambda/4$ 位置。关于 λ 值的选择和需要保护的频率以及高速层的速度有着直接的关系：

$$\lambda = V/F \tag{3-1}$$

根据图3-6，最佳激发井深的确定可以根据如下公式来进行计算：

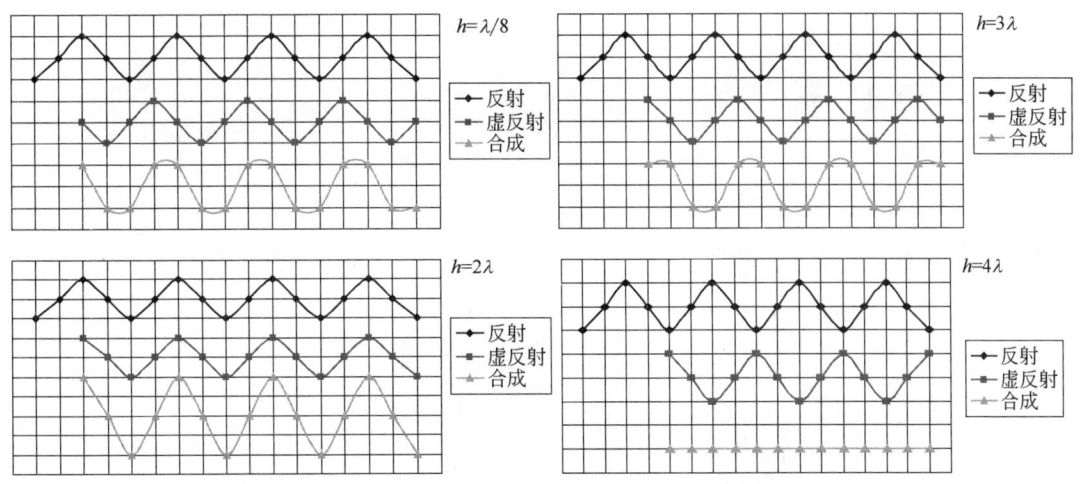

图 3-6 高速顶以下不同 λ 深度虚反射和反射波合成波分析

$$H_3 = H_1 + H_2, H_2 = v/(4 \times F) \tag{3-2}$$

式中　H_1——低降速带厚度，m；

　　　H_2——激发点进入高速层的深度，m；

　　　H_3——设计实际井深，m；

　　　F——保护的频率；

　　　v——高速层速度，m/s。

假设低降速带的厚度为3m，即$H_1=3$，高速层的速度为1670m/s，即$V=1670$m/s。通过计算即可得到需要保护频率所对应的最佳激发井深，见表3-2。

表 3-2　保护频率与激发井深的关系

保护频率 F(Hz)	40	50	60	70	80	90	100
激发井深 H_3(m)	13.3	11.2	9.8	8.8	8.1	7.5	7.1

根据表3-2和图3-7分析，也可以很明显地看出，8.8m井深对70Hz以上的高频成分有一定压制，而7.1m井深对100Hz的高频成分即产生了压制作用，这也就是井深在BP（50~100Hz）频率段6m到18m，资料信噪比随着井深的增加而逐渐降低的原因。

所以关于井深的选择方面，要遵循高速顶以下λ/4内激发这一原则，否则如果采取的井深过深，对高频成分造成不同程度的损伤，不利于提高地震勘探分辨率。

在野外井深设计时，虚反射的影响可以通过双井微测井测定虚反射界面。图3-8是某区根据双井微测井井下检波器记录，从图中可以看出，该区存在一个很强的虚反射界面，并且虚反射界面和高层顶界面（图3-9）的深度基本吻合，约为3m。

（三）岩性

在地表条件复杂的地区，表层结构变化较大，导致不同激发点在同一激发井深资料品质变化较大。因此，如何根据表层结构特点选择合适的激发参数对提高地震资料品质显得尤为重要。下面就以库车山地为例对复杂区选岩性的激发技术进行说明。

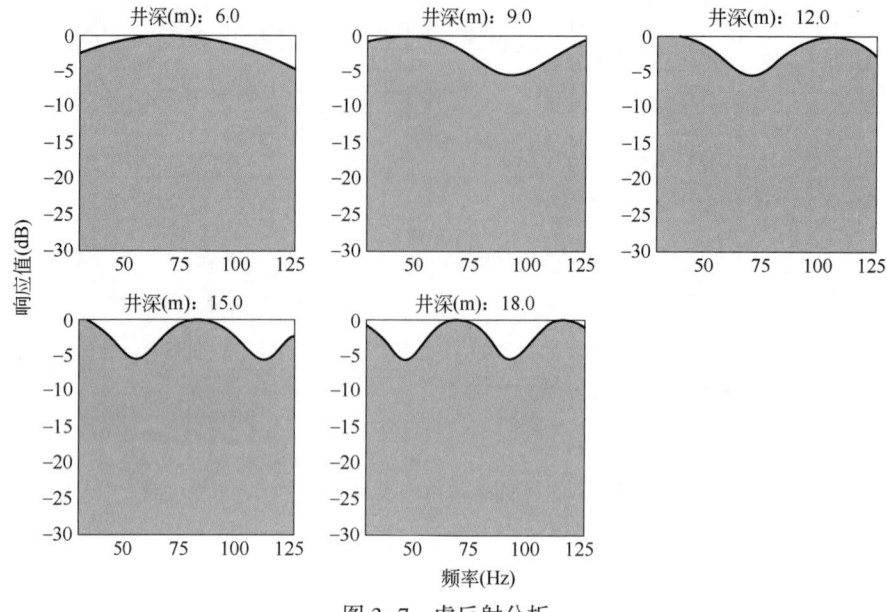

图 3-7 虚反射分析

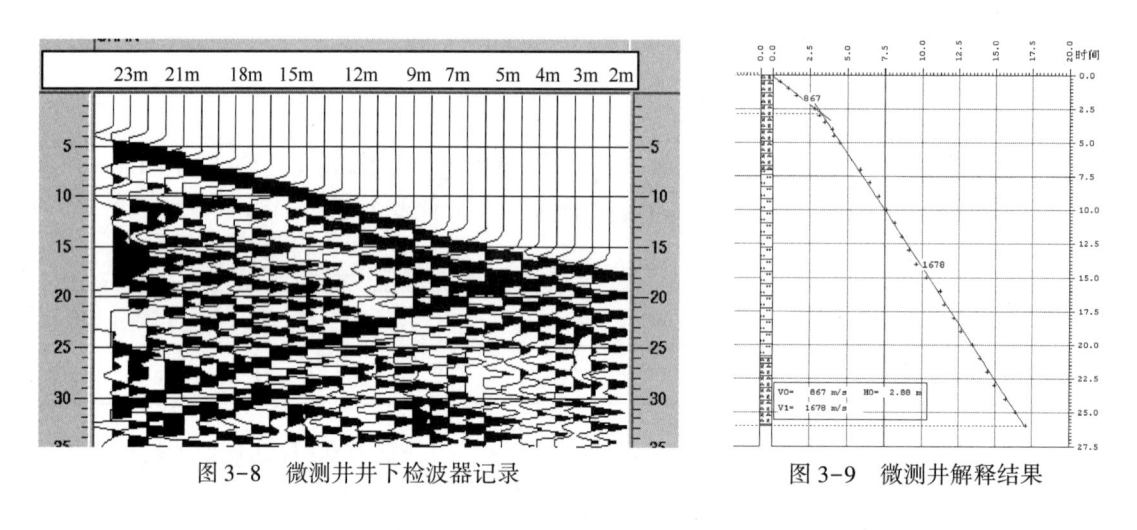

图 3-8 微测井井下检波器记录

图 3-9 微测井解释结果

1. 岩性不同对激发效果的影响

大量的试验资料表明，在山地地震采集中，不同的激发岩性获得的单炮品质差异较大（图3-10）。从图可以看出：煤层激发效果最差，砂泥岩和致密岩性激发效果基本相当。

借助地震子波分析手段对山体不同激发岩性获得的单炮目的层进行地震子波分析（图3-11），不论是从子波形态还是子波的参数，普通砂岩激发效果是最好的。因此在该区应做到追踪砂岩选择激发井深。

2. 相同岩性不同速度对井炮激发效果的影响

前面，对山地不同岩性的激发效果进行了分析，相同的激发岩性也会因速度等差异，对激发效果产生一定的影响，主要针对吐北构造带进行了该类试验。

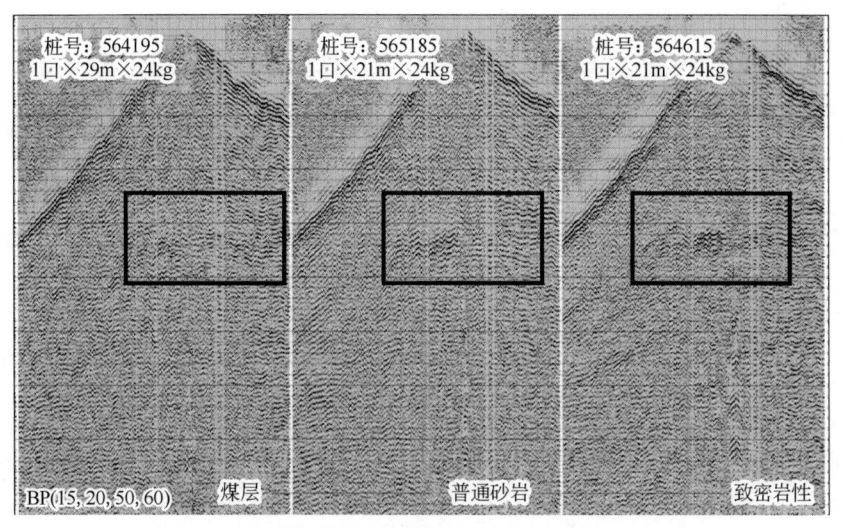

图 3-10 山体不同岩性激发效果对比（分频显示）

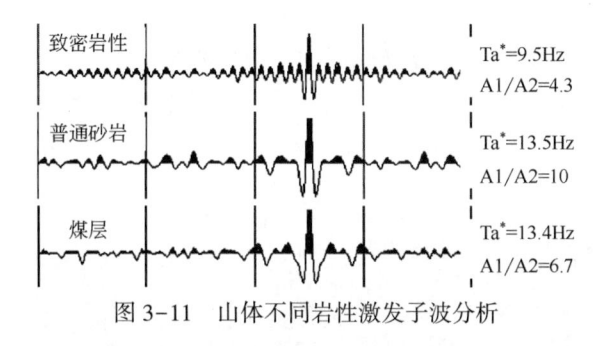

图 3-11 山体不同岩性激发子波分析

在戈壁砾石区 $V_0 = 544\text{m/s}$，$H_0 = 2.7\text{m}$，$V_1 = 1562\text{m/s}$，$H_1 = 37.3\text{m}$，$V_2 = 2192\text{m/s}$ 几个层位进行试验。通过分频记录对比，高速层激发效果明显好于降速层激发，如图 3-12 所示。

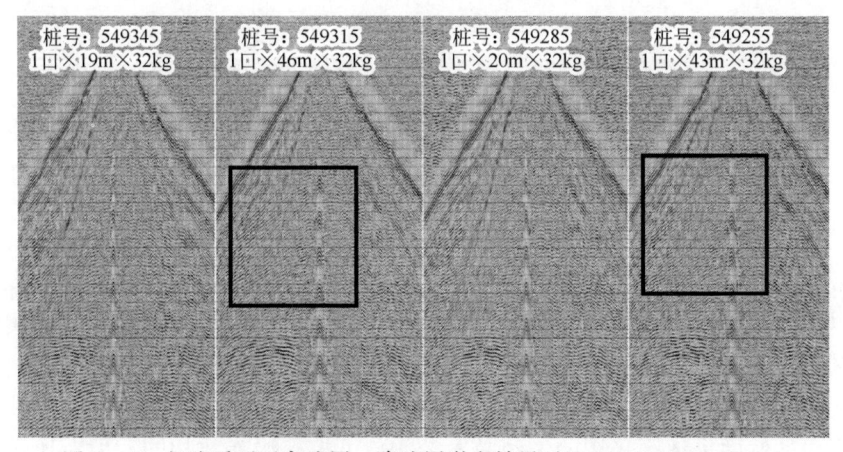

图 3-12 戈壁砾石区高速层、降速层激发效果对比 BP（15,20,50,60）

在砾石山体进行不同速度层激发试验，通过分频记录对比（图 3-13），三个速度层（速度均大于2000m/s）的激发效果基本相当，结合定量的分析，2969m/s速度层激发效果最佳。通过上述试验分析确定：山地井炮激发最好在2000～3000m/s之间的速度层激发。

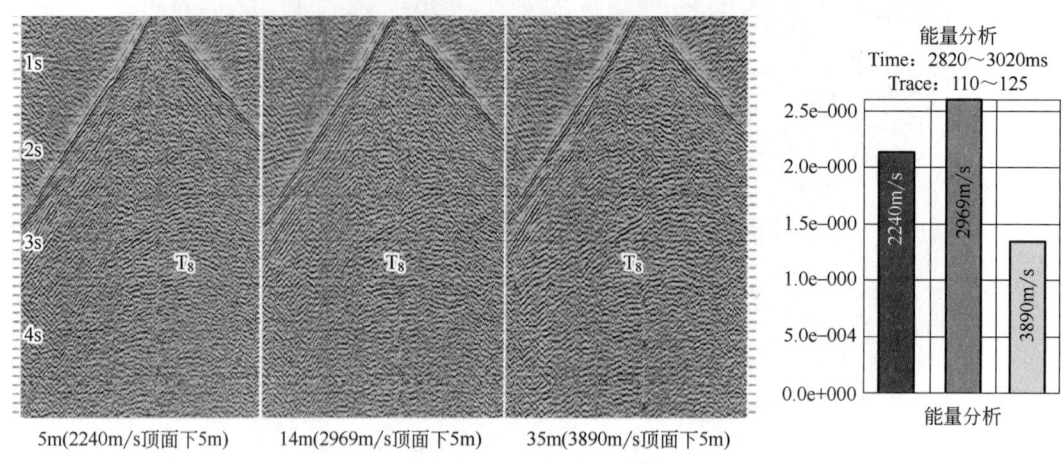

图3-13 戈壁砾石区不同速度的高速层激发效果对比 BP（15,20,50,60）

3. 激发介质的含水性不同对井炮激发效果的影响

图3-14为砾石区井炮激发含水与不含水条件的激发效果对比，由分频记录可以看出两种激发条件的激发效果差异十分明显，在含水砾石中激发明显好于在不含水的砾石中激发。

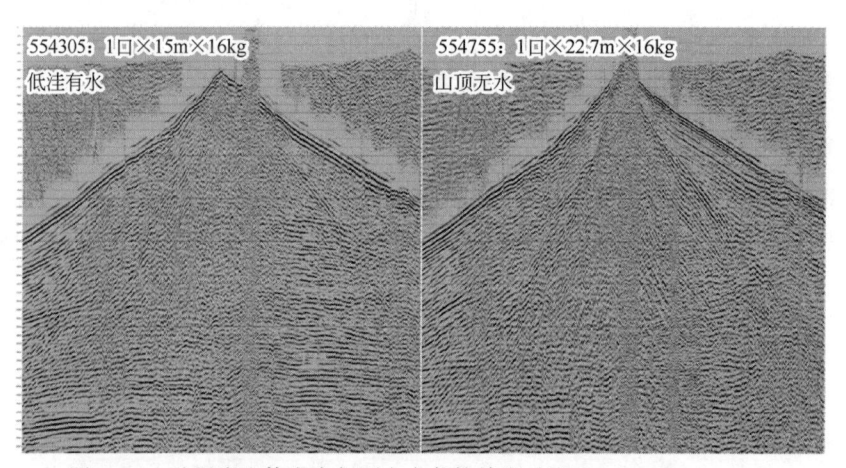

图3-14 砂泥岩山体含水与不含水条件单炮对比 BP（10,15,30,40）

4. 山前带低降速带厚度对激发方式的影响

山前带巨厚砾石覆盖，激发方式的选择十分关键，合适的激发方式既可以提高资料品质，还可以极大地降低勘探成本。激发方式的选择必须因地制宜，根据工区的实际条件——砾石的分选程度、砾石的含水与否、砾石的含土质情况等进行激发方式的选择。图3-15、图3-16分别为乌参1井三维区和大北1井区三维井炮激发与可控震源激发的试验资料对比，可以看出虽然两个地区采用的炸药激发参数与可控震源参数相同，但对比结果很不一样。一般在含土质较多且能实现潜水面以下激发的砾石区，炸药激发能有较好的效果，否则可控震源激发有较好的效果。

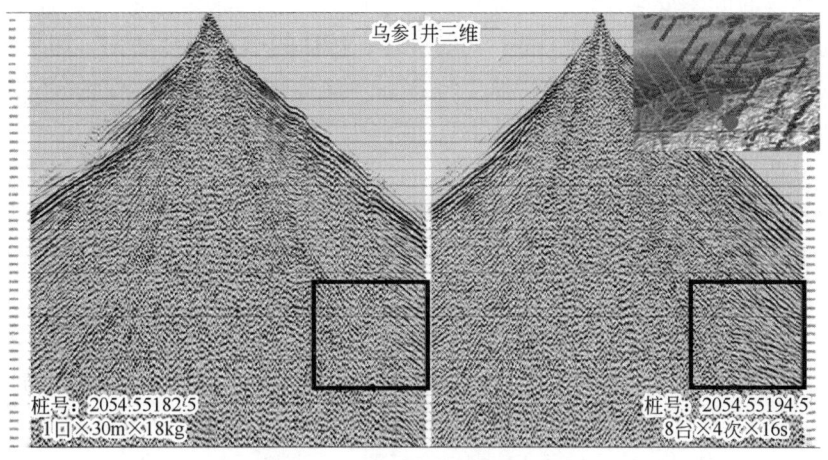

图 3-15 砾石区井震对比记录

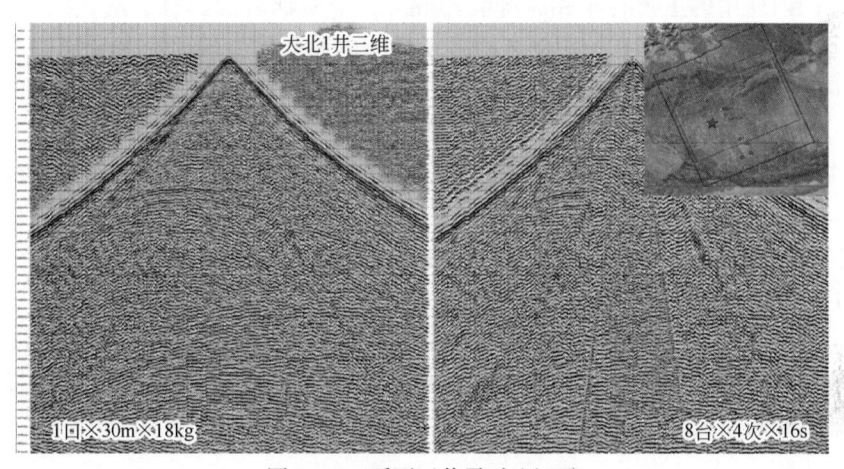

图 3-16 砾石区井震对比记录

综上所述，在选岩性激发时应选择速度较高、含水性较好、低洼地段激发，有利于提高复杂区地震资料的质量。

（四）耦合

炸药与岩石之间有两种耦合关系：几何耦合和阻抗耦合。对于圆柱状炸药包，几何耦合就是药包直径与激发井直径之比乘以100，即当炸药包直径与炮井直径相等时几何耦合为100%。阻抗耦合定义为炸药的特性阻抗与介质的特性阻抗之比，亦即：

$$\frac{炸药包的密度 \times 炸药包的起爆速度}{岩石的速度 \times 岩石的纵波速度} \quad (3-3)$$

当炸药的特性阻抗等于岩石的特性阻抗时，激发的地震波能量最大。

实验表明，在不同的介质中激发，对波的特点有很大影响：在低速带疏松的岩石中激发时，能量被大量吸收，振动的频率降低，在坚硬的岩石中爆炸时，可得到高频振动。已有的理论公式指出，激发的振动频率与横波速度 v 成正比，与周围岩石的坚实性成正比，这与实验结果相符。

脉冲的延续时间主要与震源附近介质的成层性有关。如果震源的下方有强反射界面，则一方面向深层传播的波会减弱，另一方面沿地表传播的干涉波会增强。如果在速度小于周围介质的地层中爆炸时，也会由于从上下界面多次反射的波叠加而产生类似的干涉波。这些干涉波成为强大的干扰背景，将使地震资料的信噪比显著降低。

鉴于以上情况，为了得到好的激发效果，一般选择在高速层顶界面之下进行激发，并选择合适的岩性以拓宽有效波的频率范围。在面波干扰比较强的地方，如果使爆炸深度大于面波波长，则可削弱面波干扰。为提高爆炸效果，井中应充满水，否则有效波的相对强度会减少很多，声波干扰增大并会使炮井坍塌。

在钻井十分困难的地区，例如沙漠及砾石层发育地区，可采用坑中爆炸，这时能量大部分消耗在低速带中。为了提高有效能量，要采用组合爆炸，即把一个大炸药包分成若干小炸药包同时爆炸。

（五）炸药类型选择

目前，国内现用的主要有 4 种震源装药成分，即铵梯震源药柱、膨化硝铵震源药柱、胶质震源药柱和乳化震源药柱。总体来看震源药柱的装药配方的研究主要以提高爆炸地震波能量为主要目的，研究手段基本采用炸药中添加高能金属来实现。不同类型的炸药，爆速、密度、膨胀指数有所区别。

不同的表层结构、不同炸药类型的激发效果是不一样的。当然一个工区炸药类型或激发方式的选择，不仅受到表层结构的影响，也受到环保和勘探成本等因素的影响。图 3-17 是不同药型的激发对比效果图，从图中可以看出，从 20~40Hz 分频记录上看，高密硝胺和 TNT 优越于中密硝胺、低密硝胺及乳化炸药，但是信噪比基本一致，说明在沼泽区采用不同药型激发效果基本一致。根据统计表明高密硝铵具有广谱特征，TNT 次之，也就是说，激发参数选择应该首选高能炸药。但是采用不同药型在不同岩性区激发，激发效果的差异是不同的，有的地区差别较大，有的地区差别较小。

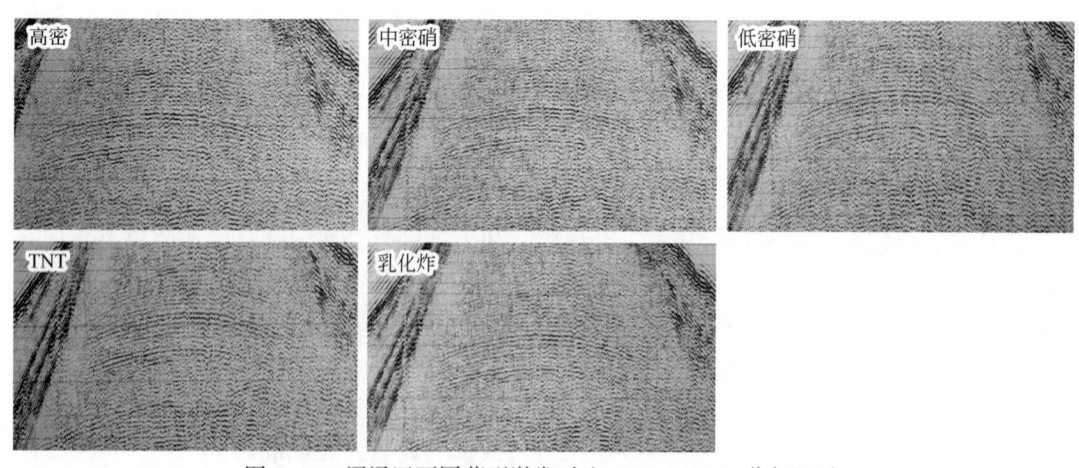

图 3-17 沼泽区不同药型激发对比（20~40Hz）分频记录

通过大量不同药型在不同地区激发介质的对比试验分析，基本总结了炸药类型使用一些经验或认识，具体为：

（1）在含水沙泥介质或沼泽区，一般选用高密度（爆速）炸药激发效果较好，为了防水也采用乳化炸药。

（2）沙漠区在潜水面之上激发时一般用中密度（爆速）炸药，在潜水面之下激发时一般用高密度（爆速）炸药。

（3）岩石中激发宜选用高密度（爆速）炸药。

（4）激发介质多样的工区宜选用高密硝铵炸药。

第二节　可控震源激发

一、可控震源激发的基本原理

（一）可控震源与炸药震源信号特征的区别

炸药震源和一些用于地震勘探的地面震源，如落重震源、电火花震源和气枪震源等非爆炸地面震源所产生的地震信号一样，都是作用时间很短，信号振幅能量高度集中的脉冲信号，它们都属于脉冲震源。而可控震源所产生的信号则是作用时间较长、且为均衡振幅的连续扫描振动信号。因此使用可控震源和使用炸药爆炸等脉冲震源进行地震勘探，在原理上主要区别（图3-18）如下：

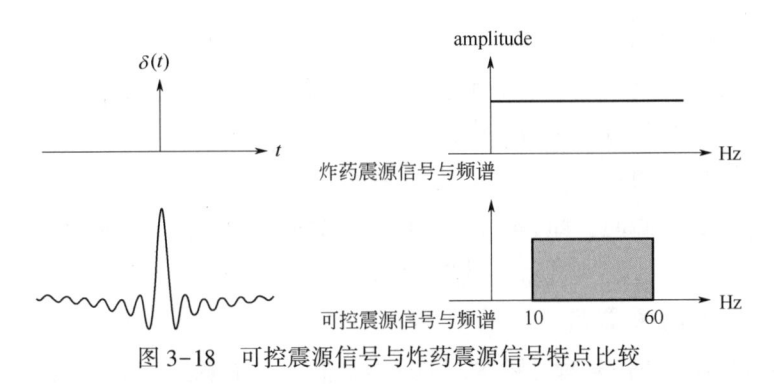

图3-18　可控震源信号与炸药震源信号特点比较

（1）可控震源所产生的地震信号是延续时间较长的连续振动信号，这个信号函数基本已知，它的频率成分可以按人为需要加以改变，但信号是频率成分有限、能量有限的非周期信号。炸药震源所产生的地震信号为持续时间很短窄脉冲信号，其信号函数不可预知，信号频谱较宽，且一次激发能量相对较强，但信号频率成分难于人为控制。

（2）利用可控震源施工所得到的地震原始记录不能够直接辨认各反射层，需要经过与已知的参考信号（地面力信号）进行相关处理运算或反褶积运算，方可得到类似炸药激发记录。

（3）通常可控震源相关记录是由经相关处理后的一系列相关子波所组成，所以相关子波并不是地震信号采集质点上真实运动波形，但这种相关记录和用炸药震源所得到地震记录一样，它包含了必要的地震勘探信息，如地震波旅行时间、反射波信号能量强度和反射波极性等有用信息。而利用诸如炸药震源等脉冲震源所得到的地震记录则是由一系列反射子波组成，这些反射波形则反映了采集质点处真实振动波形。

从地震信号波形对比而言，在可控震源相关记录中的各个反射相关子波的最大波峰/波谷出现时刻对应于脉冲震源反射子波的到达时刻，即在震源相关记录上所表示的一个波达到的时间在相关子波最大值所对应时刻，而不是相关子波的"初至"。

（二）扫描信号

通常，可控震源振动信号在时间域是连续的，这种信号的振幅和频率都是时间的函数，称这样的信号为扫描信号，也称扫频信号。其中应用较为广泛的就是线性扫描信号，这种信号具有相对稳定的振幅，信号频率随时间呈线性变化，它的数学表达式为：

$$S(t) = A(t)\sin[2\pi \times (F_1 t \pm kt)] \tag{3-4}$$

$$A(t) = \begin{cases} 1+\cos\pi(t/T_1+1) & 0 \leq t < T_1 \\ 1 & T_1 \leq t < T_D - T_1 \\ 1+\cos\pi(1+(T_D-t)/T_1) & T_D - T_1 \leq t \leq T_D \end{cases} \tag{3-5}$$

式中，$A(t)$ 为扫描信号 $S(t)$ 的振幅包络函数，扫描信号在开始和结束时，信号幅度有一逐渐变化的部分称为过渡带或斜坡，T_1 称为斜坡长度。F_1 为扫描信号的起始频率，即为震源开始扫描振动时的瞬时频率，k 称为扫描信号频率变化率，简称为扫描速率，它表示单位时间内扫描信号频率的变化，T_D 为扫描信号持续时间，称为扫描长度，式(3-4)中若取正号时，则扫描瞬时频率随时间的增长而升高，这种扫描称为升频扫描，若取负号，则扫描瞬时频率随时间的增加而降低，称为降频扫描。下面是有关线性扫描信号物理量的几个定义。

1. 扫描信号起始频率 F_1

为震源开始扫描振动时的瞬时频率，k 称为扫描信号频率变化率，简称为扫描速率，它表示单位时间内扫描信号频率的变化。

2. 扫描信号终了频率 F_2

它为扫描信号结束瞬间，即 $t=T_D$ 时扫描信号的瞬时频率，可表示为：

$$F_2 = F_1 + kT_D \tag{3-6}$$

3. 扫描信号平均频率 F_0

它为 $t=T_D/2$ 时扫描信号瞬时频率，也称为扫描中心频率，可表示为：

$$F_0 = (F_1 + F_2)/2 \tag{3-7}$$

4. 扫描信号最低频率 F_L 和最高频率 F_H

对于升频扫描：$F_L = F_1$，$F_H = F_2$；对于降频扫描：$F_L = F_2$，$F_H = F_1$。

5. 绝对频带宽度 Δ

绝对频带宽度定义为扫描信号最高频率 F_H 与最低频率 F_L 的差，表示为：

$$\Delta = F_H - F_L \tag{3-8}$$

对于升频扫描，$\Delta = F_2 - F_1$；对于降频扫描，$\Delta = F_1 - F_2$。

6. 相对频带宽度 R

相对频带宽定义为扫描信号最高频率 F_H 与最低频率 F_L 之比，即：

$$R = F_H / F_L \tag{3-9}$$

对于升频扫描信号，$R = F_2/F_1$；对于降频扫描信号，$R = F_1/F_2$。

在实际应用中，通常用扫描信号最高频率 F_H 与最低频率 F_L 之比的倍频程 ROCT 表示相对频带宽度，因此有：

$$ROCT = \log_2^{F_H/F_L} \tag{3-10}$$

或可表示为：

$$ROCT = (\lg(F_H/F_L))/\lg 2 \tag{3-11}$$

7. 扫描信号瞬时频率 $f(t)$

扫描信号瞬时频率定义为在扫描期间，任意瞬时信号的频率，它可表示为：

$$f(t) = F_1 \pm kt \quad 0 \leq t \leq T_D \tag{3-12}$$

式中若取正号时为升频扫描，取负号则为降频扫描。

线性扫描信号在地震勘探中得到广泛应用是由于线性扫描信号的自相关子波形状接近于雷克子波，此外，在实际应用中，线性扫描信号的参数设计和调整比较简单方便，可控震源机械-液压系统易于响应实现。

（三）扫描方式

1. 线性扫描

线性扫描就是扫描的频时曲线是线性递增的或线性递减的。线性递增的称为升频扫描，线性递减的叫降频扫描，如图 3-19 所示。线性扫描对于每一个频率点能量分配是相等的，所以线性扫描方式不具备频率吸收补偿作用。

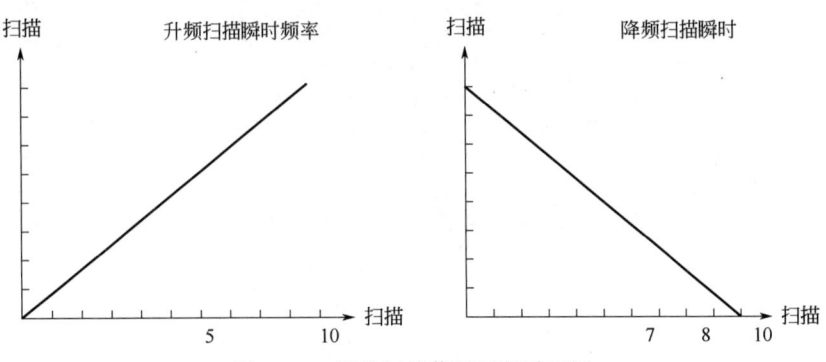

图 3-19 线性扫描信号时频关系图

$$f_i = f_1 + \frac{f_2 - f_1}{T} t \tag{3-13}$$

$$S(t) = A(t) \sin 2\pi \left[f_1 + \left(\frac{f_2 - f_1}{2T} \right) t \right] t \tag{3-14}$$

线性扫描参数主要包括起始扫描频率 f_1、终了扫描频率 f_2、扫描长度和扫描斜坡。与能量有关的还包括台数、震次和驱动幅度。

2. 非线性扫描

非线性扫描的扫描频率与扫描时间的函数关系再不是线性关系而是非线性关系。非线性扫描包括许多形式：对数扫描、dB/Hz 扫描、dB/Oct 扫描、指数扫描等，用得最多的是 dB/Hz 扫描、dB/Oct 扫描，因为这两种扫描形式有着明确的物理意义，而其他的非线性扫描形式完全是一种数学上的表示。

（1）dB/Hz 扫描：

$$f(t) = F_1 + \frac{1}{n}\ln\left[(e^{n(F_2-F_1)}-1)\frac{t}{S_L}+1\right] \tag{3-15}$$

（2）dB/Oct 扫描：

$$f(t) = \sqrt[n]{F_1^n + \frac{t}{S_L}(F_2^n - F_1^n)} \tag{3-16}$$

式中　$f(t)$——瞬时频率，Hz；

F_1——起始扫描频率，Hz；

F_2——终了扫描频率，Hz；

S_L——扫描长度，m；

T——扫描时刻，s；

n——扫描参量，是待定的一个参量。

3. 组合扫描

常规扫描的相关子波是克劳德子波，分辨率不是很高，可以根据探区频幅特性设计一组子扫描来获得分辨率较高的子波（图 3-20）。

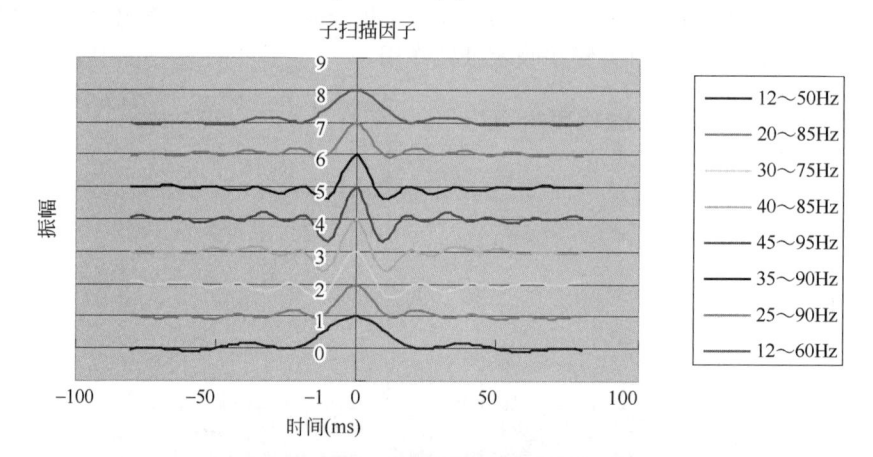

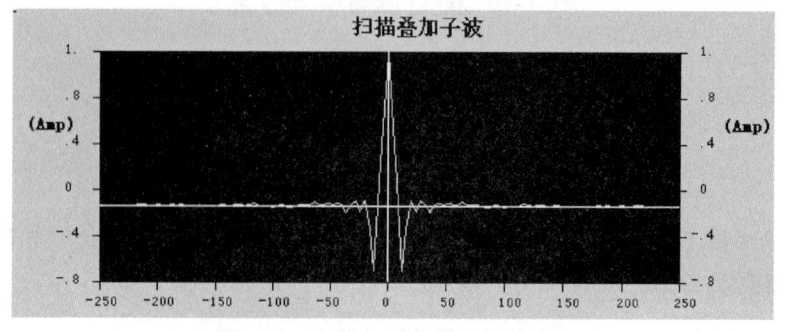

图 3-20　组合扫描及其叠加子波

一部分子扫描把震源能量集中到原来功率谱能量不足的频率范围内对地震信号的频率衰减进行补偿；一部分子扫描以低频为主获得较好的穿透力，以获取深层的反射，一部分扫描是中频、高频，可获得没有低频的面波反射和改善高频带，来提高分辨率。

4. 串联扫描

串联扫描是埃克森石油公司在1994年申请的一项专利，它主要是为了在野外的施工中提高生产效率。它是通过缩短了听时间和系统重置时间来提高采集效率，扫描时通过变换扫描信号的初始相位来进行扫描。在串联扫描中需要生成两个信号序列，一个用来在信号扫描时使用，一个用来在相关时使用。如果要进行谐波的压制，那么扫描的段数不能少于要压制的谐波的最高阶次（图3-21）。

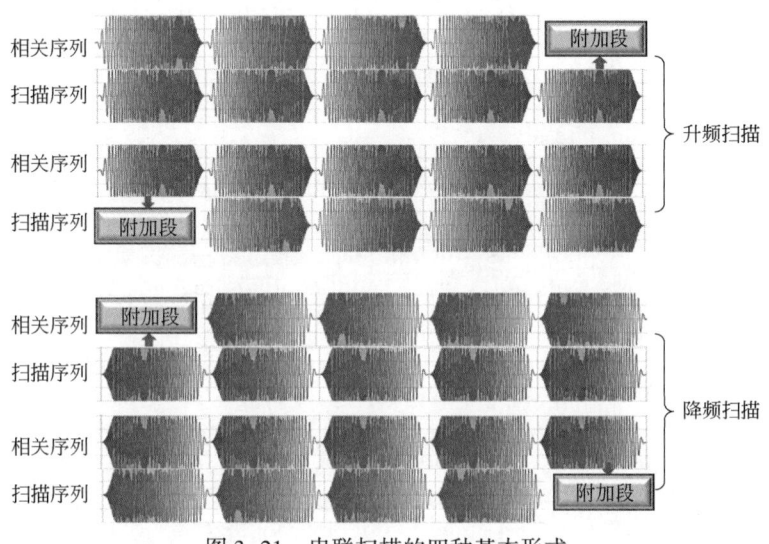

图3-21 串联扫描的四种基本形式

以升频扫描为例，来分析谐波干扰的影响，如图3-22所示，扫描信号分为四段，每段信号的相位相差90度，而作为相关时的参考信号，它与扫描信号相比在前端增加了一段额外的序列段。

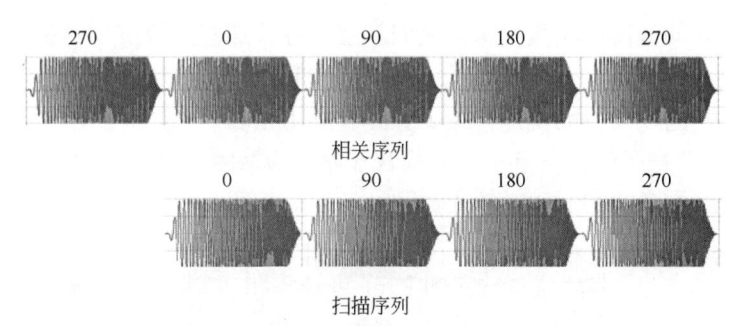

图3-22 升频扫描序列

升频扫描时谐波干扰出现在相关负时间轴上，从图3-23和图3-24便可以直观地看到带附加段的参考信号与不带附加段的参考信号与力信号相关时的差别，在图3-23中的目标段是没有出现谐波干扰的，它们都被压制掉了，而在图3-24中，目标段正时间轴上出现了谐波干扰，所以在串联扫描中附加扫描段是非常有必要的，它在相关时可以平衡谐波干扰，从而压制它。

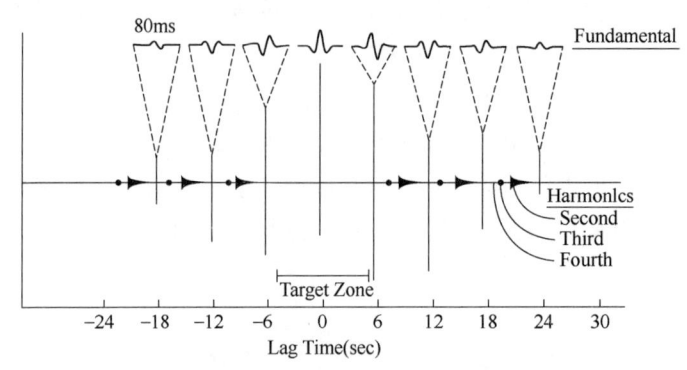

图 3-23　带附加段的信号与力信号相关结果

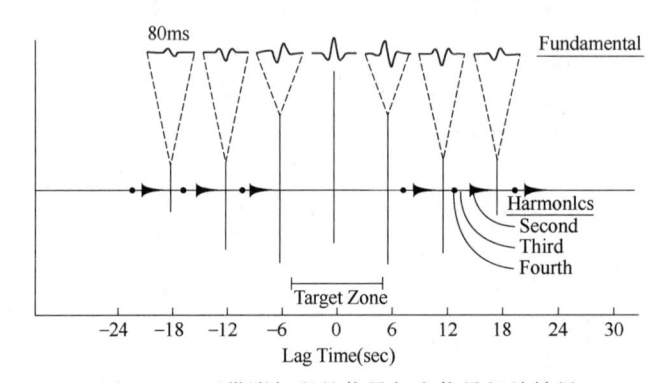

图 3-24　不带附加段的信号与力信号相关结果

5. 整形扫描

可控震源相关子波旁瓣越小，资料信噪比和分辨率越高，反之越低。相关旁瓣与扫描的类型，扫描的频宽，扫描斜坡及特定工区的谐波干扰等因素有关。为了减少相关旁瓣，一般要求扫描信号的频宽要大于 2.5 倍频程。现在的扫描一般是线性扫描，它的相关子波是克劳德子波，它的旁瓣比较宽，这样人们就会去寻找那些主瓣突出，旁瓣较窄的子波来代替克劳德子波，例如雷克子波或俞氏子波。这样利用已知振幅谱来设计扫描信号的方法就是整形扫描，它的主要目的就是：减少旁瓣，突出主峰。

图 3-25 是克劳德子波、雷克子波和俞氏子波，从图中可以看出雷克子波和俞氏子波比克劳德子波有较窄的旁瓣和突出的主瓣。

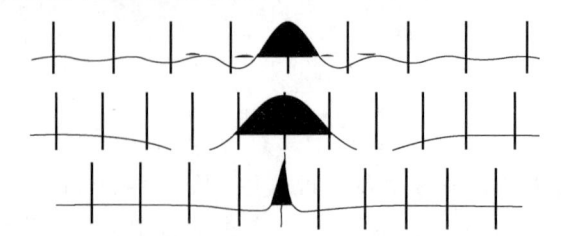

图 3-25　克劳德子波、雷克子波和俞氏子波（上、中、下）

二、可控震源主要参数及选取方法

（一）扫描频率

1. 起始频率

随着地震勘探技术的发展，地球物理学家期望得到宽频的地震资料，这对利用可控震源激发的地震采集提出了更高的要求。常规可控震源受重锤最大位移、最大流量、气囊隔振以及平板结构这四方面限制。低频选择一般在不影响震源使用性能情况下结合地质任务和施工地表条件要尽量发挥震源的低频能力。

2. 终了频率

终了频率的选择首先地质任务的要求和地层对高频吸收衰减，其次考虑施工地表条件和震源机械性能。如果终了频率选择过高，震源力信号在高频段畸变较大，将影响地震资料的品质并对震源造成一定的损害，一般根据地层响应的最高频率确定终了频率。

（二）扫描长度

理论上扫描长度越长，资料的信噪比越高，但扫描长度的时间内外界噪声通常不满足随机噪声的特征。通过试验选择恰当的扫描长度，既满足信噪比的要求又兼顾了施工效率。同时，力信号与扫描信号互相关子波上谐波出现的时间与扫描长度有关，以升频扫描2次谐波出现的时间为例：

$$T_1^2 = -\frac{F_1 T}{W} \tag{3-17}$$

$$T_2^2 = -\frac{F_2 T}{2W} \tag{3-18}$$

式中　F_1——起始扫描频率，Hz；
　　　F_2——终了扫描频率，Hz；
　　　W——扫描频宽；
　　　T——扫描长度。

互相关记录上的2次谐波干扰出现在基波信号之前，是一个相对基波的反向扫描，相对基波的延续时间 T_1^2 与 T_2^2 用式（3-17）和式（3-18）估算，"-"号表示在基波之前。

从式（3-17）和式（3-18）可以看出，扫描长度越大，2次谐波干扰在互相关记录上离基波越远。

（三）组合台数

震源台数的选择主要考虑两方面：最深目的层能量要求和组合的影响。

随着震源台数的增加，单炮能量增强，同时因为组合的影响，单炮的信噪比也会有所提高（图3-26）。从能量考虑一定要保证地质任务要求的目的层有能量显示，考虑组合效应对分辨率和叠前偏移的影响，在保证最深目的层有能量显示的同时震源台数要尽量少。

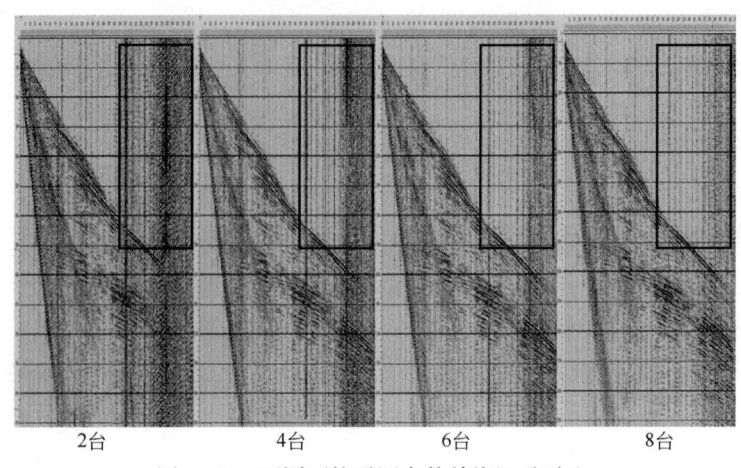

图 3-26 不同可控震源台数单炮记录对比

随着可控震源高效采集技术的发展，可控震源向少台数发展。在低覆盖次数情况下，单炮的信噪比更为关键，所以减少震源台数要慎重。在高覆盖次数条件下，高覆盖弥补了单炮资料品质的不足。

(四) 扫描次数

在动点振动的情况下，每次振动震源的位置发生了变化，实际上改变了震源的组合基距，与定点振动相比，对面波的压制要强一些；在定点振动的情况下，除非为了变相位压制谐波考虑，否则所有振动的射线路径是重复的，每次叠加的作用只是压制了部分环境噪声，而在很短的时间间隔内，环境噪声的变化不大，所以扫描次数对单炮记录的品质影响较小，剖面上通过多次覆盖后扫描次数的影响几乎不存在了（图 3-27）。可控震源高效采集通常采用单次扫描。

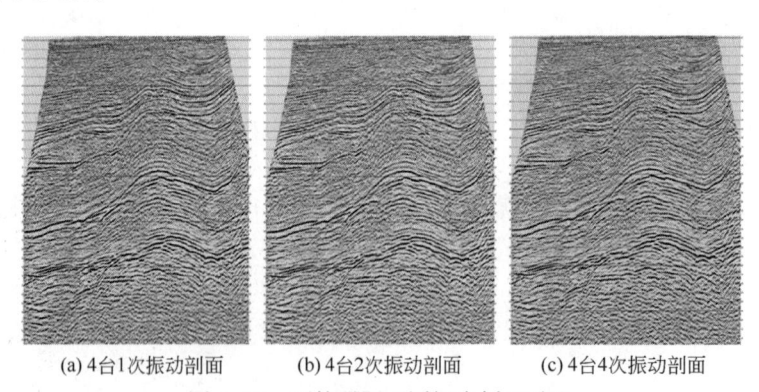

(a) 4台1次振动剖面　　(b) 4台2次振动剖面　　(c) 4台4次振动剖面
图 3-27 可控震源不同振次剖面对比

(五) 驱动幅度

可控震源作用于大地的力可称为震源激振力，也称为可控震源输出作用力，有时简称为地面力。若将可控震源—大地弹性/阻尼系统视为理想化，且震源平板与大地耦合良好，认为可控震源平板与重锤在振动垂直方向各处运动加速度相等，不考虑震源液压系统压力变化和液压油泄漏等因素，可控震源地面力可简单地表示为震源重锤加速度和平板加速度的值分别与重锤和平板质量乘积的加权和：

$$GF = M_m \times A_m + M_{BP} \times A_{BP} \quad (3-19)$$

式中　GF——震源地面力，N；

　　　M_m——重锤质量，kg；

　　　A_m——重锤加速度，m²/s；

　　　M_{BP}——平板质量，kg；

　　　A_{BP}——平板加速度，m²/s。

在这个表达式中，重锤质量 M_m 和平板质量 M_{BP} 不变，式中变量为重锤与平板的加速度，它们可由分别安装在重锤和平板上的加速度传感器测得，其加速度幅值变化大小取决于流入重锤油缸内液压油流的变化。

驱动幅度越大，能量越强，同时随着驱动幅度的增加，震源的畸变增大。实际施工中，一般采用60%~70%的驱动幅度，即使这样震源为了保证平均出力在设定的水平要时刻调整重锤的运动状态，在此情况下基值出力经常会偏离设定的驱动幅度。如果偏离达到一定的幅度，说明设置的驱动幅度过大，要考虑降低。一般情况驱动幅度要根据试验确定，保证最深目的层有足够的能量即可。

（六）其他参数

1. 斜坡

为了保证在震源正常稳定的工作状态，通常在振动起始和结束时加一个过渡段。从震源机械性能角度出发过渡段越大越好，从数字信号滤波考虑合适的过渡段会削弱吉布斯现象。通常根据震源自身性能、起始和终了频率、地表条件确定，一般斜坡的长度在250~500ms。

2. 听时间

确定听时间的方法与确定炸药震源的记录长度方法相同。

第三节　气枪激发

一、气枪激发的基本原理

气枪是利用机械装置产生高压气体，在水中或泥中瞬间释放高压气体，进而获得地震波的一种激发方式。

（一）自由气泡振荡理论

气枪瞬间释放高压气体进入周围介质水中形成气泡，从而气泡成为真正意义上的流体中震源，气泡振荡就像"一个逐渐衰减的阻尼性振荡的弹簧"，由于高压释放，起始时刻气泡内的压力远远高于周围静水压力，如此巨大的压差迫使气泡迅速膨胀扩张，随着气泡体积的膨胀增大，内部压力逐渐减小，在一定时间内，内部压力降低到与周围静水压相等，称为平衡状态，此时气泡由于惯性作用，继续膨胀扩张下去，直到最大限度，形成第一个压力脉冲，即子波脉冲。此后，由于气泡内部压力远远低于静水压力，负向压差迫使气泡开始收缩减小，直到内部压力再一次高于静水压力；第二个循环过程开始，形成第二个脉冲，即为气泡脉冲，如此反复进行，形成后续的气泡脉冲，由于弹性衰减作用，压力子波后续的气泡脉冲其能量逐渐衰减降低，如图3-28所示。

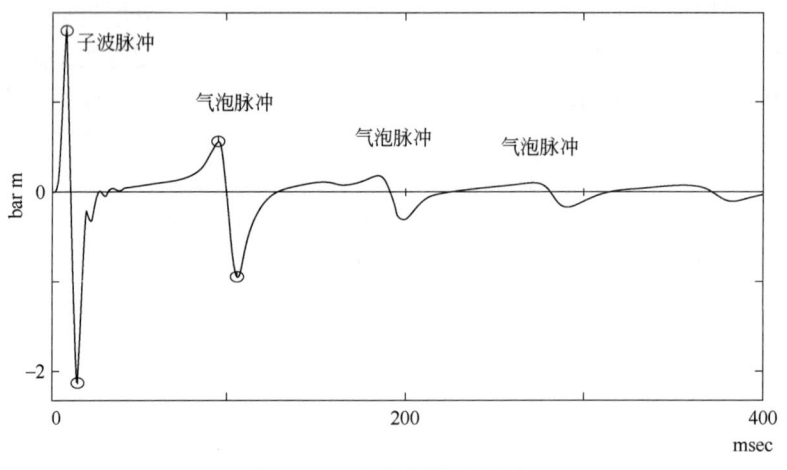

图3-28 气枪子波示意图

（二）气枪的组合与相干

气枪阵列设计可以分为气枪组合阵列设计和气枪相干阵列设计。

气枪组合的原理为：适当地选择一组不同容量的气枪，使它们之间的距离保持足够大，使之不相干而产生不同的气泡周期。同时激发后，第一个压力脉冲同相叠加而大大加强，气泡震动异相相抵而大大削弱，因此提高了气泡比，进而改善地震波激发效果。

这种简单的气枪组合，要求气枪相互间距离足够远，一般要大于5~6倍的气泡半径，使各枪之间没有相互的干涉作用，则远场任一点的子波，就等于各枪子波在远场进行简单的线性叠加（即只考虑按距离比例缩放及时间延迟，而不必考虑子波形态的改变）。

气枪相干的原理为：相邻两枪的气泡距离较小并接近于两条气枪的气泡半径之和时，两个气泡相切，从而产生抑制作用，保持了气泡周期，避免了气泡的连通破碎，达到了气泡效应的目的，同时子波又可以得到相干加强，进而改善地震波激发效果。

二、气枪的基本参数及其影响因素

（一）气枪的基本参数

1. 主脉冲（PRIMARY）

主脉冲是指气枪内的高压气释放后产生的第一个正压力脉冲的振幅值 $A1$，如图3-29所示，其单位用 bar·m 来表示（1bar=10⁵Pa，下同）。

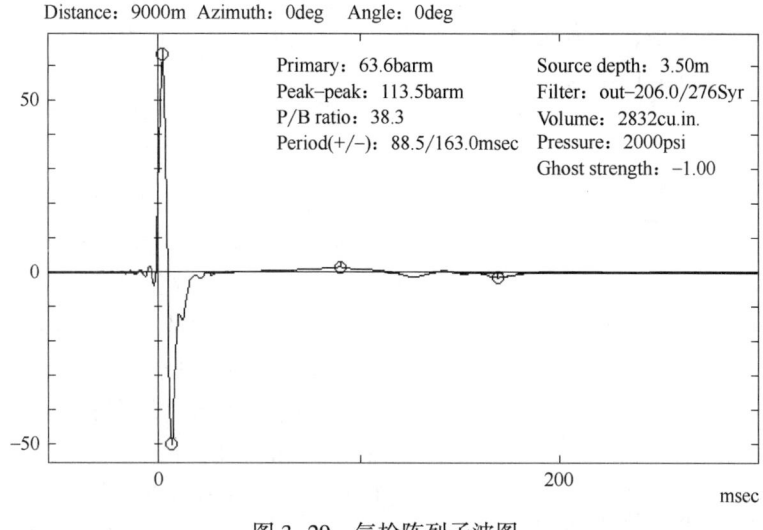

图 3-29　气枪阵列子波图

2. 峰—峰值（PEAK-PEAK）

峰—峰值是指第一个压力正脉冲（A_1）与第一个压力负脉冲（A_3）之间的差值，单位也用 bar·m 来表示。主脉冲和峰—峰值都是表示气枪能量的重要指标，主脉冲和峰—峰值越大，说明该气枪的能量也越大。bar·m 的含义是：以距震源中心 1m 的假想点的声压值为度量单位，来衡量气枪压力脉冲振幅的大小。

3. 气泡比（P/BRATIO）

气泡比是指第一个压力脉冲的振幅（A_1）与第一个气泡脉冲的振幅（A_3）之比。气泡比越大，气枪的子波和频谱越好。通常，气泡比不能低于 10。

4. 气泡周期（PERIOD）

气泡周期是指主脉冲与第一个气泡脉冲的时间间隔。

5. 系统压力

系统压力是指在气枪震源正常工作时，储气瓶内的压力。

6. 工作压力

工作压力是指经气枪控制面板调压后，使气枪在释放前已达到了稳定状态的压力。

7. 气枪总容量

气枪总容量指各枪容量之和，通常用 in^3 来表示（$1in^3 = 1.63871 \times 10^{-5} m^3$，下同）。

（二）影响气枪参数的一些基本因素

1. 气枪沉放深度的影响

气枪沉放深度的变化，是影响气枪子波品质的关键因素。

（1）气枪沉放越浅，其外界水的压力越小，使空气枪中的高压空气以更快的速度释放，提高了子波的频率。使子波尖锐，频带变宽，频谱中的高频效果变好。

（2）由于气枪放浅，一部分能量变成了海水破碎能，这就大大缩小了气泡振荡的能量，使气泡的振幅变小，气泡比增大（虽然，随着气枪放浅，主脉冲变小，但变小的速度比气泡振幅慢，故气泡比增大）。

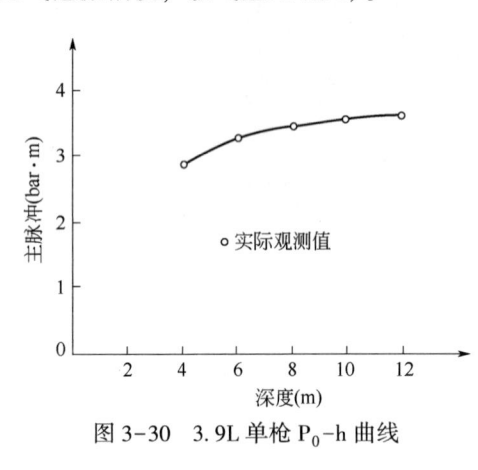

（3）气枪沉放越浅，能量损失越大，主脉冲越小，频谱中低频效果变差，使穿透力变弱。

国内的气枪研究部门曾对气枪沉放深度与主脉冲的关系做过试验，试验所用的气枪容量为3.9L。根据气枪沉放4m，6m，8m，10m，12m时测得的主脉冲值，确定出主脉冲与气枪沉放深度的关系图如图3-30所示。

图3-30　3.9L单枪 P_0-h 曲线

由上面一些试验的资料可以看出：气枪沉放深度在6m以内时，随气枪沉放深度的增加，主脉冲和峰—峰值显著增加，气泡比明显下降；气枪沉放超过6m时，主脉冲和峰—峰值，随气枪沉放深度的增加，变化不大，但气泡比仍明显下降。

2. 气枪压力的影响

气枪压力升高后，频谱中低频的输出增加，峰—峰值升高，气泡比增加。故压力升高后，气枪子波品质变好，穿透力增加。

3. 单枪容量的影响

（1）单枪容量与枪主脉冲的关系：一些气枪专家通过大量试验得出单枪容量与主脉冲的经验公式为：$A_1 = KV^{1/3}$，式中 A_1 为主脉冲，V 为气枪容量，K 为经验常数，通常取 $K=2.32$。国内的一些气枪研究机构，也曾就主脉冲与气枪容量的关系做过试验，实测值与理论计算基本相符。

（2）单枪容量与穿透力的关系：容量大的枪其频谱中低频效果较好，故穿透力强；而容量小的枪其频谱中高频相对平滑，故适合用于高分辨勘探。

（3）单枪容量与气泡周期的关系：气泡周期是设计气枪阵列的重要依据，故确定出单枪容量与气泡周期的关系具有十分重要的意义。国外的气枪研究人员，经过多年的生产试验，确定出了气枪容量与气泡周期的经验公式为：

$$T_b = k \frac{p^{1/3} V^{1/3}}{(D+10)^{5/6}} \tag{3-20}$$

式中　T_b——气泡周期，ms；

p——气枪爆炸处的外界压力，bar；

V——气枪容量，L；

D——气枪沉放深度，m；

k——经验常数，取决于气枪类型，通常BOLT枪的中 k 值取772，G枪取790，套筒枪取803，高压枪取680。

由上面的经验公式可以看出，气泡周期与单枪容量的立方根成正比。

4. 气枪阵列的影响

实践表明：把单个枪组成气枪阵列是提高气枪能量非常有效的途径。例如：一个容量为 800in³ 的大枪，其主脉冲为 10bar·m，一个由 5 个 160in³ 的枪组成总容量为 800in³ 的相干枪，其主脉冲为 19bar·m，比单个大枪的主脉冲高 90%；而一个由 5 个 160in³ 的枪组成的气枪阵列，尽管其总容量也是 800in³，但其主脉冲却达到了 30bar·m，比单个大枪的主脉冲提高了 200%。由此可以看出，气枪阵列对增强气枪能量起到了显著作用。

5. 气枪同步的影响

气枪同步是指施工所用的气枪在规定的时间内同时激发，以便得到最佳的叠加子波和频谱。

如果一个气枪阵列激发不同步，会严重影响气枪的子波和频谱。因为在设计气枪阵列时，是在考虑气枪同步的条件下使各枪主脉冲恰好叠加，而气泡脉冲相互抵消。如果气枪不同步，严重时会出现主脉冲抵消气泡脉冲叠加的情况，造成采集的资料为废品。故控制气枪同步在气枪震源施工中占有十分重要的地位。实践证明，只要两枪激发的时差小于 1/5 视周期，则其组合波形就基本上与单枪激发时的波形一致，故通常取 1/5 视周期作为同步误差的基本要求。对于常用的 100 周的地震波来说，1/5 视周期即为 2ms，也就是说，通常同步误差要达到 ±1ms 才能满足要求。

国际上通用的气枪同步标准是：在常规地震勘探时，气枪同步误差小于或等于 ±1ms，在进行高分辨勘探时，同步误差的指标为 0.3~0.5ms，无论是常规勘探还是高分辨勘探，小于同步误差的炮数都不能低于 95%。

三、气枪的阵列设计

（一）气枪阵列的设计方法

气枪阵列主要是根据不同容量的气枪具有不同气泡周期的特点而设计的。将容量已经选定的气枪同时激发，使主脉冲相加，气泡脉冲互相抑制，从而达到提高能量和气枪子波品质，减小气泡振荡的目的。目前，国外气枪阵列的设计，主要是根据已有的气枪组合理论编制计算机软件，在计算机上计算出气枪阵列中各枪的容量，并确定出气枪阵列的模拟子波；然后，对设计好的阵列进行试验，将测出的实际子波与模拟子波进行对比，如果两者区别不大，则表明新设计的阵列是成功的，否则要重新调整设计参数。用这种方法设计气枪阵列虽然简单，但购买软件的价格昂贵，故下面介绍两种设计气枪阵列的简便方法。

1. 类比法

类比法是在已有的气枪阵列的基础上进行局部调整或替换。例如已知一个气枪阵列为：2×(300+160+115+80+55+40)，其总容量为 1500in³，12 条枪。可以运用类比法设计成以下一个新阵列：2×(3×100+2×80+115+2×40+55+40)，该阵列共 20 条枪，虽然总容量未变，但因其采用了六组相干枪取代了原来的六个大容量枪，故其主脉冲和气泡比都有显著提高。运用类比法还可以设计总容量与原来不一致的新阵列。国外的气枪专家曾进行过如下试验：将一个总容量为 2180in³ 的气枪阵列中的五个 40in³ 的相干枪换成五个 160in³

的相干枪，并将两个小容量的相干枪更换成 80in³ 的相干枪，使总容量增加到 3540in³。经测试新阵列的峰—峰值由 135bar·m 增加到 151bar·m，气泡比由 14 增加到 39.6，并且频谱变得更加平滑。

2. 根据气泡周期设计气枪阵列法

由计算气泡周期的经验公式可以推导出以下计算气枪容量的公式如下：

$$V = \left[\frac{T_b(D+10)^{5/6}}{Kp^{1/3}} \right]^3 \tag{3-21}$$

式中 T_b——气泡周期，ms；

　　　D——气枪沉放深度，m；

　　　p——气枪爆破处的外界压力；

　　　K——系数，通常 BOLT 枪 K 取 772，G 枪取 790，套筒枪取 803，高压枪取 680。

在用此公式设计气枪阵列时，应首先确定主气枪，即容量最大的枪。第二大枪的气泡周期适常比主气枪的气泡周期差 20ms，以后各枪的气泡周期一般相差 10～15ms。这样，就可以根据气泡周期，确定出各枪的容量。

（二）子波的测试与推算

气枪的子波分近场子波和远场子波。近场子波的测试方法是：将检波器绑在气枪上，检波器距气枪 1m 左右，用仪器记录气枪放炮时的波形。远场子波需要 150m 以上的深水区进行测试，检波器需放在气枪下方的水下 100m 处，用仪器记录放炮时的波形。所以，测试远场子波前，首先要找到一个理想的测试场所。

由于气枪远场子波需要到深水海域进行测试，因此时间和费用花费较多，因此现在逐步发展了由近场子波推算远场子波技术，其方法是由实测的近场子波计算出多个气枪震源的假想子波，再由多个气枪震源的假想子波合成气枪阵列的远场子波。

如图 3-31 所示，已知第 i 只气枪的子波为 $P_i(t)$，则位置 j 处的远场子波 $P_j(t)$ 为 n 只枪子波的线性叠加，其方程为：

$$P_j(t) = \sum_{i=1}^{n} \frac{p_i\left(t_j - \dfrac{r_{ij}}{c}\right)}{r_{ij}} \tag{3-22}$$

式中 c 为水中的声波速度。

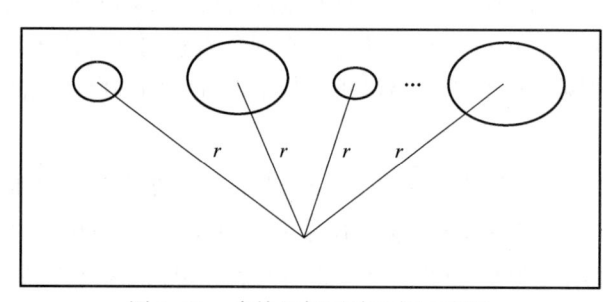

图 3-31 多枪远场子波叠加示意图

式(3-22)的含义为各个已知子波在远场任一点进行距离比例缩放、时间延迟处理之后叠加，而不必考虑子波形态的变化。

但是由于简单组合气枪阵列过大，从而使阵列视为点震源的前提受到影响；另一方面，大容量单枪简单地阵列组合，在抑制气泡方面能力有限。而较好的相干阵列设计却可达到较为理想的效果。

气枪相干阵列的设计原理为：相邻两枪的气泡距离较小并接近于两条气枪的气泡半径之和时，两个气泡相切，从而产生抑制作用，保持了气泡周期，避免了气泡的连通破碎，达到了气泡效应的目的，同时子波又可以得到相干加强。

同样如图 3-31 所示，如果各只气枪之间互相干涉，则无法按照式（3-22）进行简单叠加处理而求取远场任一点的子波，因为在这种情况下，第 i 只气枪的子波不再是 $P_i(t)$，而是一个受到其他枪干涉的未知数，则位置 j 处的远场子波 $P_j(t)$ 也就不能将 $P_i(t)$ 进行线性叠加而求取远场子波。如果利用式（3-22）求取远场子波，则结果与实测的结果将产生较大的误差。然而可以假设存在 n 个假想的震源 $Pn'(t)$，这些假想的震源之间不存在干涉作用，那么就可以按照式（3-22）进行远场子波的合成计算。

假设实测的近场子波 $P_i(t)$ 是由 n 个不相干的假想子波 $P_i'(t)$ 合成的，得到如下方程组：

$$\begin{cases} P_1(t) = \sum_{i=1}^{n} \dfrac{p_i'\left(t_1 - \dfrac{r_{ij}}{c}\right)}{r_{ij}} \\ P_2(t) = \sum_{i=1}^{n} \dfrac{p_i'\left(t_2 - \dfrac{r_{ij}}{c}\right)}{r_{ij}} \\ \vdots \\ P_n(t) = \sum_{i=1}^{n} \dfrac{p_i'\left(t_n - \dfrac{r_{ij}}{c}\right)}{r_{ij}} \end{cases} \quad (3-23)$$

其中，c 为水中的声波速度；$j=1,2,\cdots,n$。

通过上述方程组求出假想震源 $P_i'(t)$，就可以按照式（3-22）进行远场子波的计算。

（三）充气时间的计算

气枪充气时间是指上一炮放完后到下一炮点火前，气枪工作压力达到稳定状态的时间间隔。由于气枪充气时间的长短，直接影响震源船工作时的航速，同时也影响施工前观测系统的设计，所以在使用气枪震源施工前，进行气枪充气时间的计算是非常重要的。

目前计算气枪充气时间的经验公式主要有以下两个：

$$t = \frac{pV}{423.6Q} \quad (3-24)$$

式中　t——充气时间，s；
　　　p——气枪工作压力，psi；
　　　V——气枪总容量，in³；

Q——空压机排量，ft³/mln。

$$t = \frac{V}{KA} \tag{3-25}$$

式中　t——充气时间，s；
　　　V——气枪总容量，in³；
　　　A——空压机排量，ft³/min；
　　　K——随工作压力而变化的系数，其数值为 1000psi 时，$K=0.52$；2000psi 时，$K=0.26$；3000psi 时，$K=0.18$；4000psi 时，$K=0.13$；5000psi 时，$K=0.11$。

（四）气枪工作要求

在实际地震数据采集中，为了保证气枪激发效果，气枪的工作状态满足以下要求：

（1）气枪与仪器、气枪之间的同步精度常规勘探时，气枪的同步误差应控制在±1ms以内；在高分辨勘探时，气枪的同步误差应控制在±0.5ms以内。

（2）实际激发深度与设计激发深度最大偏差不应超过 0.5m。

（3）震源工作压力不应低于额定压力的 90%。

（4）有时气枪阵列中会出现一条枪或多条枪出现问题，出现后应及时更换或关闭有问题的气枪。换枪的原则是采用相同类型、相同容量的备用气枪来替换有问题的气枪。关枪的原则是同时满足以下条件：

① 容量不小于设计气枪震源容量的 90%；
② 峰–峰值不小于设计气枪震源峰–峰值的 90%；
③ 初泡比不小于设计气枪震源初泡比的 90%；
④ 频谱与设计气枪震源的相关系数不小于 0.998。

第四节　其他激发源

其他激发源有重锤震源、电火花震源和气体震源等，他们皆属于脉冲激发源。

一、重锤震源

重锤震源是利用重锤撞击地面，使地面产生振动，从而产生地震波的一种激发方式。它是一种比较传统的激发方式，属于脉冲式的激发震源，根据勘探目的的需要，通常采用锤击法和落重法。

（一）锤击法

锤击法就是人们直接用大锤锤击地面或与地面耦合良好的砧板产生地震波的方法。

锤击法能量较小，通常用于目的层只有几十米深的浅层地震勘探。在石油地震勘探中，锤击法通常用于在地表均匀、容易获得表层资料的地区进行小折射或为测井等表层结构调查工作。

1. 纵波锤击法

用大锤直接锤击地面所产生的地震波一般能量较弱，难以满足浅层地震勘探或表层结构调查的需要。其原因是直接锤击地面产生的冲击波，主要能量消耗在对地表的破坏——即塑性形变上了，产生弹性波的能量很少。

为了提高锤击所产生的地震波能量，一般需要在地表铺垫一块砧板，用大锤锤击砧板，使砧板振动来产生地震波。这种方法可以有效提高地震纵波的激发能量。在实际操作中，需要注意三个问题：

（1）砧板的选择。应选择质地坚硬、不易变形的材料作砧板，以保证在锤击后砧板形变小。在表层结构调查中，一般选择具有一定厚度的铁板作为砧板。

（2）砧板的大小。砧板过大或过小都对产生地震波不利，因此选择砧板的面积大小合理与否，对激发地震波的能量也有很大影响。但是由于锤击的能量因人而异，地表介质也有较大差别，因此难以确定出准确的砧板大小。在表层调查中，一般采用$1m^2$左右的正方形铁板，可以获得较好的效果。

（3）砧板与地面的耦合。地表介质过于松散或地表介质过于坚硬都不利于砧板与地面的耦合。如果地表松散层较厚，应适当清除松散地层，使砧板与下面相对坚实的地层良好耦合；如果地表是老地层的岩石直接出露，应选择相对平坦的地方，或进行适当的铺垫，使砧板与地面良好耦合。

2. 横波锤击法

相对纵波激发，横波激发难度更大。在实践中人们根据地表条件，采用了不同的横波锤击方法。

1）扣板法

扣板法为传统的横波激发方法。借助一块长形硬质木板（40cm×40cm×200cm），板底钉上扒钉，紧扣地面，上方压以重物，两端用聚氨酯胶塑板加固，用大锤敲击木板两端，产生横波。扣板法的激发效率主要取决于木板与地面的耦合程度，加重木板和上部重物的重量。一般要求木板和重物的重量达到500kg以上。

2）折石锤击法

在城区，采用扣板法会损坏柏油路面。利用人行道边的折石，高出路面约10cm，垂直地面，材质为混凝土。可以直接用大锤水平锤击折石或紧靠在折石上的聚氨酯胶塑板，产生横波，如图3-32所示。

3）挖坑锤击震源

在郊区农田，耕作土易挖掘，先垂直挖一深约30cm的坑，在测线侧坑边置上铁板并使之垂直紧贴土坑，横向敲击铁板，产生横波，如图3-33所示。或者将铁板直接垂直打入耕作土约30cm，使铁板与侧面土紧贴，横向敲击铁板，产生横波。

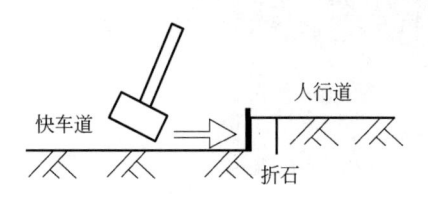

图3-32 折石锤击法示意图

图3-33 挖坑锤击法示意图

（二）落重法

落重法就是将重锤提升到一定的高度后，让其下落撞击地面，使地面振动产生地震波的方法。落重法目前仅在产生地震纵波时使用。

1. 工作原理

（1）传统落重法。传统落重法就是简单地将重锤利用车载架子提升到一定高度后让其以自由下落撞击地面产生地震波。如图 3-34 所示，这种方法产生地震波的能量 $E=kmgh$。k 为所产生地震波能量与总能量之比，即地震波能量转化系数。可见激发地震波的能量不仅与重锤的质量 m 和重锤提升的高度 h 有关，同时还与地震波能量转化系数有关。而转化系数与地表岩性和地表条件有关，一般直接撞击地面转化系数较低，而通过撞击与地面耦合良好的底板可以提高地震波的转化率。由于在实际工作中重锤质量和提升高度受到限制，而且传统的落重法又是直接的撞击地面，因此其激发能量仍难以满足常规地震勘探。

图 3-34　传统落重法图片

（2）新型落重法。新型落重法是将重锤提升一定高度后，用 800~1500psi。压力的氮气给重锤一个初始加速度，使得重锤撞击在与地面耦合好的底板上，再由砧板使得地面振动产生弹性波向地下传播。如图 3-35 所示，这种方法产生地震波的能量 $E=k(mgh+0.5mv^2)$。由于高压氮气给了重锤一定的初始速度，因此在相同质量 m 与高度 h 的情况下，其激发能量远大于重锤自由落体时撞击地面的能量。

图 3-35　新型落重法图片

目前的重锤设计承受的工作压力范围是 800~1500psi，最小不低于 800psi，如果不在这个工作压力范围，重锤可能就要出现故障，损坏部件，影响正常使用。

2. 优点与不足

1）重锤震源主要优点

（1）安全环保，尤其是在局势不稳定或环保要求比较高的地区，采用重锤激发不仅避免了办理炸药的难度，又减少了由于炸药带来的污染和隐患。

（2）将重锤安装在具有较强运载能力的沙驼车上，可以穿越很多可控震源无法作业的地表，对提高复杂区的作业效率，确保复杂区地震采集的正常实施具有重要作用。

（3）重锤激发不像炸药激发那样有爆炸破碎带，因此地震波能量转化率较高；在重锤底板直接接触较为坚硬地表时，新型落重法理论上可以产生 1~251Hz 的激发频带，具有比可控震源更宽的频带。

（4）新型落重法重锤震源与仪器同步良好。

2）重锤震源的不足

（1）重锤震源激发相对于打井炸药激发声波和面波能量比较强，有的地区侧面干扰也相对较强。

（2）目前重锤叠加只是撞击次数的叠加，还难以实现多台组合激发，相对于炸药激发与可控震源激发，重锤震源还存在着能量不足的问题，因此目前重锤震源主要用于目的层较浅、信噪比较高的地区。

二、电火花震源

电火花震源是通过在水中电极放电产生的强压力脉冲（通常称之为"电水锤效应"）激发地震波的。电火花震源激发的地震波频率与炸药激发的地震波类似，多次激发子波一致性好，激发间隔可以定制，激发能量小，产生的塑性形变小，对周围环境破坏小，尤其比较适合作为近地表调查的激发源，为无炸药可控震源地震勘探地震资料采集项目提供了可行性方案。

电火花震源可分为陆地电火花震源和浅水电火花震源，两者工作原理基本相同，下面以陆地电火花震源为例进行简介。陆地电火花震源是利用脉冲电容器组储存预定的电能后，启动信号去触发开关使放电回路接通，电容器组释放能量。由于电容器有快速释放能量的特点，可以获得极高的放电功率。能量在放电间隙中瞬时释放，产生强压力脉冲，同时在放电间隙周围形成高温高压汽泡，向外膨胀（图3-36）。陆地电火花震源就是利用强压力脉冲激发地震波的。

放电回路的电参数和换能器的结构直接影响着压力脉冲的特性与震源特征。使用陆地电火花震源时，要了解地质条件和勘探目的，选择适当的换能器和放电条件，才能激发所需的地震波和取得良好的地震勘探资料。

陆地电火花震源可在井中激发，也可在地面激发。井中激发时，是将电极沉放在一定深度的井中放电，就能产生地震波，这时井就是换能器，工作比较简单。当地面激发时，它与压缩空气枪震源一样有地面换能器。在换能器中放电，电能转换成机械能，并传给大地。

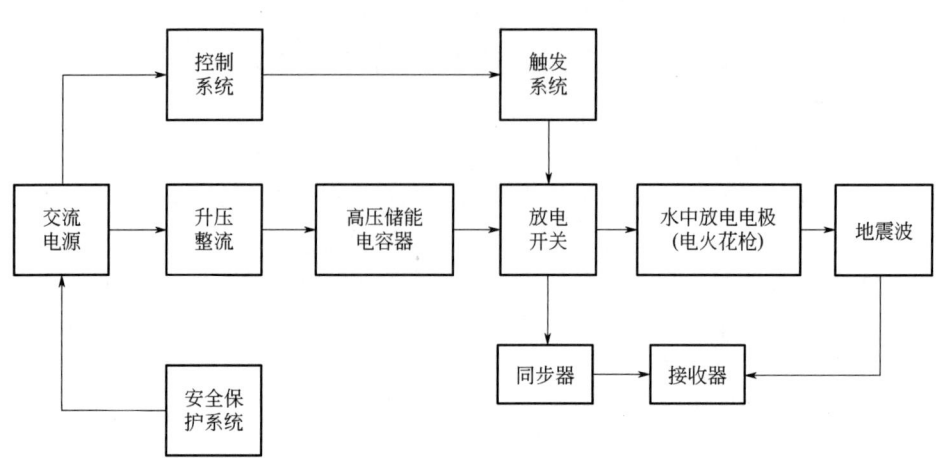

图 3-36　电火花震源系统示意图

浅水电火花震源与陆地电火花震源相比就是没有换能器，其工作原理和在井中激发相似。

与常规雷管、炸药激发微测井近地表调查技术相比，电火花激发更安全、更环保，不受禁爆物品使用及运输限制。近几年在新疆、青海、内蒙古、辽河、华北等探区广泛应用，保障了绿色勘探（图 3-37）。

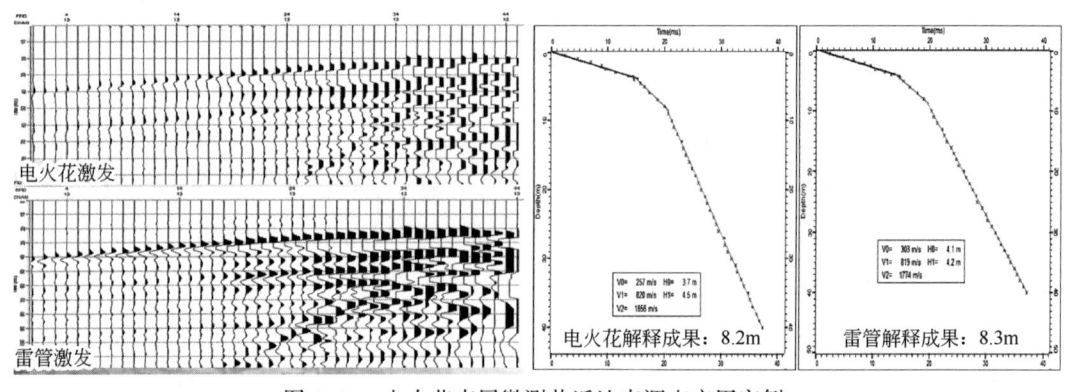

图 3-37　电火花表层微测井近地表调查应用实例

三、气体震源

气爆矢量激发源具有环保、安全、适合在复杂地表使用等优点，是地震勘探绿色激发源的重要组成部分。目前气体震源主要有两种类型，一种是在设计好的震源腔体内，可燃气体与氧气化学反应释放能量，产生的高温高压气体并瞬间释放使腔体爆裂形成震源（图 3-38）；另外一种是液化气体在设计好的震源腔体内通过加热物理膨胀使腔体瞬间爆裂形成震源（图 3-39）。气体震源都需要专门充气装置和引爆设备，必须按照安全操作规程操作。目前气爆震源还处于研发阶段，没有成熟的可用于大规模实际生产的产品。

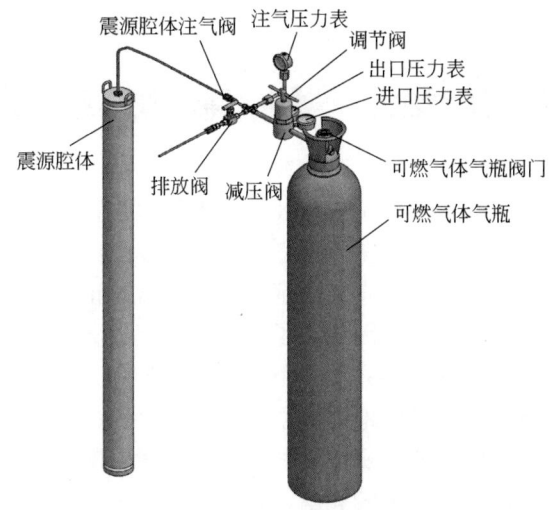

图 3-38　气体震源（可燃气体与氧气）装置示意图

图 3-39　气体震源（二氧化碳）激发示意图

第四章　地震波接收

在地震勘探采集过程中，接收设备如检波器和地震仪扮演着至关重要的角色。它们负责准确捕捉由地下地质结构反射回来的地震波信号，并将这些模拟信号转化为数字数据。接收设备的灵敏度、精确度和可靠性直接决定了所采集数据的质量和可用性，进而影响地震资料解释的准确性和勘探成功率。因此，了解并掌握接收设备的性能特征，是确保地震勘探效率和成果的关键一环。本章将详细介绍接收设备的作用原理、类型及其在野外作业中的实际应用，为进行高效、准确的地震数据采集提供必要的理论支持和技术指导。由于采用单个检波器接收到的信号可能信噪比较低，在采集时有时采用适当的组合来提高信噪比，故在本章对组合接收技术也将进行介绍。

第一节　地震检波器

地震检波器按不同的特性或应用场景分类，有以下几种：按应用环境分类，可分为陆用和水用两种地震检波器；按电学原理分类，可分为电磁式（动圈式）、涡流式和压电式三种；按检测的力学参数分类，可分为速度型、加速度型和压力型三种；按自然频率高低分类，又可分为低频检波器（小于10Hz），中频检波器（10~40Hz），高频检波器（高于50Hz）；按输出信号的类型划分，可以分为模拟检波器、数字检波器；按接收地震波的振动方向分类，可分为只接收纵波的单分量检波器和接收纵、横波的三分量检波器。这几种分类方法有一定的对应关系，见表4-1。

表4-1　地震检波器的分类及其对应关系

类型	应用环境	机电转换原理		自然频率	三分量
		电学原理	力学参量		
电磁式	陆地	电磁感应	速度	低、中、高	有
涡流式	陆地	电磁感应、涡流	加速度	低	无（可以有）
压电式	水中	压电效应	压力	低	无

需要说明的是：水中的压力是没有方向性的，不存在剪切横波，只有胀缩形变的纵波，所以水中的压电检波器没有三分量，只有单分量。

此外，电磁感应的速度型检波器，是由一可动线圈相对磁缸运动而完成机电转换过程的，所以长期以来国内外都将它称为动圈式检波器，尊重这一传统事实，在本书中也一律采用动圈式这一学术名词。

一、动圈式检波器

（一）基本结构和工作原理

动圈式检波器的基本结构如图4-1所示。磁钢为圆柱形，用来产生强磁场，磁钢和检波器外壳固定在一起；线圈是由铜漆包线绕制在铝制框架上而成，置于磁钢和外壳之间的缝隙磁场中；同时，线圈又通过弹簧片与外壳相连，使线圈成为一个可以相对磁钢运动的惯性体。在上述这种结构关系下，当外壳随地面振动而运动时，由于惯性和弹性的作用，线圈会相对磁钢作相应的运动，从而切割磁力线而在线圈中产生感应电动势 e，e 与线圈相对磁钢运动的速度 dx/dt 成正比。

当线圈接上负载电阻后，检波器就有电压输出，设输出电压用 U 表示，则：

$$U = G_0 \frac{dx}{dt} \tag{4-1}$$

式中　G_0——传输常数，与检波器内部机械结构和电路元件有关。

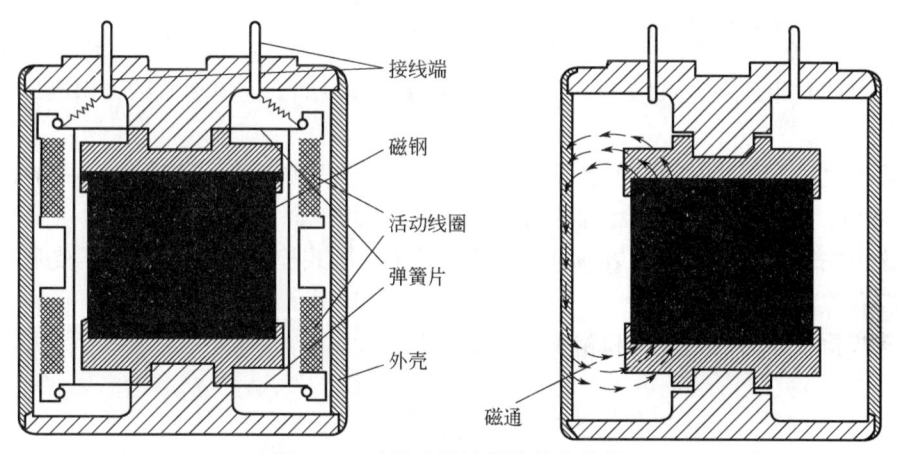

图4-1　动圈式检波器的基本结构

式(4-1)表明，输出电压也与线圈相对磁钢的运动速度成正比，正是根据这一机电转换原理将这种检波器称为动圈式速度检波器。

动圈式检波器的运动方程与输出电压方程的数学表达式如下。

运动方程为：

$$\frac{d^2 X}{dt^2} + 2h \frac{dX}{dt} + \overline{\omega}_0^2 x = -\frac{d^2 Z}{dt^2} \tag{4-2}$$

输出电压方程为：

$$\frac{d^2 U}{dt^2} + 2h \frac{dU}{dt} + \overline{\omega}_0^2 U = -G_0 \frac{d^2 v}{dt^2} \tag{4-3}$$

式中　X——线圈相对磁钢位移，m；
　　　Z——地面质点振动位移，m；
　　　v——地面质点振动速度，m/s；

U——输出电压，V；
h——衰减系数；
ω_0——自然角频率，rad/s；
G_0——传输常数。

其中 h、ω_0、G_0 是3个检波器特性参数，它们都是由检波器本身的机械结构和电路元件所决定的常数。为了应用的方便，往往引入另一个很常用的特性参数 D 来替换 h，$D = h/\omega_0$，称为阻尼系数。

式(4-3)反映了检波器输出电压 U 与地面质点振动速度 v 之间的数学关系，但这是个二阶的微分方程式，所以 U 和 v 的关系不明确。为此，下面通过傅里叶变换，将时间域的微分方程变换到频率域中去，利用频谱分析来揭示 U 和 v 的关系。

时间域和频率域的傅里叶变换对应关系如下：

$$U(t) \longleftrightarrow U(j\omega) \qquad v(t) \longleftrightarrow v(j\omega)$$

$$\frac{\mathrm{d}U}{\mathrm{d}t} \longleftrightarrow j\omega U(j\omega) \qquad \frac{\mathrm{d}v}{\mathrm{d}t} \longleftrightarrow j\omega v(j\omega)$$

$$\frac{\mathrm{d}^2 U}{\mathrm{d}t^2} \longleftrightarrow (j\omega)^2 U(j\omega) \qquad \frac{\mathrm{d}^2 v}{\mathrm{d}t^2} \longleftrightarrow (j\omega)^2 v(j\omega)$$

有了上述对应关系，式(4-3)经过数学推导，可得如下简单形式的输出电压方程：

$$U(j\omega) = H(j\omega) v(j\omega) \tag{4-4}$$

将输出电压方程从时间域变换到频率域后，微分方程就变换成初等数学中的代数方程了。式(4-4)表示：动圈式检波器的输出电压频谱与地面质点振动速度频谱之间成比例关系，这个关系就是传输函数 $H(j\omega)$，因此可认为动圈式检波器采集的地震波是一种与速度型子波有关的地震波。

动圈式检波器的幅频特性和相频特性数学表达式如下：

$$G(\omega) = |H(j\omega)| \frac{G_0}{\sqrt{\left(1 - \frac{\omega_0^2}{\omega^2}\right)^2 + \left(2D\frac{\omega_0}{\omega}\right)^2}} \tag{4-5}$$

$$\Phi(\omega) = \arctan \frac{2D\frac{\omega}{\omega_0}}{1 - \left(\frac{\omega}{\omega_0}\right)^2} \tag{4-6}$$

由此可得动圈式检波器的频率特性曲线，如图4-2所示，其中幅频特性曲线的形状取决于阻尼系数 D，当 $D < 1/\sqrt{2}$ 时，$G(j\omega)$ 在自然频率附近出现尖峰，当 $D > 1/\sqrt{2}$ 时，则不出现尖峰；当 $D = 1/\sqrt{2} = 0.707$ 时，刚好不出现尖峰，称为最佳阻尼或临界阻尼，通常，检波器正式产品的阻尼系数范围为 0.5~0.7。

（二）动圈式检波器的主要技术参数

1. 自然频率

自然频率也称固有频率或共振频率。它完全由系统本身的弹簧振子的质量（m）和刚

(a) 幅频响应曲线 (b) 相频响应曲线

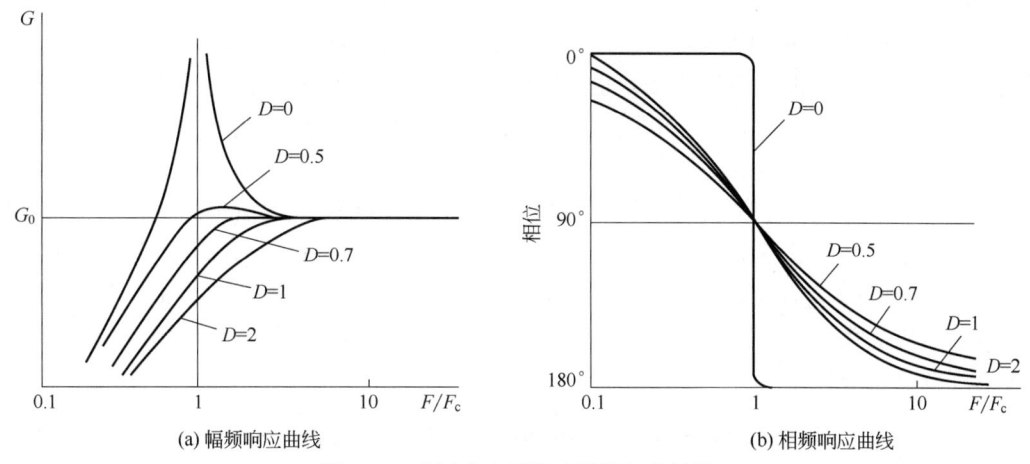

图 4-2 动圈式地震检波器的频率特性

度（K）所决定，并符合公式：$f=\frac{1}{2\pi}\sqrt{\frac{K}{m}}$，式中 f 为自然频率，K 为弹簧振子的刚度，m 为弹簧振子（线圈）的质量。由于常规反射地震勘探中地震波的有效高频信号一般都小于 200Hz，从检波器幅频特性曲线的线性区间可以看出，自然频率的高低决定了地震数据采集的有效频带宽度，且自然频率越低，接收地震信号的频率范围越宽（如果高频信号超过 200Hz 这一结论不成立）。从检波器的幅频特性曲线可看出，检波器的自然频率越高，其线性区域的灵敏度也就越高，因此对高频信号的接收更有益；另一方面自然频率越高，自然频率的低频区域的灵敏度也就越低，又不利接收低频信号。

2. 灵敏度

灵敏度是指地震检波器对激励（振动）响应的敏感程度，它是检波器输出信号与输入信号的比值（或称放大系数），大小取决于线圈总长度和磁场强度并符合公式：$S_0=BLN$，式中 S_0 为灵敏度，B 为磁钢的磁感应强度，L 为每匝线圈的平均长度，N 为线圈的匝数。

并联阻尼电阻后，灵敏度符合公式：$s=\frac{R_p}{R_c+R_p}S_0$，式中 R_c 为线圈电阻，R_p 为并联电阻。地震检波器灵敏度越高对弱小振动的响应能力就越强，即有利于接收地震勘探中的弱小信号，因此在其他参数（如阻尼）恰当时应该充分提高地震检波器的灵敏度。

检波器的灵敏度直接关系到获取地震信号能量的强弱，高灵敏度检波器得到的地震信号能量强，且增强了弱信号的获取能力，但不会改变地震资料的信噪比。

3. 失真度（畸变）

失真度（畸变）是指输出信号谐波分量总和（有效值）与基波分量（有效值）的百分比，用公式表示为：$d=\frac{\sqrt{\sum_{i=1}^{N}E_{\text{irms}}^2}}{E_{\text{orms}}}\times 100\%$，式中 d 为失真度，E_{irms} 为输出信号谐波分量，E_{orms} 为基波分量。

失真度是衡量检波器性能的综合指标，它决定了检波器的瞬时动态范围，通常引起检波器输出信号失真的原因主要有三点：一是因弹簧片的压缩或伸长与其所获得的外力不成线性关系，进而导致输出电压非线性失真；二是检波器受到来自非自由度方向的振动（如扭转、旋转等）引起弹性系数改变，也导致输出信号失真；三是线圈运动范围所历经磁场的非均匀性，使得检波器的感应电压输出与其运动速度不是理想的线性关系而导致信号失真。一般来讲，失真度越低检波器的分辨率就越高，也就越有利于分辨淹没在低频强噪声（如面波）中的弱小高频信号。实际上，模拟地震检波器因受原理结构制约，其失真度很难做到万分之一，因此就提高瞬时动态范围而言，只能采用新式原理结构的以MEMS（微电子机械系统）技术为代表的数字地震检波器。表4-2列出了常规地震检波器失真度与动态范围的对应关系。由于检波器的失真度直接影响动态范围，因此实际应用时应该尽量选择失真度低的检波器。

表4-2　传统检波器动态范围及允差对地震接收道相位影响

传统检波器动态范围

动态范围（dB）	53.97	60	66.02	73.98
失真度（%）	0.2	0.1	0.05	0.02

允差对地震接收道相位影响

允差范围（%）	±10	±5	±2.5
道间相位差（s）	6	3	1.5

4. 阻尼和阻尼系数

阻尼和阻尼系数（h）：阻尼是促使惯性体由振动状态恢复到平衡状态的能力，而且阻尼过大或过小，恢复能力都会变差。阻尼系数是指地震检波器并联衰减电阻后惯性体振动衰减快慢的相对比值，一般把惯性体恰好回到平衡位置而不再向相反方向有任何偏移时的阻尼值为临界阻尼，习惯上定义临界阻尼为1或100%，其他的阻尼值都表示为临界阻尼的百分比。相同地震检波器的不同阻尼系数对所接收信号的幅度、频率和相位的响应有明显差异，如图4-3和图4-4所示。从图4-3中动圈检波器与涡流检波器的相位响应特性曲线对比来看，相位特性曲线总体上呈S形，围绕频率比值=1，h增加时曲线陡度也增加，设$f_0=14$Hz，$h=0.7$，则在7~50Hz之间相位特性曲线可以近似为线性的。从图4-3可见，较高的阻尼系数在自然频率点附近有更好的相位线性延迟。从图4-4中可见，过阻尼使灵敏度降低，欠阻尼使灵敏度增大。

图4-4是不同阻尼系数幅频与相位响应图，因此自然频率、阻尼系数和灵敏度互相影响且共同决定检波器对地震信号的响应效果，实际应用时应把自然频率、阻尼系数和灵敏度综合起来考虑，以便更好地满足地震勘探的需要。

5. 容差

容差表示同种型号的个体检波器互相之间技术指标的相对差异，一般用百分比表示，能直接影响地震数据的采集效果。为了压制干扰和增强信号的需要，地震道所使用的地震检波器都是由多个单只组成的"串"为基础，如果个体检波器之间的一致性不强，则它们对同一接收信号会有不同的输出结果，进行叠加就会产生失真或无法增强信号，这将降低地震数据采集质量和保真度，因此超级检波器的容差比常规检波器要好一倍。

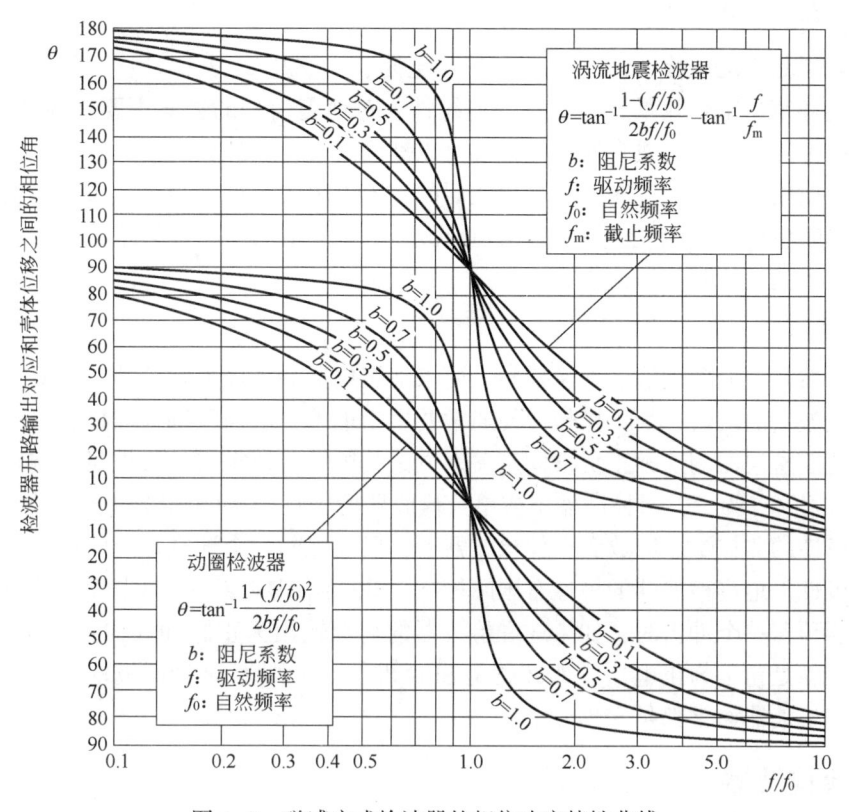

图 4-3 磁感应式检波器的相位响应特性曲线

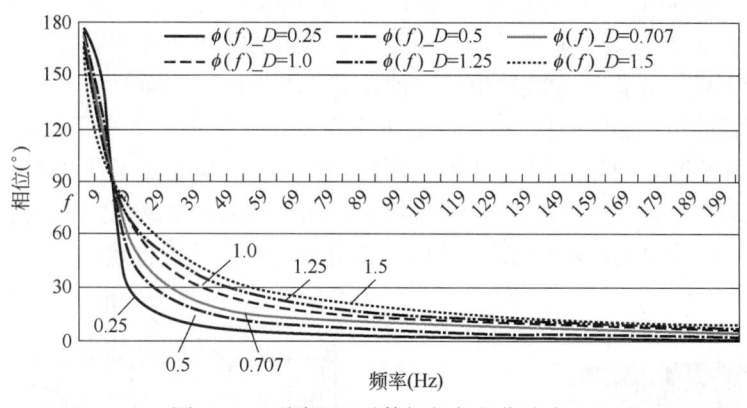

图 4-4 不同阻尼系数幅频与相位响应

6. 漏电电阻

漏电电阻是指地震检波器（串）的输出对大地之间的电阻，一般用 MΩ 表示。它主要从两个方面反映地震检波器的性能，一是反映地震检波器对地表电流噪声的隔离程度，二是反映地震检波器的输出信号对地分流比例。从地震检波器的漏电定义可见，这项技术指标的优劣会直接影响地震资料的采集质量，所以生产过程中（特别是水域作业时）要重点监控。

7. 直流电阻

直流电阻是指地震检波器（串）的输出电阻，一般用 Ω 表示。它主要反映地震检波器各个连接环节的结合效果或组成件的连续性，对地震信号的影响主要是幅度上的变化。这项技术指标用地震仪器或专用测试仪都可以准确测量，野外生产时一般将电阻测试作为日检验的重要内容。需要说明的是，检波器的直流电阻受温度和连接效果的影响很大，所以实际操作时应该更多地关注各个地震道检波器的电阻值与所有地震道检波器电阻平均值的误差，而不是关注其绝对值。

8. 极性

地震仪器是差分模式输入地震信号，要求地震仪器的正极连检波器的正极，地震仪器的负极连检波器的负极，为了操作方便通常要用物理的方法来区别地震检波器的正极和负极，那么地震检波器的这种正负极固定关系就是其极性。地震道的极性只影响输入地震信号的相位（相差180°），但检波器串或单只检波器的极性会影响组合地震信号的输出，所以检波器极性的监控重点应放到个体检波器上，以确保同一个地震道上的所有地震检波器有一致的极性。地震检波器的极性有国际标准，SEG 组织规定，当自上而下给垂直插入地面的检波器顶盖一个冲击时，如果地震检波器的初至输出为正脉冲（向上起跳），反映到监视波形上就是初至为正电压，那么就是 SEG 极性，否则为非 SEG 极性。中国石油勘探所用的地震检波器通常都是 SEG 极性。

二、涡流检波器

涡流地震检波器是一种利用涡流效应将地面振动转换为电信号的地震勘探仪器。其工作原理基于法拉第电磁感应定律，即当一个导体在磁场中运动或磁场发生变化时，会在导体中产生感应电流。在涡流检波器中，这种效应被用来检测地面振动。

涡流检波器的结构通常包括一个固定的永久磁铁和一个非磁性的可运动铜环，铜环由弹簧悬挂在磁铁和线圈之间构成惯性部件，如图 4–5 所示。当地面振动导致检波器外壳移动时，铜环在磁场中运动，产生涡流。这些涡流的变化引起磁场的变化，进而在固定线圈中产生感应电动势，这个电动势随铜环运动的加速变化而变化，从而将地面振动转换为电信号。

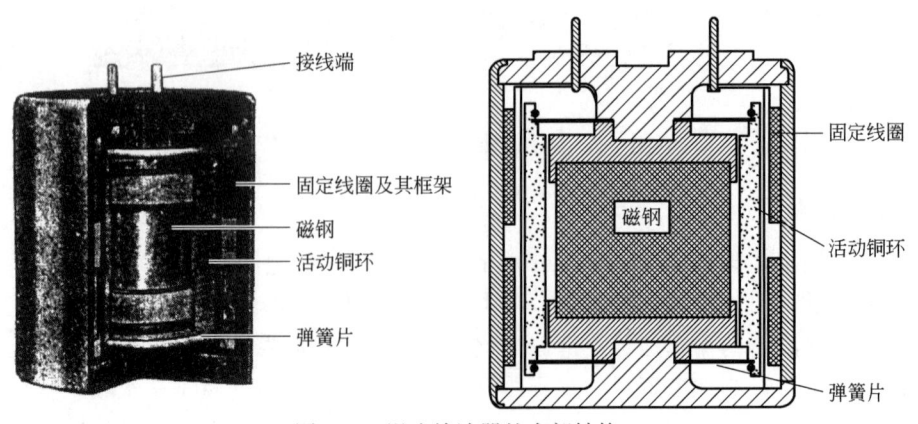

图 4–5 涡流检波器的内部结构

涡流检波器的优点在于其结构简单、可靠性高，并且其感应电动势随频率的增加按 6dB/oct 斜率上升，这种特性有助于补偿地震信号因大地吸收衰减而造成的高频损失，从而提高地震勘探的分辨率。此外，由于信号源产生于固定线圈，连接到检波器端子十分简便可靠，这也提高了检波器的稳定性和耐用性。

三、压电检波器

压电检波器是海上和水网地区地震资料采集的关键设备。图 4-6 是美国 LRS-2512 型压电检波器外形及内部结构图。它的内部结构非常简单：在一个立方体尼龙框架的 4 面嵌上 4 片压电陶瓷片，在框中安置 1 个输出变压器，在输出端焊上 1 个阻尼电阻，然后把这些部件用导线相连，最后将它们密封在 1 个聚氨酯外壳中，于是便制成了 1 个压电检波器。

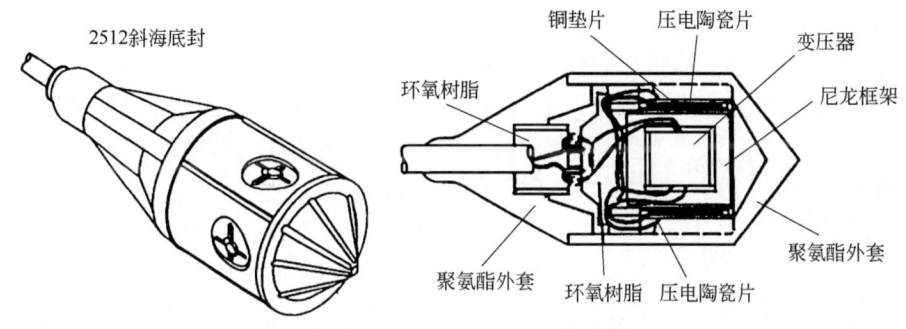

图 4-6　LRS-2512 型压电检波器

压电检波器的机电转换工作原理是应用压电陶瓷片的正压电效应，所以压电传感器可等效于一个与电容串联的电压源。一般压电陶瓷是高阻抗的，所以为了与地震仪的输入阻抗相匹配，需要接入一个变压器。

压电检波器需要沉放在 2m 以下的水中才能正常工作。压电检波器在水中受到水的静压力作用，若静止不动或做匀速运动，应该没有电压输出。当地震波传播到此地时，水的微粒之间就产生应力作用，如果是地震纵波，则这种形变造成的应力作用到压电陶瓷片上，就会使陶瓷片两极产生交变的电压。可以证明，电压正比于这种水压的变化，所以压电检波器又称为压力检波器。

地震检波器主要分为动圈式、涡流式和压电式三种类型，这是按照它们机械结构和机电转换基本原理的不同而划分的。但是，地震检波器作为地震资料采集系统中的一个最前端的信号接收部件来说，更重要的是要搞清不同的检波器采集到的地震信号具有什么相同或不同的特点。

震源激发后，产生地震子波，地震波在地下介质中传播，形成一个地震波场，这是一个客观存在的物理场，动圈式检波器的输出信号电压反映了质点振动的速度变化，所以它检测的是地震波的速度场；涡流式检波器的输出信号电压反映了质点运动的加速度，所以它检测的是地震波的加速度场；压电式检波器的输出信号电压反映了水中压力的变化，所以它检测的是地震波的应力场。如果同一炮激发，那么激发后在地下介质中应该形成唯一的物理地震场。如果将这三种检波器都埋置在水底的同一地点，并且同时接收地震波，就会采集到三张地震记录。这3张记录波组特征会有所不同，它们反映了三种不同的地震波数学场；而实质上它们是同一客观存在的地震波物理场的不同数学描述，所以这三张记录是等价的，能相互转化。

四、数字检波器

（一）基本结构和工作原理

目前主要有两种数字检波器：一种结构与常规的模拟检波器基本一致，只是在常规检波器上增加了模数转换器，由于在检波器内完成了模数转换，因此其对电磁干扰、信号串音、漏电等问题能较好地解决。国内华昌公司生产的 SI 数字检波器、西方公司 Q-LAND 采用的数字检波器均为此种检波器。

另一种检波器是基于微机电系统（MEMS）的新型数字加速度检波器。基于 MEMS 数字检波器采用加速传感器，工作在谐振频率之下，而常规动圈式检波器采用速度传感器，工作在谐振频率之上，这个差别使得这两种类型的检波器有着完全不同的尺寸和性能。

基于模数转换的传感器仍然是模拟传感器，在控制回路中，由特定用途的集成电路芯片（ASIC）将输出进行数字化。基于微机电系统的数字传感器比模拟传感器小得多，MEMS 加速度传感器是一个小硅片，长 1cm 左右，质量小于 1g。基于动圈的速度传感器是一个长约 3cm，质量 75g 左右的小圆桶。在 MEMS 芯片中，惯性质量和框架的残留位移只有几纳米，而常规检波器的移动达 2mm，尺寸对比如图 4-7 所示。

图 4-7 数字检波器中的 MEMS 硅片与常规检波器中的内芯对比

（二）频率响应与相位响应

MEMS 加速度数字检波器的主要优点是宽带线性振幅响应。频率响应范围在 0~800Hz，振幅畸变不超过±1%［图 4-8（左）中的上面的线］，时间畸变不超过±20μs。MEMS 的谐振频率远远高于地震波频带（1kHz）。这个性能使记录 10Hz 以下的频率成分不衰减，以及记录与重力加速度有关的直流电成为可能。重力矢量为灵敏度校准和倾角测量提供了一个有用的参考（3C 传感器）。由于在常速情况下，加速度随着频率的增加而增加，所以 MEMS 加速度检波器也适用于高频测量。在高于 50Hz 时，MEMS 数字检波器的背景噪声低于常规检波器与终端组合的背景噪声。这种宽带特征为提高地震数据的垂向分辨率打开了通道。

从相位特性方面考虑，模拟检波器对信号存在一定的相位畸变，而数字检波器在 0~800Hz 范围内相位响应基本是相同的。

（三）数字检波器与模拟检波器对比

MEMS 数字检波器的 24 位记录系统总的动态范围可以高达 120dB（4ms 采样时背景噪声$-4.5\mu m/s^2$ 与最大信号 $-4.5m/s^2$ 的比，畸变小于 $-90dB$），它低于使用单个模拟检波器的同一记录系统的总动态范围 140dB（这也是最新的 24 位记录系统总动态范围）。在实际情况下（包括强信号或噪声产生的畸变），MEMS 传感器的瞬时动态范围至少 90dB，优于单只的模拟检波器（不超过 70dB，但可以通过使用检波器组合来改善）。

数字检波器与常规检波器的另一个区别是没有模拟传输过程。通过对 MEMS 传感器与电子元器件集成，变成了全数字化传输，大大提高了数据传输过程中的抗电磁干扰能力。在野外试验中，堆放的常规检波器记录与埋置在同一位置的数字检波器记录进行了对比（图 4-8）。

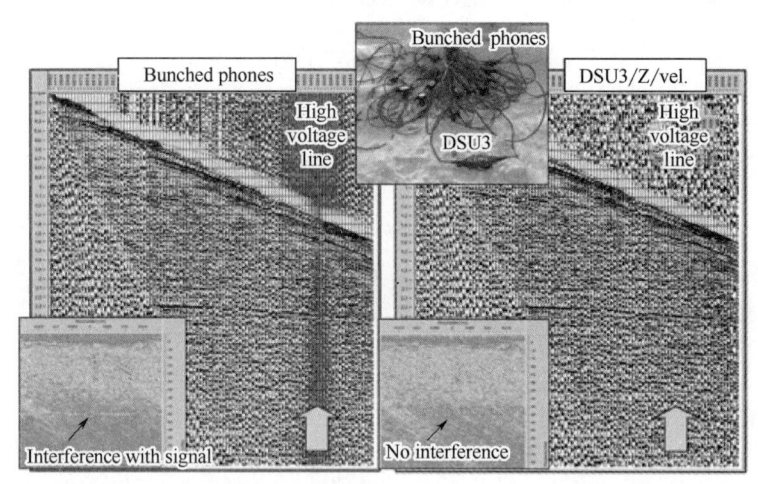

图 4-8　模拟检波器与三分量数字检波器（DSU3）单炮记录对比（引自 BNGF）

在炮集记录中，常规检波器在高压电线下接收的 50Hz 干扰非常明显，在 F-K 域图上，电磁噪声对有效信号的干扰也很严重，而在任何基于 MEMS 数字检波器的三分量的记录中都没有出现。全数字化传输具有抗电磁干扰的优点，得到普遍证实。

（四）数字检波器的适用条件

数字检波器幅频与相位特性明显优于模拟检波器，其瞬时动态范围也远大于模拟检波器，据理论分析与实际试验资料证实：数字检波器适合于在目的层埋藏较浅、信噪比较高的地区，进行提高分辨率勘探时采用；另外如果工区内电磁干扰较强，也可以采用数字检波器以提高原始资料信噪比。

五、多分量检波器

多分量检波器是相对常规纵波检波器而言的，在多波勘探中不仅要接收纵波还要接收横波。陆上现应用最多的多分量检波器是三分量检波器。模拟三分量检波器有两种：一种是 x、y、z 正交型三分量检波器，z 分量与地面垂直，x、y 分量为水平分量［图 4-9(a)］，由于检波器的垂直分量与水平分量的性能尚不能制造得完全一样；另一种是 UVW 对称正交型检波器，三个分量与地面夹角均为 54.74°［图 4-9(b)］，其主要优点是采用相同工艺和技术的线圈，具有相同的性能。

目前三分量数字检波器［图 4-9(c)］已被广泛应用，与模拟三分量检波器相比，数字检波器具有动态范围大、向量保真度高、对检波器倾斜可以自校正等优点。

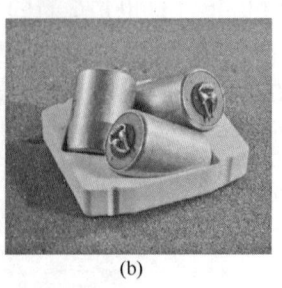

图 4-9　模拟、数字三分量检波器

在海上 OBC 勘探中常采用四分量检波器接收，四个分量中一个分量为压力分量，其他三个分量和陆上三分量检波器基本相似，用来记录垂直 z 分量和 x、y 两个水平分量。

第二节　地震记录仪器

地震勘探的核心目标是利用地震波的微弱特征来揭示地下深处，乃至数千米深的精细地质结构。为了实现这一目标，所采用的地震勘探仪器必须具备极高的测量精度和记录能力。确保仪器性能的持续优越性是关键，意味着仪器的技术指标不仅要达到高标准，而且需要保持稳定，不受时间、地点、环境变化以及不同工作条件的影响。在进行地震勘探时，地震队始终追求获取真实、清晰且具有地质意义的地震波信号。换句话说，勘探工作致力于获得具有高保真度、高信噪比、高分辨率和高信息量的地震数据。这些要求反映在地震勘探仪器上，即追求实现低畸变、低噪声、高动态范围和宽频带响应等技术指标。这些性能指标是评估和选择地震勘探仪器的根本依据和核心标准。

一、主要技术参数

描述地震勘探仪器特性的技术指标很多且不同的仪器有不同的内容，归结起来主要有：噪声漂移、串音隔离、共模抑制比、谐波畸变、动态范围、增益一致性、记录长度、采样率、带道能力、滤波方式、频率响应、数据传输速率、计时精度等。下面就一些关键的共性技术指标从定义、物理含义及其对地震数据采集的影响等进行论述。

（一）直流（DC）漂移

DC 漂移一般是指地震道输入接标准电阻时测量系统输出直流成分再等效（除以放大倍数）到系统输入的电压值，一般用微伏表示。此参数反映系统的直流平衡和隔离能力。由于地震波为交流信号，所以该量值越低越好。一般仪器都有自动校正直流漂移能力，其算法大多是求出每一道的平均 DC 分量，然后从每一个样点中减去此值，因此只要仪器系统的漂移成分不是太大就可以忽略它的影响。应该说明的是，这一算法要求输入信号不能超出最大允许值，否则会因为计算误差使系统输出引入额外的直流成分。仪器系统实际测量直流漂移时一般总是与交流噪声并行，所以在技术检验项目中通常与噪声漂移形式同时出现。

（二）交流（AC）噪声

AC 噪声一般是指地震道输入接标准电阻时测量系统输出交流（RMS）成分再等效（除以放大倍数）到系统输入的电压值，一般用微伏表示。此指标反映系统的噪声水平，主要由量化噪声、热噪声等构成，它是决定地震仪器最小分辨率的关键因素，因而仅就仪器而言，交流噪声越小就越有利于识别弱小的地震信号。但实际上仪器系统的噪声总是远比检波器噪声、环境噪声和电磁干扰小得多，因此实际工作中地震仪器的固有噪声通常可以忽略不计，这也是为什么无论仪器的噪声是大一些或者小一些（都在系统正常范围内），其采集的地震资料品质并无差异的原因。

（三）"串音"隔离

"串音"隔离是指共用电缆或采集电路的模拟地震道之间信号相互感应的程度，一般用有效信号与感应信号的比值（dB）表示。单个模拟地震道不存在"串音"且采集站内地震道之间的"串音"也很小，多数地震仪器的串音隔离能力都在 90dB 以上。但带多个地震道输入的电缆却可能带来不容忽视的"串音"，尤其在较高频率的大信号背景（如太阳磁爆等）下更易产生破坏性的"串音"，以至造成所采集的地震资料不能正常使用。所以，实际工作中应该重点关注地震电缆的"串音"隔离能力，进而有效保证地震数据的质量。

（四）共模抑制比

地震检波器的工作原理决定了其输出地震信号的方式为"差模"。然而，由于地震数据采集通常在户外进行，因此经常会遇到共模干扰。地震勘探仪器必须确保系统仅对"差模"地震信号做出响应，同时有效抑制共模干扰信号。共模抑制比是衡量仪器系统对共模信号抑制能力的一个重要指标，它定义为在共模信号输入时系统的输出响应与输入信号的比值，通常以分贝（dB）为单位表示。这一指标反映了系统中模拟电路的对称性和一致性水平。理论上，如果系统电路的正负极电气特性完全对称，那么在共模信号输入时，系统的响应输出应为零。然而，在实际应用中，由于没有任何电路（特别是包含模拟线对的电缆）能够实现绝对的对称性，因此在大共模干扰信号的作用下，系统总会有一定程度的响应。实际工作经验已经证明，地震勘探仪器在抑制共模信号方面的能力通常远超过模拟电缆或检波器。因此，在防范共模干扰时，应特别关注模拟地震电缆和地震检波器的设计和使用，以确保数据采集的准确性和可靠性。

（五）谐波畸变

谐波畸变是指电信号系统响应外部激励时而产生寄生频率信号的比重（在地震仪器中可以理解为系统在响应输入信号时的伴随噪声），一般用基波信号（输入信号）分量与其各次谐波（频率是基波信号的整倍数）分量总和比表示。本指标主要反映系统对输入信号的保真能力，并决定系统的瞬时动态范围（在频率较低振幅较大的背景信号下识别频率较高振幅弱小信号的能力）。谐波畸变是一项综合性指标，任何其他技术指标的下降都可能导致谐波畸变分量的增加，因此谐波畸变在一定程度上也反映了仪器系统的综合技术水平。谐波畸变由模拟电路产生（数字电路不产生谐波），所以尽量少地采用模拟电路是提高本项指标的关键，这也是现代仪器都不设模拟滤波的主要原因。

（六）动态范围

地震仪器的动态范围是指系统可分辨输入信号的幅值范围，习惯上也用分贝（dB）表示。动态范围有多种定义方式，常见的有系统动态范围、理想动态范围和瞬时动态范围等。系统动态范围是最小前放增益时的最大允许输入信号与最大前放增益时的等效输入噪声之比，它反映的是在前放增益调节下仪器可以接收的地震信号幅值输入范围，并没有太多的实际意义，可以理解为厂商宣传产品的一种手段。理想动态范围是指在特定前放增益条件下，仪器最大允许输入信号与等效输入噪声之比，它反映的是在非同一时刻仪器允许的最大和最小信号输入范围，它也反映了理想情况下地震仪器的分辨能力，不过受谐波畸变等影响实际的动态范围要略小于理想动态范围。瞬时动态范围是在特定前放增益条件下，仪器允许的最大输入信号及此时的综合噪声（等效输入噪声加谐波畸变）之比，它反映的是系统在较低频率大振幅背景信号下同时分辨较高频率弱小振幅信号的能力，更符合地震勘探的实际。这也是一项综合技术指标，在一定程度上反映了地震仪器的综合技术特性，因此质量监控的重点应该更多地关注瞬时动态范围。

（七）增益一致性（精度）

地震仪器拥有许多的工作通道，每一个工作通道都有独立的前放增益和前置滤波电路，为确保各个工作通道所采集的地震资料有一样的相位、幅度变化关系，就必须确保各个工作通道的放大倍数和时间位移完全一样，这就是增益一致性的由来。增益一致性包括相位误差和幅度误差两项内容，相位误差可用角度或时间来表示，幅度误差一般用百分比表示。幅度（增益）误差是指理想值（或各道的平均值）与实际值之差再除以理想值，相位误差是指理想值（或各道的平均值）与实际值之差。从地震资料采集的需求看，总是希望增益一致性越高（误差越小）越好，当代地震仪器所用的器件具有非常好的一致性，完全可以满足高精度地震勘探需要。

应该说明的是，每一项技术指标都与前放增益有关，同一种仪器在不同的前放增益下会有不同指标，所以实际检查或比较有关指标时先要确定前放增益挡位。前放增益的含义是对输入信号放大的倍数，用分贝数来表示。设 G 为前放增益，单位为分贝（dB），A 为对输入信号的放大倍数（十进制），则：

$$G = 20\lg A \tag{4-7}$$

例如假设选择仪器的前放增益为48dB，则意味着对输入信号放大256倍。此时，当检波器输出10mV的地震信号送到仪器输入，经过前置放大后，进行模/数转换时信号达到2.56V，有利于A/D转换精度的提高。一方面由于地震信号很微弱，在送到A/D转换以前，必须进行放大，以满足仪器的最小输入，从仪器本身的噪声中提取出来。另一方面，一些干扰波的幅度很大，当上面附加有效信号时，如果放大的倍数太大，则会超出A/D的最大值导致溢出。因此选择前放增益需要考虑当时的施工情况。

在实际应用中，前放增益选取应该遵循如下原则：

（1）不能出现信号溢出。即选取前放增益应不出现超出A/D的最大值导致的溢出，出现溢出则说明前放增益选择过大了，应该适当减小前放增益。如果目的层埋藏较深，信号较弱，选择的前放增益可以使初至出现溢出，但要确保最浅目的层的反射信号不出现溢出。

（2）有利于动态范围增大。不同的前放增益仪器的动态范围是不同的，从理论上说减小前放增益可以增大仪器的动态范围，仅是根据可接收的最大信号与最小信号之比计算的结果，实际中需要考虑如何选择能够对所接收有效信号的动态范围的提高更有利。

（3）有利于仪器输入噪声降低。在采用不同的前放增益时，仪器的等效输入噪声是不同的，随着前放增益的增大，仪器本身产生的等效输入噪声会减小，但是检波器所产生的噪声或所接收的噪声的绝对值会增大，因此需要综合考虑这两者对信噪比和动态范围的影响。如果外路噪声远大于仪器等效输入噪声，则因前放增益增大而降低的等效输入噪声对地震数据总信噪比几乎没有影响，但会降低仪器的动态范围，因此就不应该增大前放增益；而当外路噪声与仪器等效输入噪声相当时，增大前放增益，会对提高信噪比有一定的作用。

（4）有利于记录弱小信号。在信号不出现溢出的前提下，随着前放增益的增大弱小信号会增大，弱小信号所占的有效位数会增加，有利于弱小信号的记录。另外，地震仪器的技术指标的测试方法、表述方式、计算模型等还没有统一的国际标准，使得不同的仪器厂商定义的技术指标含义和内容也有所不同，所以各类地震仪器所标称的技术指标更多的是象征意义并没有绝对的可比性。要客观真实地反映地震仪器的技术特性差异最好是通过第三方的检测结果来比较，好在实践已经证明当今各种采用 Δ-Σ 技术的地震仪器在关键技术特性方面都基本一致，也即就对地震资料采集品质的影响而言，当代常用地震仪器的技术指标没有本质差别，不会因地震仪器的技术指标差异导致地震资料的品质差异。

（八）记录长度与采样率

1. 记录长度

记录长度是地震仪器的一个重要的可选参数，但其选择更主要是根据地质需求。记录长度一般选取方法：最深目的层反射时间+绕射收敛时间+仪器延迟时间+动静校正时间。简单的选择方法可以根据最深目的层的双程反射时间加 1.5s 至 2.0s 即可。

2. 采样率

香农（C. E. Shannon）在 1948 年提出采样定理（Sampling Theorem），定理指出，设被采样的模拟信号其频宽为 f_m，如果要完全不失真地恢复原始信号，其采样频率 f_s 必须满足 $\geq 2f_m$ 的条件。

在地震勘探中既涉及空间采样率，又涉及时间采样率，野外道距或炮检距的选择就主要是从空间采样率来考虑的，而仪器的采样间隔，就是从满足时间的采样要求考虑的。时间采样率的选择需要根据所要保护的最大频率，而要保护的最大频率又与地震勘探要求的分辨率及大地的吸收衰减紧密相关。

但是仪器的数据传输能力一定的情况下，采样率越高同时传输的道数就越少；或者说传输同样的道数，采样率越高，需要传输的时间越长。另外随着采样率的提高，动态范围有所降低，输入等效噪声也有所加大，畸变指标也有所下降。这一般由 A/D 器件本身所决定。

（九）带道能力

仪器的最大带道能力主要受数据传输率的限制（有线传输主要受大线的芯数和传输速

率的限制，无线则受频率带宽的限制）。特别是随着采样率的提高，传输的数据成倍增加，仪器的最大道能力（在实时传输时）也成倍下降。

一般情况下，生产施工时在仪器最大道能力允许的情况下应该尽量采用较高的采样率，以增加对高频信号的分辨能力。因为增加采样率只是对仪器道性能的要求，带来的唯一成本是记录数据的磁带成倍增加。

（十）滤波方式

Δ-Σ24 位数字地震仪可以选择线性相位滤波或最小相位滤波。从滤波效果上分析，两者差别不大，但是在采用线性相位滤波时，需要首先采集 20 个采样值进行运算，如果仪器没有考虑自校此 20 个采样值，则初至时间就会产生 20 个采样值的延迟时。因此若选择线性滤波方式，需要知道仪器是否存在延迟时，如不能确定，滤波方式最好选择最小相位滤波。

二、常用地震仪器

当前国内外地震勘探市场应用的地震仪器多种多样，而且不同厂家和年代的地震仪器所具有的采集能力和技术特性也存在明显差异，加之地震仪器的技术检验项目和指标等，目前还没有统一的国际标准，就使得不同类型的仪器有不同的质量控制要求和特点。因此为了有针对性地用好现有的地震仪器，并有效地对其实施现场质量控制，事先总体了解当今勘探市场广泛应用的地震仪器技术特点和关键性能就十分重要。

虽然目前国内外勘探市场应用的地震仪器名目繁多，但是占据主导地位（拥有 85% 以上的市场份额）的产品都来自法国 SERCEL 和中美合资 INOVA 两家公司。下面就以这两家公司近年生产的地震仪器为对象，从技术特性和采集能力等方面来介绍不同类型的常用地震仪器。

（一）SERCEL 系列

法国 SERCEL 公司属于 CGG 集团，是一家老牌的地震勘探装备设计制造厂商，从 1930 年涉足地震仪器的生产制造以来，走过了模拟光点、模拟磁带、数字磁带等所有六代地震仪器的历程，SN388、408UL 和 428XL 就是其典型的代表产品。其中 SN388 是 20 世纪 90 年代初推出的以 Δ-Σ 技术为核心的 24 位模数转换器型数字地震仪，是针对陆地地震勘探需求而设计，属于集中供电式常规有线遥测地震仪器，但也可与无线站（SU6R）兼容使用以适应特殊环境（如山地）需要。408UL 是继 SN388 之后推出的仍以 Δ-Σ 技术为基础的 24 位模数转换器网络地震仪器，有较强的抗共模干扰能力，能耗更低、重量更轻、体积更小。之后，SERCEL 公司又在 408UL 的基础上，推出了仍以集中供电有线为主、兼容无线的 428XL 网络遥测地震仪器，电气特性技术指标和参数大同小异，而且地面采集设备可以兼容使用。

当下，SERCEL 的最新一代地震仪器是 508XT，采用了跨技术（X-Tech）设计，将生产效率、数据质量和适应性提升到一个新的水平。508XT 具备 100 万通道的实时记录能力，重量更轻，电池回收更少。

SERCEL 公司的 Unite 和 Wing 节点设备是地震勘探领域中的两个重要产品，Unite 节点是一种高性能的地震数据采集设备，它具有灵活的配置选项，支持实时数据传输。Wing

节点是一种小型、轻便的地震采集设备，具有高度集成的设计，使用 Qseis 内置数字高精度 MEMS，通过 pathfinder 技术可实现实时质控。

（二）INOVA 系列

INOVA 公司于 2010 年由 BGP 和 ION 合资组建，除提供地震勘探装备外还提供地震资料处理、采集软件等一体化解决方案。ION 在 20 世纪 90 年代初开始涉足大型地震勘探仪器的设计制造，最早推出的产品是的系统—Ⅰ，后来又生产出系统—Ⅱ、系统—2000、IMAGE、系统—Ⅳ、SCORPION、FIREFLY 等，目前仍在地震勘探市场应用的有 G3i、HAWK 等仪器，下面就这些地震仪器的技术特点做一简单介绍。

IMAGE 是采用 Δ-Σ 技术的 24 位遥测地震仪器，采用集中供电加有线传输工作方式，它的技术指标和适用范围等特性与 SN388 相当。IMAGE 的独特之处在于继承了"大线快车"技术，即每根电缆中有三对数据传输线，可以根据数据量和电缆中线对的通断情况自动匹配工作线对。此外，IMAGE 在陷波、滤波、抗共模干扰等方面也有一定的优势，较高的抗共模干扰能力使得系统在一般的工区都不易遭遇"串感应"干扰。

系统—Ⅳ仍是以 Δ-Σ 技术为基础的 24 位 A/D 转换网络遥测地震仪器，主要技术指标和电气特性与同期的 408UL 相当。

SCORPION 仪器实质上就是系统—Ⅳ的改良版，两者的地面设备完全一样，SCORPION 主机的集成度更高、功能更多、软件更完备、管理控制能力更强。

FIREFLY 仪器是 INOVA 公司于 2007 年推出的产品，它的设计理念是将 GPS 定位测量、GPS 授时、无线通信、数据存储、数据转录等技术集成到全数字地震数据采集系统当中，初衷是为 3C—3D 全数字采集提供一体化解决方案。严格意义上讲这种地震仪器仍属无线存储式系统，但它又有别于传统类型的无线存储式地震仪器，其主要技术创新点：一是系统配有为炮点、检波点测量物理点位的 GPS 导航定位系统，使放线、放炮、钻井等的测量工作都集成到地震仪器系统当中，以便更加真实客观地反映接收点或激发点的坐标位置；二是系统配有若干个带 GPS 授时功能的中继站，由它直接管理和控制排列上的电子设备，实现高精度的采集同步；三是数字传感器的坐标和方位角通过带 GPS 和罗盘的专用工具自动确定和记录，并以此作为后续地震资料合成定位 x（或 y）分量的依据，进而省去人工调方位角的工序；四是 Vectseis 数字三分量检波器只要与大地耦合良好，数字传感器可以任意角度摆放，系统将根据力信号的静态关系自动识别和记录 z 分量与地面的垂直倾角，并据此将地震数据精确地分解到 x、y、z 分量上。

G3i 是 INOVA 合资公司成立后开发的新一代有线地震仪，是在 ARIES-Ⅱ、SCORPION、ES109 等仪器的基础上，结合当代地球物理勘探技术发展需求而开发的地震仪，于 2011 年完成开发、野外测试。G3i 地震仪各项技术指标、系统稳定性、可靠性等都达到了国际同类产品先进水平。

HAWK 是 INOVA 公司研发的一套陆上节点仪器，由采集站（FSU）、电池、排列助手（Navtool、Yuma）、主机（CSC）、源控制接口（ISI）、数据下载系统（T3）及数据下载柜、充电柜等组成。施工过程中，可以使用排列助手对采集站 QC 数据进行回收，监控采集站工作状态，保证采集数据质量。

鲲腾（Quantum）节点是一款全能型地震节点系统，它在低成本和高性能之间取得了平衡。每个节点都采用无线技术进行状态质控，具有127dB的高瞬时动态范围，一个节点质量仅为650g，支持Accuseis数字技术。

（三）陆上节点式地震采集仪器及配套设备

陆上节点式地震采集仪器，是指将检波器、采集站以及其他辅助设备单元集成，形成独立的数据采集及存储设备。通常包括以下部分：存储卡、控制器、采集电路、GNSS模块、检波器、电池等核心部件，如图4-10所示。

存储卡　　检波器　　电池　　GNSS模块　　控制器　　采集电路

图4-10　陆上节点仪器主要组成部分

配套设备包括节点仪器管理设备、大容量存储介质、质量控制辅助设备、充电下载机柜等，节点仪器管理设备主要有高性能服务器和分布式数据读写介质。

在节点仪器采集数据过程中，为了降低由于质控滞后造成的数据缺失风险，大部分的节点仪器都增加了无线通信功能，操作人员可使用手簿、车载设备或无人机等，定期回收节点仪器QC数据，监控节点仪器工作状态。当数据采集完成后，统一进行节点回收工作，回收后的节点，使用下载机柜对节点记录数据进行下载，通常在下载数据的同时进行节点充电工作，部分节点厂商采用下载与充电分离设计。

（四）浅层勘探仪器

除用来做大规模地震数据采集的勘探仪器外，也有采集地震道数通常在100道之内的小规模勘探仪器。俗称浅层（折射）地震勘探仪器。一般用这种仪器用于接收折射波，以便调查近地表地层的厚度和速度。

目前广泛应用的浅层地震勘探仪器主要有以下两类：GEOMETRICS公司生产的NZ系列和INOVA公司生产的GDZ系列。其中NZ系列浅层地震仪器的箱体内配有8个采集板插槽，每块采集板可接收8个地震道，常用的有24道和48道两种配置，前放增益有12dB和24dB两挡可选，采样间隔有0.125ms、0.25ms、0.5ms、1ms、2ms五个可选挡。内置有高精度的信号源，可随时运行仪器的年、月检测试。

GDZ系列浅层地震仪器的每块采集板具有6个采集通道（24道仪器）或24采集通道（48道仪器），前放增益有18dB和36dB两个可选挡位，采样间隔有0.25ms、0.5ms、1ms、2ms四个可选挡。内置有高精度的信号源，可随时运行仪器的检验测试。

NZ系列和GDZ系列两类仪器都有相应的技术检验标准，这是实施仪器质量控制和检查的主要依据，只要仪器的各项技术指标达到了标准规定的要求，仪器的技术状态和采集数据就是合格有效。

（五）滩海地震勘探仪器

1. 无线遥测地震仪器

无线遥测地震仪器是滩海地震采集常用的仪器，主要是针对水上作业设计的。采集站具有体积小、重心低等特点。它采用"窄带"传输技术，在硬件允许时主机可以同时以数十个频道接收采集数据。该仪器也使用了频率合成、站内叠加、软件相关、多频道回收等技术。单站4道，站中除采集电路外还有收发信机和12V可充电电池。由于是无线遥测系统，所以就不再有交叉站和笨重的大线等地面设备。采集站与主机的控制和通信以及采集数据的传输是通过电台。此系统具有性能稳定、施工方便、放炮速度高等特点，是海上、湖泊、沼泽等工区勘探的优选仪器之一。

2. 海底电缆系统（OBC）

海底电缆系统即俗称的 OBC 系统，其将采集站、检波器（或海底封）以及连接电缆做成一体，由专用的收放绞车将电缆铺设在海底，并用声呐测定位置。这就克服了无线采集系统的缺陷，使采集质量和作业效率都大大提高，但其采集系统的设备投入非常高，需要几百甚至上千万美元，如果加上专用的船舶更是一笔极大的资金投入。

3. 轻便防水电缆地震仪器

为有效降低滩海地震采集系统的制造成本，I/O 公司和 SERCEL 公司都针对过渡带和浅水区域推出轻便防水电缆地震仪器。轻便防水电缆比海底电缆廉价，不需配备专用船舶，并且可以水陆兼用。这种轻便电缆是在原有陆地电缆的基础上进行防水改进后制造而成的。

作业中在站和电缆上加上配重使之沉海底，并且为了确保海底封的沉放深度，采用了水深不足时在海底打井并将海底封置于井中的特殊作业，将海浪、水流造成的环境噪声降低到尽可能小的程度，获得了高品质的地震资料。

4. 节点式地震采集系统（OBN）

节点式地震采集系统不需要电缆连接，也称海底地震仪（OBN）。主要由一个机箱和一个节点组成自控单元。机箱里装有 CPU、A/D、存储器、表、电池。节点包括 3 个互为直角的检波器、一个水听器、倾角仪。采集时一般由机器人将每个节点放置到设计位置，或采用抛放式放置；在采集完成后，再由机器人回收，或通过信号给节点指令，节点自动对浮漂充气，之后带节点浮出水面。

第三节　单点接收

一、单点接收发展

单点高密度地震采集是野外采用单点检波器接收、高空间采样密度观测的一种地震勘探方式。该技术包含两个关键点，一是野外接收检波器，二是高密度采集观测系统。

随着地震勘探技术的进步，单点高密度数据采集逐渐成为行业趋势。2000 年，Biro 和 Orban 系统推出的 SN408 地震数据采集系统标志着轻便化、高成本效益野外作业的开始，同时提高了数据质量并减少了环境影响。此后，多家公司相继开发了相关技术，如西方地球物理公司的 Q-Land 和 Q-Marine 技术，法国 CGG 的 Eye-D 技术，以及 I/O 公司的 Vectorseis 系统，均通过单点检波器和先进的信号处理技术提升了勘探精度。此外，包括 Vibtech、Wireless、Fairfield、Geospace 和英诺瓦等公司也掌握了单点高密度采集技术，共同推动了地震勘探行业的发展。

在阿曼、科威特、沙特阿拉伯、阿联酋、阿尔及利亚、尼日尔、尼日利亚等沙漠、草原平坦地区开展了大量的单点高密度采集技术应用，地震资料信噪比大幅度提升，地震频带明显展宽。

二、单点采集优劣势分析

单点采集顾名思义就是在每个接收点只布设一个检波器，以单点方式接收地震信号。

（一）单点采集优势

1. 提高地震信号的保真度

单点接收对地震信号和干扰噪声充分采样，对信号和噪声无压制作用，具有野外原始资料保真的优势；在起伏地表区，单检波器接收消除了由于地形高差变化或近地表速度的变化所造成的旅行时差异；单点接收检波器不存在组合时组内的系统误差；单点接收初至波拾取准确，避免静校正误差，有利于野外静校正精度提高；单点接收针实现了全波采样，将基本采样定律扩展到了空间域，恰当的单点接收道距能消除假频噪声，有利于室内识别规则干扰和压制规则噪声；单点接收到的信号是独立的，能够校正由于虚假振幅变化和沿组合方向静校正差所造成的影响。

2. 有利于野外质量控制

单点检波器容易布设，耦合情况能够一目了然地检测到，能够有效控制野外检波器埋置质量。

3. 有利于野外生产组织

单点接收所用单只检波器重量和体积是组合接收的十几分之一至几十分之一，有利于野外生产组织和作业效率提高。

4. 有利于提高空间分辨率

单点高密度比常规采集更具有提高纵向、横向分辨率的优势，特别在提高横向分辨率方面优势更加明显。

5. 有利于室内先进处理技术的应用

单点高密度采集没有假频现象，适合于基于面波反演的地滚波压制技术、非规则相干噪声压制技术、五维插值技术等先进去噪技术应用。单点高密度采集覆盖次数高，方位角信息丰富，适合于 OVT 方位矢量道集域数据规则化技术应用，能够改善空间振幅一致性，适合分方位处理、全频带提高分辨率处理等技术的应用，有利于保护野外采集到的微弱地震波有效信号，最终使地震处理成果质量明显提高。

6. 有利于推动全波地震勘探技术发展

全波地震勘探要求忠实地记录完整的大地震动，包括震源噪声，对目标进行无混叠空间采样，记录地下返回的全频带频率。单点检波器能够实现高矢量保真度、多分量采集，能精确地保持矢量定向处理的各分量之间的相对振幅，尽可能忠实地保持各向异性，记录和保存地下返回的方位角变化范围全频带频率数据，是全波地震勘探的基础，有利于推动全波地震勘探技术发展。

（二）单点采集劣势

单点采集单炮记录与组合相比，一是野外记录信噪比较低，有较强的面波和背景噪声，在信噪比相对较低的地区，原始记录上难识别到连续的反射同相轴；二是单点采集对检波器的性能和埋置要求高，单只检波器如果工作不正常，会影响整道数据；三是需要相对较高的炮道密度，确保提高数据处理效果。

（三）如何认识原始资料信噪比问题

野外一般存在比有效地震信号能量强的各类噪声。理论上讲，适当的组合可以压制部分噪声，所以传统地震采集常采用激发点或检波点组合来抑制相关干扰和环境噪声。实际上，野外施工时理论设计的组合很难适应野外噪声变化，而组合中每个检波器高程变化、耦合的不一致性及组内静校正的误差却污染了地震数据。组合形式越复杂，地震波场采样误差就越大。因此，野外组合不仅使压制干扰的效果打了折扣，而且带来了地震信号的畸变。那么，应当如何认识原始资料信噪比呢？

所谓信噪比是指有效信号振幅或能量与记录中认定的噪声振幅或能量的比值，这是对地震资料质量评价的参考指标。常说信噪比低，是指噪声干扰强且无法视觉识别出有效地震信号，但这并非是地震记录中真的没有有效信号，而是叠加或隐藏在"干扰波"之中。现阶段地震采集使用的检波器和数字地震记录仪动态范围较大，地震反射信号完全可以记录下来。

野外噪声具有规则和非规则之分，规则噪声主要是面波和折射波，非规则噪声为环境噪声、绕射波、散射波和机械干扰等。一般情况下，规则噪声较非规则噪声能量强，是影响资料信噪比的主要因素，而规则干扰是由于近地表低降速带引起的，绕射波、散射波是由于地形起伏所造成的。而地下地层响应产生的干扰对地震资料影响十分有限，只有在几个强波阻抗界面产生多次波时才影响到有效信号，所以，信噪比问题实际上是近地表和环境引起的。

（四）认识

1. 单点高密度地震技术具有广泛的适应性

随着油气勘探开发对象向米级储层及低幅度构造、复杂碳酸盐岩、火山岩、基岩潜山等非均质储层、致密油气、深层构造等领域转移，传统构造解释已不能满足勘探开发地质需求，需要通过精耕细作，利用高保真、高分辨率资料精细解剖复杂地质目标，这就需要采取精细的提高分辨率处理、叠前方位矢量片道集处理、分方位处理解释、高分辨率反演等技术来实现。高密度、全方位、高保真的原始数据是提高地震勘探精度的重要基础，而单点地震采集技术是实现高密度、全方位、高保真采集的必然选择。

2. 优选单点检波器是地震采集质量提升的关键

如前所述，影响模拟检波器性能的指标主要包括灵敏度、失真度、频响范围、动态范围等，在实际应用中，应选择高灵敏度、低失真度、低自然频率、频响范围宽、动态范围大、稳定性好、从顶部出线的检波器，并选择大道数、轻便灵活、大动态范围、低系统噪声的记录系统，才能确保采集数据质量。全频、多分量、大动态范围的全数字检波器，与节点式采集系统是未来新一代地震采集技术装备的发展方向。

3. 适当的炮道道密度是提高单点高密度采集资料品质的有力保障

单点高密度采集未实施野外组合压噪，单道记录未经过组合叠加，野外原始记录一般信噪比较低，为了达到较好的噪声压制效果，并提升弱反射信号能量，一般应确保有较高的炮道密度。

4. 强化野外施工质量控制时施工管理的重要环节

野外施工时，一方面要重点确保单点检波器耦合效果，降低环境噪声。另一方面，监控检波器的阻值、漏电、倾斜度等指标，确定检波器工作正常；同时，采用地震采集质控软件，对野外单炮记录及时进行质量分析，确保野外施工质量。

第四节 组合接收

一、组合的基本原理

地震勘探的初期，通常用一个检波器接收，后来发展成组合接收，通过串联可以提高检波器串的灵敏度，提高对弱信号的捕获能力。检波器组合接收就是在野外生产中把布设在同一接收点的几个检波器所接收到的振动信号叠加起来，作为一个地震道的采集信号，该方法可达到增强有效波压制干扰波的目的。

（一）简单线性组合

设有 n 个性能相同的检波器等间隔线性排列。当地震波（平面波）以角度 α 入射，波速为 V 时，第 1 个检波器接收信号作为时间起点。由于波的传播，其他检波器接收到的信号会有时间差 t。通过分析，发现 n 个检波器组合后的总输出信号振幅 $A\Sigma$ 与波的入射角 α 有关。对于垂直入射的反射波（$\alpha \approx 0$），总振幅会增强 n 倍，这有利于加强有效信号并压制干扰信号。但实际中很难同时做到加强有效波和压制干扰波的最佳状态。

（二）组合的频率特性

理论上，简谐波通过检波器组合后频率不变，相位等于中心位置检波器的相位。实际上，地震波包含多种频率，如果相邻检波器接收到的有效波时差为 0，则波形不会失真，只是增强 n 倍。但实际上时差不为 0，导致组合后的波形失真。因此，组合相当于一个低通滤波器，设计时应考虑有效波和干扰波的传播方向差异，避免频谱上的差异导致有效波失真。

（三）组合的统计效应

地震勘探中的随机干扰可以用其相关函数描述，主要参数是相关半径，即两个检波器至少相距多远时记录的干扰不相关。当检波器间距大于相关半径时，m 个检波器组合能将信噪比提高 $\sqrt{m}$ 倍。此外，检波器组合还有平均效应，包括对地面条件的平均效应（改善有效波同相轴的畸变）和对地下界面的平均效应（可能不利于研究断层细节）。

（四）其他组合方式

实际采用的组合方式常常是面积组合而不是线性组合，有时还有不等灵敏度组合。在实际的地震勘探野外工作中，经常采用面积组合。

二、组合方法的目的

组合的目的是有效压制干扰波，提高信噪比，因此要正确选择组合参数，必须先了解施工地区的干扰波参数。通过干扰波调查获得以下资料：干扰波的视速度、视周期，随机干扰的相关半径等，以及有几组干扰波，它们出现的地段、强度变化特点等。

根据有效波和规则干扰波的视速度、视周期等，假设一些组合参数，计算组合的方向特性以及选择能使有效波落在通过带，规则干扰落在压制带的方案。并同时估算组合的统计效应，考虑能否满足组内检波器距大于随机干扰的相关半径这一条件。还可以根据得到的干扰波资料，按各种不同的时差和检波器数目进行组合计算。

由于组内距不同，反射波到达的时差也不同。组内时差可看作是高截滤波器，对地震信号的高频成分有压制作用，组合后波形产生畸变。

在施工中，地震队希望以恰当的组合形式将检波器尽量布设在一个水平面上，力求最大限度地压制面波、折射波、次生干扰波以及随机干扰波等干扰，同时保护有效波。但实际情况极为复杂，因此在设计组合时应该考虑工区的高程变化情况，设计的组合图形与组内高差要求协调一致。

三、组合采集优劣势分析

野外组合采集是指使用通过串并联方式将单个检波器组成检波器串，采用一串或多串按一定图形摆放插置地表后作为1道地震信号接收，形成地震信号的接收阵列。组合采集能压制规则干扰和随机干扰，具有低通滤波作用，提高了资料的信噪比；降低了环境噪声影响，极大地扩大了动态范围，有利于弱信号记录。

但地震信号通过组合检波接收后，频率、相位、振幅都会发生相应的变化。因此，组合采集的劣势共有5点：（1）损失了有效波的高频成分，使地震有效波的频带宽度变窄，资料分辨率整体降低；（2）组内每个检波器接收信号时存在高差影响，使每个检波器之间存在时差，导致通放带变窄，且由于高程的无规律性，引起通放带与压制带的频率特征函数不规则；（3）引起地震信号相位、振幅变化，地震波信号的保真度降低；（4）由于野外地表情况的复杂性，检波器组合不能完全按理论图形布设，造成野外实际物理点位不准；（5）野外施工埋置检波器工作量增大，劳动强度大，施工效率低，设备占用率和使用成本高，检波器耦合质量也难以保证。

四、干扰波调查与资料分析

采用组合接收的主要目的是压制干扰，对于不同地区而言，干扰波的类型与特征是不同的，因此要想采用组合方式对干扰波进行有效压制，必须了解干扰波的特征与分布规律。目前采用组合的方式对干扰波的观测及分析方法主要有直线排列观测法、直角排列法、方位观测法、盒子波观测技术。

（一）直线排列观测法

因为沿地表传播的干扰波视速度低，波长较短，为了能够对干扰波充分采样，一般采用较小道距，通常为 3~5m；激发一般采用土坑爆炸法，以便使各种源生干扰能够充分体现。干扰波调查所需排列长度通常为最深目的层的 1.2~1.5 倍，同时使用不混波、不加振幅控制、宽频挡等仪器因素，使记录能反映干扰波的本来面目。图 4-11 是采用直线排列、4 炮追逐观测方法（追逐炮为通过移动炮点，来加大观测炮检距，相邻炮点的距离与实际铺设排列长度相等，追逐炮相加实现炮检距连续的长排列数据，使各种规则干扰在记录上能连续追踪出来）获得的干扰波调查记录，从该记录上可以看到浅层折射波、声波和几组面波等规则干扰。对记录数据进行量化分析，可以得到这些干扰波的视周期、视速度等基本特征参数。

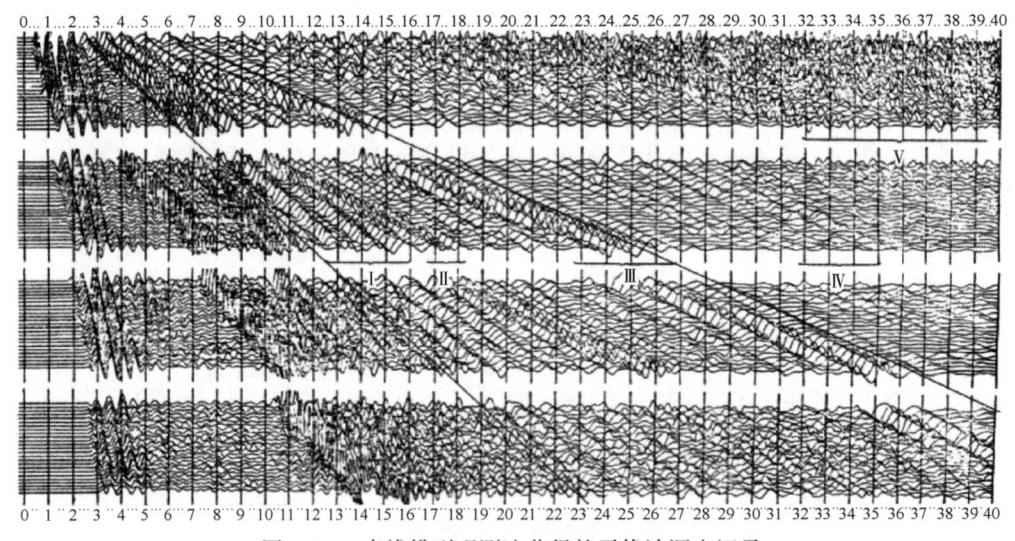

图 4-11 直线排列观测法获得的干扰波调查记录

（二）直角排列法

当不知干扰波的传播方向时，可采用直角排列观测法（图 4-12）。将半个排列布置在一个方向（AB），另外半个排列布置在与之垂直的另一个方向（AC）。激发点 O 距 A 一定距离（如 500m），从记录上求得两个方向各自的时差 Δt_1、Δt_2，然后在图上沿两个方向按一定比例尺标出矢量 $\vec{\Delta t_1}$、$\vec{\Delta t_2}$ 的大小，其方向指向时间增大的方向，求出它们的合矢量 $\vec{\Delta t}$，$\vec{\Delta t}$ 的方向就近似于干扰波的传播方向。如果干扰波沿 AB 方向的时差比沿 AC 方向的时差小，则所得直角排列记录如图 4-12(b) 所示。

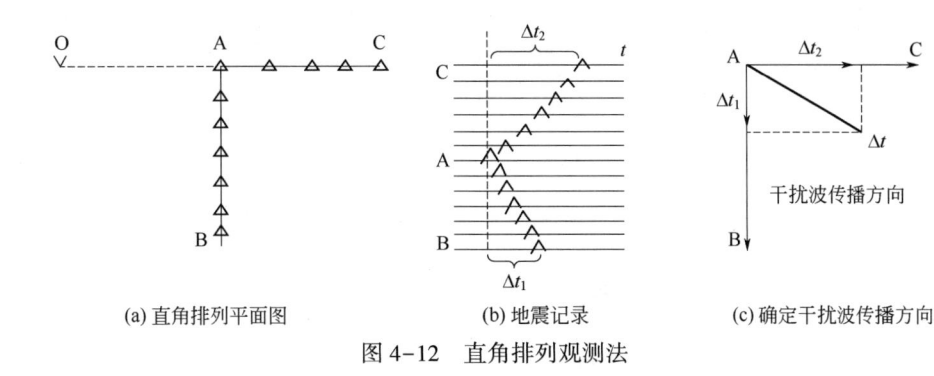

(a) 直角排列平面图　　(b) 地震记录　　(c) 确定干扰波传播方向

图 4-12　直角排列观测法

（三）方位观测法

直角排列只能确定干扰波沿地面的传播方向，不能确定其在三维空间的传播方向，也不能确定波的极化特点，为了更细致的分析干扰波的特点，可采用方位观测方法。

这种方法的简单原理是：在一点上使用大量（多于三个）的地震检波器同时记录，这些检波器以等倾角 ψ 排列在沿锥形面的各个方位上。这种装置称为方位装置。利用这种装置获得的地震记录称为方位地震记录。在方位记录上记录的相对振幅与地面位移向量的方向以及仪器（检波器）轴方向有关。地震勘探中所用的检波器是垂直检波器，通常在方位装置中将检波器最大灵敏度的轴向水平面间的夹角调节到 $45°\sim 60°$ 之间。

对于纵波来说，质点振动的方向与波传播方向一致，因此，深层反射或折射的纵波到达地面时，质点的振动方向几乎是垂直于地面，这种振动对于集中于地面一点的许多检波器（方位装置）引起差不多相同的振幅，而且振动的相位一致。横波的质点振动方向与波的传播方向垂直，即差不多是水平方向的。所以在横波到达方位装置时，就使与横波质点振动方向一致的（或相似的）的两个检波器具有最大和最小（指振动方向相反）的振幅，其他各检波器的振幅都按余弦规律变化。

勒夫波是沿界面传播的，此时质点振动方向与波前进方向（射线方向）垂直，所以和横波相似。瑞利波是椭圆极化波，这类波在方位地震记录上的特点是：同相轴为曲线。

上面介绍的是传统的方位观测与分析方法，目前利用三分量检波器对研究某个波到达检波器时引起的位移分量及其方向将更加方便。

（四）盒子波观测技术

盒子波理论是基于地震波的传播理论，当炮点激发时，地震波以球面波的形式向外传播，在地面表现为在一定范围的面积内对接收检波器有响应，所以实际布设的排列是一种面积的组合。

盒子波观测技术是采用一种特殊的野外观测系统方式进行采集试验：一组沿测线的炮点和一个3D接收网（图 4-13），接收网的大小及各种参数设计决定于噪声的速度、波长和有效信号的瞬间频率范围。盒子波调查干扰波的方法主要是应用切比索夫面积组合法压制干扰波，以此增加有效反射信号的信噪比，其功能在于运用方位角或面积切比索夫加权组合进行雷达分析来掌握和了解干扰波的特征。切比索夫加权组合的优点是组合衰减带的峰值相同，故可分析资料的信噪比。而雷达分析是沿不同方位角、不同速度扫描的切比雪夫组合特性分析，可用于研究干扰波方向、速度和数据的信噪比。

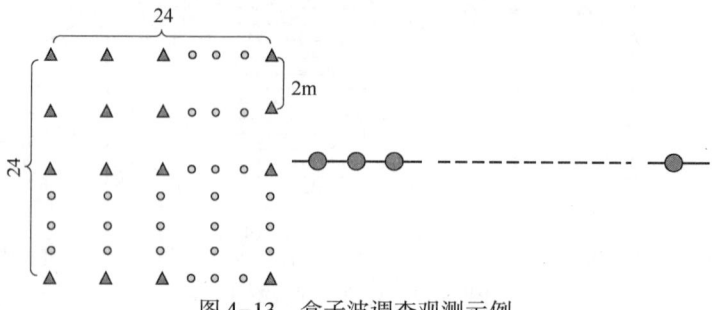

图 4-13 盒子波调查观测示例

对记录进行各种方式的抽取、排列，得到各种用于分析的接收数据，通过对数据进行雷达分析，能全方位的观测干扰波，识别出干扰波的类型，分析研究出干扰波的到达时间、传播速度、传播方位角等。通过进行多种模式的网格组合试验，分析对比噪声的衰减情况、组合效果，进而选择确定野外检波器的组合方式。

另外，在接收地震资料时还可单独记录下背景噪声，通过对随机干扰相关函数的计算，可求出它们的相关半径。当检波器点距大于相关半径时，随机干扰可得到较好的压制，这可为选择组合方式提供依据。

第五章　地震采集质量控制

本章将从地震采集质量控制的定义、目的、原则、方法等方面，详细介绍地震资料采集的重要环节——质量控制（简称质控）。地震采集质量控制是地震资料采集的一个重要环节，地震采集质量控制根据《采集工程设计》规定的技术指标、质量控制要求及相应的采集技术规范或规程，或根据合同中的质量要求，对采集施工中可能影响地震资料品质的各环节因素，如激发、接收、地表和地下地质条件、环境、人等，现场进行实时跟踪、监控、检查、控制的过程。

质量控制是为了通过监视采集资料形成过程，消除质量控制环节上所有阶段引起不合格或不满意效果的因素，以达到质量要求，获取经济效益，而采用的各种质量作业技术和活动。质量控制的关键是使所有质量过程和活动始终处于完全受控状态，事先应对受控状态做出安排，并在实施中进行监视和测量，一旦发现问题应及时采取相应措施，恢复受控状态，把过程输出的波动控制在允许的范围内。质量控制的基础是过程控制，无论制造过程还是管理过程，都需要严格按照程序和规范进行。控制好每个过程，特别是关键过程是达到质量要求的保障。

地震采集质量控制的目的就是通过各种控制手段、方法，对施工过程中的各道工序进行质量控制，使采集数据满足工程设计或甲方提出的技术指标，保证采集的地震资料能够达到工程设计的目的。

地震资料采集的质量控制是确保地震勘探准确性的核心环节，其关键在于精确地把握"时、空、能"这三个维度。这三个要素构成了地震勘探概念和属性的基础框架，几乎所有相关的理论和实践都可以被归纳入这三个范畴，或者是作为这两个或三个要素的派生属性而存在。

具体来说，"时"指的是地震数据采集的时间精度和同步性，确保数据的时效性和一致性；"空"涉及地震波在空间中的传播特性和覆盖范围；"能"则关注地震波的能量分布和转换效率，这直接关联到数据的质量和可靠性。

时间相关的概率或属性：时间（同步、精度）、采样率、记录长度、扫描长度、相位、频率、波数、静校正、分辨率。

空间相关的概率或属性：位置、坐标、高程、井深、分辨率、波长、偏移、构造、地形。

能量相关的概率或属性：药量、信号、噪声、信噪比、振幅、叠加、速度谱。

派生概念：速度、波数、F-K、变换、AVO、插值、去噪。

东方物探公司智能化地震队 AI 智能质控系统（GISeis）为地震队质量控制提供了功能强大的利器，支持采集作业流程的不断优化再造和智能运行，最终达成野外采集作业生产运行可视化、技术支持远程化、指挥决策协同化、项目管理标准化、运作流程智能化、资源效益最优化的全球物探作业标杆。

在工程施工过程中，加强工程质量的事前控制与过程控制以及监督检查是非常必要

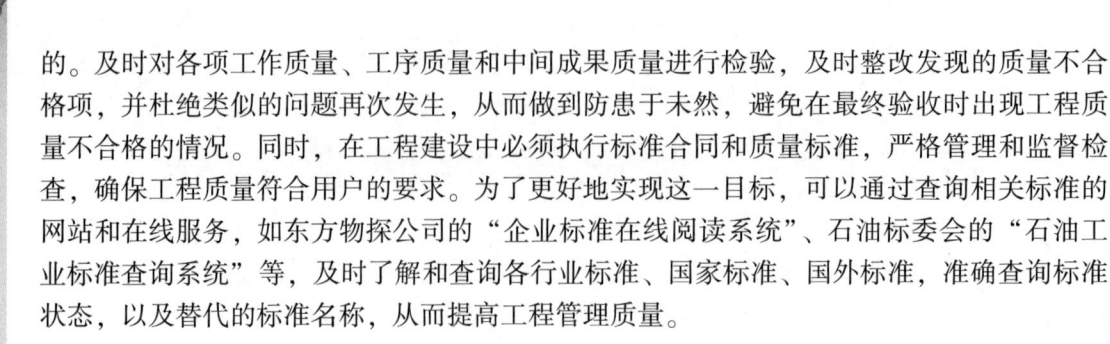

的。及时对各项工作质量、工序质量和中间成果质量进行检验，及时整改发现的质量不合格项，并杜绝类似的问题再次发生，从而做到防患于未然，避免在最终验收时出现工程质量不合格的情况。同时，在工程建设中必须执行标准合同和质量标准，严格管理和监督检查，确保工程质量符合用户的要求。为了更好地实现这一目标，可以通过查询相关标准的网站和在线服务，如东方物探公司的"企业标准在线阅读系统"、石油标委会的"石油工业标准查询系统"等，及时了解和查询各行业标准、国家标准、国外标准，准确查询标准状态，以及替代的标准名称，从而提高工程管理质量。

第一节 施工前的质量控制

一、施工设计书的检查

设计阶段是将项目决策阶段确定的勘探目标和地质任务、投资规模、技术、质量要求和完成时间，通过设计使其具体化。设计阶段质量的好坏将直接影响到施工进度、施工质量、最终的成果质量和投资效益。设计阶段质量是影响物探工程质量的又一关键环节。因此，对设计阶段质量要进行严格控制，施工设计书应由地震队队经理组织编写并签字负责，编写之前项目应该安排各专业人员对工区进行实地踏勘，地球物理师应该收集、整理、熟悉、分析以往地球物理和地质资料：

（1）了解工区位置、影响施工的因素调查，如地理位置、构造位置（盆地类型、构造带或构造单元）；工区地表地貌特征，村镇、河湖、工矿、农渔、道路、电力、管道等障碍物及噪声分布，交通、通讯、后勤保障状况，激发岩性、潜水面深度等情况。

（2）收集已往的 T_0 图、构造图、地质剖面等，掌握本工区的基本构造格局、二级带划分、主断裂走向、目的层深度变化等情况。

（3）了解该区油气藏生储盖组合情况，明确勘探重点目的层的地质层位、埋深、反射时间、速度、频率、振幅特征及变化规律等。

（4）收集以往相邻工区或相邻测线的监视记录，现场处理剖面、解释过的时间剖面、地质录井柱状图、电测曲线、VSP 剖面、速度资料等分析波阻抗界面，了解岩性变化及反射情况。

（5）收集以往好、中、差的资料及剖面，大致划分好资料区和差资料区，认真分析好、中、差的原因，做到心中有数。

设计书要根据项目实际情况进行编写，上报上级主管部门审批准后方能实施。要求设计内容齐全，审批手续完备，实施有据。

施工设计内容一般应该包含以下内容：

（1）工区概况。

（2）地质任务及资料采集任务。

（3）工区主要难点及针对性措施。

（4）试验工作，试验点要有代表性，方案要有针对性，目的要明确，试验因素要单一，试验内容要齐全。
（5）各工序施工方法及技术措施。
（6）质量管理体系及质量保证措施。
（7）HSE 管理。
（8）组织资源及保证措施。
（9）野外采集提交的资料及成果。

二、地震仪器项目开工检查

为确保野外地震采集资料的品质，就得确保地震数据采集系统的工作质量，而地震数据采集系统的工作质量又是由其技术性能和状态所决定，因此有效地监控地震数据采集系统的技术参数和指标就是保证其工作质量的重要内容。地震数据采集系统的技术检验就是通过技术的方法定量或定性地分析和测试其性能指标的过程。由于大部分项目不是跨年的，因此项目检查一般采用年检的检测标准。

各类仪器开工前要确认进行了检修、检测，尽可能取得检测合格证书。在设备到达现场之后，开工前还需要对仪器进行年、月检的检测，有线仪器年检结果各项指标必须符合规范要求。

检测项目应包括基础信息检查与收集，如：主机 FTU 辅助道（模拟道测试）、地面站测试、系统同步测试、震源测试等

节点仪器施工时，如果使用有线仪器如 SERCEL 428XL 进行激发管理，也需要对有线仪器主机进行年检检测。

有表层调查工作工作量的项目，小折射仪器也需要完成年检的检测。

三、采集站和检波器（串）的检查

采集站、有线电缆在年度开工前和每次更换电缆时均应检查，内容包括：绝缘电阻、技术性能、技术指标。检波器（串）参数检查，包括完好性、有效期限及技术指标（自然频率、阻抗、灵敏度、谐波失真、漏电等）。

节点检查：项目开工前应对所有配备的节点按照厂家配置文件设置的采样率与前放增益组合进行室内测试，生成节点开工测试报告，测试指标达到厂家要求。如采样率、前放增益、噪声、动态范围、总谐波畸变、共模抑制比、增益精度、电压值测试等。检波器测试也应该包含以下项目：自然频率、电阻值、灵敏度和阻尼。相对传统检波器，节点检测项目一般还应该包括 GPS 授时信息、存储信息以及电池电量检查等。

四、测量设备的检查

测量仪器全站仪或 GPS 接收机及辅件水准仪，需按甲方要求确定合适的检测方式，检定/校准（一般情况下应该由专业机构进行，有效时间长 1 年以上），核查（有效期一般不

超过6个月），比对（地震队进行，有效期一般不超过3个月），以达到规范的要求，并保存好检查记录、生产合格证等，以备检查、验收。

五、激发系统的检查

井炮激发爆炸机、激发系统需要进行TB时间、通信、同步等的测试。如果甲方要求或项目需要，还需要进行井口时间以及中继功能的测试。

可控震源系统复杂，需要更多的测试才可保证资料的品质，检测项目可分为震源状态质量分析、组合中心检查、扩展QC分析、一致性分析等4类。

可控震源属性检查：包括平均出力、峰值出力、平均相位、峰值相位、平均畸变、峰值畸变、地面黏度和地面刚性。

检查在一个施工日中，某一台震源某一种属性变化的情况，及早判断震源是否出现问题。检查在一个时间段范围内的震源属性变化趋势，例如，一个月，或更长时间，来检查震源是否有变坏的趋势。

组合中心检查：为了加强激发能量，多台震源同时组合激发，其几何中心（COG）与理论设计的激发点的偏移，一般不能超过5m。

扩展QC的分析：对震源在震动过程中的质量进行监控。在可控震源的扫描时间内对震源的各种属性进行采样，形成记录，以发现在震动过程中可能出现的问题，可以在仪器上绘图实时监控，也可以在返回室内后进行监控。

通过对扩展QC分析可以了解震源在工作中的瞬时属性状况，从而监控震源在工作中的实时状况是否正常。

震源一致性分析：一致性测试用于比较震源输出信号与相关参考信号。通过对测试结果的分析，可以发现震源及其控制系统存在的问题，及时排除问题，保障震源施工质量。

有线一致性：将可控震源用测试电缆连到大线上，震源的所有信号通过电缆传输、记录到仪器。这是一种非常可靠的方法，但是应用起来比较耗费时间。

无线一致性：仪器操作员通过震源控制系统控制震源输出信号，参考信号和输出信号通过电台传输到仪器，所以每次只能对一台震源进行测试，一般用来在生产中快速地进行测试。

一致性检查需要做的工作有：

信号的形态。首先需要检查各种信号的长度是否正确，信号两端斜坡的形状是否正确。分析启动误差。参考信号检查。参考信号应先自相关并检查频率成分与失真。

力信号检查。力信号检查有很多手段：力信号与参考信号互相关波形的负时间轴上可看到明显的谐波，一般要求负时间轴上的可见谐波应相对于相关峰值低40dB；力信号F-T谱，可以来观察可控震源输出信号的各次谐波畸变状态。

除了以上项目的检测之外，还应该对震源导航系统进行校准和启动时间的校正，PPV测试（安全距离测试）等内容也需检测。

使用井炮和可控震源独立激发系统时，时间精度与同步的检查需要引起足够的重视。

六、专业设备性能检测

（一）测量设备检测

合格的测量设备器具是保障物探生产数据质量的基础。用于石油物探测量的所有仪器和设备都需进行检验或检定，检验可由仪器使用者进行，检定应由法定的检测机构完成。

1. 检定周期

（1）精度要求较高的测量设备，如经纬仪、水准仪、GPS接收机、测距仪、全站仪等设备检测周期一般为一年。

（2）新购置的以及修理后的仪器、器具应及时进行检定。

2. GPS检测方法

（1）基线对比法。具体有长基线、中基线、短基线对比方式。按照已知点的分布，同时架设不同GPS接收机，进行同等条件下的数据观测，获取最终处理结果的方式。

（2）RTK定位坐标对比。固定架设基准站，在已知点上，依次进行RTK作业，视同为同一条件下的作业，对比相互之间的坐标成果差，获取仪器一致性的结论。

（3）其他比对验证。对震源装备、节点装备的GPS设备进行对比验证，可以采用原装备现场实地进行，也可采用同等精度或更高精度的其他作业方式进行比对验证。

3. 全站仪的检核

（1）一测回水平角偏差检验。在室内或室外安置仪器，在仪器等高平面内设置4~6个清晰目标，按全圆方向观测法进行4~6测回的观测。

（2）一测回垂直角偏差检验。设置5个清晰的照准目标，按中丝法进行5个测回的观测。

（3）测距的外符合性检验。可采用与已知距离对比、与GPS基线对比或不同仪器之间相互对比三种方法。

4. 测量附件的检测与检验

（1）水准器对中。利用与垂球对比方法，检查验证光学对中器的光路的垂直性，确保设备架设位置准确。

（2）水准器的整平。保证设备架设平面与地面平行一致。

（二）采集仪器的性能检测

目前在用采集仪器主要分有线和节点仪器，有线仪器主要是SERCEL公司的428XL、508XT仪器和INOVA公司的G3i仪器。而节点仪器类型较多，如eSeis、鲲腾、SmartSolo等。

地震勘探仪器是以计算机为中心的分布式电子系统，其各个组成部分的电气特性指标直接关系到整个系统的工作效果和质量。整个仪器的工作对象都是以电信号表示的地震数据，因此系统的电信号输入与输出保真程度就是仪器对地震信号的质量保证效果。地震勘探仪器的质量控制就是定期地检测和校准系统的有关电气特性参数或指标，确保系统的电气特性工作状态满足应有的技术要求，使电信号得到保真，进而保证所采集地震数据的质量。

设备检测的方法和指标要求按标准进行，一般讲的检测指的采集设备的电气性能指标，包括模数转换位数、动态范围、等效输入噪声、同步精度、增益精度、共模抑制比和串音等。这些指标直接影响地震仪器采集数据的优劣。

等效输入噪声：地震道输入端接标准电阻时测得系统输出交流（RMS）成分再等效到系统输入的量值。该参数反映系统本身的噪声水平，它是确定系统最小分辨率的关键因素，因而系统等效输入噪声越低就越有利于识别弱小的地震信号，要求仪器系统的噪声总是远比环境噪声小。

AD转换位数：地震数据采集时需要将来自检波器的模拟信号转换为数字信号，AD转换位数是指模数转换的分辨率，位数越高，转换输出最大信号的误差就越小，同时对弱小信号的识别能力越强。

动态范围：仪器最大输入信号与最大输入信号（即地震道的等效输入噪声）之比，用来描述仪器接收信号的能力。动态范围越大，说明仪器接收信号能力越强。

质量检测内容：

（1）有线仪器：系统的年检验、月检验（一般包括：噪声漂移、串音隔离、共模抑制、道一致性、畸变、动态范围、滤波特性等），日检验（一般包括：检波器脉冲测试和采集站脉冲测试）；系统延迟；遥爆系统延迟；系统极性；检波器测试（一般包括：主频、灵敏度、失真、阻尼、电阻、极性、漏电等）。

（2）节点仪器：系统的年检验一般包括：噪声漂移、串音隔离、共模抑制、道一致性、畸变、动态范围、滤波特性、检波器指标测试等；布设前检验（采集通路测试、检波器测试）；野外自检（站体工作状态测试，手簿或指示灯查看）。

以下对常用的3种有线仪器及1种节点仪器作较为详细的说明：

1. SERCEL 428XL性能测试

（1）日检。使用生产因素按照表5-1所列项目和技术指标要求，完成当日首炮排列FDU采集链的测试，并打印出测试数据，测试结果精度要求符合表5-1的技术指标，或者将测试结果绘图输出，要求波形记录无视差。

表5-1　428 FDU采集链测试项目及技术指标

采样率（ms）	测试类型					
	噪声（RMS）（μV）		脉冲测试		畸变（dB）	共模抑制比（dB）
	G1（1600）	G2（400）	gain（%）	phase（μs）		
0.25	≤16	≤4	−3~+3	−30~+30	≤−103	≥110
0.5	≤2	≤0.5	−1.5~+1.5	−25~+25	≤−103	≥110
1	≤1.4	≤0.35	−1~+1	−20~+20	≤−103	≥110
2	≤1	≤0.25	−1~+1	−20~+20	≤−103	≥110
4	≤0.7	≤0.18	−1~+1	−20~+20	≤−103	≥110

（2）月检。使用当月生产因素按照表 5-1 所列项目和技术指标要求完成对全部 FDU 采集链的测试，把测试结果存盘，并打印出测试结果，或存为电子文档，测试结果符合表 5-1 所列的精度要求。

（3）年检。

FDU 采集链测试：按前放增益 G1、G2 和采样率 0.25ms、0.5ms、1ms、2ms 组合，对所有 FDU 进行测试，要求测试结果符合表 5-1 中相应技术指标，将测试结果存为电子文档，并统计出合格的 FDU 序列号。

主机测试：完成仪器系统相关、叠加等功能的测试，测试结果绘图输出。包括相关测试、脉冲测试，震动叠加测试等。

2. 508XT 仪器性能测试

（1）日检。与 428 仪器类似要求，个别指标稍有不同，见表 5-2。

表 5-2　508XL 测试项目及技术指标

采样率（ms）	测试项目及技术指标					
	0dB 噪声	12dB 噪声	增益误差	相位误差	畸变	共模抑制比
0.5	≤2	≤0.5	−1.5～+1.5	−25～+25	≤−103	≥100
1	≤1.4	≤0.35	−1～+1	−20～+20	≤−103	≥100
2	≤1	≤0.25	−1～+1	−20～+20	≤−103	≥100
4	≤0.7	≤0.18	−1～+1	−20～+20	≤−103	≥100

（2）月检，使用当月生产因素，对所有在用的采集站，交叉站进行测试。

（3）年检，每年或项目开工前，就对固件版本不一致的采集站，交叉站进行固件升级，并与主机系统进行联机测试，测试项目和结果应符合相应技术要求。

FDU 测试：选择线性相位或最小相位滤波类型，关闭低截滤波功能，按前放增益 0dB、12dB 和采样间隔 0.5ms、1ms、2ms、4ms 的参数设置组合，对所有 FDU-508 采集链按上表所列项目进行测试，测试结果符合上表中相应技术指标。

DSU1-508 测试：选择线性相位或最小相位滤波类型，关闭低截滤波功能，按前放增益 0dB 和采样间隔 0.5ms、1ms、2ms、4ms 的参数设置组合，对所有 DSUI-508 采集链进行测试，要求测试结果增益误差在正负 3% 之间，相位误差在正负 20μs 之间，畸变小于等于 −80dB。

CX-508 测试在有良好 GPS 信号的情况下，对所有 CX-508 单元进行联机测试，要求自检测试（Auto Test）结果为"ok"，同步源（Synchro Source）状态显示为"INTERNAL GPS"。

主机测试：服务器和客户端计算机加电开机自检正常，SCI-508 箱体、源控制器、NAS 盘和磁带机能正常联机，主机应用软件状态条中"Server 508"应显示为绿色，SCI-508 箱体状态指示灯应为蓝色长亮。

3. G3i 仪器性能测试

（1）日检：每日开工前，采用生产因素对当日首炮排列进行测试，测试结果应符合相应技术指标。测试项目及指标如下：

模拟地面电子设备脉冲响应测试。

① 模拟检波器脉冲响应测试：各道检波器脉冲响应（pulse）一致性误差绝对值应不大于10%。

② 模拟检波器阻值测试：各道检波器阻值（resistance）测试值与仪器计算值相比误差绝对值应不大于10%。

（2）月检：按当月生产因素，对在用的采集站、电源站、交叉站和数字传感器进行测试。测试项目及指标如下：

① 模拟地面电子设备测试。测试结果应满足表5-3相应技术指标。

表5-3 全频带等效输入噪声和动态范围指标

前放增益 （dB）	采样间隔 （ms）	等效输入噪声 （μV）	动态范围 （dB）
0	2	≤1.24	≥123.0
	1	≤1.76	≥120.0
	0.5	≤2.49	≥117.0
	0.25	≤3.53	≥114.0
12	2	≤0.35	≥122.0
	1	≤0.49	≥119.0
	0.5	≤0.70	≥116.0
	0.25	≤0.99	≥113.0
24	2	≤0.16	≥117.0
	1	≤0.22	≥114.0
	0.5	≤0.31	≥111.0
	0.25	≤0.44	≥108.0

② 数字传感器测试。

传感器总重力测试：执行日检标准。

传感器偏移测试：执行日检标准。

传感器畸变测试：传感器畸变（sensor loopback）测试值应不大于-125.00dB。

数传误码测试：计数错应为0（无任何位错误）。

（3）年检：

① 主机自诊断（diagnostics）测试。主机系统及各种配套辅助设备应联机自检正常。主机自诊断测试结果应显示"All tests completed successfully"，测试结果存为电子文档并打印主机系统诊断报告（System Diagnostics）。

② 模拟地面电子设备测试。按采样间隔0.25ms、0.5ms、1ms、2ms 与0dB、12dB、24dB 前放增益组合，并根据表5-4内容选取高截止频率，对所有地面电子设备进行测试，测试项目和技术指标执行月检标准，测试结果存为电子文档，并打印合格的采集站、电源站、交叉站序列号。

表 5-4 采样间隔与高截止频率关系表

采样间隔（ms）	高截止频率（Hz）
2	206
1	413
0.5	826
0.25	1652

③ 数字传感器测试。分别按采样间隔 0.5ms、1ms、2ms，对所有数字传感器进行测试，测试项目和技术指标执行月检标准，测试结果存为电子文档，并打印合格的数字传感器序列号。

4. 节点性能检测

陆地节点种类很多，常用的有 eSeis、Quantum、SmartSolo、GSR、UNITE、Wing 等节点采集系统。不同的节点，需要不同的激发和管理系统，特别需要注意的是其 GPS 时间的同步检测，相关部分按各自仪器主机进行检测。采集节点单元布设前需进行测试工作，测试内容及指标根据不同的设备类型分别按照不同的相关规定执行。有远程采收质控数据的节点，在开工前应该对不同场景下的接收距离进行检测。不同的节点按厂家的指标进行测试。

5. 设备混用情况下的设备性能检测

不同厂家的设计思路不同，使用的硬件不同，可能导致性能的差异，为保证最终资料的质量，应该在开工前对不同的设备进行对比测试，在相同激发参数下接收数据是否存在能量差异或相位差异。

节点与有线仪器混用时，节点仪器由于设计原因，截取的采集时刻为整毫秒时刻采集，而 428 等有线仪器采集时刻受激发时刻影响，不可能是整毫秒时刻，所以两者之间肯定有误差，但误差不应该超过 1ms。

（三）可控震源性能测试

1. 可控震源振动性能指标检验测试

测试分析项目主要包含单台震源基值出力、平均出力、峰值出力、平均相位误差、峰值相位误差、平均畸变、峰值畸变；多台震源之间的出力、相位误差和畸变比对分析。

2. 可控震源与数据采集系统的联机调试

测试检验震源与数据采集系统之间是否建立了正常的数据与指令联系，确保整个系统在数据采集过程中的同步性与实时相关结果的准确可靠性。

3. 日检检查项目

侧重于对生产参数一致性、振动输出信号相位的检测与评价，包括激发参数的一致性检查、振动输出力信号与参考信号的相位误差检测和振动输出力谐波畸变检查。

4. 月检检查项目

侧重检查可控震源在采集参数下的振动性能，包括震源峰值振动输出力及曲线、震源峰值振动输出力畸变及曲线、电台指令传输的可靠性与通信距离测试。

（四）爆炸机性能检测

1. 野外检验项目

（1）开工前（或编/译码器更换、维修后），将编码器与仪器主机联机，用无线方式对每台译码器进行测试。

（2）数字遥控爆炸同步系统同步精度测试和一致性测试。

（3）模拟遥控爆炸同步系统同步精度测试、稳定性测试和一致性测试。

2. 室内检验项目

（1）编/译码器在第一次使用前、维修或更换电台后，都应以无线通信方式进行检验，编码器每年应至少检验一次，合格后使用，并提供测试合格的编/译码器测试报告。

（2）数字遥控爆炸同步系统检验项目检测，无论是常规（单编码器工作）方式还是主从（多编码器工作）方式测试都要符合技术指标要求。

（3）模拟遥控爆炸同步系统同步精度测试、稳定性测试和一致性测试项目。

（4）通信电台和中继台测试项目，包括发射功率测试、接收灵敏度测试、频偏测试、中继台的延迟时和稳定性测试，测试结果应符合相应指标。

（五）检波器性能检测

1. 检波器参数的测试内容

检波器参数的测试内容包含：自然频率测试，灵敏度测试，失真度（畸变）测试，直流电阻—检波器/串对直流电的电阻测试，阻抗（交流电阻）—检波器/串对交流电的电阻测试。

2. 检波器的测试结果分析

在野外作业过程中，应定期或不定期地对地震检波器进行测试，以判断其工作状况，尤其是对检波器进行修理后，必须对检波器的各项性能指标进行检测，并对主要参数的测试结果进行统计分析，可以直观地分析出在用检波器的完好率。统计分析内容有：检波器电阻的统计分析、检波器频率的统计分析、检波器畸变的统计分析、检波器灵敏度的统计分析、检波器阻尼的统计分析和检波器阻抗的统计分析。

大部分的数字检波器设计与采集站一体化设计，检测按采集站标准进行。

七、岗位技术培训、质量教育和资格检查

所有员工上岗前应经过技术培训，包括但不限于基本地震勘探知识介绍，合同中对各班组的质量要求，各班组作业程序及注意事项，质量分析会确定的容易出问题的环节及控制措施等，做到应知应会，达到本岗位熟练水平。主要岗位操作人员（质检人员、激发人员、仪器操作员、测量人员、排列检查员、视频录制、钻井人员等）应持有"操作合格证"。

第二节 施工中的质量控制

采集过程中的质量控制包括施工各工序的质量控制和室内资料分析。施工工序质量控制包括内容：试验、测量、钻井、激发、放线、近地表调查和静校正、现场处理等。

一、试验分析

试验工作要求：目的明确，针对性强，因素单一，选点有代表性，能进行有效统计、对比。以高于生产质控的要求按试验设计进行野外施工。及时对试验资料进行定性和定量分析，分析要全面、可靠、真实。

分析主要内容包括：干扰波分析，有效波分析，信噪比分析，线试验需要进行叠加对比。

二、测量工作

测量质量控制标准和技术指标应按合同的规定执行，合同没有规定的按行业标准执行。野外测量工作主要有控制点测量、控制网布设，选点和埋石，物理点放样（含点位偏移）、数据处理、控制点增补等。

开工前一定要确定项目使用甲方要求的投影方式、坐标系统、转换参数等。

测量施工要求：

（1）所有物理点必须进行实测，无桩号施工的除外。

（2）物理点布设位置应便于地震勘探施工作业，点位偏差和偏移应满足地震采集设计要求。为改善激发条件，提高资料品质，炮点依据"避高就低""避陡就缓""避虚就实"等原则进行点位优选。遇大型障碍区需空炮时，由解释组进行方案论证后重新设计布点方案。

严禁在坟头、房顶、通车路面、垃圾堆、桥面、涵洞、下水道、等地段布设检波点。

在实际测量时，在确保安全的前提下，震源点布设原则：①可控震源点尽量施测在公路的同一面的靠边车道的中间；②十字路口斑马线形成的范围内严禁放样；③高压线正下方、水道上方严禁放样；④尽量避开路面不平整地段。

（3）有桩号施工时，所有物理点的标志应准确、明显、牢固、易于分辨。

（4）物理点布设中，应注意测记障碍物信息并提供测线草图，对特殊物理点做好备注，由甲方监督签字确认。

（5）每段（条、束）沿线外业施测和内业处理完毕，并确认符合设计和施工要求后，应及时提交测量合格报告单。

三、井炮激发工作

（1）激发点位置、井深、下药深度、药量、岩性满足设计要求。
（2）点位标志明显，信息齐全。
（3）遥爆系统性能稳定、正常，确保工作安全和信号准确，日检通过后方能投入生产。激发前确认安全距离，做好警戒。独立激发作业模式下，时间未能正确记录的，做好备注。
（4）严禁漏炮、组合激发时严禁拆分放炮。
（5）信息反馈：记录找不到的炮点、不响的炮点、爆炸不全的炮点等有异常情况的炮点，及时反馈给解释组，避免空炮率超标。
（6）爆炸班报填写及时、工整、准确、无涂改。

四、可控震源激发

（1）每天施工前对可控震源进行日检测试。
（2）可控震源组合基距应准确，组合中心对准桩号，可控震源源组内相对偏差大于2m时应调整组合图形。
（3）每台可控震源生产时，每次振动扫描都应该有相应的自动质量监控记录。实时监控可控震源的最大畸变、平均畸变、最大相位、平均相位，发现异常时要查找原因并重新激发。
（4）可控震源振动器平板与地面耦合良好，相位、畸变、出力监控的参考指标符合合同或行业标准的要求。施工中利用震源箱体实时监控软件来监测震源各项指标符合技术要求，与仪器操作员及时沟通。对于不合格的采震次要进行补震。

五、有线仪器

（1）做好日检检测、录制环境噪声，参数设置正确。对爆炸机、可控震源每日开炮前进行相关检测，保证设备处于良好状态。
（2）仪器班报参数填写正确，注明特殊情况和环境影响资料品质的因素，注明空道、废道、空炮、废炮、用错排列、掉排列等信息。
（3）做好警戒、将干扰控制在最低范围内，发现问题及时处置。
（4）使用KL-RTQC等软件，做好资料的实时监控。
（5）保证每天返回数据的完整性和正确性，包括地震数据、SPS文件、班报信息等。

六、节点采集

（1）根据项目的施工方案，配置节点的采集参数，包括采样率、前放增益、滤波方式等信息，设置合理的日检时间。
（2）上线之前要保证每个节点处于满电状态。高寒、高温等极端天气下施工，电池的续航时间可能会小于标称值；一些老旧设备的电池需要特别关注，加强监测。

（3）确定节点单元被激活，一般需要指示灯或排列助手来显示激活状态。节点检波器因普遍体积较大，需要使用合适的工具挖坑，确保倾斜率不大于甲方规定的度数，且使节点与地表达到体耦合。

（4）卫星信号主要用于授时，是数据质量控制的关键。节点布设过程中要避免放在低洼易积水等的地方，避开高陡容易遮挡卫星信号的地方；大雨、大雪过后加强巡检。

（5）对于实时 QC、全实时节点仪器，可以通过无线设备进行半实时、实时质控。

（6）激活节点单元后，等完成节点自检，使用排列助手或其他设备回收 QC 数据，回收的数据主要包括：电量、电压、存储空间、GPS 状态、检波器阻值等。回收数据的合格率不低于甲方要求。

（7）节点数据下载、切分与合成：一般节点使用整理后的 SPS 文件、节点内部记录的坐标进行桩号匹配，要求数据下载设备和数据转储设备上的节点单元数量要一致，有无漏收、多收的现象，保证节点的采收率。使用经检查后的激发时间文件进行数据切分，一般应根据 SPS 进行炮集数据的合成。对下载数据进行统计，对数据下载不完整、GNSS 时钟、阻值等超限的数据进行剔除，保证数据质量。合成的单炮数据、桩号与设计不一致时，则应查找原因再次切分、合成单炮数据。

在甲方可接受的情况下，可考虑检波点道集的质控，以节约时间。

七、检波器（串）

（1）要求体耦合检波器埋置，做到"平、稳、正、直、紧"，倾斜度达到要求。不容易挖坑埋置地区，采取合适的变通方式来满足要求，如路面使用沙袋、打眼、水田用粗的 PVC 管方式。

（2）要求组合中心对准桩号，检波器组合个数和组合图形正确，组内距和组合基距、组合高差符合技术要求。超出要求的偏移点需要实测，空道、偏移道要备注清楚原因。

（3）三分量检波器需要使用厂家提供或是甲方认可的工具，调整检波器的放置方向，使 x 分量与检波线方向的方位角一致，使之达到施工设计要求。

（4）检波器要求定期轮检，技术指标达到规范要求。

八、表层结构调查

（1）要求投入的仪器、设备通过测试。

（2）要求仪器参数设置正确。

（3）井下接收模式时，井下接收微测井检波器接收深度准确，初至起跳清楚、时间合理。接收道较少作业时，每炮与前一炮至少重复 2 道。敲击点位置合理，能量较弱时，考虑叠加的方式。

（4）井下激发方式，药量设计合理，确保各炮井深位置准确。

（5）双井微测井，两井间距 3~10m，高差不大于 0.5m。

（6）要求返回数据完整、正确，班报内容齐全，现场填写。

（7）要求资料解释时，同一速度层不少于 3 个控制点。

九、现场处理和资料分析

（1）处理流程符合设计要求和合同要求。
（2）检查分析炮点、检波点位置是否正确。
（3）分析、显示单炮记录，检查单炮能量变化。
（4）对可控震源施工参数质量控制分析。
（5）检查野外静校正量计算的正确性。
（6）剖面质量的评价。

十、解释组室内工作

（1）确定各班组施工参数，投影和坐标系统，安全距离、偏移规则、桩号命名规则与要求，偏移点排列滚动方向（固定排列、相向或同向滚动），采集、记录参数，特殊情况下的处理流程与方式。
（2）编写项目施工计划书，制定质量控制措施、试验方案。
（3）做好障碍物、干扰源调查，与甲方沟通确定安全距离、偏移方案，根据障碍物信息进行物理点室内设计、分析，不能达到设计要求的，进行变观设计，并分析变观前、变观后不同目的层的属性，如覆盖次数、偏移距分布，方位角分布等。
（4）负责与各班组联系，检查各班组上报的信息，及时录入和更新数据库。
（5）综合数据库信息，及时给各班组下达施工任务书、提供采集 SPS 文件、物理点坐标信息、电子地图等。
（6）检查各班组野外施工质量，发现问题及时整改。
（7）整理 SPS、电子班报等资料，确保关系正确，无漏炮、无重复炮。对问题炮，及时安排补炮。
（8）及时上交各种资料、报告。

第三节 野外作业现场的质量控制

野外现场质量控制是地震资料采集的关键环节之一。随着双复杂（复杂地表、复杂地下构造）勘探的不断深入，勘探精度要求越来越高、勘探难度也逐渐加大，如何提升地震采集原始资料品质是一大难题，为了确保地震资料采集质量和最终地质效果，对野外采集的每个环节的质量控制就显得尤为重要。以下对各班组的工序质量检查内容进行说明，制定班组工序时应遵循标准化、明确任务、细致分解、可操作性强、考虑安全环保、质量控制、记录翔实可追溯、对员工进行培训指导、根据新出现的情况进行动态调整，加强事班组间的沟通协调等原则，确保工序的高效执行、质量保证，同时通过详细记录和培训提高班组成员的操作能力和质量意识，通过动态调整和良好的沟通协调来适应勘探过程中的变化，从而有效控制整个施工过程。以下就各班重点控制环节进行说明。

一、质检组负责各工序质量检查

（1）质检组按照施工技术要求对测量、钻井、下药、放线等每个工序进行检查，并填写各工序野外质量检查表。

（2）在质检过程，可使用GISeis或其他软件拍照或录制视频并上传，完善质量检查记录的整理和存档。

（3）质检组如果发现施工质量问题，开具不合格通知单给解释组，解释组下发整改通知书并确认整改完成情况，直到问题得到解决。

（4）质检组对质检数据进行汇总，建立质检台账，召开质量分析会，提出工序质量改进建议。

（一）测量质量控制

测量是地震勘探中最基础的环节，它直接影响地震勘探成像和成图精度。野外测量必须做好以下几个方面的工作：

（1）根据解释组下达的任务书制定施工计划，每天对实测数据进行处理并向解释组提供测量合格通知书。

（2）出工前检查仪器，确认物理点平面坐标系和各项参数设置正确无误。

（3）当天测量前先复测几个点，物理点布设符合安全距离要求，正点放样（误差不得大于0.5m）。野外放样的接收点和激发点必须设立明显、牢靠的标志。

（4）准确记录偏移激发点桩号距离最近障碍物的方位和距离，每个激发点必须符合安全距离的要求。

（5）在地表起伏较大地区（如山地、沙漠及黄土塬）接收点放样时，可以进行适当的偏移，偏移后应实测坐标及高程。

（二）钻井与下药质量控制

（1）根据测量草图和实地踏勘情况，按照不同的地表分区、分段合理布设不同类型的钻机。

（2）钻井前应认真核对桩号，严格按设计点位施工，钻井结束后及时恢复测量标志。

（3）严格根据安全距离规定打井，发现存有炮点没有在安全距离等特殊情况时，应立即通知解释组核实。

（4）下药前先测量井深，不符合要求的必须重新打井。认真检查井深、药量，保证下药深度和药量符合设计要求，确保激发效果。下药封井完成后做好标志，埋好土堆，不得破坏原始测量标志。

（5）认真填写钻井、下药信息卡，要求字迹工整易辨认，信息齐全。

（6）质量监督人员对钻井、包药和下药全过程进行监控并录制视频，要求视频录制清晰可见。

（三）爆炸工序质量控制

（1）放炮前对所有爆炸机等设备进行测试，测试合格后方可投入使用。

（2）坚持先核对后放炮的原则、确保桩号正确。

（3）如遇雷管不通的井或非设计的空炮点等异常情况时，必须及时报告仪器操作员。

（4）按照操作规程正确操作爆炸机，放炮时做好炮点警戒。如果存在安全距离问题的要及时反映。及时反馈放炮后的爆炸效果。

（5）爆炸班报填写及时、工整、准确，无涂改。

（6）使用独立激发放炮时，爆炸班需要更加认真记录现场发生的异常状况，特别是手薄未记录下的激发时间信息。

（四）震源激发质量控制

（1）设置专人提前进行震源行进路线踏勘，画好详细的震源施工草图，以方便施工。

（2）严格按照相关标准做好每台震源的检查，并提供合格的年检、月检等相关测试报告。

（3）每日开工前和生产中震源操作手要配合仪器按甲方要求的频次按时做好日检。

（4）严格按施工任务书要求施工，每日施工前核实震源参数。

（5）施工时，确保平板耦合效果，尽量保证震板中心对准桩号。对于震源无法到位的特殊地段、特殊地形的震点，及时反馈 COG 成果给测量组复测。

（6）生产过程中，如遇参数超标及时进行补震。

二、有线仪器接收质量控制

（一）检波器埋置及质量控制

（1）严格执行检波器的年检、月检、日检规定以及日常的维护工作，保证检波器工作状态正常。

（2）开工前对全部检波器进行测试，不合格的坚决剔除，对生产过程中新增的检波器也要进行测试，测试合格后方可投入使用。

（3）检波器组合中心对准桩号，严禁漏道、错道，因特殊地表，检波器无法按设计正常摆放时，在组合中心对准桩号的情况下，可以根据地表情况进行适当偏移或插堆摆放。

（4）检波器埋置必须做到"平、稳、正、直、紧"，确保与大地耦合良好。

（二）地震记录质量控制

（1）在放炮前，检查电缆、检波器的通断绝缘情况，检查排列道序是否正确。

（2）利用显示器监视排列附近的警戒情况和干扰情况等，分析环境噪声对记录质量的影响。

（3）采集过程中，根据 KL-RtQC 类软件或监视记录特征，分析原始资料激发有无延迟、采集站工作是否正常、炮点位置是否准确、接收道有无串道、噪声的强弱、有效波的能量有无异常现象。如果存在问题，应立即停止放炮，组织相关人员找到解决问题的方案。

（三）节点仪器接收质量控制

目前，在用节点设备种类很多，不同节点的技术规范和使用要求也不完全一样，不同地表类型、不同甲方对节点的埋置要求也不尽相同。下面以 eSeis 节点为例介绍节点仪器的质量控制。

（1）严格执行节点年检、月检、日检规定以及日常的维护工作，保证仪器正常工作。

（2）开工前对全部节点测试，不合格的坚决剔除，对生产过程中新增的采集设备也要进行测试，测试合格后方可投入使用。

（3）在装卸采集设备时，要轻拿轻放，以免造成设备的人为损坏。

（4）检波器插置要求。必须做到"正、直、紧、静"，确保与大地耦合良好。节点单元保持与地面的平齐，不得放置到地面以下，以确保 GPS 授时信号的接收。

（5）放线时须点点核对桩号，严禁漏道、错道。

（6）节点数据下载、切分和单炮合成由仪器组完成。仪器组根据放炮 GPS 时间文件和记录长度进行数据的切分，根据 SPS 文件在合成单炮。

（7）对于节点与有线仪器联合采集的项目，需要进行地震数据的合并工作。在混用不同厂家的产品时，数据合并之前，需要进行振幅、时间等对比、检查，确保合并后数据道的一致性。

三、视频组质量控制

（一）钻井自证视频录制

视频录制要求。视频录制范围内包括钻杆正面、钻机主机架、灭火器、司钻正面像（安全帽、护目镜、防尘罩、工服）、点位桩号、起杆全过程；主要识别点包括：钻机主机架、灭火器、安全帽、护目镜、防尘罩、钻杆和劳保；要求录制画面清晰、画面稳定不晃动、不能逆光拍摄。

（二）包药下药自证视频录制

确保通视良好，完整录制包药、下药全过程，民爆物品始终处于视频记录范围内。视频录制下药点位桩号，拿取民爆物品、记录班报过程，包药和移动药包到井口全过程，下药、防炸药上浮卡子至井底的全过程，提出爆炸杆的全过程。

四、近地表调查和静校正质量控制

近地表调查方法主要包括小折射和微测井，目前使用更多的是微测井方法，主要质量控制内容包括：施工设计（观测系统定义、点位、井深、药量等）、野外施工过程质量控制、室内初至拾取、成果解释等。

野外作业时，需要设置正确的采集参数，确保按设计的井深、激发位置进行作业，需要有重复深度的接收道。施工前监视环境噪声，杜绝一切人为干扰，确保原始记录初至清晰、起跳干脆、无感应、能量够，各道之间的初至时候合理，不合格炮及时补炮。

微测井资料解释，准确拾取起跳点，每一层上控制点数达到要求的数量。

折射波静校正时，精确的初至拾取是基础，对信噪比较低的资料，可以拾取之前对数据进行一定的加工，来突出起跳。基于 AI 的初至自动拾取模块 Timer 大大提高了初至拾取的精度与效率。

折射波静校正量计算时，需要合理的折射分层：选择相对稳定的折射层，不要串层，控制点分布要合理，折射层不要太深。

层析静校正，尽量拾取更多的近炮检距初至，使用合适的网格、最小高程，设计合适的初始模型，设置合理的最小和最大炮检距，使用合理的迭代次数。

五、现场处理质量控制

现场处理在石油地震勘探野外采集阶段中起着至关重要的作用，它是指在数据采集完成后在野外现场立即进行的初步的数据处理与质量控制工作。这一环节主要包括对采集到的原始地震数据采用合理的处理流程和参数，密切注意资料品质变化，及时发现并修正可能存在的问题，检验野外采集资料能否完成合同的要求，指导和监督野外生产。主要工作有：

（1）处理分析仪器系统极性及 TB 是否正确。

（2）对采集数据要当天及时处理，避免影响后续生产。

（3）校验 NAS 盘或磁带、班报。检查 NAS 盘或磁带上记录的数据是否与标签以及仪器班报内容一致。

（4）检查 SPS 数据是否存在问题。检查磁盘数据格式是否正确；检查班报、设计采集参数、记录参数是否相符；检查测量（坐标、高程）数据、静校正量数据是否异常；绘制观测系统图。

（5）利用线性动校正或类似功能的模块，检查炮点、检波点位置关系是否正确，及时发现存在的问题。切分后的节点数据发现有问题的，查明原因，对问题炮重新切分、检查。

（6）分析当天的单炮记录，每隔一定炮数抽取一炮进行分频回放，内容包括能量分析、干扰波分析、子波分析、频谱分析、信噪比分析等，如果发现质量有变差的现象，要分析原因并及时通知有关人员，并提出整改意见。

（7）及时完成叠加剖面处理并评估地震采集质量。认真分析剖面叠加效果，包括能量、频率、目的层等因素能否完成地质任务进行初步评价。如果剖面质量不理想，不确定能否完成地质任务的情况，需要深入分析引起资料品质出现问题的各种原因。

第四节 实时质量控制

随着"两宽一高"和高效采集技术在国内外勘探项目中的广泛应用，地震勘探的单炮接收道数已扩展至数万道，单炮数据量高达数百兆，每日的采集效率可达到数万炮，日采集数据量更是达到 TB 级别。这一进步虽然极大地提高了数据采集的效率和规模，但同时也给地震勘探的实时质量控制带来了前所未有的挑战。为了应对这一挑战，KL-QtQC 软件应运而生，它能够在短短几秒钟内对数万甚至超过十万道的单炮数据进行快速质量控制。该软件集成了数据品质评估、采集参数监测、TB级数据处理、排列状态监控以及可控震源状态管理等多种功能，为确保项目高质量完成提供了坚实的软件支持。通过 KL-QtQC 软件的应用，地震勘探项目能够在保证数据质量的同时，大幅提升作业效率，确保勘探成果的准确性和可靠性。

一、地震采集原始单炮数据质量控制

数据品质质量控制通过对被监控炮的品质类属性给出一个计算结果，并对其进行评价。能量、频率（主频、频宽）、信噪比、环境声音是评价数据品质的四项重要指标。

对于这些属性的监控，可以使用两种质控思路：一是将预先指定好的标准炮的各属性值作为各属性的标准数据；二是将先于被监控炮所采集到的各属性的若干炮平均值作为各属性标准数据。通过比较被监控炮的各属性值和相对应的标准数据，若二者差别超出预定门槛范围时，则将对应属性评价为异常，质控流程如图 5-1 所示。

采集参数质控通过对单炮数据文件道头中的采集参数信息进行分析，进而检查采集仪器对采集参数的设置是否正确。监控的采

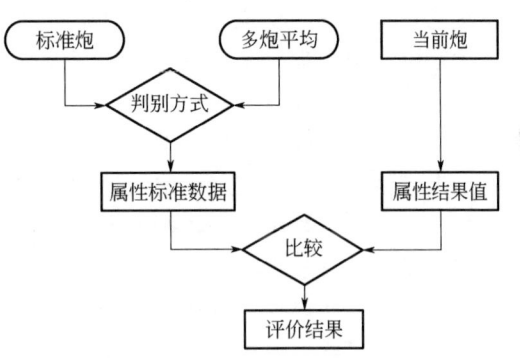

图 5-1 品质属性评价流程图

集参数主要包括采样率、记录长度、前放增益、滤波类型、SEG-D 版本、处理类型和扫描长度。

TB 质量控制通过对单炮数据文件中的 TB 辅助道进行分析，进而检查数据采集记录时间与可控震源扫描时间是否同步。通过将当前辅助道中的验证 TB 信号与预先设置好的标准验证 TB 或来自同一炮数据文件中的钟 TB 进行比较，若两组 TB 信号之间的起跳时差超出规定误差范围，则所评价单炮的 TB 将被评价为异常。

二、地震采集排列工作状态质量控制

软件可实现针对排列异常道和噪声干扰道两类进行实时质量控制。其中排列异常道所包括的监控项为极值道、掉排列道、串接道及弱振幅道；噪声干扰道所包括的监控项为单频干扰道，以及受到过其他类型噪声干扰而导致其信噪比较低的地震道。地震采集排列异常道通常是由于在地震采集过程中受到各种外界破坏、干扰或地震采集仪器与设备自身故障等影响而导致的。排列异常道作为现场质量控制的一项重要指标，其数量多少直接决定着地震采集资料品质的高低。因此，为了保证野外生产过程中的排列接收质量，对于工作状态出现异常的地震道，需要在第一时间通知野外人员进行整改。噪声道作为反映生产炮受干扰程度的一项指标，其道数的多少直接表明了单炮记录受到干扰的排列范围大小，对噪声道进行质量控制能够了解野外施工过程中干扰源的分布，并且能够和数据品质中的环

境噪声属性质量控制形成互补，避免只有个别极少数道受到较强干扰而使得当前炮被评价为噪声超标炮的情况。

对于大道数高效率采集项目而言，要做到实时监控就必须要兼顾质量控制效率和精度，因此，对排列状态进行质量控制的算法就必须要既简单又准确。实际上，通过使用对各道地震数据在指定时窗范围内的采样点值进行比较和统计的方法，即可满足此类要求。

极值道是由于地震数据在缆线中传输的过程中出现丢码现象所导致的，对于极值道的识别，只需通过将数据道采样点真值与提前设置好的门槛值进行比较来识别即可，当数据道中的某个样点绝对值大于门槛值时，即判定此地震道为一道极大值异常道。

掉排列是指由于排列出现故障而无法正常接收数据的地震道，其数据特征通常表现为在某个时间段内的采样点真值连续相等。因此，只要数据道中数值连续相等的采样点个数大于提前设置好的门槛值时，即可评定此地震道为掉排列异常道。

串接道是由于野外采集过程中出现检波器接错而导致的，在地震记录上表现为串接道的波形、相位等特征几乎一致，因此，通过逐点比较当前数据道与相邻数据道在相同时刻位置处的采样点数据的符号，即可实现对串接道的识别。需要注意的是，为了避免将单频干扰道误判为串接道，在进行串接道的识别之前，要先对单频干扰道进行识别。

弱振幅道通常是由于采集排列中的接收道设备阻值过高，进而表现出其振幅较正常道明显弱的现象。目前现有的弱振幅道监控方法或是由于精度不高，或是由于算法复杂而影响了运算效率，使得这些方法无法较好地应用在实时监控的技术中。通过采用与相邻道振幅进行比较的思路，可以实现对弱振幅道的识别。在兼顾实时质量控制高计算效率和质量控制精度的基础上，提出了通过采用比较相邻道振幅对弱振幅道进行监控的思路。由于地震数据的初至区域振幅较强，因此对于弱振幅道的识别也较为敏感，有利于提高弱振幅道的识别精度。

在时窗范围内，统计每道的振幅 $A_i(i=1,2,\cdots,n)$，若检测第 p 道地震数据是否为弱振幅异常道，需要依据下面的公式：

$$A_p<C_{Amp} \cdot A_k, (k=p-l,\cdots,p-1,p+1,\cdots,p+l) \tag{5-1}$$

即第 p 道平均振幅要小于其邻近的第 k 道平均振幅的 C_{Amp} 倍。式中，C_{Amp} 通常取 0.1。l 用来限制与第 p 道进行比较的邻近的道数范围，为了削弱能量衰减所带来的影响，l 值不宜过大。对于 k 值，则要遍历从 $p-l$ 到 $p+l$ 范围内除 p 以外的全部索引值。通过统计能够使上式成立的 k 的取值个数 NP，并判断其是否能够满足下式：

$$NP>2 \cdot l \cdot C_{Per} \tag{5-2}$$

当式(5-2)成立，则第 p 道接收道将被评价为弱振幅道。式中，C_{Per} 通常取值 0.8，即表示若对于第 p 道地震道的左、右各相邻 l 道中有超过80%道数的地震道，其平均振幅乘以系数 C_{Amp} 后，仍要强于第 p 道的平均振幅，则第 p 道将被判定为弱振幅异常道。

对于除单频干扰道以外的其余噪声道的识别，可通过利用各道数据初至前与初至区的振幅比值进行识别，当该振幅比值高于某个预定的比例门槛时，即可判定该道为一组噪声道。

综上所述，对于极大值道、掉排列道、单频干扰道、串接道、弱振幅道等异常道以及一些其他噪声道的监控流程，可归纳为如图5-2所示。

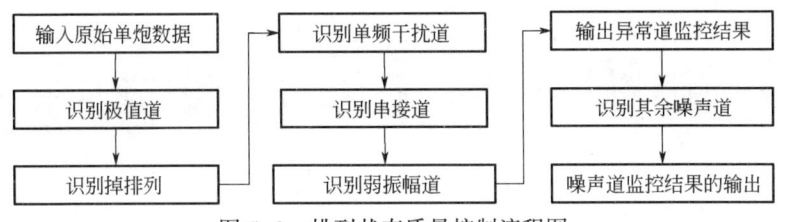

图 5-2　排列状态质量控制流程图

三、可控震源实时质量控制

对于 VE464 箱体，可控震源状态实时监控流程如图 5-3 所示。

首先利用 FTP 客户端获取震源状态信息文件，解析文件存储的信息，再对震源状态进行实时质量控制，监控的内容主要包括：（1）震源振动属性（平均相位误差、峰值相位误差、平均畸变、峰值畸变、平均出力、峰值出力），以及震源属性的连续超标和连续变差的实时监控；（2）震源状态码实时监控；（3）动态扫描滑动时间与距离规则（T-D 规则）检查；（4）震源停工时间检查；（5）震源效率实时统计。对有问题的震次进行报警，提示仪器操作员进行处理。

（一）震源属性实时质量控制

震源属性实时监控包括震源的 6 种属性（平均相位误差、峰值相位误差、平均畸变、峰值畸变、平均出力、峰值出力）、状态码、震源属性连续超限和属性连续变差等。震源属性连续超限监控，是指某台震源的 6 个属性中的某个属性，在连续 N 次扫描中（N 一般选择为 5），该属性都

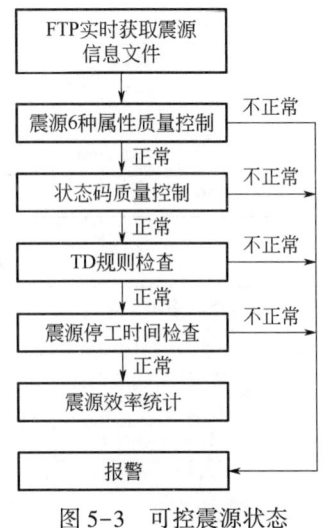

图 5-3　可控震源状态实时监控流程

超过设定的阈值，就及时发出警告消息，让仪器操作人员及时关注并分析震源属性超限的原因，如果是震源本身的机械原因就需要及时对其进行检修维护。

震源属性连续变差监控，是指某台震源的 6 个属性中的某个属性，在连续 M 次扫描中（M 一般选择 30），该属性都超过所有震源的平均值。

可控震源实时监控界面如图 5-4 所示，柱状图显示的是震源的 6 种属性，柱状图下面是震源当前震次的状态码信息和每台震源的累计震次，如果某一台震源属性或状态码异常，采用不同颜色显示进行报警，同时将报警详细信息显示在图 5-4 下面两个窗口内。

（二）状态码实时监控方法

对于 VE464 箱体，状态码表示了震源的扫描状态结果是否合格，共定义了 17 种状态码，不同的状态码代表不同的含义，合格的状态码有 5 个，分别 1、11、12、19、29，其含义见表 5-5。不合格的状态码有 12 个，分别是 2、10、13、14、21、22、23、26、27、28、98、99，其含义见表 5-6，如果某个振次的状态码是不合格的，则需要重振补炮。

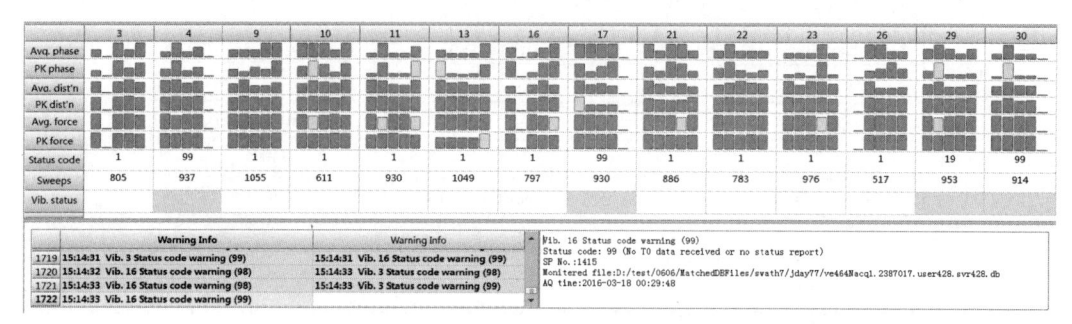

图 5-4 可控震源状态属性实时监控图

表 5-5 合格的震源状态码及意义

合格状态码	意义
1	原始模式
11	DSD 和 PC 之间的网络错误
12	滤波模式
19	GPS 秒脉冲信号冲突小
29	DSD 没有时间将上一个信号存储到文件

表 5-6 不合格的震源状态码及意义

不合格状态码	意义
2	DSD 终止扫描
10	用户终止扫描
13	DSD 和 DPG 采集表冲突
14	升板错误
21	扫描信号定义错误
22	定制错误，定制信号不存在或不能读取
23	扫描起始时间已到
26	从记录单元不能开始
27	GPS 秒脉冲信号冲突
28	出力太低
98	未收到 T_0
99	未收到 T_0 或没有状态报告

首先设定要对哪些状态码进行警告提示，如果实时获取某台震源的状态码在设定警告列表中，就及时发出警告，需要震源重新扫描，及时补炮，降低补炮成本。

（三）T-D 规则实时监控

T-D（Time and Distance）规则实时监控是在可控震源动态扫描施工时，对相邻振次震源的起振时间、距离进行监控，看是否满足预先定义的时间与距离规则，对于不符合时间距离规则的振次，需要重振补炮。T-D 规则的间隔时间与相邻震点的距离需要根据经验和项目实际情况与甲方沟通后确定。

在交替扫描施工中，相邻两个振次的起振时间间隔必须大于扫描时间与听时间之和，而空间距离没有要求。

滑动扫描施工 T-D 规则质控要点在于相邻两个振动间隔要大于记录时间，空间距离一般要求大于 6km。

空间分离同步扫描施工，多组可控震源采用同样的参数同时激发，这就要求不同震源组激发间距要大于规定的距离，一般为 12km 左右，时间上没有要求，可以同时起振。

由于动态扫描施工综合了多种可控震源施工方式，T-D 规则较为复杂，如图 5-5 所示，横坐标是两个振次之间的距离，纵坐标为激发的时间间隔。根据 T-D 规则画出多边形区域 A，如果任意两个振次之间的 T-D 关系落到 A 区域内，这两个振次中后激发的振次为不合格振次，B 区域为交替扫描区域，C 区为滑动扫描区域，D 区域为交替和滑动扫描共享区域，E 区域为空间分离同步扫描施工区域。

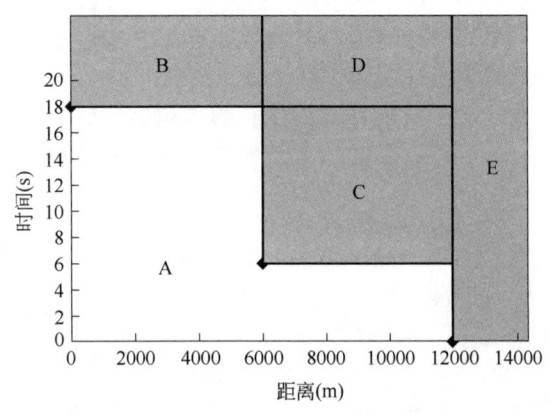

图 5-5 动态扫描 T-D 规则图

四、海陆过渡带实时质控

海陆过渡带地震采集项目往往要跨越陆地、水陆交互带及海上等多种施工地形，施工中需要用到可控震源、井炮、气枪等不同类型震源以及水检、陆检等不同类型检波器，使得工区内无法形成统一的地震数据质控模板和质控标准。而强振幅道作为海上采集关注的一种异常道类型，使用以往针对陆上异常道的质控方法，很难被精确的识别出来。这些都极大地增加了海陆过渡带实时质控的难度。

通过对工区中不同地形的不同震源类型单炮数据进行区分，对同一炮数据按照不同检波器类型进行分选，并有针对性地增加新的异常道质控方法，形成了一套能够适应海陆过渡带地震采集数据的实时质控技术。实际海陆过渡带资料的应用效果也证明了该项技术的有效性和实用性。

（一）多震源类型质控

海陆过渡带地震采集项目，至少包括陆地、水陆交互带及海上等多种施工地形，不同地形需要用到不同类型的震源进行施工（图 5-6），①为位于陆上的可控震源施工区域，

②为位于水陆交互带的井炮施工区域，③为位于海上的气枪施工区域。

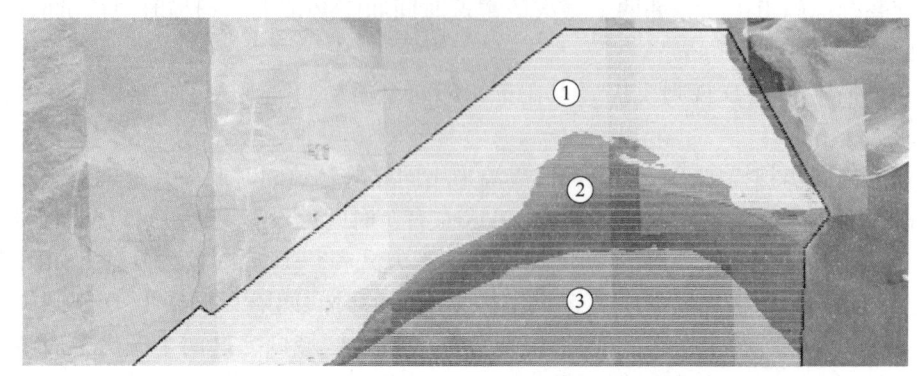

图 5-6　海陆过渡带工区的施工震源类型分布图

图 5-7(a)、(c) 为分别使用井炮和气枪激发所得到的单炮记录，从单炮记录中可以明显看出，二者的能量差别较大。因此，只有对所监控单炮的震源类型进行区分，并按照震源类型分别设置质控模板和质控门槛标准，才能够达到提高质控精度的目的。对于野外采集仪器现场生成的单炮记录，根据其道头存储的震源类型码是无法区分井炮与气枪数据的。因此，必须借助于包含了更加详细的震源类型码的 SPS 文件。

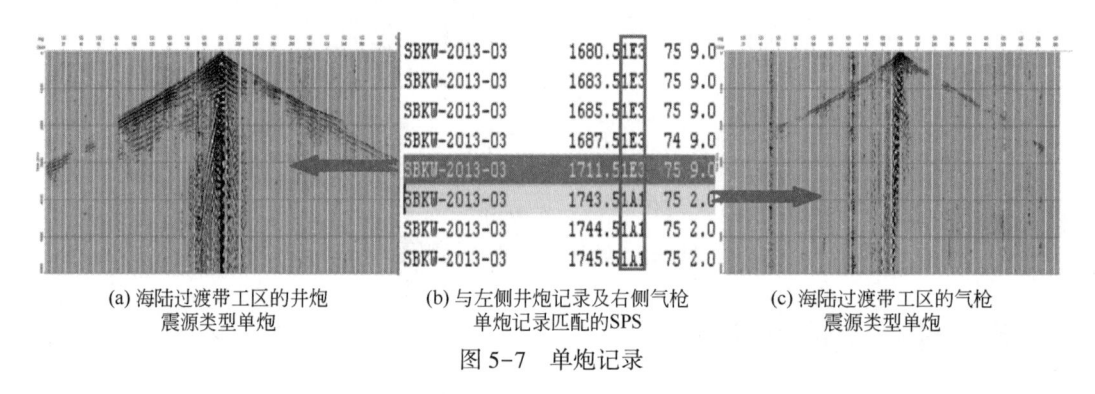

(a) 海陆过渡带工区的井炮震源类型单炮　　(b) 与左侧井炮记录及右侧气枪单炮记录匹配的SPS　　(c) 海陆过渡带工区的气枪震源类型单炮

图 5-7　单炮记录

由图 5-7(b) 可见，在炮点 SPS 文件中，字符 A 代表气枪，字符 E 代表井炮，可用来区分井炮和气枪，以及利用代码后面的数字，对各自震源类型的激发因素进行更加详细的区分，如 E2 代表 2kg 药量的井炮，E3 代表 3kg 药量的井炮。因此，在实时质控过程中，通过利用数据道头中的激发线号、点号与 SPS 进行匹配，可以从 SPS 中获取用于区分震源类型的代码信息，进而实现对井炮和气枪单炮记录的分类质控。这也给 SPS 整理提出更高的要求，没有齐全、准确的 SPS 文件就难以进行有效的监控。

（二）多检波器类型质控

地震数据异常道是野外地震采集质控的一项重点监控内容，当其数量过多时，必须要求野外地震队对异常道设备进行整改或在相同的炮点位置进行补炮，强振幅道则是海上极为关注的一种异常道类型。

考虑到实际单炮中，强振幅异常道不会过多的连续出现，因此，在兼顾实时质控高计算效率要求的基础上，提出了通过采用比较相邻道振幅对强振幅道进行检测的思路。

第五章　地震采集质量控制

实际单炮记录中位于深层位置的数据，由于受到球面扩散和地层吸收衰减的影响，其振幅会相对于浅层明显变弱，而强振幅道的振幅则无明显变化。因此，选择地震记录层位较深位置处的地震数据，更有利于提高强振幅道的识别精度。对于从地震记录中截取的用于进行强振幅道识别的地震数据，可以用矩阵 D 来表示，具体表示形式如下：

$$D = (D_1, D_2, \cdots, D_n) \qquad (5-3)$$

$$D_i = (d_{1i}, d_{2i}, \cdots, d_{ni})' \qquad (i=1,2,\cdots,n) \qquad (5-4)$$

公式中，D 表示地震数据矩阵，D_i 表示代表其中一道地震数据的列向量，$d_{ji}(j=1,2,\cdots,m)$ 表示位于第 i 道数据的第 j 个数据样点，n 表示数据道数，m 表示单道数据的样点数。令各地震道的平均振幅为 A_i，则有：

$$A_i = \frac{1}{m} \sum_{j=1}^{m} |d_{ji}| \qquad (5-5)$$

检测第 p 道地震数据是否为强振幅异常道，需要依据下面的公式：

$$A_p > C_{Amp} \cdot A_k, (k=p-l,\cdots,p-1,p+1,\cdots,p+l) \qquad (5-6)$$

即第 p 道平均振幅要大于其邻近的第 k 道平均振幅的 C_{Amp} 倍。式中，C_{Amp} 通常取 10。l 用来限制与第 p 道进行比较的邻近的道数范围，为了削弱能量自然衰减所造成的影响，l 值不宜过大，通常取 10。对于 k 值，则要遍历从 $p-l$ 到 $p+l$ 范围内除 p 以外的全部索引值。通过统计能够使上式成立的 k 的取值个数 NP，并判断其是否能够满足下式：

$$NP > 2 \cdot l \cdot C_{Per} \qquad (5-7)$$

式中，C_{Per} 通常取值 0.8，即第 p 道平均振幅比其左、右各相邻 l 道中 80% 以上地震道平均振幅的 C_{Amp} 倍还要强，则当前道将被判定为强振幅异常道。

对于海陆过渡带采集或是一些海上采集项目，为了达到压制鬼波的目的，会同时将水检和陆检摆放在同一桩号位置进行地震数据采集，体现在原始单炮记录中则是水检和陆检的地震道数据间隔出现的情况，如图 5-8(a) 所示。水检接收的数据振幅弱一些，陆检接收的数据振幅强一些。而从前面的理论可知，对于强振幅道的识别，则需要用到相邻地震道的信息。实际上对于一些其他种类的异常道，如串接道，同样需要利用相邻地震道的信息才能够准确识别。为了保证在对这些异常道进行监控时，所用到的相邻道数据必须是来自同一检波器类型，从而避免误判情况的发生。在对这些水陆双检单炮记录进行地震异常

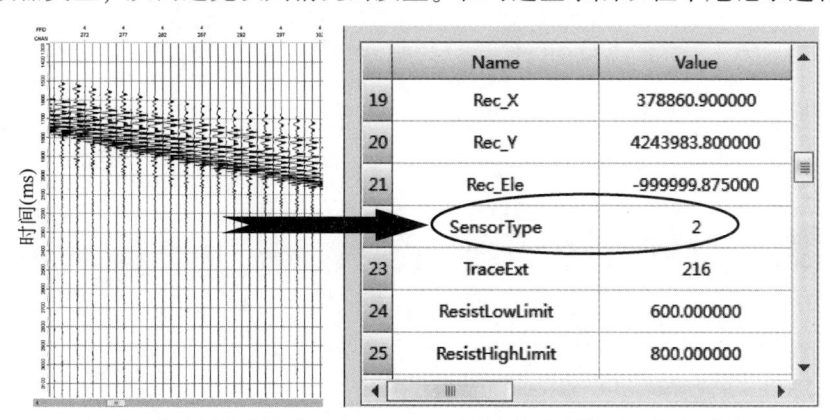

(a) 水、陆双检采集的原始单炮　　(b) 单道水检地震道所对应的道头信息

图 5-8　原始单炮记录

道监控时，首先利用地震数据道头中的检波器类型信息［图5-8(b)］对水检和陆检地震道按照检波器类型进行区分，再依据检波器类型对炮记录重新分选，即将相同检波器类型的地震道分选到同一数据集中，最后按照常规的异常道监控方法，对水陆双检单炮记录进行异常道识别。

第五节　资料整理与验收阶段

根据合同或甲方要求进行资料整理与上交，检查原始资料是否齐全、格式正确；各项存档资料整理规范；测量档案是否齐全、准确；地质任务、地质目标的完成情况。上交资料主要包括如下几个方面：

（1）表层调查、静校正资料。如：调查点位分布图，电子班报，原始数据，岩性录井表，解释成果，表层调查成果各平面图等。大炮初至文件、静校正成果等。

（2）试验资料。如：SPS文件，原始SEGD数据、试验班报，试验设计及总结报告等。

（3）测量资料。如：测量设计、总结、沿线完成符合情况，测量成果、测量草图、障碍物分布图、水深数据、各种图件等。

（4）施工资料。如：踏勘报告、技术设计、施工设计、施工总结等。

（5）地震数据。如：原始数据、环噪数据、电子班报、SPS文件，现场处理速度库、处理流程及参数、现场剖面、叠加数据体等。

（6）签字盖章文件。如：甲方批复、验收、变更意见书、各种备忘录、交接清单等。

第六章 近地表建模及静校正

静校正是地震资料处理中比较关键的处理步骤，尤其是在复杂近地表区，静校正的质量决定资料处理的成败，因此在复杂地表地震资料处理中静校正非常重要。做好静校正工作的前提是首先要做好近地表建模，只有建立准确的模型才能计算出高精度的静校正量，本章主要讨论近地表相关知识和近地表建模、静校正的方法原理及应用实例。

第一节 基础知识

一、静校正

水平叠加应满足两个基本条件，即地表水平和均匀水平层状介质。只有满足这两个条件，在地表接收的反射波时距曲线才是双曲线，才能在应用动校正后，保证反射波的同相叠加。当地表起伏或近地表介质的厚度和速度存在空间变化时，就会引起反射波时距曲线的畸变，使动校正后反射波同相轴仍存在时差，不能实现同相叠加，影响了叠加效果，降低了资料品质。为了消除或减少近地表介质的影响，需要对地震数据进行相应的校正，这种校正称之为静校正。因此，静校正的作用是消除地形起伏、风化层厚度和风化层速度等因素变化造成的反射波时距曲线的畸变，把资料校到一个指定的基准面上。其目的就是要获得在一个平面上进行采集，且没有风化层或低速介质存在时的反射波波场数据。

静校正是地震资料处理流程中的一个步骤，凡是与求取静校正量相关的工作都属于静校正的内容，包括以下工作：表层调查及资料解释、初至拾取、近地表建模、基准面静校正量计算以及初至波剩余静校正等。

二、近地表建模

近地表建模是利用已有的近地表相关资料求取近地表厚度、速度、吸收衰减等参数，可以通过插值或反演的方式求取。近地表建模的资料来源包括：表层调查资料、初至波走时。

插值法通常是利用表层调查资料解释成果通过某种插值方式求取近地表模型，常用层间关系系数法。

反演法主要是基于初至波的方法，利用地震反射记录中的初至时间，结合表层调查和其他资料，完成近地表模型的建立和静校正量计算的方法。基于初至波信息的静校正方法主要两种：初至折射方法和层析反演方法。

三、静校正计算

通常把静校正分为基准面静校正和剩余静校正两类。基准面静校正是在完成近地表建模的基础上计算的，剩余静校正是在基准面基础上计算的。

（一）基准面静校正

基准面静校正又称为野外静校正，其目的是解决大幅度的短波长静校正问题和长波长静校正问题。有些文献把基准面静校正分为井深校正、地形校正和低降速带校正。实际上，地形变化与风化层变化是相互影响、相互联系的，地形起伏与风化层厚度通常具有很强的一致性，地形校正与风化层校正也是交织在一起的，在此将两者划为一种。另外，上述划分没有考虑基准面校正，而实际上野外静校正计算是包含基准面校正的。因此，把基准面静校正分为风化层校正、井深（检波器埋深）校正和基准面校正三个部分。

（1）风化层校正。风化层有地质风化层和地震风化层两种；地质风化层表现为岩石的原地剥蚀与分解，而地震风化层是指由空气而不是水充填近地表岩石或非固化土层孔隙的区域。从事静校正工作的人员所说的风化层都是指地震风化层，简称风化层。在很多教科书或文献中用到低降速带的概念。广义上讲，风化层和低降速带是一致的；但狭义上讲可能还有些差异。本书中同时用到了风化层和低降速带的概念，当用到低降速带概念时，可以理解为近地表介质的空隙不一定是由空气充填的，它是对高速层顶界面以上介质的统称。因为在进行基准面静校正量计算时所选择的高速层顶界面不一定都是潜水面，也可能是潜水面以下的某个速度界面。

风化层的速度有时是渐变的，有时是明显分层的。典型的风化层速度在 400~800m/s，其低速有时甚至低于声波在空气中的速度（340m/s），高速有时也会高于 800m/s。通常风化层的底界面是潜水面（潜水面上下岩性相同），也就是常说的高速层顶界面，因此，高速层顶界面以下的速度为 1500m/s 或更高。有些地区高速层顶界面是一个地质界面，而不是潜水面，这时高速层速度主要受岩性及其物性参数的影响。

相对深部地层而言，风化层具有更为明显的时变性，引起时变性的原因更为复杂多变。概括起来讲，风化层受温度、降水、潮汐、冰运动、风吹、近代侵蚀、沉积作用、火山活动、地震、人文活动等因素影响，不同时段其风化层结构和地球物理参数是有变化的，有时甚至差异很大。

风化层校正（也称为低降速带校正）是为了消除上述原因导致风化层速度和厚度变化引起的反射波时间变化，其含义是把激发点和接收点从地表校正到高速层顶界面。高速层顶界面就是风化层底界面，它是实际存在的一个地质界面或物性有明显差异的速度界面。

风化层校正量计算公式：

$$T_w = \sum_{i=1}^{n} \frac{h_i}{v_i} \tag{6-1}$$

式中　T_w——风化层校正量，s；

　　　h_i——第 i 层厚度，m；

　　　v_i——第 i 层速度，m/s；

n——表层模型厚度层数。

风化层校正计算的厚度和速度参数是由近地表建模获得。

（2）井深（检波器埋深）校正。当采用炸药震源激发时，通常需要将炸药放到地表以下一定深度，有时井深达到十几米甚至几十米。表层建模的建立是以地表为起始线（面），因此，进行静校正量计算时，必须计算出井深校正量。在有些高分辨率勘探项目中，有时检波器也需要埋入地下一定深度，这时也应计算出检波器埋深校正量。另外，当采用初至折射静校正时，为了提高延迟时分析精度，必须计算出较准确的井深或检波器埋深校正量。井深或检波器埋深校正量计算公式：

$$\tau = \sum_{i=1}^{n-1} \frac{h_i}{v_i} + \frac{\Delta h_n}{v_n} \tag{6-2}$$

式中　τ——井深或检波器埋深校正量，s；

　　　h_i——井深或检波器埋深穿过的第 i 层厚度，m；

　　　v_i——第 i 层速度，m/s；

　　　Δh_n——井深或检波器埋深在第 n 层中的厚度，m；

　　　v_n——第 n 层速度，m/s；

　　　n——井深或检波器埋深经过表层模型的速度层数。

井深校正量也可直接应用野外井口检波器观测的时间，即井口时间或叫井口 τ 值。

（3）基准面校正。基准面校正是从高速层顶界面到基准面之间的校正。计算基准面校正量就是用基准面与高速层顶界面之间的高差除以基准面校正速度（又称为替换速度、充填速度）。其计算公式为：

$$T_D = \frac{H_D - H_g}{v_S} \tag{6-3}$$

式中　T_D——基准面校正量，s；

　　　H_D——基准面高程，m；

　　　H_g——高速层顶界面高程，m；

　　　v_S——基准面校正速度，m/s。

风化层校正量、井深（检波器）埋深校正量、基准面校正量三部分的代数和，作为最终基准面静校正量，其最终基准面静校正量计算公式：

$$T = -(T_W - \tau - T_D) \times 1000 \tag{6-4}$$

式中　T——激发点或接收点静校正量，ms；

　　　T_W——风化层校正量，s；

　　　τ——井深或检波器埋深校正量，s；

　　　T_D——基准面校正量，s。

式(6-4)的括号中第一项为风化层校正量，第二项为井深或检波器埋深校正量，第三项为基准面校正量。最终计算结果乘以 1000 是把单位秒（s）转换为毫秒（ms）。将计算结果加个负号是为了遵守常用处理系统的约定，即从 t_0 时间减去的校正量为负号，从 t_0 时间加上的校正量为正号；这样可以方便地进行校正量应用。另外，从上述基准面静校正量计算公式可知，静校正是假设地震波在风化层中的射线路径是垂直上下的，而没有考虑实际的入射角和出射角。

（二）初至波剩余静校正

经过基准面静校正后，风化层影响不能完全消除，有时剩余静校正量达十几甚至几十毫秒。剩余静校正的目的是弥补基准面静校正的不足，进一步提高资料的成像效果。应用剩余静校正后的叠加剖面应该优于只作基准面静校正的剖面，但是剩余静校正并不能取代基准面静校正。在大多数情况下做好剩余静校正的前提是基准面静校正已经解决了大的静校正问题，满足了剩余静校正适用条件，并且地震资料具有了一定的信噪比。

Sheriff（1991年）对剩余静校正的定义：属于数据平滑静校正方法。该方法假设地震同相轴共同的不整齐性是由近地表的变化引起的，静校正地震道时移应该最小化这种不整齐性。大多数自动静校正计算程序都采用统计方法来实现这种最小化。

一般假设剩余静校正值是与波的射线方向、路径无关的随机量，其变化波长（指静校正量值的正、负起伏变化）小于排列长度，即短波长分量，它是提高信噪比的一种手段。

目前常规资料处理中剩余静校正包括初至波剩余静校正和反射波静校正。本次主要论述初至波剩余静校正。

利用地震反射记录中的初至折射波可以计算基准面静校正，也可以计算剩余静校正。利用初至波计算剩余静校正量是计算的地震波旅行时的相对变化量，它不需要建立表层模型。由于初至波往往有较高的信噪比，在反射波信噪比很低的地区，首先实施初至波剩余静校正往往能见到更好的效果。利用初至波计算剩余静校正量，对初至时间拾取的位置没有过多的要求，只要追踪同一个相位即可。而用初至波计算基准面静校正必须拾取起跳点位置的时间，或将拾取某相位后的时间必须校正到起跳点位置的时间。因此，在反射波信噪比较低，基准面静校正精度不能很好满足反射波剩余静校正要求时，应用初至波剩余静校正是比较明智的选择。

1. 基本原理

初至波剩余静校正通常是利用初至时间在共炮点、共接收点或共中心点分别计算出接收点相对时差和炮点相对时差，将相对时差作为剩余静校正量用于实际数据，使其能够在共炮点域、共接收点域和共中心点同时把初至波校正的很光滑，达到在基准面静校正的基础上进一步提高短波长静校正精度的目的。在初至波剩余静校正量计算时，往往采用迭代算法使炮、检点剩余校正量在上述各域内得到最优解，因此，该方法也可称为多域迭代静校正方法。

2. 方法应用

初至波剩余静校正应在基准面静校正之后、反射波剩余静校正之前应用。为确保静校正效果，需注意如下两个问题：

（1）参与相对时差计算的初至时间道应来自同一层折射波，否则会影响剩余静校正的精度，甚至会出现由于折射层不同带来的长波长静校正问题。

（2）当高速层顶界面起伏剧烈时，最好是在应用低降速带校正量的基础上计算初至波剩余静校正，然后再加上低频分量为最终基准面静校正量；也可以在应用CMP参考面分离的高频分量的基础上实施初至波剩余静校正，叠加后再应用低频分量校正到统一基准面上。

四、基准面与校正速度

（一）基准面的种类与选取方法

基准面包括水平基准面和浮动基准面两种。

1. 水平基准面

水平基准面是人为定义的一个参考面，水平叠加剖面上各反射层的 t_0 时间都要以这个基准面为参考，把数据调整到这个面上后，相当于激发点和接收点都位于这个基准面上。水平基准面只是作为地震剖面显示的起始线，为了使用方便并保证剖面信息显示的完整性，水平基准面的选取应遵循"少剥多填"的原则，一般选择盆地或工区内的地表高程最大值。通常静校正量计算所用的基准面是水平基准面。

2. 浮动基准面

浮动基准面通常是由地表圆滑后得到的，它又称为地表圆滑面。选择浮动基准面的目的是为了消除或减小基准面与地表之间高差的影响。在地形起伏较大地区，当采用水平基准面时，在不考虑风化层的情况下，由于水平基准面与地表之间的高差较大，导致静校正量过大，对资料的成像效果会造成一定影响。如图6-1所示，计算基准面校正量所用的是地表到基准面之间的垂直高差 Z。其基准面校正量计算公式为：

$$\Delta t_1 = \frac{Z}{V} \tag{6-5}$$

式中 Δt_1——基准面校正量，s；

Z——地表与基准面之间的高差，m；

V——基准面校正速度，m/s。

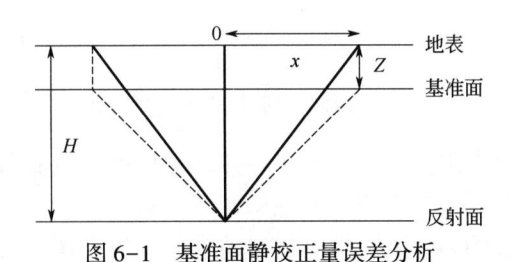

图6-1 基准面静校正量误差分析

而实际基准面静校正量应该为地表到反射面（实线）与基准面到反射面（虚线）之间的时差：

$$\Delta t_2 = \frac{1}{V}\left(\sqrt{H^2 + \frac{X^2}{4}} - \sqrt{(H-Z)^2 + \frac{X^2}{4}}\right) \tag{6-6}$$

式中 Δt_2——实际基准面校正量，s；

H——反射层埋深，m；

Z——地表与基准面之间的高差，m；

X——炮检距，m；

V——基准面校正速度，m/s。

基准面校正量误差为：

$$\Delta t = (\Delta t_1 - \Delta t_2) \times 100C \tag{6-7}$$

式中　Δt——基准面校正量误差，ms；

　　　Δt_1——基准面校正量，s；

　　　Δt_2——实际基准面校正量，s。

图 6-2 反映了不同基准面深度的静校正量误差随炮检距的变化曲线。可见，当炮检距一定时，基准面与地表之间高差越大，静校正误差越大；当基准面埋深一定时，静校正误差随着炮检距的增大而增大。总之，基准面校正量误差随着基准面与地表之间高差和炮检距的增大而增大。要想减小这个误差，只有通过调整炮检距和基准面与地表的高差来实现。炮检距不能进行调整，减小基准面校正量误差只有通过调整基准面与地表之间的高差。通过上述分析，确定了浮动基准面选取的原则：

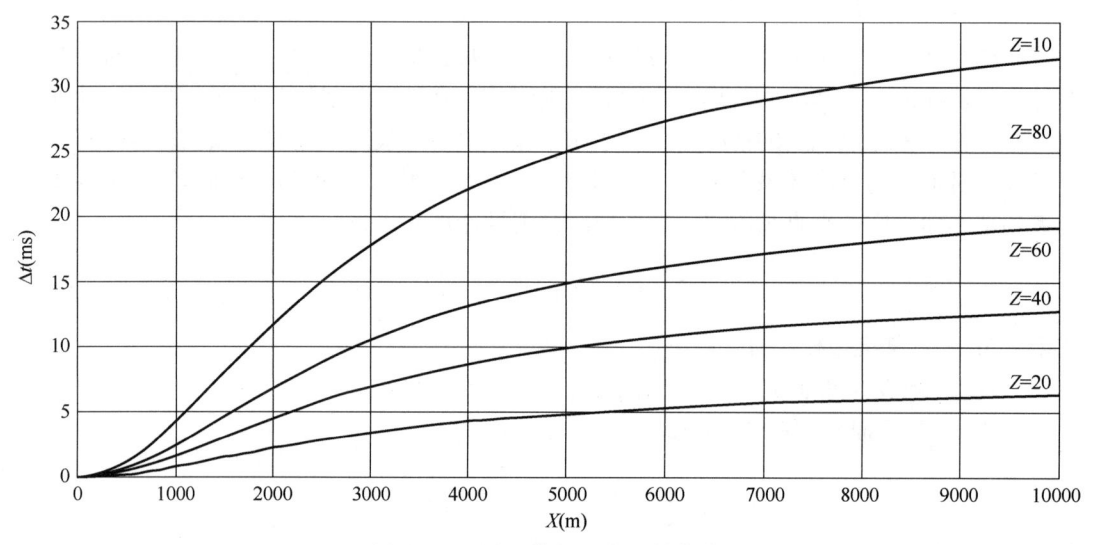

图 6-2　基准面静校正量误差曲线

（1）浮动基准面在地表附近，并不低于高速层顶界面的圆滑面。

（2）浮动基准面的起伏波长大于最大炮检距的 3 倍。

（3）在最大炮检距范围内排列两端点位置地表高程的连线与浮动基准面之间的高差所引起的时差（由高差与校正速度的比求得）小于反射波周期的 1/4。

根据上述原则建立全区统一的浮动基准面，计算静校正量时直接计算到该面。实际应用时将该面作为速度分析和叠加的参考面，同时也作为水平叠加剖面的起始零线，但在资料解释时还需要把它校正到水平基准面上。现在已经很少采用在浮动基准面上进行速度分析和叠加处理的方式，而是在 CMP 参考面上进行速度分析和叠加。当然即使在 CMP 参考面进行速度分析和叠加，为了满足一些项目的特殊需要，也可以采用浮动基准面。

（二）基准面校正速度的确定

计算高速层顶界面到基准面之间的基准面校正量时所用的速度称为基准面校正速度，简称校正速度或替换速度。图 6-3 中的 A 点，基准面校正量是从 A_b 到 A_d 的校正量，B 点

是从 B_b 点到 B_d 点的校正量，C 点是从 C_b 点到 C_d 点的校正量。静校正工作就是为了消除或减小地表起伏、近地表厚度和速度变化的影响，因此，在做完风化层校正（消除了近地表速度变化影响）后，进行基准面校正时必须用常速介质替代，也就是说校正速度必须是常数。基准面校正速度一般选高速层速度的平均值，它可以通过表层调查资料、反射记录初至折射波或层析反演的速度模型统计求得。

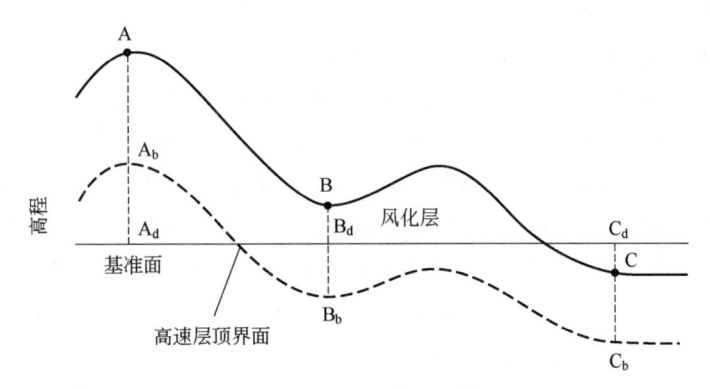

图 6-3 基准面校正示意

（三）基准面静校正量的应用

在地形区域起伏很大的地区，如复杂山地区，很难满足浮动基准面的选取原则。如果浮动基准面过于平滑，地表与浮动基准面之间高差太大，无法保证静校正量最小，从而影响叠加效果。为了满足静校正量最小原则，就要求浮动基准面不能太平滑，如此又无法满足浮动基准面起伏波长大于最大炮检距的要求。因此，在地形起伏剧烈的复杂区一般不适合采用浮动基准面，而通常选用水平基准面。

众所周知，水平基准面与地表之间的高差更大，静校正量最小原则更无法遵循。为了解决这个问题，在资料处理环节引入了 CMP 参考面（有时也称为 NMO 面）的概念。对于某一个 CMP 道集来说（图 6-4），其 CMP 校正量等于 CMP 道集内所有参与叠加的炮点和接收点基准面静校正量的平均值，用公式表示为：

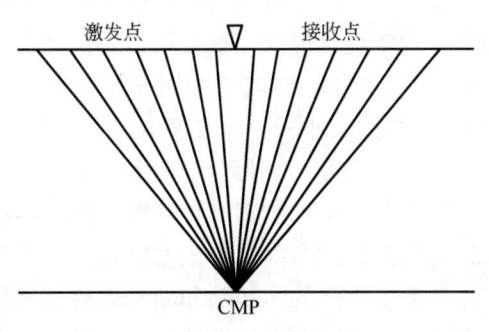

图 6-4 CMP 参考面的概念

$$\Delta T_{cmp} = \frac{1}{N}\sum_{i=1}^{N}(\Delta T_{Si} + \Delta T_{Ri}) \tag{6-8}$$

式中　N——某个 CMP 点记录总道数（覆盖次数）；

ΔT_S——炮点静校正量；

ΔT_R——接收点静校正量。

整个项目所有共中心点的 CMP 校正量组成 CMP 参考面。CMP 参考面来自基准面静校正量，它是个时间面。CMP 参考面实质上分离出高、低频静校正量，CMP 校正量是低频分量（也称长波长分量），它是从 CMP 参考面到统一基准面之间的双程旅行时。高频分量（也称短波长分量）是原始静校正量与 CMP 校正量的差。

静校正量的应用分两步进行。首先应用高频分量，对于一个 CMP 来说，CMP 校正量是常数，即 CMP 参考面是个平面（图 6-5），将与该 CMP 有关的所有激发点和接收点应用对应高频分量后，就校正到这个平面上；对于每一个 CMP 均完成这样的校正。应用上述高频分量后，对因近地表变化引起的反射波旅行时畸变进行了校正，恢复了反射波时距曲线的标准双曲线形态。然后在 CMP 参考面上进行速度分析、动校正和叠加，确保了静校正量的最小，提高叠加质量。第二步是把叠加后道数据应用各自的 CMP 校正量，校正到水平基准面上。

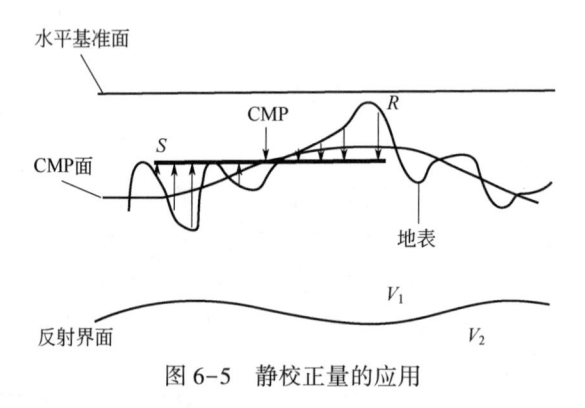

图 6-5 静校正量的应用

五、静校正波长问题

正如其他波形一样，静校正量曲线也可以转换到空间—频率域，并分别对高频和低频分量进行观察。高频和低频分量就是常说的短波长和长波长分量，波长划分的依据是排列长度（最大炮检距）。多数文献认为长、短波长的划分是以一个排列长度为界（有些认为是半个到一个排列长度之间），即波长小于一个排列长度的为短波长（高频）分量，大于一个排列长度的为长波长（低频）分量。实际上，这种理论上的划分主要考虑了满覆盖情况下共中心点叠加的响应，而没有考虑动校正和切除等因素的影响。

众所周知，经过切除和动校正后，有些层甚至主要目的层的反射波是不满覆盖的，并且其不同深度反射层的覆盖次数是不同的，切除和动校正后的道集如图 6-6 所示。

当覆盖次数随着深度变化时，相同波长的静校正变化对不同深度反射层的影响是不一样的。图 6-7 为相同静校正变化波长对深、浅层资料影响的实例（Robert Garotta，2004）。

当存在 1.7km 波长的静校正异常时，对浅层而言，其排列长度远小于静校正异常波长（$L/\lambda = 0.25$），主要表现为长波长静校正问题，严重影响着构造形态 [图 6-7(a)]。而对于深层来说，其静校正异常波长等于有效排列长度，则主要表现为短波长静校正问题，叠

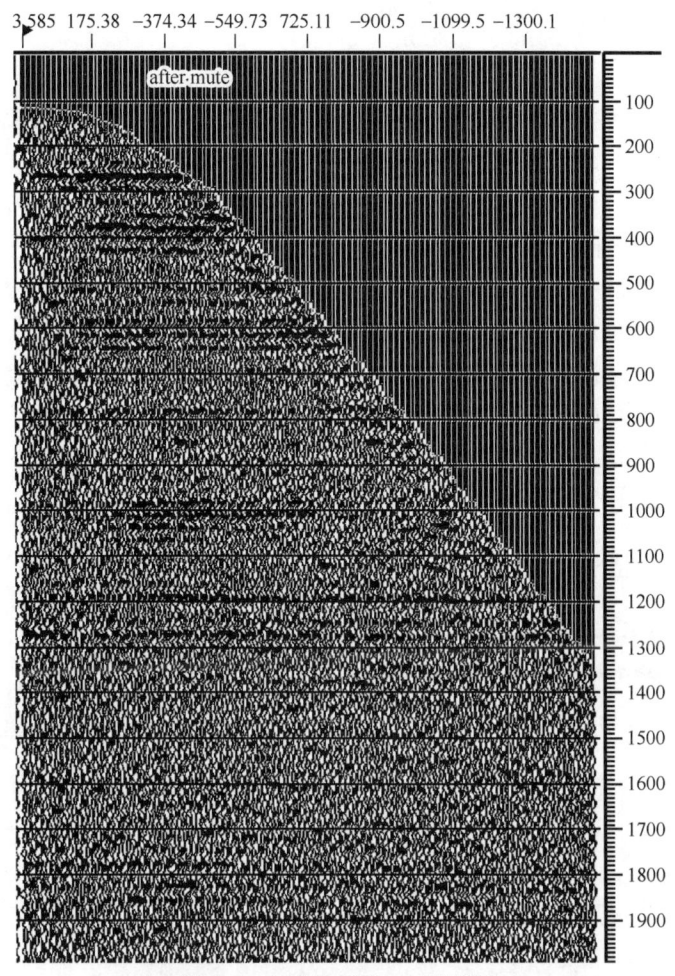

图 6-6　切除和动校正后的道集

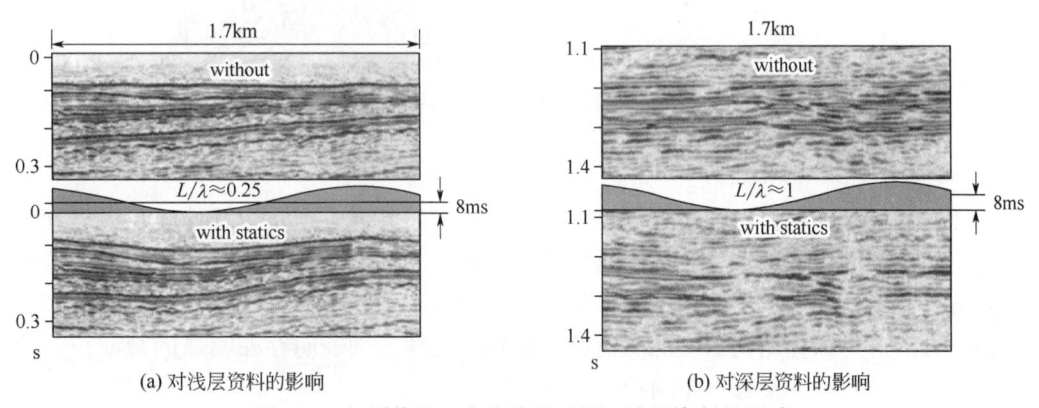

图 6-7　相同静校正变化波长对深、浅层资料的影响
(a) 对浅层资料的影响　(b) 对深层资料的影响

加效果则明显变差［图6-7(b)］，而对构造形态影响很小。因此，长波、短波长分量应按主要目的层的有效排列长度划分。

（一）短波长静校正分量

1. 短波长分量对地震资料的影响

短波长静校正分量通常是由近地表的剧烈变化而引起，它对地震资料的影响主要表现在叠加效果差。具体的影响有两个方面：一是由于短波长静校正分量误差的存在，使共中心点的各道数据不能同相叠加，其叠加后地震道的能量无法达到完全同相叠加的效果，相邻叠加道之间的反射波同相轴很难连续追踪，影响了资料的信噪比。二是叠加后地震道的反射波主频降低、频带变窄，影响地震资料的分辨率。图6-8中左图为动校正后没有任何静校正误差的道集和叠加结果，其雷克子波的主频为50Hz，叠加后振幅加强、相位与叠加前完全一致，频谱分析表明的主频仍为50Hz，频带4~125Hz。如果对图6-8的道集加上±5ms的随机校正量（图6-9），其叠加后的地震道振幅变小、波形产生畸变，主频为43.7Hz，降低了6.3Hz，频带变为4~98Hz，缩小了27Hz。可见，短波长静校正量同时影响叠加剖面的信噪比和分辨率。

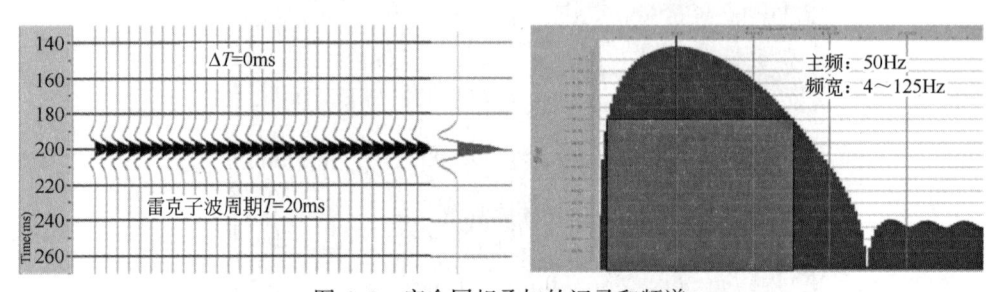

图6-8 完全同相叠加的记录和频谱

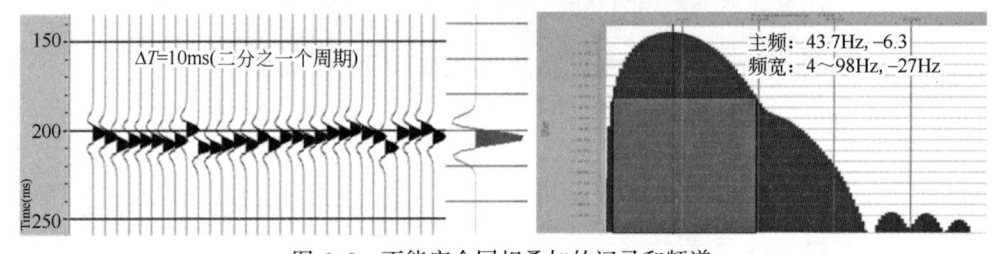

图6-9 不能完全同相叠加的记录和频谱

2. 短波长静校正问题的识别

短波长静校正问题的识别相对较容易，它可以通过共炮点道集、共接收点道集和共炮检距道集的初至变化来识别，还可以通过叠加速度谱、共中心点道集和叠加剖面中的反射波成像情况来识别。如果各道集上的初至波变化明显（不光滑）、速度谱上的能量团不集中、共中心点道集和叠加剖面上的反射波同相轴不连续，则表明存在明显的短波长静校正问题。反之，说明短波长静校正问题被较好解决。

3. 短波长静校正问题的解决

对于短波长静校正量，首先要通过基准面静校正加以解决，它一般能解决校正量幅度较大的短波长静校正问题，其实现目标是尽量使静校正量误差小于反射波周期的1/2。如果基准面静校正能够达到这个目标，下步可以通过反射波剩余静校正进一步解决较小幅度的短波长静校正量。否则，需要在基准面静校正的基础上，应用初至波剩余静校正技术，进一步提高短波长静校正精度，使其能较好满足反射波剩余静校正要求，确保最终剖面的成像效果。

（二）长波长静校正分量

1. 长波长分量对地震资料的影响

长波长分量通常是由近地表渐变造成的，它对地震资料的影响主要表现在构造形态的歪曲，而对叠加效果的影响很小。当长波长分量的波长在一个排列长度左右时，同样会对叠加效果产生一定影响，只是影响较小；只有当波长达到两个或三个排列长度甚至更大时，才对叠加效果基本没有影响，而只影响构造形态。有些文献将静校正变化波长达到两个排列长度以上的情况，称为超长波长分量。

图6-10为层间关系系数法（左）和层析反演法（右）计算静校正量所得到的水平叠加剖面，可见，层间关系系数法的剖面浅、深层构造形态一致并呈周期性变化，存在明显的长波长静校正异常；而层析反演方法剖面上的反射波同相轴较平缓，构造形态更真实。但层析反演法的短波长静校正误差显得更大些，剖面的叠加效果不太理想。

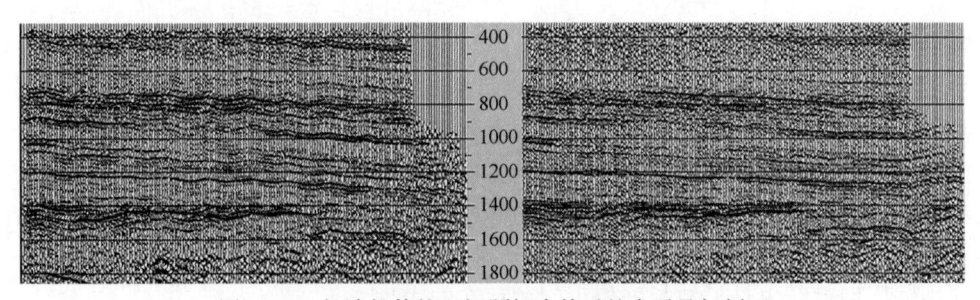

图6-10　长波长静校正问题解决前后的水平叠加剖面

2. 长波长静校正问题的识别

长波长静校正问题的识别要比短波长复杂。首先，长波长静校正问题能够引起构造形态的歪曲，但构造形态的歪曲不一定都是长波长静校正问题造成的。其次，短波长静校正问题可以通过叠前和叠后、甚至中间成果的资料识别，而长波长静校正问题很难通过叠前资料识别。再有，水平叠加剖面上的构造形态本身就不是真实的地质构造形态，靠地质认识判断长波长静校正问题的存在与否也可能产生误导。因此，判断长波长静校正问题很难有一个确定的准则，而需要处理和解释环节通过很多试验分析确定。通常识别长波长静校正问题的途径有如下几个：

1）不同深度反射层构造形态的一致性

通常认为，地震剖面上浅层、中层、深层构造形态的一致性（起伏幅度相等并且拐点位置相同）是判断长波长静校正问题的标准，图6-11中不同深度反射层的构造形态有着很好的一致性，它的确也是由长波长静校正问题造成的。因此，不同深度反射层构造形态的一致性是怀疑存在长波长静校正问题首要准则，但也不能仅靠此现象就确认存在长波长静校正问题，它必须满足各层覆盖次数（有效最大炮检距）一致的条件。另外，如果在有些地区的浅层、中层、深层的构造形态本身就存在很好的一致性，也不能说一定是长波长静校正问题。

2）构造形态与地形起伏的相关性

地下构造形态与地形起伏的相关性，也是长波长静校正的表现形式。图 6-12 中，地形高部位，地下界面下凹；而地形低部位，界面上凸，构造形态与地形起伏息息相关，并且变化位置基本对应，这时应怀疑存在长波长静校正问题。

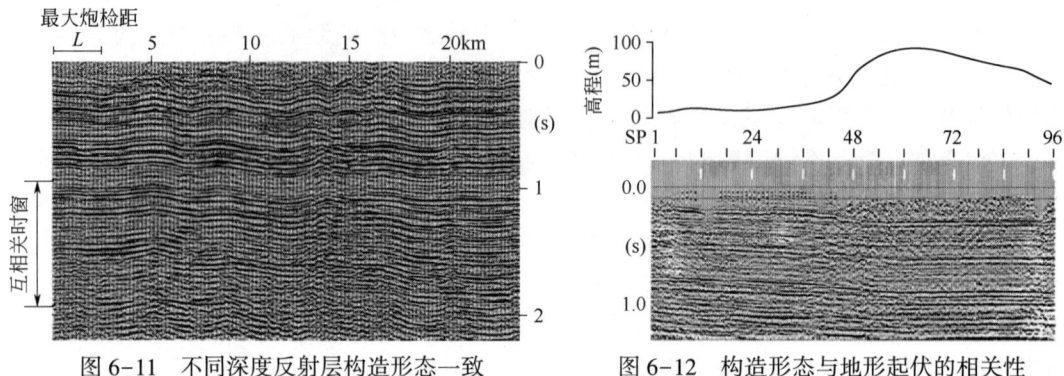

图 6-11 不同深度反射层构造形态一致

图 6-12 构造形态与地形起伏的相关性

3）同相轴的周期跳跃

由于高频（短波长）剩余静校正分量的存在，激发点和接收点静校正曲线上的周期跳跃现象难以识别，人们一般将最终叠加剖面上的周期跳跃问题归罪于剩余静校正程序，但实际上，引起周期跳跃的主要原因是质量低劣的基准面静校正量。在初叠加剖面上实际上就已经存在周期跳跃问题，只是因为计算的静校正量精度差而不容易识别。应用剩余静校正后，因为更好的解决了高频静校正问题，周期跳跃问题就显现出来了（图 6-13），因此，同相轴周期跳跃也是长波长静校正问题存在的表现。

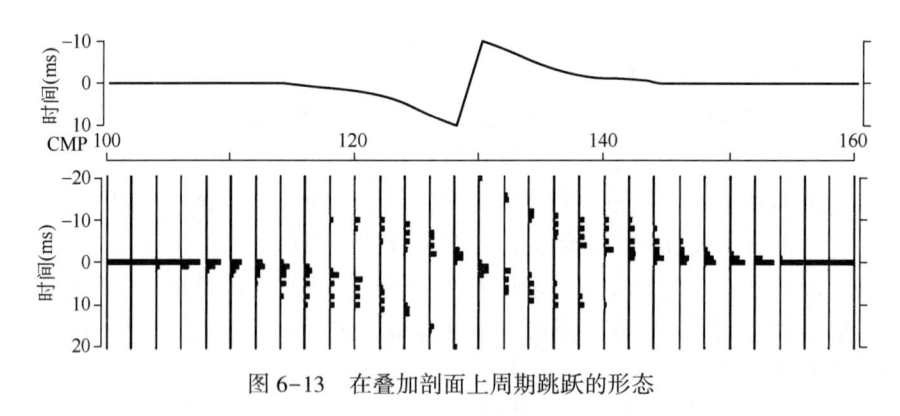

图 6-13 在叠加剖面上周期跳跃的形态

图 6-13 中的曲线为包含了一个周期跳跃的静校正量曲线，下面是应用了上面激发点和接收点后的剖面。

4）分炮检距叠加剖面

图 6-14 展示了沿测线方面从几个激发点到接收点的射线路径。该测线有一个风化层厚度异常并且在反射界面上有一个台阶。为简单起见，射线路径以直线表示，没有包括风

化层和高速层之间的折射效应。在动校正后，图 6-14 中从 S_1 到 R_4 的旅行时要大于到 R_3 的旅行时；同样，从 S_3 到 R_4 的旅行时也要大于到 R_3 的旅行时。也就是说 R_4 和 R_3 之间的旅行时差在各激发点上都存在，而且其位置与风化层厚度异常位置一致。从 S_9 到 R_{12} 的旅行时要小于到 R_{11} 的旅行时，而 S_{10} 到 R_{11} 和 R_{12} 的旅行时没有差别，其旅行时差异在 R_{10} 和 R_{11} 接收点之间。如果在考察其他激发点的时间差，发现时移总是和两个特殊的 CMP 点有关。因此，在地下特征存在的情况下，反射时移是 CMP 位置的函数，而不是地面位置的函数；只有在近地表异常存在的情况下，反射时移才是地面位置的函数。

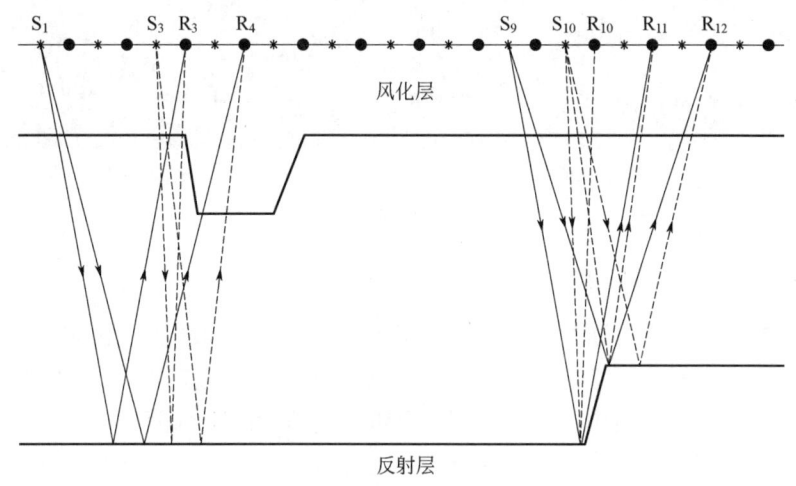

图 6-14 分炮检距叠加的影响分析示意图

通过上述分析可知，近地表异常导致的反射波时移与地面位置有关，这时用不同炮检距的数据叠加的剖面其构造形态不同；而地下异常导致的反射波时移与 CMP 点位置有关，故与叠加中使用的炮检距范围无关。因此，在不同炮检距的叠加剖面上出现不同的视构造，就意味着存在中、长波长静校正问题（图 6-15）。

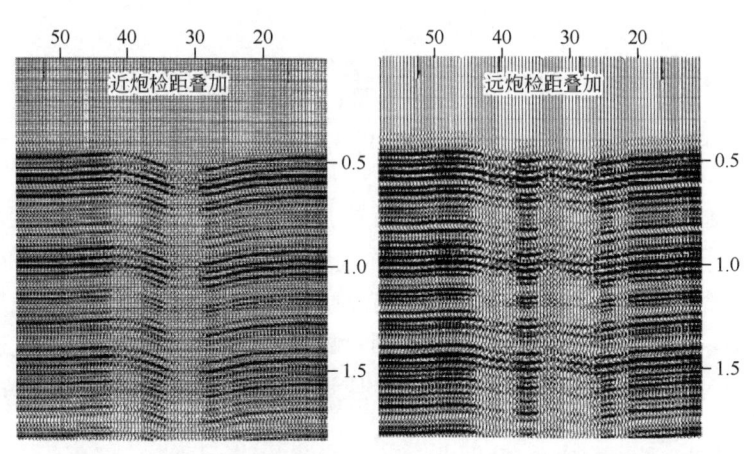

图 6-15 存在长波长静校正问题的远、近炮检距的叠加剖面

图 6-16 是通过分炮检距叠加识别长波长静校正异常的实例。图 6-16(a) 是炮检距为 0~1200m 的叠加剖面，图 6-16(b) 是炮检距为 1200~2400m 的叠加剖面。可见，两个叠

加剖面上的构造形态存在明显的差异，说明该静校正量存在长波长静校正问题。

分炮检距叠加是识别近地表导致的长波长静校正问题的有效手段。但在由于大范围近地表异常没有被准确描绘导致的超长波长静校正问题，用此办法识别也可能是无效的。

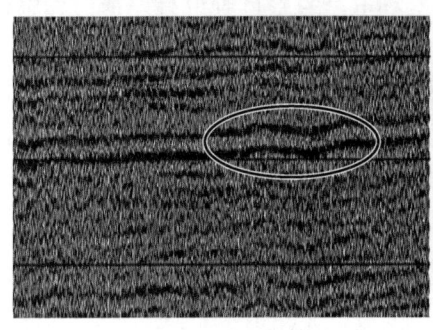

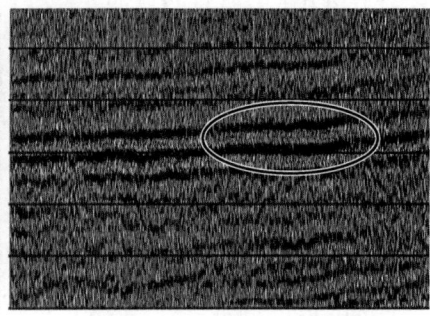

(a) 0～1200m炮检距的叠加剖面　　　(b) 1200～2400m炮检距的叠加剖面

图 6-16　分炮检距叠加剖面的对比

3. 长波长静校正问题的解决

长波长静校正问题主要通过基准面静校正手段来解决，而解决好长波长静校正问题必须建立合理的近地表模型。静校正工作主要是解决近地表低速介质异常导致的反射波时移，如果在风化层以下介质中存在异常同样会带来构造形态的畸变，这个问题就很难通过基准面静校正手段解决了，这可能需要资料处理环节来识别、描述这些异常变化并加以解决。另外，替换速度不同导致的构造形态畸变和有效排列长度差异导致的不同深度反射层的构造形态畸变，多数需要在深度域处理或解释环节来解决。再有，基准面静校正计算选择的标志层（高速层）不同，其计算的静校正量也不同，在水平叠加剖面上的构造形态肯定也有差别，这种差别不一定就是长波长静校正问题。如果通过解释环节的时深转换或进行深度域处理后，其构造形态是一致的，说明不存在长波长静校正问题。

第二节　表层调查

表层调查是通过野外采集手段获取基础资料，通过室内资料解释求取近地表介质地球物理参数（速度、深度、时间）的过程，又称近地表结构调查。表层调查工作主要分为资料采集和资料解释两部分。常用的表层调查有小折射法和微测井法。利用表层调查资料解释成果建立模型一般采用层间关系系数法，通过该模型计算的静校正量也就通常所说的模型法静校正量，时深曲线法是一种针对连续介质近地表地区的近地表建模的特例。

一、小折射法

小折射法是常用的表层调查方法之一，它适用于在一定范围内地形平坦、地下界面为平面（水平或单斜面）并且倾角较小的层状均匀介质区。由于是基于折射波原理，要求没有速度反转现象（下覆介质的速度小于上覆介质的速度）。

（一）小折射资料采集

1. 观测系统种类

曾用过的小折射观测系统有单边放炮观测系统、双边放炮观测系统和中间放炮观测系统三种。最常用的是双边放炮观测系统，也称相遇观测系统。

1) 单边放炮观测系统

单边放炮观测系统是早期在地形平坦、表层结构简单地区使用的小折射观测系统（图6-17），它是在接收排列的一端布设一个炮点O，在靠近炮点O一边道距较小（1~2m），随着炮检距的增大道距逐渐增大。每个表层调查控制点只得到一张记录。该观测系统适用于地形平坦、界面倾角非常小的地区，对于表层结构复杂区这种观测系统已经不用。

图6-17 单边放炮观测系统示意图

2) 双边放炮观测系统

小折射法最常用的观测方式是双边放炮观测系统（相遇观测系统），其观测方式如图6-18。排列布设后在两个端点各放一炮，排列中点为表层调查控制点位置；道距设计为排列中部道距大，向两个端点方向道距逐渐减小，靠近炮点位置的道距最小。通常情况下，每个表层调查控制点得到两张不同方向观测的折射记录。

图6-18 双边放炮观测系统示意图

双边放炮观测系统可以利用相遇法解释，在一定条件下能够消除地形起伏对初至时间的影响，可以减小界面倾角带来的视速度误差，有利于提高表层调查精度。

目前采用的小折射调查仪器多为24道或48道，由于接收道数较少，在低降速带较厚的地区，往往排列长度不够。如果设计足够的排列长度必须增大道距，而增大道距后会降低纵向分辨能力。因此，在低降速带较厚的地区提出了追逐放炮观测系统。追逐放炮观测系统分为移动炮点法和移动排列法两种，这两种观测系统仍基于相遇观测方式，只是通过增加炮数和移动排列方式增大了排列长度，加大了观测深度。

（1）移动炮点观测方式：图6-19为移动炮点观测系统示意图。图中 R_1 到 R_n 为正常摆放的接收排列，按常规双边放炮方式采集 S_1 和 S_2 炮。然后，在 S_1 炮点方向向外移动一定距离，在 S_3 位置再放一炮，相当于增大了偏移距。同样，在 S_2 炮点方向向外移动一定距离，在 S_4 位置再放一炮。这样一个表层调查控制点共得到四张折射记录。需要注意的是野外采集时要确保四个炮点和所有接收点在一条直线上。

（2）移动排列观测方式：图6-20为移动排列观测系统示意图。图中 R_1 到 R_n 为排列位置1，对于排列位置1分别在两个方向放 S_1 和 S_2 炮；然后将排列调整到排列位置2，对

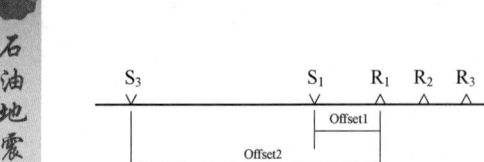

图 6-19 移动炮点观测方式示意图

于排列位置 2 分别还在 S_1 和 S_2 位置各放一炮，但炮序号记为 S_3 和 S_4。注意排列位置 1 和排列位置 2 之间要有 2~3 个重复观测道，以便同一方向两个炮点得到的初至时间相接，最终实现相遇法解释。该方式同样要求两个排列在一条直线上。

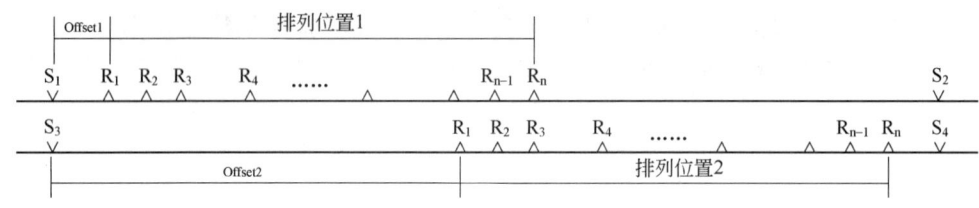

图 6-20 移动排列观测方式示意图

3）中间放炮观测系统

图 6-21 为中间放炮观测系统示意图，它是在一条排列的中点 O 处放一炮，道距随着炮检距的增大向两个方向逐渐增大。每个表层调查控制点得到一张折射记录，炮点位置 O 为表层调查控制点位置。该观测系统虽然在野外应用较少，但它有独到的优点。首先，野外施工工作量较小，只需要放一炮。其次，不管界面倾角多大，不同方向同一层折射波时距曲线的交叉时是相等的，根据此原理可以控制野外施工质量和资料解释的合理性。再有，中间放炮观测系统的炮点能够很好地与地震反射勘探炮点重合，更方便小折射初至与地震反射记录初至的相接来实现联合解释。该观测系统的缺点是最大炮检距较小（受仪器接收道数的限制），对于低降速带较厚区只利用小折射资料很难满足要求，必须通过与地震反射记录初至联合解释的方法解决。

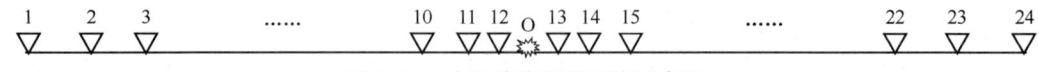

图 6-21 中间放炮观测系统示意图

2. 观测系统设计

小折射观测系统设计主要包括排列长度、道距和偏移距三个参数。

1）排列长度

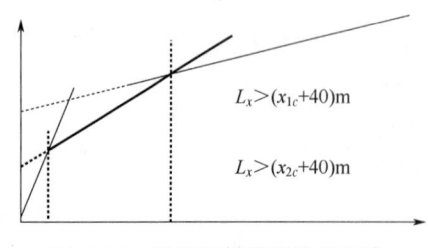

图 6-22 浅层折射排列长度设计

小折射排列长度以保证追踪的目标层（高速层）折射波时距曲线控制距离不小于 40m 为原则（图 6-22）。排列长度设计以拟追踪的最高速度层折射波的超前距离为依据，根据上述原则在超前距离的基础上在加 40m。所谓超前距离是指直达波和折射波或两层折射波时距曲线交点位置的炮检距，超前距离又称超越距离。如图 6-22 中 x_{1c} 和

x_{2c} 分别为第一层和第二层折射波的超前距离。

当只有两个速度层时（风化层和高速层），折射波超前距离的计算公式为：

$$x_{1c} = 2h_0 \sqrt{\frac{v_1+v_0}{v_1-v_0}} \tag{6-9}$$

这时的小折射排列长度应为：

$$L_x > x_{1c} + 40\text{m} \tag{6-10}$$

式中　X_{1c}——超前距离，m；
　　　h_0——风化层厚度，m；
　　　V_0——风化层速度，m/s；
　　　V_1——高速层速度，m/s；
　　　L_x——排列长度，m。

如果是三个速度层是（风化层1、风化层2和高速层），折射波超前距离的计算公式为：

$$x_{2c} = \frac{2h_0(v_1\sqrt{v_2^2-v_0^2} - v_2\sqrt{v_1^2-v_0^2}) + 2h_1 v_0\sqrt{v_2^2-v_1^2}}{v_0(v_2-v_1)} \tag{6-11}$$

排列长度为：

$$L_x > x_{2c} + 40\text{m} \tag{6-12}$$

式中　x_{2c}——超前距离，m；
　　　h_0——风化层1的厚度，m；
　　　h_1——风化层2的厚度，m；
　　　v_0——风化层1的速度，m/s；
　　　v_1——风化层2的速度，m/s；
　　　v_2——高速层的速度，m/s；
　　　L_x——排列长度，m。

2）道距

各道道距的设计以保证直达波、各层折射波时距曲线控制道数不少于4道为原则；个别风化层很薄的点直达波时距曲线控制道数不少于3道。根据上述原则，合理分配小折射排列的道距。当然，实际工作中，在遵循上述要求的同时，要保证道距的规律性，如靠近炮点位置时道距较小，随着炮检距的增加道距逐渐增大的规律，没有特殊需求时尽量不要出现不规则的随机变化现象。

3）偏移距

偏移距设计应考虑风化层厚度和炸药量两个方面。当风化层较薄时，偏移距应小些，反之偏移距可大些，以免造成直达波接收道数太少而影响调查精度。一般情况下小折射法的偏移距为1~2m。另外，偏移距选取还要考虑激发炸药量，原则上偏移距应大于炸药的破坏半径，如果偏移距小于破坏半径，有可能造成近炮点的检波器超载甚至损坏，不能正确记录地震信号。通常用于破坏半径计算的经验公式为：

$$D_x > k \times \sqrt[3]{Q} \tag{6-13}$$

式中　D_x——偏移距，m；

k——系数，（取值为 1.5~2.1）；

Q——炸药量，kg。

（二）小折射资料解释

1. 观测系统定义和初至时间拾取

1）定义观测系统

正确定义每个小折射控制点的各接收道炮检距或道距和放炮方向。

2）拾取初至时间

选取适当的增益参数，准确拾取每一道的初至时间，拾取时要尊重原始记录，不得随意修改初至时间。

2. 资料解释方法

传统的小折射解释方法是截距时间法。由于复杂区小折射排列范围内可能存在一定的地形起伏，又引入了 ABC 和 GRM 解释方法。对每个点不同方向观测的初至时间变化情况进行分析，选择适合于该点的解释方法（时距曲线分层方法）。解释方法通常分为四种：自动解释方法、人机交互解释法、人工解释法和地形校正解释方法。对于初至时间比较规整的点（说明地形平坦、表层结构简单），可采用自动解释方法；对于自动解释方法不能取得满意结果的点，应采用人机交互解释方法。人工解释只是对上述两种方法应用失败时才采用的方法。如果小折射排列范围内有地形起伏，应采用地形校正法进行解释。

（1）自动解释方法：由用户给出速度分层参数，程序按照参数从最小炮检距开始自动扫描，将大于速度分层参数的位置确定为两层折射波时距曲线的拐点。两个拐点之间通过最小二乘拟合求出时距曲线斜率，斜率倒数就是折射波视速度。如此即可得到左右两支观测的直达波、各层折射波的视速度。每条时距曲线的截距时间就是时距曲线与时间轴的交点时间。

（2）人机交互解释方法：该方法是人为确定直达波与第一层折射波或各层折射波之间的时距曲线拐点。直达波和各层折射波的视速度和截距时间计算方法与自动解释方法相同。

（3）人工解释方法：该方法完全由用户根据炮检距与初至时间的关系，手工绘制直达波和各层折射波的时距曲线，然后根据用户绘制曲线的斜率计算视速度。每条时距曲线的截距时间就是时距曲线与时间轴的交点时间。

（4）地形校正解释方法：该方法可以消除或较小排列内地形起伏的影响，提高小折射资料的解释精度，但应用该方法必须满足两个条件：一是小折射采集必须是双边放炮观测系统（相遇观测系统）；二是左右支的高速层折射波有足够的重复观测道。

图 6-23 为地形校正解释方法原理示意图，图中两个箭头位置之间的道为高速层折射波时距曲线重复段。对重复段内任意一个接收道 i，可以根据下式得到一个延迟时：

$$DT_i = \frac{t_{Ai} + t_{Bi} - T_{互}}{2} \tag{6-14}$$

式中　t_{Ai}——A 支 i 点的初至时间，ms；

　　　t_{Bi}——B 支 i 点的初至时间，ms；

　　　$T_{互}$——A 和 B 支的互换时间，ms；

　　　DT_i——i 点的延迟时，ms。

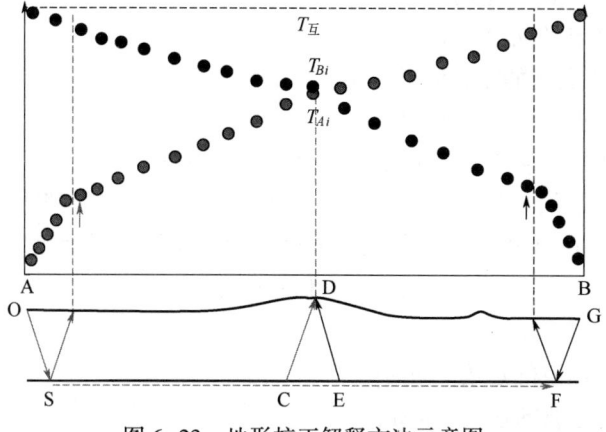

图 6-23 地形校正解释方法示意图

众所周知，不同道之间的延迟时变化就反映了各道间的风化层厚度（地形起伏）和速度的变化情况，如果认为小折射排列范围内风化层速度为常数，则延迟时变化就是反映的地形起伏情况。因此，将每道的初至时间减去对应的延迟时，就相当于进行了地形校正，在很大程度上消除了地形起伏的影响。对校正后的初至时间进行最小二乘拟合，求得高速层折射波的视速度。由于校正后的初至时间及据此拟合的时距曲线已不能反映真实的截距时间，因此，截距时间不能再按照时距曲线与时间轴的交点求取。这时截距时间的求取方法应按照 ABC 法或 GRM 法求取。

当排列中点 m 同时就是 A、B 两支的接收道时，ABC 法的截距时间（延迟时的两倍）计算公式为：

$$T_m = \frac{t_{Am} + t_{Bm} - T_{互}}{1000} \tag{6-15}$$

式中 t_{Am}——A 支排列中点 m 处的初至时间，ms；

t_{Bm}——B 支排列中点 m 处的初至时间，ms；

$T_{互}$——A 和 B 支的互换时间，ms；

T_m——排列中点 m 处的截距时间，s。

当排列中点 m 不是 A、B 两支的接收道（图 6-24）时，应采用 GRM 方法计算排列中点的截距时间，图 6-24 中 B 点的截距时间（延迟时的两倍）计算公式为：

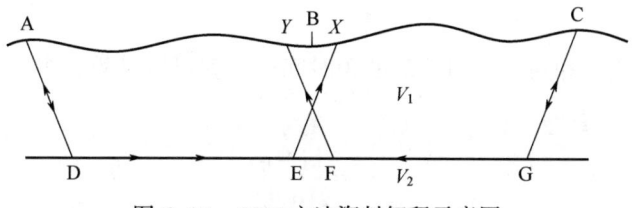

图 6-24 GRM 方法资料解释示意图

$$T_B = \frac{t_{AX} + t_{CY} - T_{互} - \dfrac{XY}{V_g}}{1000} \tag{6-16}$$

式中 t_{AX}——A 到 X 点的初至时间，ms；
t_{CY}——C 到 Y 点的初至时间，ms；
$T_{互}$——A 到 C 之间的旅行时间，ms；
T_B——排列中点 B 处的截距时间，s。

以上介绍了四种小折射资料解释方法。通过小折射资料解释，可以得到一个表层调查控制点的 A、B 两支直达波速度和各层折射波的视速度及对应的截距时间。根据 A、B 支的直达波速度用式 6-17 求得直达波的最终速度，即风化层的层速度。

$$V_0 = \frac{V_A + V_B}{2} \tag{6-17}$$

式中 V_A——A 支直达波的速度，m/s；
V_B——B 支直达波的速度，m/s；
V_0——风化层的速度，m/s。

对于各折射波的层速度，应由公式（6-18）求取。

$$V_{iR} = \frac{2\cos\alpha}{\frac{1}{V_{iA}} + \frac{1}{V_{iB}}} \tag{6-18}$$

式中 V_{iA}——第 i 层折射波 A 支观测的视速度，m/s；
V_{iB}——第 i 层折射波 B 支观测的视速度，m/s；
V_{iR}——第 i 层层速度，m/s。

由于折射界面倾角不知，无法直接用（6-18）时计算，假设倾角较小时，$\cos\alpha$ 趋近于 1，实际应用是将公式简化为：

$$V_i = \frac{2}{\frac{1}{V_{iA}} + \frac{1}{V_{iB}}} = \frac{2 \times V_{iA} \times V_{iB}}{V_{iA} + V_{iB}} \tag{6-19}$$

式中 V_{iA}——第 i 层折射波 A 支观测的视速度，m/s；
V_{iB}——第 i 层折射波 B 支观测的视速度，m/s；
V_i——第 i 层层速度（近似值），m/s。

在 ABC 或 GRM 解释方法中，介绍了利用 A、B 支初至时间和互换时间计算截距时间的方法，其实该方法同样适用于自动解释方法、人机交互解释方法和人工解释方法。如果没有采用该方法计算截距时间，也可以利用 A、B 支同一层折射波时距曲线截距时间的算术平均值求得。

有了各层的层速度和对应折射波的截距时间后，就可以计算出各层的厚度。风化层的厚度计算公式为：

$$h_1 = \frac{V_1 \times t_1}{2\cos\theta_c} \tag{6-20}$$

式中 V_1——风化层的速度，m/s；
t_1——折射波时距曲线截距时间，s；
θ_c——临界角，arcsin（V_1/V_2）；
h_1——风化层厚度，m。

风化层以下各折射层的厚度计算公式为：

$$h_n = \frac{V_n}{2\cos\theta_{cn}}\left(t_n - \sum_{n=1}^{n-1}\frac{2h_i\cos\theta_i}{V_i}\right) \tag{6-21}$$

式中 V_i——第 i 层折射波的速度，m/s；

V_n——第 n 层折射波的速度，m/s；

t_n——第 n 层折射波的截距时间，s；

θ_i——入射角，$\arcsin(V_1/V_n)$；

θ_{cn}——临界角，$\arcsin(V_{n-1}/V_n)$；

h_i——第 i 层的厚度，m；

h_n——第 n 层的厚度，m。

二、微测井法

微测井法是通过井中激发或井中接收的方式进行表层调查的一种方法，是复杂地表区主要的表层调查方法，适用于地形起伏剧烈、小折射法难以实施的地段。对于存在速度反转和具有连续介质特征的地区，也应采用微测井法调查。

（一）微测井资料的采集

1. 采集方式

微测井采集方式主要有地面微测井和井中微测井两种。所谓地面微测井是指接收点在地面、激发点在井中的微测井；而井中微测井是接收点在井中、激发点在地面的微测井。由此可知，地面与井中微测井是以接收点的位置区分的。

2. 采集参数的设计

1）井深设计

原则上微测井井深应确保在目标层（通常为高速层，特殊情况除外）中有 15m 以上的有效观测段。具体设计井深时可参考三个方面的资料：一是同位置的小折射法的低降速带总厚度；二是在没有同位置的小折射资料时，应根据周围小折射结果推断的低降速带总厚度；三是在没有任何资料参考的情况下，根据打井时的岩性变化情况确定。微测井的井深设计也可以根据特定的需求确定，如仅需要调查低降速带的时深关系变化情况，可以不需要打入高速层或打入高速层 15m 以上。

2）地面接收或激发参数

当采用地面微测井时，地面接收排列一般有三种形式，即：扇形排列、十字形排列和直角形排列（图 6-25），具体采用哪种类型根据井周围的地形情况确定。

当然，实际工作中也不局限于这三种方式，可以根据井场周围的地形起伏情况灵活布设。原则上，在地形条件允许的情况下，建议尽量采用多个方位接收。接收道与井口之间的距离一般从 1m 到 6m，具体有特殊需求时可调整。

当采用井中微测井时，激发方向和激发偏移距应通过试验确定，要求激发方向在井下检波器推靠在井壁的一侧（实际上这一点很难控制），偏移距原则上越小越好，一般在 1~4m 之间。

不论是地面微测井还是井中微测井,地面接收点或激发点与井口之间的距离必须实测,并且激发点或接收点位置与井口位置尽量在一个水平面内,当两者之间的高差大于0.5m时,建议实测其高差 ΔH(图6-26)。

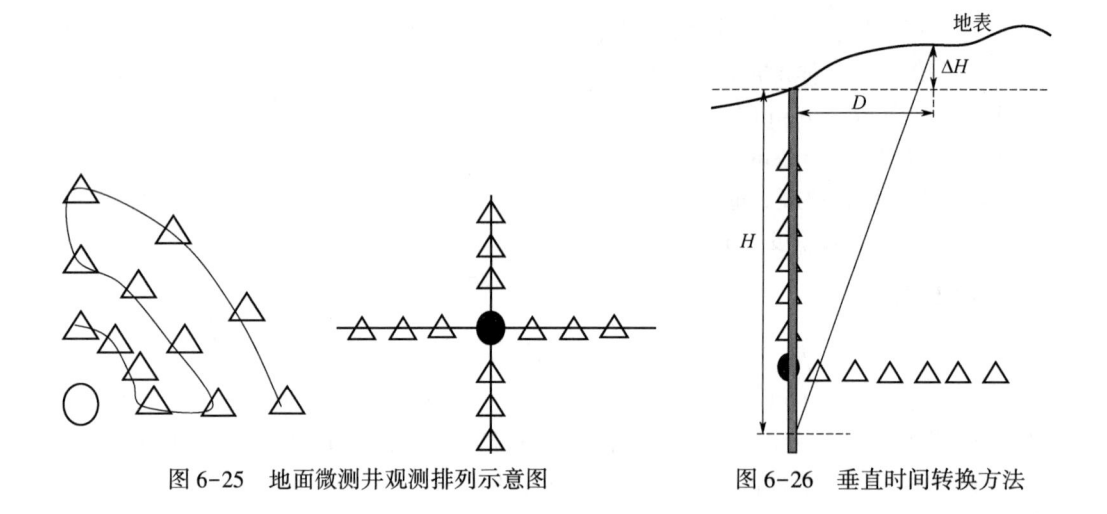

图 6-25 地面微测井观测排列示意图　　图 6-26 垂直时间转换方法

3)井中激发或接收点距

遵循从浅到深点距逐渐增大的原则,一般为0.5~5m之间,当低降速带总厚度较大时,其深部的最大点距不宜超过20m。井中激发或接收点距必须准确。

4)激发药量

当采用井中激发时,一般采用雷管激发,由浅至深激发点的雷管数逐渐增加。雷管采用并联方式,避免由于一发雷管问题导致该深度点拒爆。当观测井深较大或吸收衰减严重时,也可以采用炸药激发,但要求在确保初至起跳干脆情况下尽量采用小药量。

3. 仪器因素

(1)道增益(记录时采用固定增益,回放时加自动增益)。

(2)不加滤波。

(3)采用较小的采样间隔,一般用0.125ms或0.25ms。

(4)记录长度不小于最大初至时间加上50ms。

(5)原始记录以每格2ms或5ms回放,并且两条相邻计时线间隔距离不小于4mm。

(二)微测井资料解释

1. 观测系统定义和初至时间拾取

1)定义观测系统

正确定义微测井的井中观测点深度、地面激发点或接收点与井口之间的距离、原始记录文件号等参数。

2)拾取初至时间

选取相同的增益参数,准确拾取每一道的初至时间,拾取时要尊重原始记录,不得随意修改初至时间。

2. 资料解释方法

1）选取标准道

对于地面微测井，选取初至清晰和井检距较小的一道作为时深解释标准道；也可选择几口井检距相等的道进行初至时间平均后的结果作为时深解释标准道。对于井中微测井，一般只有一个激发点位置的资料，不需进行标准道选取。

2）垂直时间转换

将每个激发点或接收点深度的初至时间转换为垂直 t_0 时间。当井口与地面激发或接收点之间在同一水平时，垂直时间转换公式为：

$$t_0 = t \times \frac{H}{\sqrt{H^2 + D^2}} \tag{6-22}$$

式中　t_0——单程垂直传播时间，ms；
　　　t——初至时间，ms；
　　　H——井中激发点或接收点深度，m；
　　　D——地面接收点或激发点与井口间的距离，m。

当地面激发（接收）点与井口之间有高差（图6-26）时，在垂直时间转换时应考虑该高差的影响。此时应采用的垂直时间转换公式为：

$$t_0 = t \times \frac{H}{\sqrt{(H+\Delta H)^2 + D^2}} \tag{6-23}$$

式中　t_0——校正到井口的单程垂直传播时间，ms；
　　　t——初至时间，单位为毫秒，ms；
　　　H——井中激发点（或接收点）深度，m；
　　　ΔH——地面接收点（或激发点）高程与井口高程之差，m；
　　　D——地面接收点（或激发点）与井口的水平距离，m。

3）时深解释

时深解释是根据时深曲线变化规律，合理划分出各速度层的深度范围，计算出各层的速度和厚度。具体解释方法与小折射法类似。在微测井资料解释时，应参考岩性录井资料，确保解释结果的合理性。图6-27为两口微测井资料的实际解释结果，左边的时深图为速度随深度逐层递增的情况，右边的时深图为存在速度反转的情况，即2469m/s的速度层下有一个速度为1643m/s的层。由此实例可知，微测井方法能够得到速度反转的速度模型，它比小折射法有更广阔应用范围。

对于近地表为连续介质的地区，可不进行速度分层解释，而是根据垂直时间与深度的变化进行时深关系曲线拟合，得到每口微测井位置的时深关系曲线。时深关系拟合有列表法和函数法两种。列表法是建立不同深度与垂直时间关系表，两个深度之间的时间通过线性内插求取。函数法是根据合适的函数关系表示时深关系，一般采用二次曲线拟合，也可以采用多项式函数拟合。

图 6-27　微测井解释结果示意图

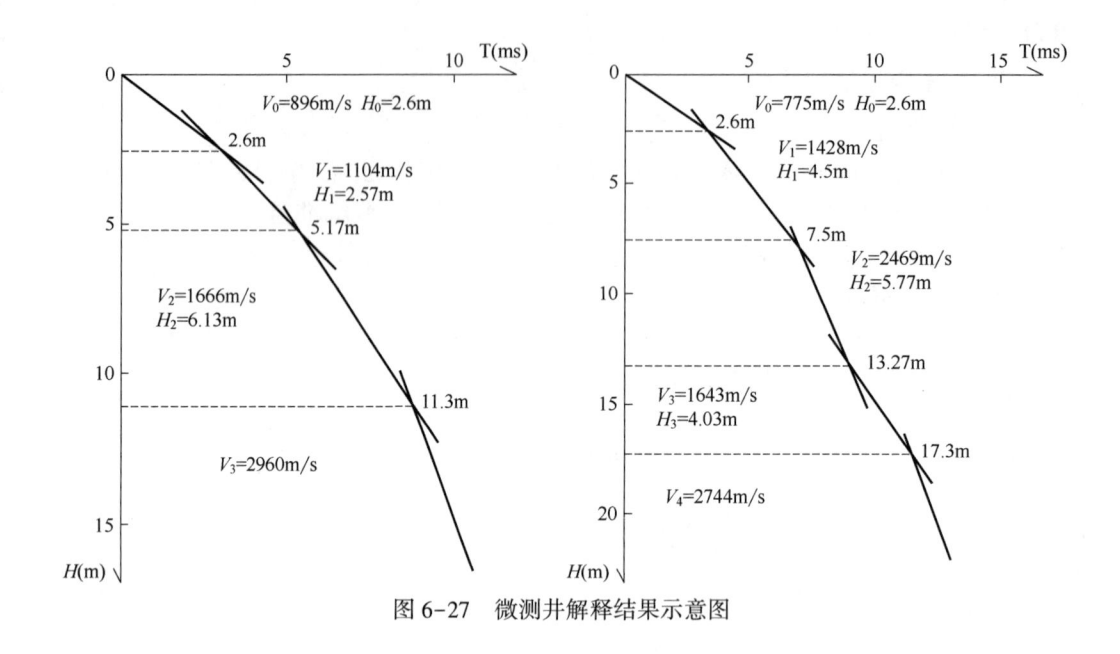

三、表层调查控制点的布设

表层调查控制点是小折射点和微测井点的统称，在表层调查控制点布设时应该同等对待。完成表层调查控制点布设后，应根据每个点的地形起伏情况和表层结构特点确定具体的表层调查采集方法。

（一）表层调查的目的和作用

表层调查工作的主要目的有两个：一是通过表层调查资料建立表层模型，根据模型确定地震反射勘探炸药震源的最佳激发因素（主要是井深）。二是了解近地表模型的变化规律，为表层建模建立和静校正量计算提供基础资料。表层调查工作在静校正方面的作用，主要还是控制近地表模型的趋势性变化，为基于初至波信息的静校正方法实施提供基础数据。在近地表建模和静校正计算中，表层调查资料的作用主要由两个：一是利用表层调查资料建立近地表结构模型，将此模型作为约束信息，而用于初至折射或层析反演方法的模型反演。二是作为表层模型质控和层位标定的基础数据，即利用表层调查资料对初至折射法和层析反演法得到的表层速度模型进行分析与评价。当然，也可以直接应用表层调查资料建立近地表模型，用于控制超长波长静校正变化，但用于控制复杂地表区短波长静校正变化一般难以取得令人满意的效果。

（二）表层调查控制点布设原则

从静校正方面考虑，表层调查控制点布设要以控制表层模型趋势性变化带来的长波长静校正问题为主。由于局部近地表模型异常同样可以带来长波长静校正问题。所以，并不是所有长波长静校正都要通过表层调查资料来解决，大部分长波长静校正问题还是要利用基于初至波信息的静校正方法解决。因此，确定控制点布设原则应综合考虑长波长静校正需求和采用的静校正方法两个方面。控制点布设需要考虑的两个主要因素是密度（点距）

和位置。众所周知，长波长静校正是相对最大炮检距而言的。从控制长波长静校正方面来讲，表层调查控制点的布设应参考最大炮检距布设。据此，表层调查控制点布设的总体原则是：在任意最大炮检距范围内不少于2个表层调查控制点。在此原则的基础上，当采用基于表层调查资料内插建模的静校正方法时，控制点密度需要进一步加大，特别是在表层结构变化剧烈区域或地段要有足够的控制点密度。在此需要指出的是，对于复杂地表区即使实施了很高密度的表层调查控制点，也很难控制住表层模型的局部变化，由此带来的长波长静校正问题也很难采用此方法解决。同时，控制点的位置也很重要，由于地形起伏变化点或两种岩性分界线通常是模型变化点，在这样的位置更应该有控制点。对于基于初至波信息的静校正方法，则控制点密度可大幅度减小，对均匀度要求也不是太高。

（三）表层调查控制点布设方法

表层调查控制点布设可分多种岩性出露区和单一岩性出露区两种地表类型实施。

1. 多种岩性出露区

对于近地表岩性种类较多且横向多变（主要是老地层出露的山地）的区域，其表层调查控制点在遵循总体原则的基础上，还应满足如下要求：

（1）同一岩性区域内应有2个以上的表层调查控制点。

（2）岩性变化分界线附近和工区边界内侧附近，应布设一定数量的控制点。

（3）在有老资料的地区，应与老的表层调查控制点一起考虑，进行新的控制点布设。在老资料可靠的情况下，尽量使之得到应用，减小新的表层调查工作量。

控制点布设的具体实施方法和工作流程如图6-28所示。首先需要收集到工区的地质平面图（露头调查平面图）和卫星遥感数据体，在地质图基础上划分岩性分区范围（每种岩性的分布区域），根据岩性分区布设出控制点的初步位置，然后将控制点投影到卫星数据体上，根据卫星数据体反映的地表和地物情况调整控制点位置；再根据每个位置附近的地形地貌情况设计初步的表层调查方法（小折射法还是微测井法）。最后，根据设计的调查方法和参数下达施工任务书实施。在野外采集过程中，根据实际点位处的地表情况可能需进行方法调整，即由微测井改为小折射或由小折射改为微测井。

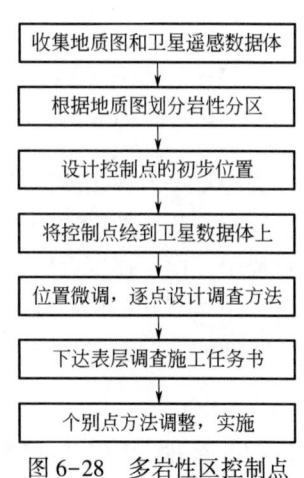

```
收集地质图和卫星遥感数据体
          ↓
根据地质图划分岩性分区
          ↓
   设计控制点的初步位置
          ↓
   将控制点绘到卫星数据体上
          ↓
   位置微调，逐点设计调查方法
          ↓
    下达表层调查施工任务书
          ↓
     个别点方法调整，实施
```

图6-28 多岩性区控制点设计方法

2. 单一岩性出露区

所谓单一岩性出露区是指近地表基本为戈壁、沙漠、黄土等区域，并不是严格的近地表只存在一种岩性，而是在一个较大的区域内岩性种类单一的情况。对于这类地区，很难通过地表的岩性变化布设表层调查控制点，或者说近地表模型的变化与出露地表的信息没有可遵循的关系。对于这类地区的表层调查控制点布设方法如图6-29所示。首先，按照布点总体原则要求的密度均匀布设表层调查控制点。然后按此控制点及设计的表层调查方法进行野外采集和资料解释。然后在线上或面上建立表层模型，对模型（主要是低降速带速度和厚度）的变化规律进行动态分析。如果某一区段或某个点位的厚度或速度变化剧烈（厚度或速度参数突变），说明该区段表层结构复杂，或该点采集的资料误差较大，则需要在该区域适当加密表层调查控制点或需要技术人员到该点位置进行实地勘查，找出原因，重新在该点进行表层调查资料的采集、解释；再进行模型建立与分析，直到满足要求为止。所谓的满足要求主要是指满足近地表建模和静校正计算方法的要求，对于基于表层调查资料的模型内插方法，可能再高密度的表层调查控制点也很难满足精确建模需求；而采用基于初至波信息的建模方法也不需要很高的控制点密度。一般需要进行控制点加密的区域主要是山地山前带交接区域或存在局部古河道的区域，在这些区域加密控制点的目的是揭示表层结构特点，提高对该区域表层结构模式的认识，以便更好地指导和约束基于初至波信息的建模工作，而不是通过加大控制点密度来获取高精度的近地表模型。如图6-30所示为某地区低降速带厚度和速度平面图，图中框内区域为古河道影响导致低降速带参数变化剧烈。为了更好地揭示河道区域的表层结构变化规律，则需要在河道及边界附近适当加密表层调查控制点。相反，在河道北部和南部低降速带较为稳定的区域，还可以大幅度减小表层调查控制点密度。总之，这类地区的控制点布设和资料采集与解释及分析工作，均是一个动态变化过程。

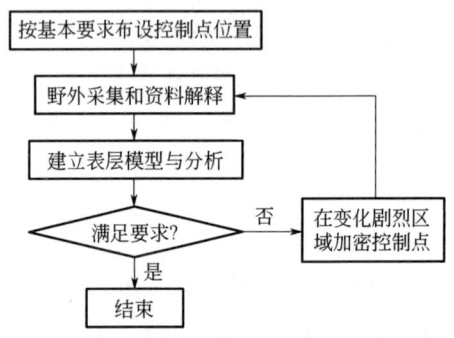

图6-29 单一岩性区表层调查控制点布设方法

关于单一岩性出露区的表层调查方法选取，首先，根据地形起伏情况确定出每个控制点的调查方法，如在地表平坦区域选择小折射法，在地形起伏剧烈区选择微测井法。在实施过程中，由于速度反转等原因造成个别点的小折射法调查结果不能满足要求，可以补做微测井。微测井是目前复杂地表区主要的表层调查方法，它适用于地形起伏剧烈，小折射无法实施的地段；对于存在速度反转和具有连续介质特征的地区，其调查精度明显好于小折射法。

四、地面地质露头调查

（一）适用条件和目的

地面地质露头调查主要适用于近地表岩性类型种类多且空间变化频繁的地区。目前的复杂山地区勘探，通常都进行地面地质露头调查工作。对于表层岩性单一或已有准确的表层地质图的地区，也可以不进行地面地质露头的调查。

地面地质露头调查主要是搞清楚工区的地表岩性和风化层分布情况，为激发分区和表层模型建立提供依据。

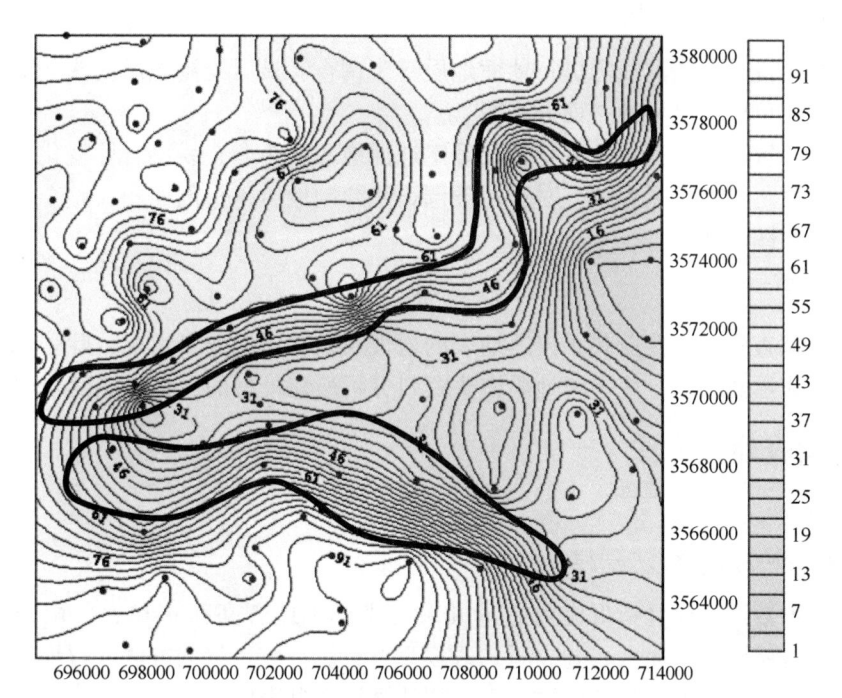

(a) 低降速带厚度平面图

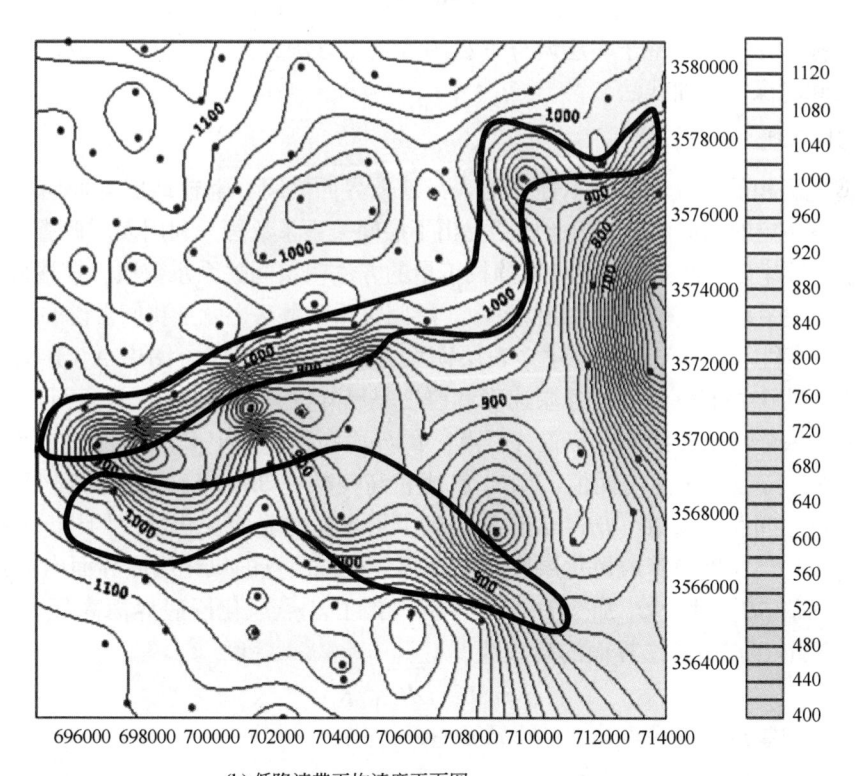

(b) 低降速带平均速度平面图

图 6-30 某三维表层模型平面图

（二）调查方法和成果

对于二维来说，每条测线需进行地面地质露头调查，最后绘制地质露头剖面，二维测线成网的地区还可以绘制岩性平面分布图。

对于三维工区，应根据岩性变化情况确定地面地质露头调查线，岩性变化剧烈区域应加密调查线，反之可减少调查线。对于每条调查线绘制地质露头剖面图，整个三维工区绘制地质露头平面图。

（三）成果的应用

地质露头调查资料直接反映了出露地表的岩性及风化层的分布情况，除了用于激发参数设计外，在表层建模时，应参考地质露头资料分析所建模型的风化层速度合理性。

五、表层调查建模方法

（一）层间关系系数法建模

层间关系系数法建模是指仅应用测量成果（坐标和地表高程）和表层调查资料（各控制点解释的各层厚度、速度）建立近地表模型并计算静校正量的方法，习惯上称这种方法叫表层模型法。实质上，基准面静校正量的计算均来自表层模型，因此，将仅用表层调查资料建立表层模型的静校正方法称为表层模型法是不合适的，应该对每种方法有更准确和具体的名称。在此，把基于表层调查资料的静校正方法分为三种：高程校正方法、层间关系系数法和时深关系曲线法。

1. 方法原理

由于近代沉积的连续性和继承性，地表与地下界面之间，上覆地层界面与下覆地层界面之间存在着一定的相似性，基于此思路提出了层间关系系数法。利用表层调查控制点资料和层间关系系数建立近地表模型并计算静校正量的方法叫层间关系系数法，描述层间关系的系数称为层间关系系数，有时也称相似系数。层间关系系数法也就是我们常说的模型法。

图6-31为利用层间关系系数建立表层模型方法原理示意图，图中A、B为两个表层调查控制点，两个控制点位置的各层速度和厚度是已知的，利用式(6-24)可以内插出A、B控制点之间每个炮点和接收点位置（C点）的界面高程。图中C点位置下的SH_0为利用A、B两点地表高程的线性内插值，用C点地表高程减去SH_0得到地表高程变化量DH_0，该变化量乘以层间关系系数（$DH_0×K$）就得到下层界面的界面变化量。同样，将A、B控制点位置的风化层厚度换算成风化层底界面高程，根据两点的风化层底界面内插出C点位置的线性内插值SH_1，用SH_1加上$DH_0×K$，就得到了C点风化层底界面高程H_1。以此类推，可以计算出C点的各层界面的高程值。

$$H_i = SH_i + DH_{i-1} × K_i \tag{6-24}$$

式中　H_i——控制点间任一点第i层的界面高程，m；
　　　SH_i——控制点间任一点第i层界面高程的线性内插值，m；
　　　DH_{i-1}——控制点间任一点第$i-1$层的高程变化量，m；
　　　K_i——第i层界面与上面地层界面间的层间关系系数。

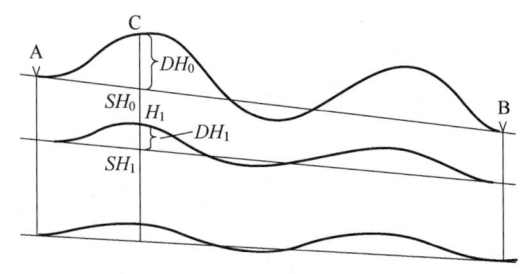

图 6-31 层间关系系数法原理示意图

根据上述方法，利用所有表层调查控制点资料，可以内插出全区每个炮点和接收点处各层界面的高程值。每个接收点和激发点的速度通常利用线性内插方法求得，即利用表层调查资料得到的各层速度内插出每个炮点和检波点位置对应层的速度。

2. 层间关系系数的确定

影响层间关系系数法应用效果的关键参数是层间关系系数的合理性。理论上的层间关系系数选择范围是在-1 到 1 之间，一般是在 0~1 之间。当层间关系系数等于 1 时，表示上界面、下界面的起伏方向和幅度一致；层间关系系数等于 0 时，表示上界面、下界面的变化无关，其界面只是按照两边控制点的线性内插结果；当层间关系系数等于-1 时，上界面、下界面的起伏幅度相等，但方向相反。如果将层间关系系数设置为 0.5，则下覆界面是上覆界面的起伏幅度的一半，但方向一致。

层间关系系数的确定方法有三种：

（1）试验法：用不同层间关系系数建立表层模型并计算静校正量，并分别进行资料处理，通过对水平叠加剖面的对比分析，选择效果最好的一组层间关系系数作为最终应用系数。

（2）模拟法：初至折射静校正方法往往效果较好，但初至时间拾取和计算的工作量较大。这时，可在工区内选择有代表性的一条或几条测线，采用初至折射静校正方法计算出静校正量，并经验证后效果较好。以初至折射静校正量为标准，对不同层间关系系数所得的静校正量进行评估，即用多组层间关系系数计算的静校正量与初至折射静校正量做相关或求两者的方差值，取相关性较好或方差值最小的一组层间关系系数作为最佳层间关系系数，在全区内应用。

（3）统计法：利用不同地表条件下得到的表层调查控制点数据，根据用户确定的统计分析范围（参与统计计算的半径），经程序自动计算后，可得到各层的空变的层间关系系数，利用该系数建立全区的表层模型并计算静校正量。图 6-32 为该方法计算的层间关系系数平面图。

前两种层间关系系数确定方法实施起来较复杂，往往需要一定的工作周期，第三种方法使用简单、方便，是目前最常用的方法。

（二）时深关系曲线法

1. 定义和表示形式

反映深度和时间之间关系的曲线称为时深关系曲线，简称时深曲线。时深关系曲线方法最早应用于沙漠区，因此多被称为沙丘曲线。21 世纪初，该方法被推广到山地山前带、

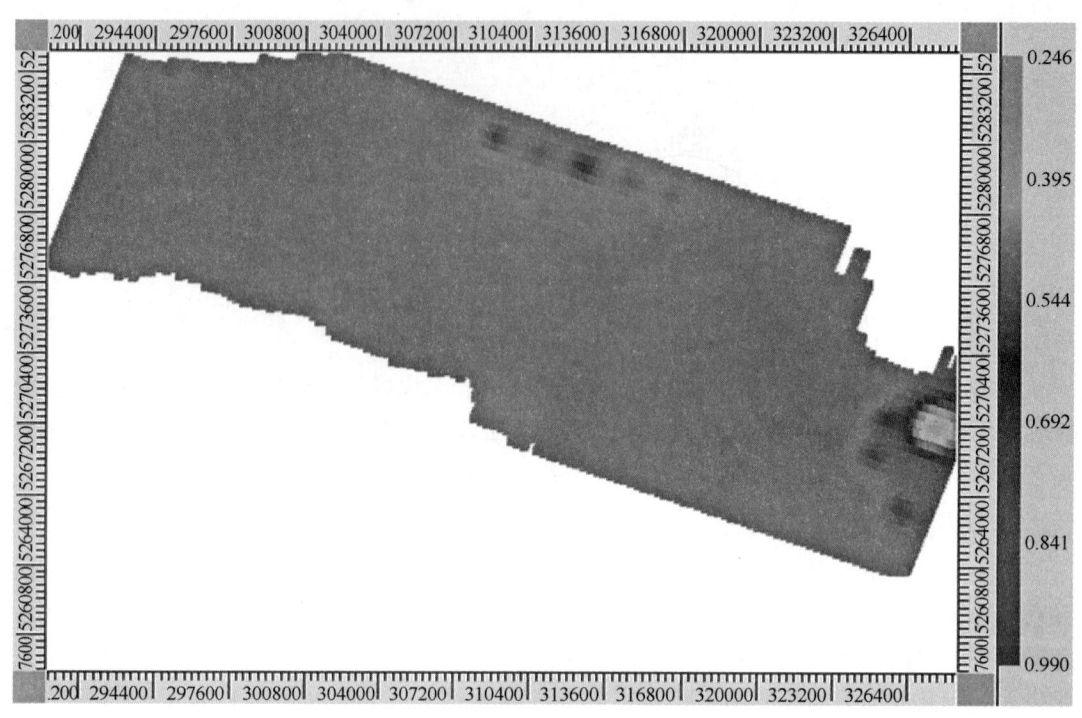

图 6-32　计算法得到层间关系系数

黄土塬等地区，随之又有了山丘曲线、黄土山曲线等名字。但时深关系曲线应该是较恰当的统称。由于垂直时间和深度的关系是最常见的描述方式，因此，该方法就被命名为时深关系曲线。实际上，时深关系曲线共有三种表现形式：

1）时间和深度的关系

时间和深度的关系就是常说的垂直时间和深度的关系，这是最常用的表达形式和应用方式。

2）深度和速度的关系

有了时间与深度的关系后，同样可以换算成深度与速度的关系。这里的速度可能有两种：一是用深度除以对应的总垂直时间，这样得到的相当于从地表到某一深度之间的平均速度；二是用某一深度段的深度差除以对应深度段的垂直时间差，这时得到的速度为某一深度范围的速度，如果这个深度段在同一速度层中，这个值就相当于层速度。

3）垂直时间和折射延迟时的关系

反映垂直时间和折射波延迟时之间的关系，主要是用于折射静校正方法中延迟时向垂直时间的转换，也可以用于分析折射波延迟时与垂直时间的关系和误差情况。这种表示方式用得较少。

2. 时深关系曲线的生成

针对不同类型地区或掌握的资料情况，生成时深关系曲线的方法也不尽相同。总体上讲，生成时深关系曲线的方法有沙丘调查方法、初至折射迭代法、微测井法。

1）沙丘调查方法

沙漠区（如塔里木沙漠区）一般有着稳定的潜水面，其潜水面就是高速层。早期的时深关系曲线生成方法就是沙丘调查方法。其具体实施方法如下：

（1）布设一个能横跨一个或两个沙丘的排列（图6-33），在沙丘两端的低洼地各放一炮，按 ABC 方法［式(6-25)］求出沙丘上每一接收点的延迟时。如 G 点的延迟时为：

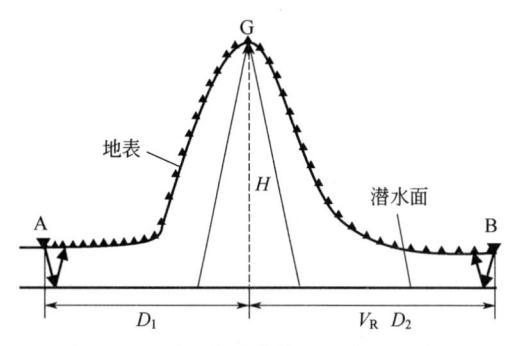

图 6-33　时深关系曲线调查方法示意图

$$t_{dG} = \frac{t_{AG} + t_{BG} - t_{AB}}{2} \tag{6-25}$$

式中　t_{dG}——G 点的延迟时，ms；
　　　t_{AG}——A 点到 G 点的初至时间，ms；
　　　t_{BG}——B 点到 G 点的初至时间，ms；
　　　t_{AB}——A 点到 B 点的初至时间，ms。

（2）在沙丘两端的低洼地各做一个表层调查控制点（小折射或微测井），求得潜水面高程，用两个表层调查控制点的潜水面高程通过线性内插得到每个接收点位置的潜水面高程，进而通过地表高程与潜水面高程的差求出风化层厚度。

（3）根据式(6-26)计算出高速层速度；按照厚度和折射层速度，利用式(6-27)将延迟时转换为垂直 t_0 时间。

$$V_R = \frac{D_2 - D_1}{t_{BG} - t_{AG}} \tag{6-26}$$

式中　V_R——高速层速度，m/s；
　　　D_1、D_2——AG、BG 之间的距离，m；
　　　t_{AG}、t_{BG}——AG、BG 之间的初至时间，s。

$$t_0 = \sqrt{t_{dG}^2 + \frac{H^2}{V_R^2} \times 1000} \tag{6-27}$$

式中　t_{dG}——G 点的延迟时，ms；
　　　t_0——G 点的垂直 t_0 时间，ms；
　　　H——风化层厚度，m；
　　　V_R——高速层速度，m/s。

（4）以风化层厚度和垂直 t_0 时间为基础数据，通过分析两者之间的变化规律，确定时深关系曲线计算方法，最终根据确定的方法拟合出时深关系曲线（沙丘曲线）。时深关系曲线的计算方法有二次函数拟合法、多项式拟合法、列表法。所谓二次函数和多项式拟合就是利用全部时深关系数据进行二次函数或多项式拟合，得到时深关系曲线方程。列表法是根据时深关系数据的变化规律，在不同深度确定出对应的时间，两个深度之间的时间通过线性内插求得。实际工作中最常用的是二次函数和列表法。图6-34为列表法生成的时深关系曲线。

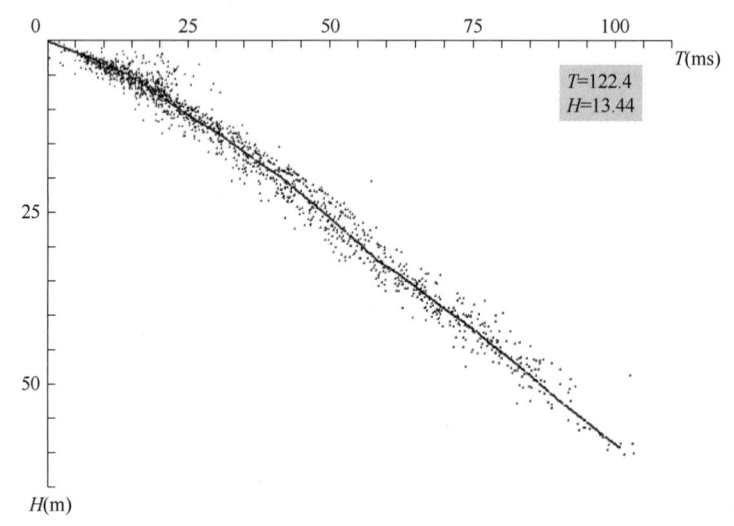

图6-34　列表法生成的时深关系曲线

2）初至折射迭代法

利用初至折射静校正方法可以求得折射波延迟时，而计算静校正量需要的是垂直t_0时间，实现延迟时到垂直t_0时间的转换和表层模型的反演主要是通过时深关系曲线。在用初至折射静校正方法计算静校正量时，时深关系曲线起到"纽带"作用，利用这种"纽带"作用提出了初至折射迭代生成时深关系曲线方法。对于沙漠区（如塔里木盆地沙漠区）的高速层顶界面就是潜水面，而这个潜水面是一个非常稳定的单斜面。以时深关系曲线约束初至折射反演的高速层顶界面是否接近于单斜面为准则，判断时深关系曲线的合理性，最终通过多次迭代得到最佳时深关系曲线。图6-35是初至折射迭代生成时深关系曲线方法的流程图，首先用初至折射方法计算了延迟时，利用初始时深关系曲线反演出高速层顶界面。由于初始时深关系曲线误差较大，高速层顶界面会存在较大误差，就需要对初始时深关系曲线进行修改。利用修改后的时深关系曲线再进行模型反演，得到新的高速层顶界面，看高速层顶界面是否最大程度地接近单斜面（模型是否合理）。如果不接近则再次修改时深关系曲线并进行模型反演，如此迭代下去，直到高速层顶界面很好接近单斜面为止，就确定了新的时深关系曲线。

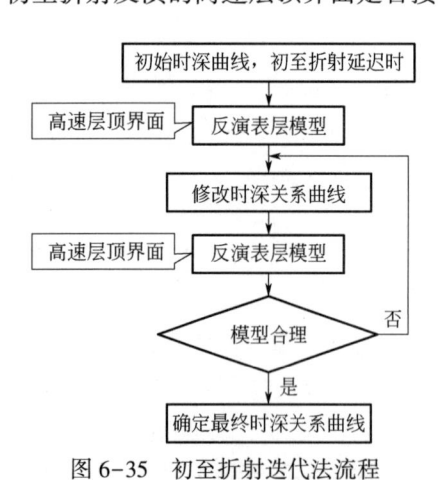

图6-35　初至折射迭代法流程

图6-36为上述方法得到新老时深关系曲线对比，由于该区风化层最大厚度在70m左右，因此，两条曲线只在70m范围内做了较大修正。图6-37是利用老时深关系曲线和上述方法新生成的时深关系曲线反演近地表模型，可见，新时深关系曲线反演的高速层顶界

面更加平缓，与老的时深关系曲线相比有了较大改进。

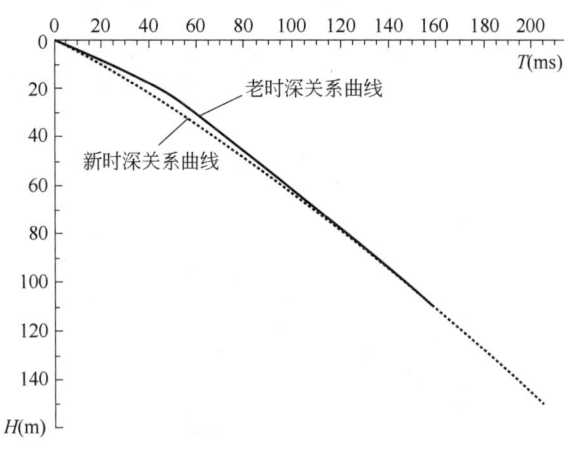

图 6-36　新老时深关系曲线对比

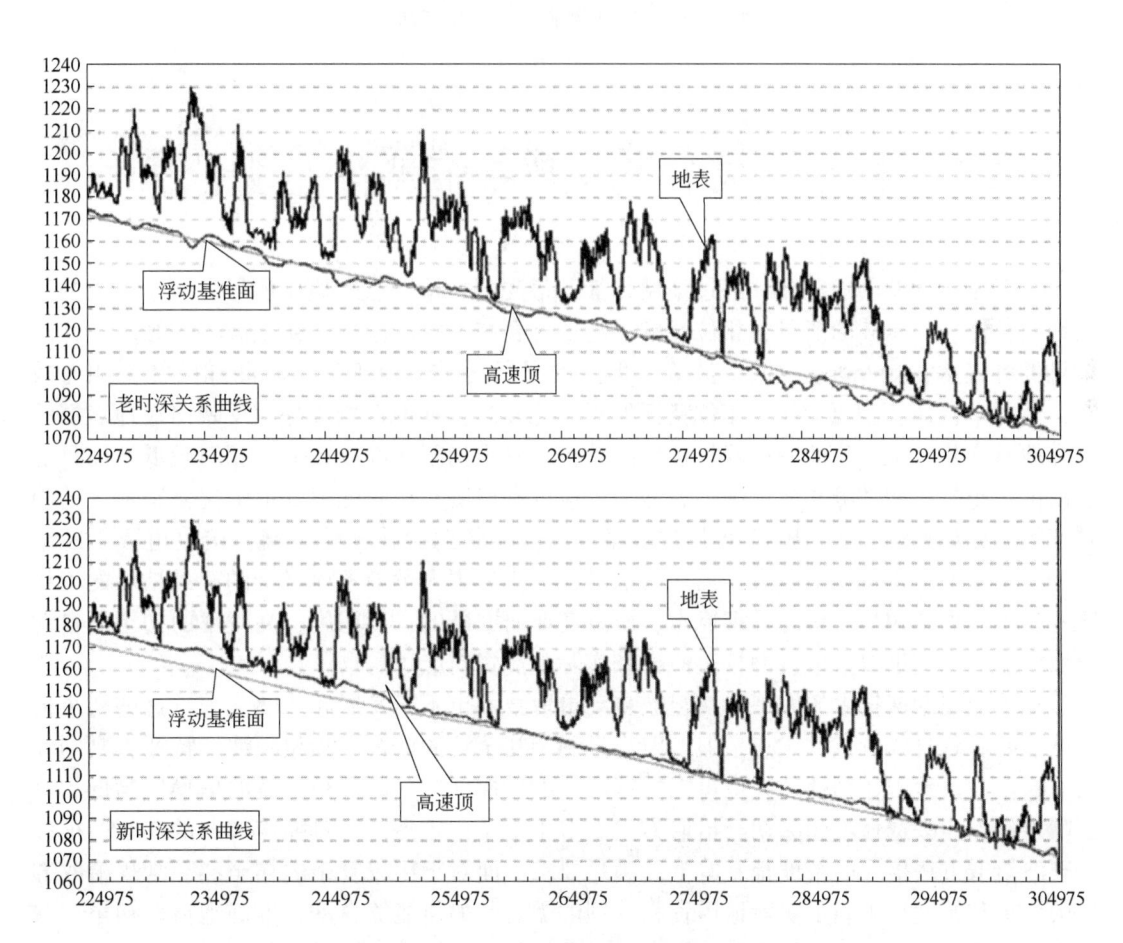

图 6-37　新老时深关系曲线反演的高速层顶界面对比

3）微测井法

对于黄土塬、山地山前带及有些沙漠区等，虽然表层具有连续介质特征，但往往没有稳定的高速层顶界面（起伏变化较大），因此，这类地区的时深关系曲线主要靠微测井资料生成。具体实现方法如下：

利用工区内全部微测井资料，将不同深度的初至时间转换为垂直 t_0 时间，把所有微测井得到的不同深度对应的垂直 t_0 时间叠合在一起，用二次函数拟合、多项式拟合或列表法生成时深关系曲线。图 6-38 为某地区利用 100 多口微测井资料，采用二次函数拟合方法生成的时深关系曲线。

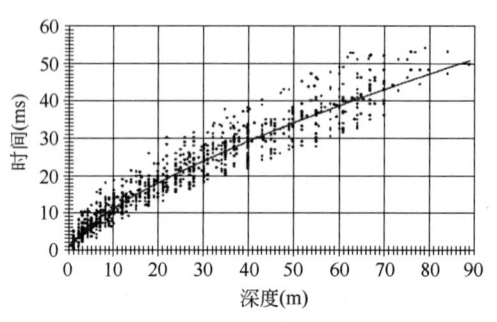

图 6-38　用微地震测井资料生成曲线

第三节　初至拾取

初至波指激发的地震波，经过地层传播，最先到达检波点的地震信号。对于不同的地表地质条件，初至波的能量、相位、频率特征都存在一定的差异。初至波种类很多，比较常见的有直达波、折射波、回折波等，但主要是折射波。由于传播时间和路径都相对较短，其频率特征、振幅特征、相位特征保真度比较高，利用它能较好地反映出近地表层的实际地质变化情况，从而完成静校正量的计算。室内初至波静校正成本相对较低，而且能反演出比小折射和微测井更详细的近地表层速度和厚度，从而能很好地解决复杂地区的静校正问题，如沙漠、黄土塬以及山地勘探等。但随着勘探技术的发展，接收道数不断增加，初至拾取工作量越来越大，初至拾取已经成为处理人员最不堪忍受的、最枯燥的工作之一，也占据了相当比重的处理成本，所以需要研究新的、高精度、高效率的初至波自动拾取方法，以满足复杂地表静校正研究和实际地震资料应用需求。

随着地震勘探技术的发展，初至波自动拾取技术也不断发展和成熟起来，这些初至拾取方法有着各自的特点、优点，但一般都是利用初至波的振幅、相位、波形特征去判别和拾取初至波。地震数据处理人员可以根据不同的勘探区域，以及初至波的信噪比高低和背景噪声特点，去选择不同的初至拾取方法。对于信噪比较高、背景噪声较弱的初至，很多初至波拾取方法拾取的精度都基本上能满足要求；而对于比较复杂的初至波，常规拾取方法的效率和精度很难满足实际地震资料处理的需要。如何能够自动、准确地拾取初至，减少人工修改和拾取初至的工作量，提高地震数据处理的效率和质量，仍然是一个需要持续研究的课题。

目前，初至拾取的方法主要是根据地震波振幅、相位、频率等特征的变化情况以及相邻地震道之间的相关性来判断初至点的位置。这些方法主要分为数字图像处理法、时窗地震属性特征法、神经网络法等。其中，应用较多的是相关法、能量特征法、瞬时强度比法、分形维数法等。这些方法主要是通过判断地震道的变化确定初至时窗的属性特征。现有的方法大致可以分成四大类：

第一类是基于地震信号振幅特征的方法，代表方法有能量比值法、最大振幅法等。这类方法假设地震波到达前接收到的信号是动态均衡的，而当地震波到达后动态均衡被打破，在接收到的地震信号上出现了拐点，这个拐点具有瞬时性，当初至波到达后，地震信号又恢复到一个新的动态平衡。这个拐点就是地震数据处理中的初至波，具有较强的振幅特性。最大振幅法和能量比值法就是根据这一特性拾取初至波。这种方法的主要缺点是对噪声敏感，当地震记录的信噪比较低或是初至特征不明显时，很难保证拾取初至的精确性。

第二类是基于地震信号波形特征的方法，主要是以地震记录中各地震道的整体特征为出发点，代表方法主要有相关法、约束初至拾取法和线性最小平方预测法等。这类方法能够对地震记录中的噪声起到一定的压制效果，对噪声不敏感，具备一定的抗噪声能力，但对于地表情况比较复杂，地震波波形变化很大，噪声太强的初至波拾取效果也不理想，但该类方法有速度快、容易实现等优点。

第三类主要是综合利用地震初至波的多维信息，代表技术主要有神经网络初至拾取技术、分形走时初至拾取技术以及模式识别技术等，这类方法目前的应用面还比较少，主要是针对有一定相似程度的初至波拾取，如海上地震数据初至拾取。但对地震数据初至波的信噪比依赖性较大，很多数据拾取效果不理想，尤其是复杂近地表数据初至波拾取，这类方法实现起来比较困难。

第四类是采用图像法进行初至拾取。该方法主要根据初至波反映在图像中的所具有的特点和规律进行初至波的拾取，如基于边缘检测以及边界追踪等技术的初至波自动拾取方法。这种方法借助于现已较为成熟的图像边缘检测等技术，可有效地降低地震记录中噪声带来的影响。

一、能量比值法初至拾取

在地震记录上，初至时间是一个非常特殊的点。在它之前的地震有效信号为零，存在的只是噪声，而在它之后是有效的地震信号。初至前后时窗内的地震能量特征存在非常大的差异，能量比值法就是利用这一特点判断初至时间。

选取炮集记录，定义初至拾取参考时窗，然后在时窗内使用能量比值法自动拾取初至波。在初至参考时窗的选取中，起始时间可按照初至波速度来分段定义（可先应用静校正量），在单炮记录上交互设定时窗大小，选择的范围尽量使整个工区的初至包含在时窗内。对时窗内每道记录按下式计算能量比，滑动时窗得到能力比曲线。能量比值计算公式为：

$$F(i) = \frac{E(w_i)}{\frac{1}{i-1}\sum_{j=1}^{i-1}E(w_j)} \tag{6-28}$$

式中　$F(i)$——当前视周期的能量与前面视周期能量平均值的比值；

$E(w_i)$——地震波形在第 i 视周期内的能量。

如果 $F(i)$ 大于一个阈值 R 时，则认为视周期 w_i 为折射波。如果将 $E(w_i)$ 换成视周

期的极大值 $A_{\max}(w_i)$，就是极大振幅比值的计算公式。本节将简要介绍"好初至波"拾取技术和初至波迭代拾取方法两种方法。

(一) "好初至波"拾取技术

初至智能拾取技术是对滑动时窗能量比值法的改进，并根据实践经验得出识别"好初至波"的判别方法。

设某一记录道 $x(t)$ 的离散序列为 x_i，其振幅绝对值 A_m 的平均为：

$$A_m = \frac{1}{n}\sum_{i=1}^{n}|x_i| \tag{6-29}$$

式中　n——采样个数；
　　　i——采样序列号。

给定时窗 W，能量比计算公式为

$$\begin{cases} a_i = \sum_{j=i}^{i+W}x_j^2 \Big/ \left(A_m^2 W + \sum_{k=1}^{i}x_k^2\right) \\ b_i = a_i \cdot i \\ c_i = a_i \cdot i^2 \end{cases} \tag{6-30}$$

分别求取 a_i、b_i 和 c_i 的最大值以及最大值出现的采样序号 $p1$、$p2$ 和 $p3$

$$\begin{cases} A_{p1} = \max\{a_1,a_2,a_3,\cdots,a_n\} \\ B_{p2} = \max\{b_1,b_2,b_3,\cdots,b_n\} \\ C_{p3} = \max\{c_1,c_2,c_3,\cdots,c_n\} \end{cases} \tag{6-31}$$

当满足条件时，记录道 $x(t)$ 的初至波为"好初至波"，P 为初至波峰的采样序号近似值：

$$P = p1 = p2 = p3 \tag{6-32}$$

由式(6-30)可知，a_i 表达式计算了短时窗内的能量与一个滑动长时窗(从零点到短时窗的起始处)内的能量之比，能量比最大的时间是初至波峰的估计值。a_i 对初至波到达前随机噪声的能量变化较敏感，c_i 却大幅度提高了续至波的能量比值而降低了初至波到达前随机噪声的能量比值，b_i 则为两者的折中。"好初至波"的识别过程是一个筛选过程，a_i 与 c_i 总是相互对立，b_i 介于二者之间，而 P 点则是对立统一的平衡点。

式(6-32)的条件比较苛刻，不能得到足够多的"好初至波"，在资料信噪比过低且得不到"好初至波"的情况下，可以考虑退而求其次：

$$\widetilde{P} = p1 = p2 \tag{6-33}$$

$$\widetilde{P} = p2 = p3 \tag{6-34}$$

式中　$\widetilde{P}$——初至波峰的采样序号近似值。

即当满足式(6-33)和式(6-34)之一时，记录道 $x(t)$ 的初至波为"好初至波"。式(6-33)和式(6-34)的条件相对宽松，但不严谨，在实际应用中最好还是采用式(6-32)。

由于 P 点只是初至波峰的大概位置，因此在一个短时窗内根据地震波形找出波峰的位置，并不要求短时窗等于或约等于初至波的视周期，通常给 40ms 即可。图 6-39 是合成记录道识别"好初至波"的结果。由图可见，$p1$、$p2$ 和 $p3$ 聚焦成 P 点，该记录道存在"好初至波"。

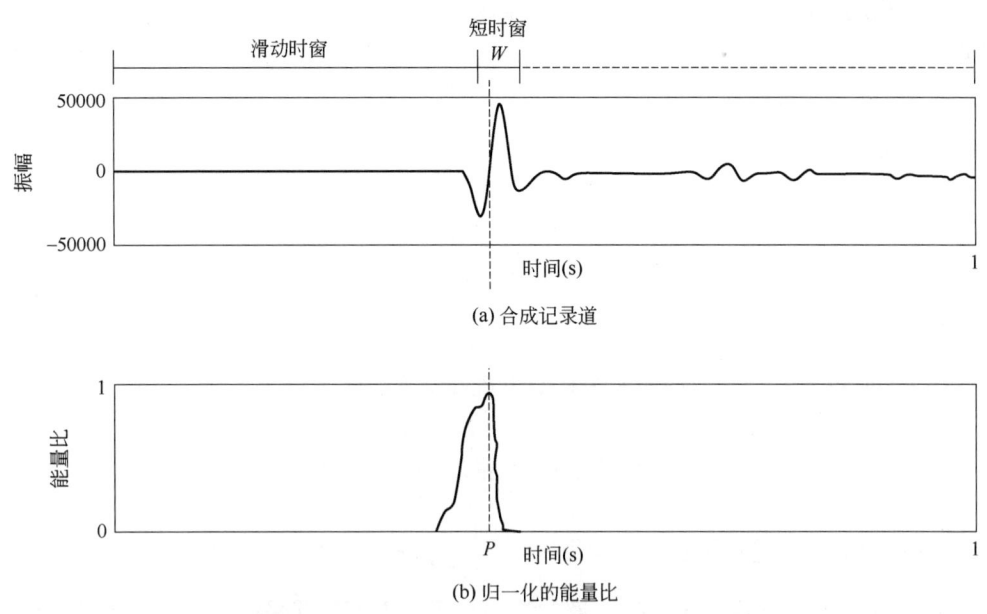

图 6-39 合成记录道"好初至波"识别结果

图 6-40 是较理想的实际记录道识别"好初至波"的结果。$p1$、$p2$ 和 $p3$ 聚焦成 P 点，说明该记录道存在"好初至波"。

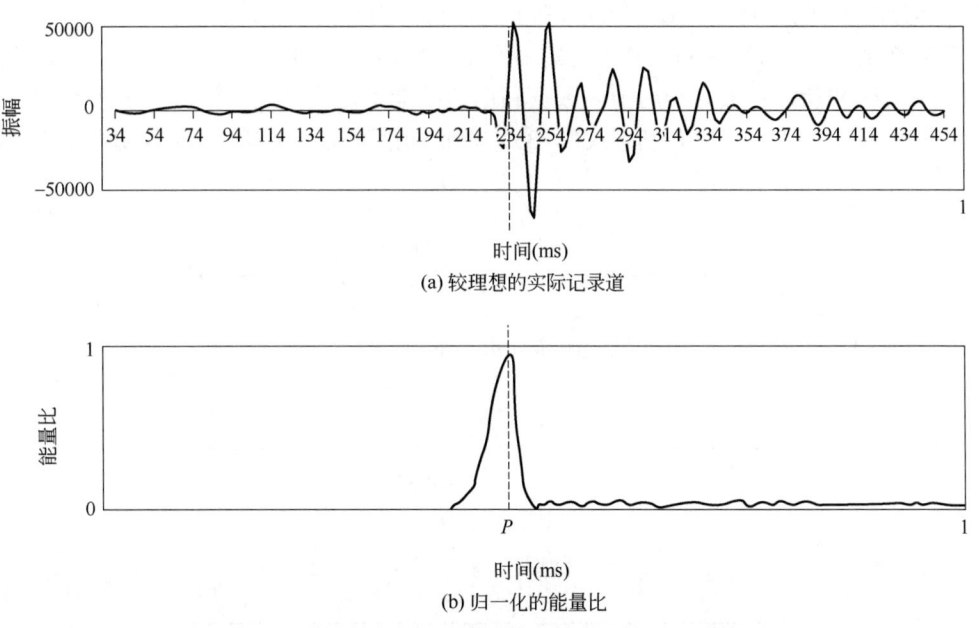

图 6-40 较理想的实际记录道"好初至波"识别结果

（二）初至波迭代拾取方法

初至波迭代拾取方法，主要包括：结合图像处理和现有的拾取方法，提出了新的能量比值公式,尽量避免随机干扰波和续至波的影响;对拾取的初至波进行质量评价,剔除异常初至波;利用层位追踪等技术对异常初至修正,提高拾取初至的数量和质量。具体实现步骤如下。

1. 初步拾取

结合图像处理和现有的拾取方法,新的能量比值公式计算每一道每个采样点处的能量比值:

$$R(r) = \frac{\left(\frac{N}{M+A^2 W(s)}\right)^4 \times (M-N)^2}{r^2} \quad (6-35)$$

式中 M——所用道的长时窗内所有采样点的能量之和,$M = \sum_{p=1}^{r} x_p^2$;

N——当前点之后 $W(s)$ 个采样点的能量之和,$N = \sum_{p=r}^{r+W} x_p^2$;

A——道的振幅绝对值和的平均值,$A = \frac{1}{n}\sum_{r=1}^{n}|x_r|$;

r——长时窗的结束样点,每一道的第一个采样点到当前采样点的长度为长时窗;

n——道的采样点数;

$W(s)$ ——短时窗的计算点数,计算点数随炮检距 s 不断变化;

$A^2 W(s)$ 主要是为了提高初至拾取的稳定性,$(M-N)^2$ 主要是减小初至前随机噪声的干扰,部分地压制了初至波到达前的随机干扰,提高初至拾取精度。

实现步骤如下:(1)在初至附近选定一定范围内时窗,如图 6-41(a)所示,时窗内数据如图 6-41(b)所示;(2)对时窗内数据利用新的能量比值公式计算每个采样点的能量比值,如图 6-41(c)所示;(3)利用式(6-35)在不同信噪比的地震道上寻找初至波峰点。

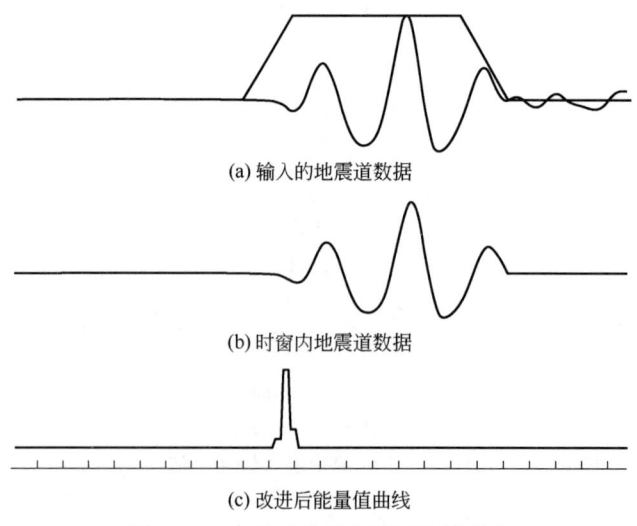

(a) 输入的地震道数据

(b) 时窗内地震道数据

(c) 改进后能量值曲线

图 6-41 方法改进后的能量比值曲线

图 6-42(a)是不受干扰的地震道,图 6-42(b)是具有较大干扰波的实际地震道。对

信噪比高的地震道，均能有效地确定初至波峰点位置，但是对信噪比低的资料，改进后的方法具有较强抗干扰能力，有效确定初至波峰点位置。

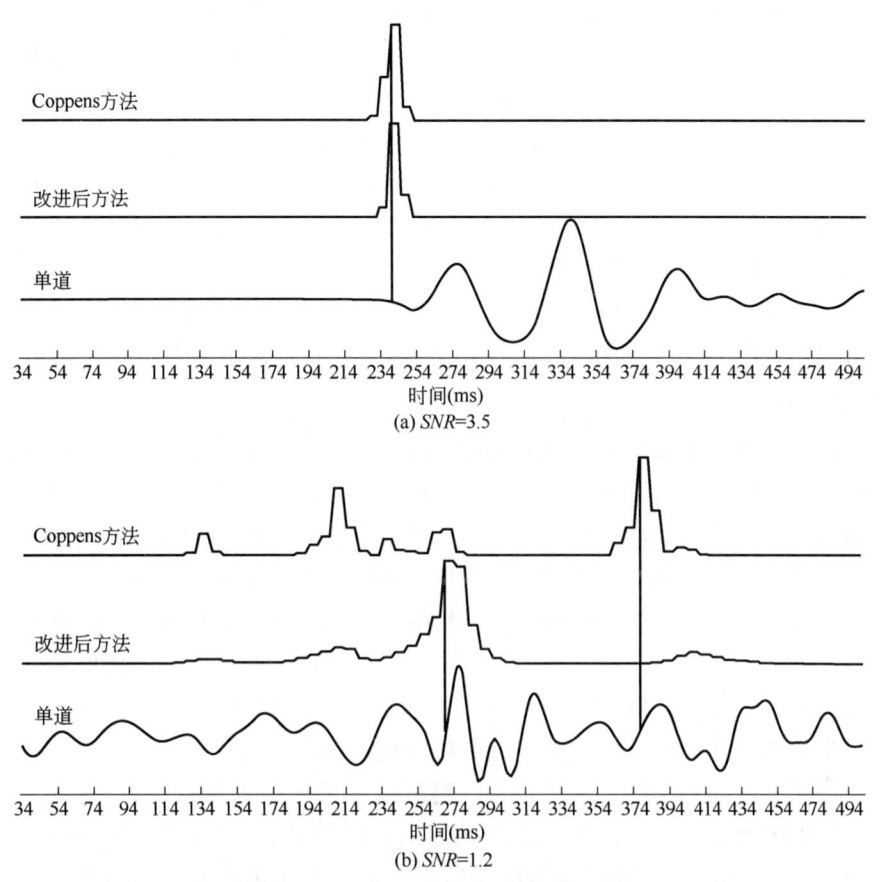

图 6-42 不同信噪比资料的能力比曲线

2. 初至评价

影响初至拾取质量的因素有很多，如震源类型、信噪比、近地表结构变化、坏道、异常道等。因此在任何一种自动拾取的过程中，有效检查将助于减少错误的初至拾取，提高拾取的成功率。现有的自动质量控制拾取方法主要使用标准方差来判断初至异常值，这类方法对于地表变化不大的探区非常有效，但对于初至变化大的探区不能有效检测奇异值。

由于初至波主要由折射波、直达波及回折波组成，回折波可看成是由多组折射波复合而成的，同一炮的相邻两个检波点的初至起跳时间一般不会有较大的突变，根据此假设，相继各道合理的拾取时间应形成连续的折射段或同相轴。另外，也可以对原始地震资料应用静校正和线性动校正，在消除地表起伏或传播距离对初至分布的影响后，初至应变得光滑和有序。可以根据这些特点，对拾取的初至质量进行评价。

计算一炮相邻道的初至时间差的绝对值的平均值 $\bar{\omega}$ 为：

$$\bar{\omega} = \sum_{i=2}^{m} \frac{|t_i - t_{i-1}|}{m-1} \tag{6-36}$$

式中 m——一炮的总道数；

t_1，t_2，…，t_m——第1道到第m道的初至时间。

任一道初至时间t_i，对相邻初至时间差分进行组合，如果满足$|t_i-t_{i-1}|<k\overline{\omega}$，$i-n \leq j \leq i-n+8$（$-1 \leq n \leq 9$，$1 \leq j \leq m$）条件中的任意一个，该道初至的可信度系数为1，如果均不满足，该道初至的可信度系数为0。门槛值$0 \leq k \leq 1$，缺省情况下为0.5。对信噪比高的资料，该门槛值参数取的大一些，反之，该门槛值参数取的小一点。

相邻道的初至时间不能有较大的跳跃，根据这一原则，对于跳跃较大初至点，以五点取样法为理论依据，进行初至可信度计算，即选取任一道初至时间，对该道和相邻的前后四道初至时间排序，如果某道排序前后的位置序号差大于等于2，则该道初至的可信度系数为0，否则该道初至的可信度系数为1。

结合上述两种方法对每道可信度计算，每一炮每道初至都得到两个可信度系数，对于任一道，如果两次得到的可信度系数均为1，该道为可靠初至，否则为可信度低初至。

3. 二次拾取

自动拾取后，部分道的初至可能没有被拾取。为增加拾取道数，最大限度地找出初至时间，需将可靠初至作为给定数据点，对可靠初至分布进行拉格朗日、多项式等不同形式拟合；以可信度低的初至道拟合线作为中心，拾取范围为拾取短时窗长度的一半，通过可靠初至的波形和能量在该局部小范围内重新拾取可信度低的初至。

二次拾取过程中，利用初至波的能量、频率、波形等对初至波再次进行判断，剔除掉异常初至波，提高自动拾取质量，减少手工交互的工作量。通过对自动拾取不准确的初至评价和二次拾取，可极大地减少手工编辑的工作量，使拾取工作效率提高几倍至十几倍。同时，初至拾取精度的提高，也可更好地提高静校正效果。

为了验证该方法的实用性，应用该方法对西部某可控震源资料（图6-43）进行初至拾取测试。该地区地形高差大，表层多为不含水的干燥地层，风化层变化剧烈，存在较强的50Hz干扰和固定源干扰，整体背景噪声很强，从而给初至拾取带来困难，常规的拾取方法不能较好地拾取。图6-43为初步拾取的结果，由于噪声的影响，很多道信噪比低于1，已经无法识别初至波的精确位置，因此很多受干扰的道拾取初至位置不正确。

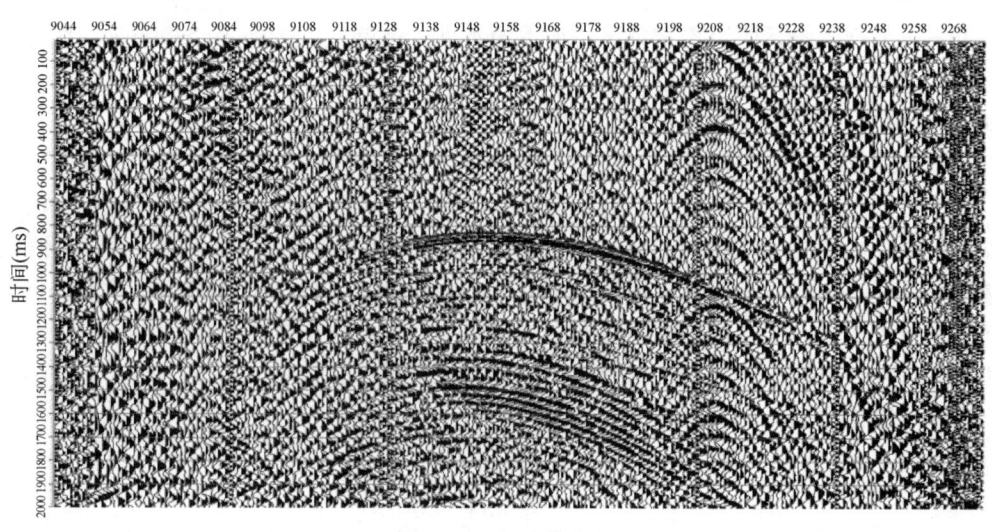

图6-43 初步拾取

初步拾取完成后，可以看出地震记录上异常道的初至无法精确定位，因此对初步拾取的初至需要进行评价，对异常道进行筛选、剔除，但是第9054道和第9106道附近相邻道连续性好的初至波不能有效识别。经过初至评价，寻找标定可靠的初至，利用可靠初至在局部范围内对可信度低的初至道进行二次拾取，但是在二次拾取过程中对相对连续性好的异常初至进行剔除，拾取结果如图6-44所示。对比图6-44和图6-43可以看出，图6-43中第9054道和第9106道附近的初至波在初至评价的过程中未识别出来，但是在二次拾取的过程中利用初至波的能量、频率、波形等进行判断而被剔除掉了。

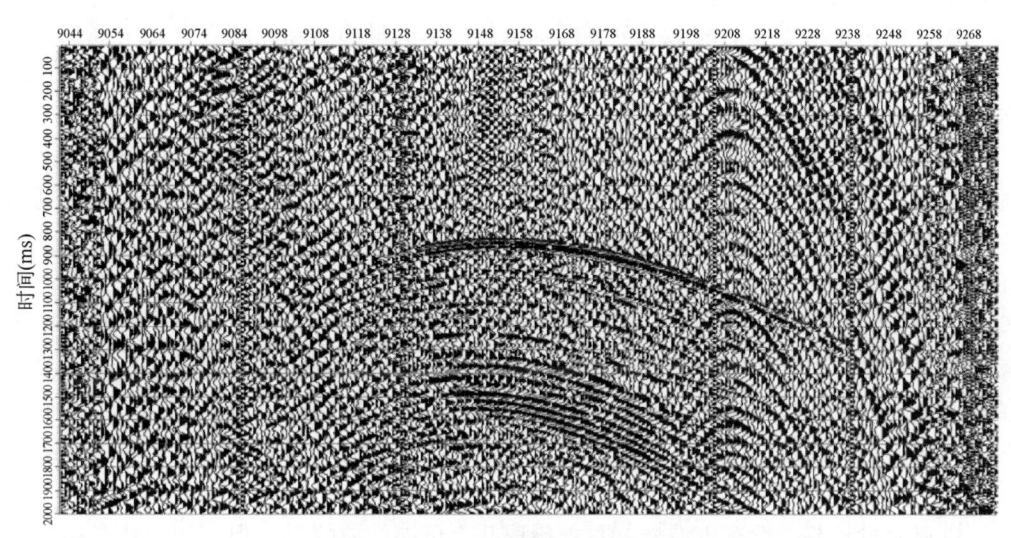

图6-44 二次拾取和异常值剔除

通过探区实际地震资料应用效果表明：对于可控震源资料，当噪声很强、信噪比接近或大于1时，噪声和信号不易分辨，现有的自动拾取方法将失效，只能人工进行交互拾取，但利用改进后的方法能较好地自动优选拾取初至。

这种初至波自动拾取技术抗干扰能力强，无须建立约束模型，对井炮和海量可控震源资料均能有效拾取。该方法利用初至评价方法自动优选可靠初至，剔除异常道；利用优选的可靠初至对异常初至进行二次拾取。二次拾取完成后对初至波进一步判断评价，进而提高拾取精度和道数。该方法能灵活应付不同复杂度的资料，特别是对于海量的可控震源和地表起伏大、信噪比低的资料，初至拾取质量高，后续静校正效果好，满足实际生产应用需求。

二、基于互相关的初至波拾取

互相关技术能够比较两个波形的相似程度，当两个波形的变化形态完全一致时，相关系数达到最大值。而两个波形的变化形态完全相反时，相关系数为零。地震勘探中，因相邻两道接收点位置的不同以及地下界面的起伏变化等因素，由相同震源引起的反映地下同一反射界面的反射波在相邻两道上出现的时间将会不同。此时对相邻两道作零延时相关分析时，相关系数会比较小。若选择合适的延迟时间t_0，对其中一道作t_0延迟后再与另一道作相关分析，就可以获得最大的相关系数，此时的t_0值在应用中有着非常重要的意义，它反映了所研究的两个信号之间的时差，利用该时差可以得到两相邻道初至波的位置。相关系数的计算公式：

$$r_{xy}(t_0) = \sum_{t=t_1}^{t_0} x_t y_{t-t_0} \tag{6-37}$$

式中 $r_{xy}(t_0)$ ——t_0 的一个函数，也是两信号 x_t 与 y_t 的互相关函数；

t_0 ——延迟时间。

当 $r_{xy}(t_0)$ 达到最大值时，说明 y_t 在时间延迟 t_0 后与 x_t 最相似。在自动拾取中，$r_{xy}(t_0)$ 达到最大说明 x 记录 t 时刻的波形与 y 记录 $t-t_0$ 时刻的波形在同一搜索窗口内为初至波位置，根据该思想可以实现对所有记录道初至波的自动追踪。这种方法不能生成折射勘探中的绝对初至时间信息，需要利用从微测井调查或从若干剖面中得到的其他信息对初至波追踪结果数据进行标定，才能由折射数据得到最终的深度模型。

互相关中所用输入道的数据不应限制在数据的起止时间内，因为这会引起一些非零延迟时间的乘积为有效数据与零相乘，这会导致互相关振幅的减小。在用小时窗和大延迟时间时，这是一个值得重视的因素。因而，输入道的长度至少应为时窗的时间长度加上互相关中所使用的最大延迟时间。

通过扫描互相关函数 $r_{xy}(t_0)$ 的最大峰值，可得到两输入道间的时差。时间应精确到最接近的毫秒数，可以使用最大峰值两侧的值进行内插或重采样以缩短采样周期和拾取最大值的时间。如果两道完全相同，则归一化的互相关函数的振幅应为 1.0。随着振幅减小，两道之间时移的不确定性增加。当振幅低于规定的门槛值时（对应于质量较差的互相关函数），通常不再拾取时移。

当资料质量较差，没有主波峰，只能拾取几个可能的波峰时，保守的做法是拾取最接近零时刻那个峰值或拾取预期的时间差。自动拾取时应给出可供选择的若干个峰值，以后用有效性检验确定最合适的峰值。

如果两个输入道中有一道极性反转，则在互相关曲线上看到的是主波谷而不是主波峰。如果极性反转的道与某一特定的检波点位置有关，则对应的相邻两对检波点位置的互相关函数将含有一个主波谷。

早期计算剩余静校正的方法采用的是互相关技术。图 6-45 展示了由炮点 S 分别到检波点 R_1、R_2 和 R_3 的射线路径，所用的模型为两层，其速度分别为 V_1 和 V_2。如果用互相关方法比较在 R_1、R_2 两个接收点记录的折射波，则测得的时差就是射线路径 SABCR2 和 SABR1 之间的旅行时间之差的估计值。这里有两个关键分量：一个是在两个检波点处穿过近地表层的时差；一个是折射层分量，即以 V_2 传播的距离 BC，当然也存在噪声分量。

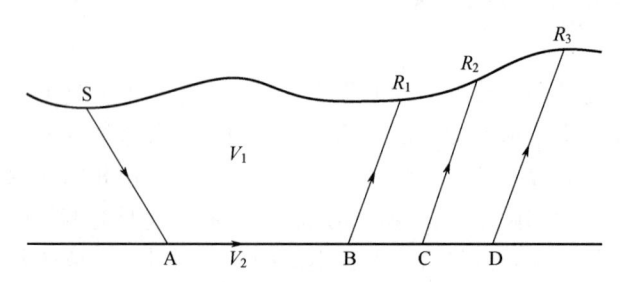

图 6-45 共炮点记录的互相关射线路径
V_1——近地表即风化层速度；V_2——折射层速度

对不同炮点在同一对检波点间的一系列互相关函数确定的时差进行平均，可以减小噪声分量的影响。为保证平均过程的有效性，不能因为所用的炮检距不同而造成折射层改变。此外，对不同的炮点，检波点到检波点的距离应为常量，对三维和弯线记录不一定遵循此规律。作为一种可供选择的平均过程，可先对互相关求和然后再拾取。这样可在拾取之前改善信噪比，至少可减少品质差的资料在互相关中所起的作用。其他方案包括用模型道如共检波点叠加道与单道互相关，这种方法可用来分析折射资料和反射资料。如果沿测线所有相邻叠加炮相关叠加炮相关的各对检波点重复（例如从 R_2 与 R_3、R_3 与 R_4、R_4 与 R_5 等），就可以生成该测线的相对折射波至时间剖面。

如有检波点的极性反转，则相邻的两个连续的互相关函数将含有一个主波谷。如果不拾取主波谷（通常情况就是这样），而是拾取主波谷两侧，那么相对于波谷时间来讲，拾取的初至既可以为正的振幅，也可以为负的振幅，这时在相对折射时间剖面上可能会出现周期跳跃。

实际上，通常用折射层时差校正（即消除了折射层速度分量）后的数据作互相关，这样在互相关中，折射层速度项就变成了速度误差项。对弯线资料和三维记录，通常已把与检波点—检波点距离有关的误差减小到了可接受的程度，这是因为折射层时差校正使用了正确的炮检距。

然而，也许有这样的观测系统，它与互相关法所比较的折射路径没有相同部分。首先考察一下存在相同部分的情形，并对此做一回顾。如图 6-45 所示，对于检波点 R_1 和 R_2 存在的相同部分为在低速层的路径 SA 及折射层中的路径 AB。在与图 6-45 的布置相对应的平面图 6-46 中，炮点 S_1、S_2 和检波点 R_1、R_2 都位于同一线上。这样，炮点到两个检波点的射线路径绝大部分都是相同的。

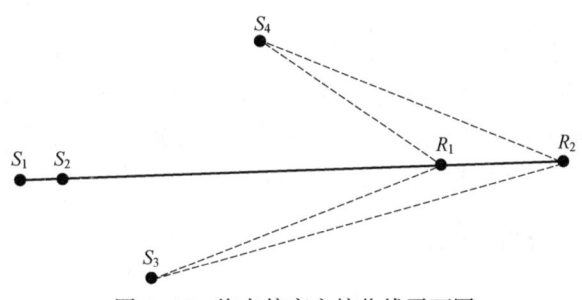

图 6-46　炮点偏离主接收线平面图

如果炮点偏离测线，就不是这种情况了，正如图 6-46 所示的炮点 S_3 和 S_4 那样。炮点穿过低速层和沿着折射层的传播路径对这两个检波点来说已经不同了。同理，对炮点 S_3 和 S_4，穿过近 R_2 地表层向上到达检波点 R_1、R_2 的射线路径也不相同。当炮点与检波点在测线上时，如图中 S_1、S_2 的情况那样，接收点的射线路径是相同的。

因此，如果接收线不直或炮点偏离测线，对于不同的炮点位置，两个相邻检波点间的互相关时间差不一定相同。在这些条件下，求平均值已不适合，必须估算出单个时差，并应用到将近地表三维特性考虑在内的解释技术中。然而，实际上，许多时候射线路径差（也就是到达时间之差）很小，所描述的平均方法可以用于所有数据或大部分数据。

如果采用中间放炮排列，必须对这排列的左右两半分别进行互相关处理。这是因为速度项随记录方向改变符号。在一个方向上，互相关是从大炮检距道到小炮检距道；而在另一个方向，互相关是从小炮检距道到大炮检距道。然而，这一差别可以并入平均过程，而且也可用于估计折射层速度。

一个坏检波点往往会产生两个低质量的互相关函数，为了克服这一问题，可以在可供选择的检波点间计算互相关，如 R_1 和 R_3、R_2 和 R_4、R_3 和 R_5 之间作互相关等。这些可用于有效性检查，或对相邻数值集合进行质量控制（QC），以便跳过质量不好的检波点，并形成偶数道和奇数道检波点剖面。对有问题的资料，缺口（即跳过的接收道数）有可能需进一步加大。在出现道极性反转时，这种方法也可能是有益的。例如，R_2 与 R_3 和 R_3 与 R_4 的互相关都出现了主波谷，但 R_2 与 R_4 的互相关出现了主波峰，这表明 R_3 为反极性道。

对检波点之间的互相关结果，稍做修改就可以得到不同炮点位置等价的相对折射波到达时间曲线。这就需要把图 6-45 中的炮点、检波点互换。也就是说，用同一检波点来自两个不同炮点的地震道进行互相关。共炮检距数据也可以作互相关运算，这种方法可消除速度误差的影响，但两道之间的时差必须分裂为炮点分量和检波点分量。对于多次覆盖记录，可以对许多共炮检距剖面进行比较。各对不同检波点的两个炮点之间的平均时差接近于所需的炮点—炮点差，因为检波点项的平均接近于零。对于弯线或三维记录，通过保证共炮检距彼此相差不大的值使速度误差项最小，该值应精心挑选，使得在应用折射层时差校正后折射波的旅行时间之差不超过几毫秒。

但是由于受噪声的影响，初至信号往往发生畸变。这时若直接利用互相关计算某两道的相关时差，将会得到错误的结果。对此，可利用信噪比较高、波形正常的初至波对畸变了的初至波进行整形滤波，恢复初至波的原貌，确保互相关计算的精度。

整形滤波前首先对炮集记录进行线性动校正，使初至波同相。当某一炮检距范围上的初至信号的信噪比较高、波形一致性较好时，对该范围上的信号进行统计（如叠加取均值），形成初至波模型道。假定有一个滤波算子，能使滤波后的结果与模型道的误差能量最小，则此算子就是要求取的整形算子。利用该整形滤波算子对输入的初至波进行滤波，得到整形后的结果。需要说明的是，不同炮检距上的初至信号其品质不尽相同，在利用统计法建立模型道时，最好分段进行，分别形成模型道，分别进行整形滤波。

三、人工神经网络拾取技术

能量比值法、最大振幅法、相关法都是只利用了初至波拾取中的一个特征。由于初至波随炮检距的变化，能量和波形特征差异很大，单靠一种初至波自动拾取方法很难准确拾取初至波。因此综合初至波自动拾取就显得比较全面和重要，其主要特点是抗噪声能力强，初至拾取适应范围较大，应用比较广泛，其中最常用的是人工神经网络技术。

石油地震勘探资料中的初至波具有不确定性的非结构化特点，一方面有效信号中混有大量的噪声信息，另一方面也很难找出它们精确的数学描述，难以建立它们的数学模型。而人工神经网络可以利用自学习和监督学习能力，而不需要进行数学分析和建模。初至拾取监督学习技术的特点是分析初至波的多维地震特征。能用于神经网络进行初至自动拾取的地震波特征很多，主要包括：视周期的峰值振幅、波峰与波瓣的振幅差、振幅和振幅包络的斜率、均方根振幅、视周期前后时窗内均方根振幅比、相邻道的均方根振幅比、视周期的宽度、波的分形特征 Hausdorff 维数、波的平均功率谱、炮检距等。

为了筛选合适的参数，利用四川盆地、华北平原、中国西部沙漠、海南岛等爆炸震源的原始地震记录做了大量实验，并对各参数进行特征向量聚类分析，最后选取了五个具有代表性的参数作为神经网络输入：视周期的峰值，描述了瞬时能量变化；视周期内的均方根振幅，表征波的振幅变化；视周期前后时窗内均方根振幅比，表征波前后区域性能量变化，视周期前后时窗宽度一般取 30~40ms；波峰和波瓣振幅极值连线的斜率，既含有波峰与波瓣之间差的信息，又有视周期时间宽度信息；波与前一个波峰值振幅包络的斜率，表征区域性极大振幅变化率。

这五个特征充分体现了初至波与波前的噪声和波后地震记录的差别。BP 网络通常采用三层，第一层为输入层，由五个神经元构成，作为地震波上述五个特征值的输入；第二层为中间层；第三层为输出层，只有一个神经元，输出为 0 或 1 的数值。各层之间的神经元只与相邻层的神经元分别连接，一层的神经元之间没有连接，一个神经元只接受前一层来的输入。激励函数采用常用的 S 形函数：

$$f(x) = (1+e^{-x})^{-1} \tag{6-38}$$

人工神经网络法拾取初至通常分为三个步骤：第一步是在地震记录中随机地拾取各种初至和非初至波，提取特征作为样本；第二步是通过输入样本的形式进行网络的学习，利用数据样本输入得出输出与给定的理想输出之间的误差修正神经元之间的连接权值和阈值，达到最佳权值分布；第三步是使用训练好的网络进行所有地震道的初至预测。

该方法的主要缺点在于操作步骤烦琐，程序复杂，样本的选择影响大，另外，由于来自不同地区的资料初至波差异较大，对来自不同地区的资料必须重新进行学习，使得方法应用的效率较低，所以生产中应用较少。

四、数字图像处理法

相对于噪声信号而言初至波的振幅较大，且位于纯噪声信号和有效信号之间，反映在图像上就是在初至点处有明显的灰度变化。数字图像处理法正是基于这一特点，通过运用较为成熟的数字图像处理技术，使用边缘检测以及边缘追踪的方法进行自动拾取初至波。实现步骤如下。

（一）对地震记录做单道归一化处理

在实际地震勘探时，受地理环境、外界环境及检波器自身的影响，各检波器接收的地震波信号能量存在较大的差异。为了均衡各个地震记录的振幅，更加突出地震记录数据中噪声和有效信号的波动情况，可以在处理之前对原始地震数据进行归一化处理。找出地质数据的最大振幅 A_{max}，所有的样点值都除以 $A_{max}/256$，得到一个新的地震数据，与原始地震数据对比波形相对关系不变，但最大振幅变为 256，这样就完成归一化处理。

（二）将原始地震记录转化为灰度图像

地震数据的振幅（即采样点数据的绝对值）转换为具有 256 个灰度级的灰度图像。假设，一个道集数据中有 N_1 道记录，每道数据有 N_2 个采样点，这样一张道集数据就可以表示为一幅有 $N_1 \times N_2$ 个像素的灰度图像，其中每一个采样点数据与上述灰度图像的像素一一对应。

根据初至波的属性特点，在所得到的灰度图像上应能够直观地看出纯噪声信号与有效信号之间的分界线。为了确定该分界线，同时为了后续处理步骤更加简单容易，经常会把上述得到的灰度图进行二值化处理，即确定一个恰当的阈值，将具有 256 个灰度级的灰度图转换为一幅黑白图像（图 6-47、图 6-48）。

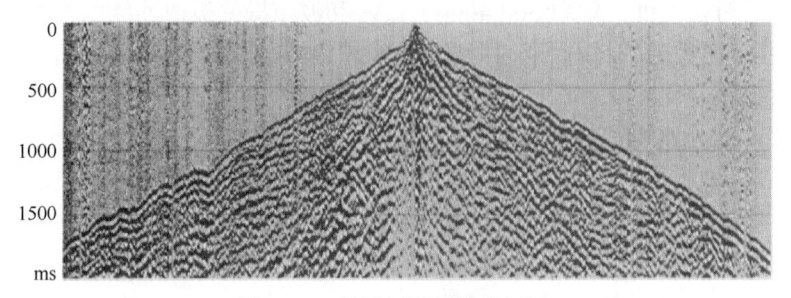

图 6-47　某地区原始单炮记录

图 6-48　单炮记录进行灰度化后的结果

（三）应用边缘检测的方法确定初至波的位置

由于地震数据已经被转化为一幅二值图像，且二值图像只有黑白两种像素，像素 0 至 1 或是 1 至 0 的跳变非常明显，易于对其进行边缘检测。因此，无须使用复杂的边缘检测算法，只需按照图像中像数列的顺序依次扫描各像素并记录每一列第一个由 1 跳变到 0 的位置，然后根据相应的映射关系还原原始地震数据的记录时刻。

（四）初至时间精确化

通常，通过上述方法只能检测到初至的大概时间，仍需要进一步精确相应的初至时刻。因而可以在得到的初至大概时间处设定一个较小的时窗，然后在原始地震数据的该区域范围内搜索极值出现的位置，从而可以进一步精确拾取初至波波峰的时间（图 6-49）。

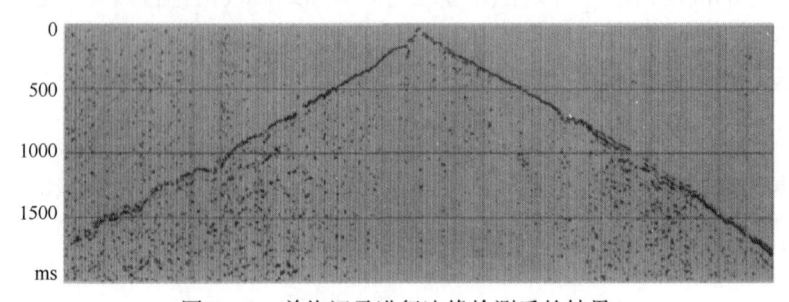

图 6-49　单炮记录进行边缘检测后的结果

（五）异常初至结果处理

如果地震数据资料质量较高，边缘检测算法可得到不错的拾取效果。然而，当原始地震记录中有少量非连续的空道、坏道或者原始地震数据的信噪比较低时，通过上述方法进行检测的结果通常会与正常初至时刻相差较远。为了解决此问题，一般的处理方法是借助正常地震道的初至时间推算出各异常道的初至时间。当地震记录中有较多的且连续的异常地震道时，使用上述插值的方法所得到的结果仍然无法满足要求，此时，只能通过人机交互的方式进行人工拾取。

第四节　折射法建模及静校正

通过初至折射法可以求得高速折射层的速度、炮点和检波点延迟时，为了计算静校正量还需要得到表层模型，即风化层速度和厚度。由于有风化层速度和厚度两个未知数，只能给出一个参数来计算另一个参数，也就是说用一个参数来约束，来反演另一个参数，该方法也称为模型约束初至折射静校正方法。

一、延迟时和速度计算方法

折射波方法主要有两个方面的用途，一方面是用于研究深层构造，由于用折射波研究深层构造需要很大的排列长度，所以现在用的很少；另一方面用于确定近地表层的特征，这是目前常用的。基于折射波的计算方法很多，如截距时间法、ABC法（减去法）、GRM法（广义互换法）、EGRM法（扩展广义互换法）、Hagedoorn法（加减法）等，这些方法在教科书和有关资料中均能查到，在此不做介绍，重点介绍几种常用的计算方法。

（一）合成延迟时方法

合成延迟时方法是根据不同激发点在相邻接收点来自同一层折射波初至时间差相等的关系，合成出一条各激发点公用的初至折射波时距曲线和相对于该时距曲线的各激发点的起爆时间曲线，通过对两条曲线的分离求得激发点和接收点延迟时，该方法只适合二维延迟时计算。如图6-50所示，在S_1激发点激发得到接收点R_4、R_3的初至时间分别为t_{14}和t_{13}，两道的初至时间差为DT，这个时差等于第二炮S_2激发在接收点R_4、R_3处初至时间t_{24}和t_{23}的时差；如果将S_2炮得到的初至折射波时距曲线向上平移，使t_{23}与t_{13}重合，t_{24}与t_{14}重合，就得到了激发点S_1激发与S_2激发相接的时距曲线。依此类推，每炮的时距曲线都照此平移与前一炮的时距曲线相接，就得到了连续追踪的合成时距曲线。接收点时间连成的曲线称为接收点合成时距曲线，所有激发点相对于第一个激发点的时间延迟也可以连成一条时间曲线，这条时间曲线称之为激发点合成时距曲线。因为同地面位置接收点合成时距曲线与激发点合成时距曲线的时差就是截距时间，其截距时间的一半就是延迟时，所以这两条曲线总称为合成延迟时曲线。

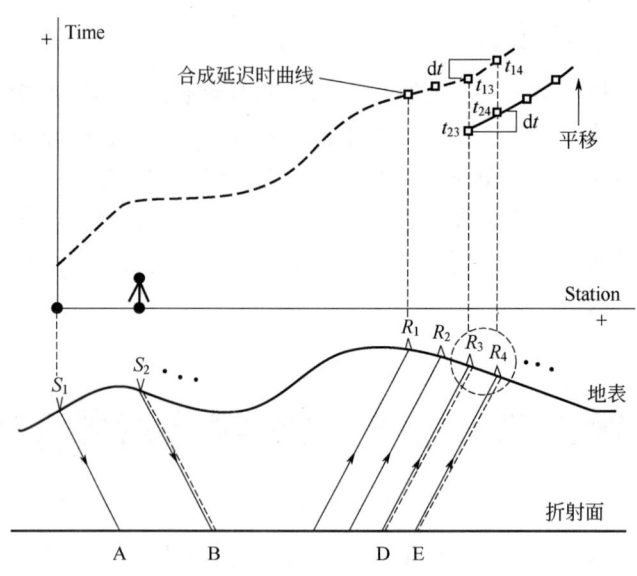

图 6-50 合成延迟时方法原理示意图

图 6-51 为合成的延迟时曲线示意图，在接收点合成时距曲线和激发点合成时距曲线之间拟合一条直线或圆滑曲线 L，接收点合成时距曲线与拟合线 L 的时差等于接收点延迟时，激发点合成时距曲线与拟合线 L 的时差就等于激发点延迟时，这样即分离出激发点延迟时 DT_s 和接收点延迟时 DT_R。图 6-52 为合成延迟时曲线及分离的实例，分离线 L 斜率的横向变化就反映了折射层速度的横向变化。

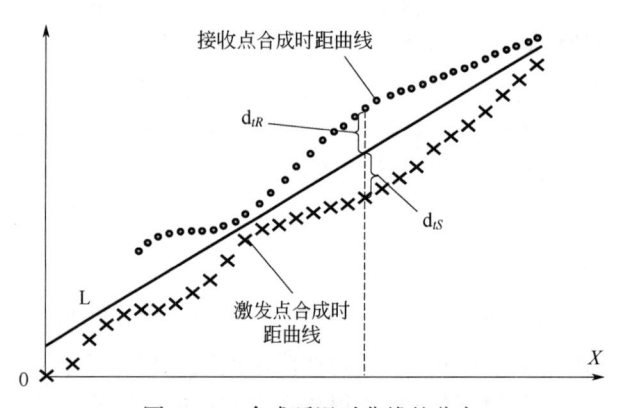

图 6-51 合成延迟时曲线的分离

实际应用时，对于同地面点道，合成延迟时法可以利用多道初至时间计算时差，因此，它能充分利用多次覆盖的信息，具有一定统计效应，可求得较精确的折射波延迟时。该方法主要应用于二维地震勘探方式；但在三维勘探中，对每条接收线也可以用非纵距最小的一组炮线和接收线来合成延迟时曲线，进而计算炮、检点延迟时。

（二）时间项延迟时削去法

在三维勘探中，激发点和接收点总是平面分布的（图 6-53），在这种情况下可以用如下方法求取折射层速度。根据基本折射方程，对图 6-53 中的两个激发点和两个接收点可以列出以下方程：

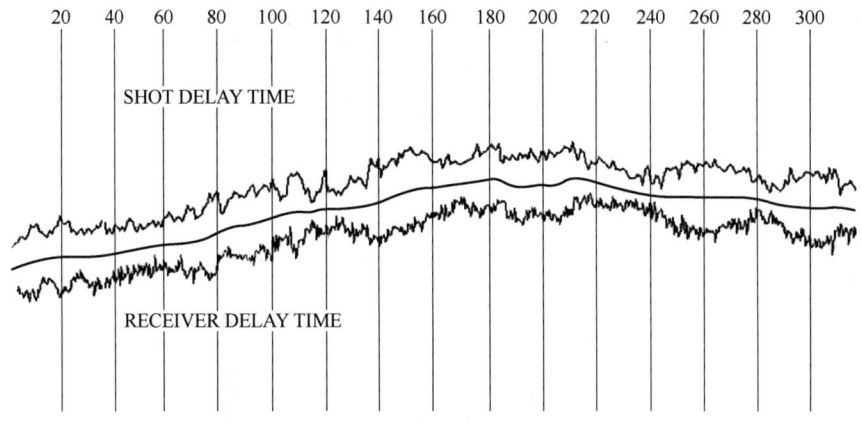

图 6-52　合成延迟时曲线方法的应用实例

$$t_1 = t_{iS_1} + t_{iR_1} + \frac{x_1}{v} \qquad (6-39)$$

$$t_2 = t_{iS_1} + t_{iR_2} + \frac{x_2}{v} \qquad (6-40)$$

$$t_3 = t_{iS_2} + t_{iR_1} + \frac{x_3}{v} \qquad (6-41)$$

$$t_4 = t_{iS_2} + t_{iR_2} + \frac{x_4}{v} \qquad (6-42)$$

图 6-53　三维时间项法原理图

由式(6-39)和式(6-40)得：

$$t_1 - t_2 = t_{iR_1} - t_{iR_2} + \frac{(x_1 - x_2)}{v} \qquad (6-43)$$

由式(6-41)和式(6-42)得：

$$t_3 - t_4 = t_{iR_1} - t_{iR_2} + \frac{(x_3 - x_4)}{v} \qquad (6-44)$$

由式(6-43)和式(6-44)并整理后得：

$$V = \frac{(x_1 - x_2) - (x_3 - x_4)}{(t_1 - t_2) - (t_3 - t_4)} \qquad (6-45)$$

用式(6-45)即可求出折射层速度。

该方法同样可以应用于二维观测系统，在图 6-54 中设：

t_1 为折射波从 S_1 到 R_1 的传播时间；t_2 为折射波从 S_1 到 R_2 的传播时间；

t_3 为折射波从 S_2 到 R_1 的传播时间；t_4 为折射波从 S_2 到 R_2 的传播时间。

x_1 为 S_1 到 R_1 的距离；x_2 为 S_1 到 R_2 的距离；

x_3 为 S_2 到 R_1 的距离；x_4 为 S_2 到 R_2 的距离。

这时仍然可以用式(6-45)计算折射层速度。需要注意的是在二维情况下，如果两个激发点在两个接收点的同一侧，就会出现分母为零的情况。

用式(6-43)计算速度，它与相关点的延迟时无关，因此也就消除了地表高差的影响；另外，该方法由基本折射方程导出，再用到基本折射方程来求取延迟时会更加合理。

图 6-54　二维时间项法原理图

下面介绍延迟时计算方法。对于同一炮,用上面求得的速度可以求出激发点和接收点延迟时的和:$t_{iS_1}+t_{iRn}$。

如得到:

$$t_1 = t_{iS_1} + t_{iR_1} + \frac{x_1}{v} \tag{6-46}$$

$$t_{iS_1} + t_{iR_1} = t_1 - \frac{x_1}{v} \tag{6-47}$$

设 $t_{iS_1}+t_{iR_1}$ 为 T_1,即 $T_1 = t_1 - x_1/v$,则可以得到同一炮不同接收道的方程:

$$\begin{aligned} T_1 &= t_{iS_1} + t_{iR_1} \\ T_2 &= t_{iS_1} + t_{iR_2} \\ &\vdots \\ &\vdots \\ T_n &= t_{iS_1} + t_{iR_n} \end{aligned} \tag{6-48}$$

这时只要给出一个 t_{iS_1} 值,就可以求出所有接收道的 t_{iR} 值。

t_{iS_1} 的初始值可以由表层调查资料求取,也可以用非纵距最小的炮记录拟合折射波时距曲线的截距时间求取。如此可以求出全区内每个激发点和接收点延迟时。为了得到更高精度的激发点和接收点延迟时,也可以上述计算的延迟时为初始值,经过高斯—赛德尔多次迭代计算,使延迟时得到更为优化的解。

(三) 折射层速度分析方法

1. 简单速度分析方法

图 6-55 为共炮点道集的初至折射波射线路径,根据拾取的共炮点道集初至时间和炮检距的关系,利用最小二乘方法拟合时距曲线(图 6-56),其时距曲线斜率的倒数即是直达波或折射波的速度。简单速度分析方法受地形起伏和界面倾角的影响较大,速度分析精度较低,但运算速度快;它适用于地形平坦和地层倾角很小的地区,在复杂地表区应用较少。

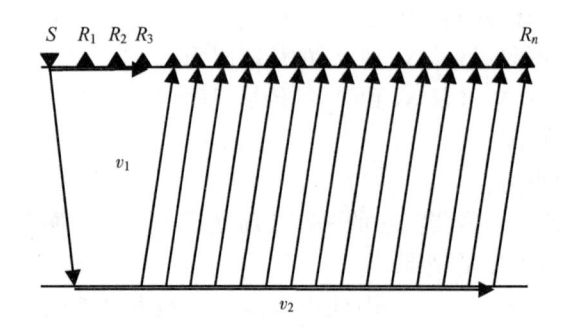

图 6-55　简单速度分析方法原理

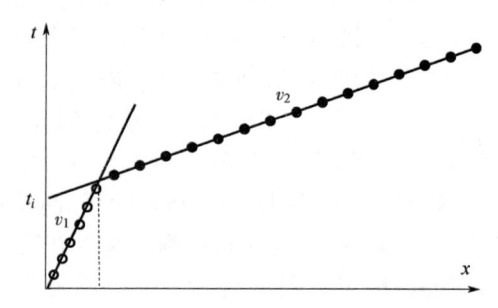

图 6-56　简单速度分析方法时距曲线

2. CMP 速度分析方法

把根据共炮点道集拾取的初至时间抽成 CMP 道集（图 6-57），在 CMP 道集中根据炮检距和初至时间的关系，用最小二乘法拟合初至折射波时距曲线（图 6-58），其时距曲线的斜率就是 CMP 位置的折射层速度。相对于简单速度分析方法，由于其参与计算的炮点较多，且射线路径可能有多个方向，其速度精度相对较高。

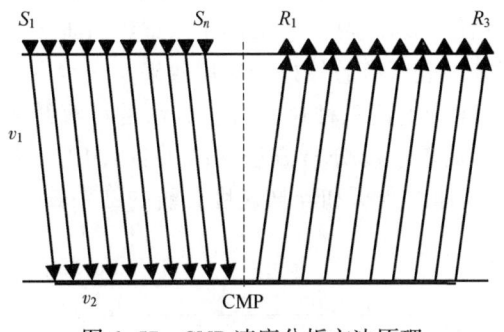

图 6-57　CMP 速度分析方法原理 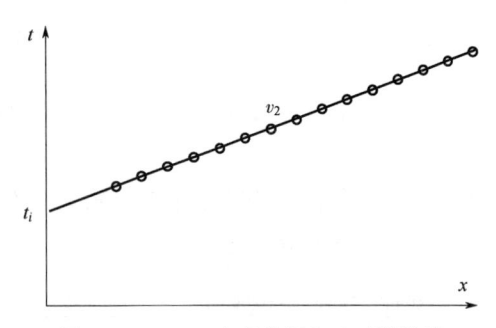　　　　图 6-58　CMP 速度分析方法时距曲线

3. 互换速度分析方法

图 6-59 是一个相遇观测的简单观测系统和射线路径示意图，其中只列举了五个接收道（D_1 至 D_5）和两个激发点 A 和 B。根据基本折射方程，可得到：

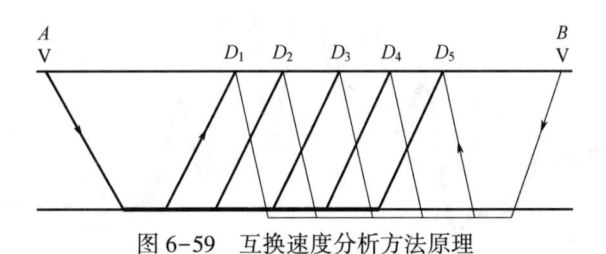

图 6-59　互换速度分析方法原理

$$T_{AD_1} = T_A + T_{D_1} + \frac{x_{AD_1}}{V_R} \tag{6-49}$$

$$T_{BD_1} = T_B + T_{D_1} + \frac{x_{BD_1}}{V_R} \tag{6-50}$$

由式(6-49) 和式(6-50) 得：

$$T_{AD_1} - T_{BD_1} = T_A - T_B + \frac{x_{AD_1} - x_{BD_1}}{V_R} \tag{6-51}$$

令：$\Delta x = x_{AD_1} - x_{BD_1}$　　$\Delta T = T_{AD_1} - T_{BD_1}$

同理，可得到 5 组 ΔT、ΔX：

$$\Delta x_1 = x_{AD_1} - x_{BD_1} \qquad \Delta T_1 = T_{AD_1} - T_{BD_1}$$

$$\Delta x_2 = x_{AD_2} - x_{BD_2} \qquad \Delta T_2 = T_{AD_2} - T_{BD_2}$$

$$\Delta x_3 = x_{AD_3} - x_{BD_3} \qquad \Delta T_3 = T_{AD_3} - T_{BD_3}$$

$$\Delta x_4 = x_{AD_4} - x_{BD_4} \qquad \Delta T_4 = T_{AD_4} - T_{BD_4}$$
$$\Delta x_5 = x_{AD_5} - x_{BD_5} \qquad \Delta T_5 = T_{AD_5} - T_{BD_5}$$

将 5 组 Δx—Δt 关系点标在直角坐标系中，采用最小二乘拟合算法，求得折射层速度（图 6-60）。由于 ΔX 和 ΔT 值是根据不同方向计算而来，初至时间差可以消除或减小地形起伏的影响，因此，该方法计算的速度精度相对较高。它适用于二维和三维观测系统，在复杂地表区有着较好的应用效果。

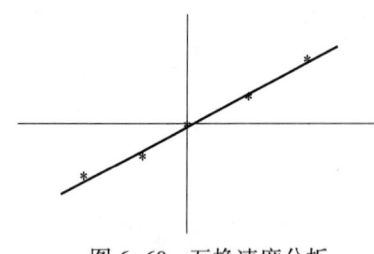

图 6-60 互换速度分析

图 6-61 为上述三种速度分析方法的计算结果对比，可见，简单速度分析方法的结果与 CMP 速度分析和互换速度分析方法的结果差异较大，而 CMP 速度分析和互换速度分析的结果较接近，只是细节上有些差异。

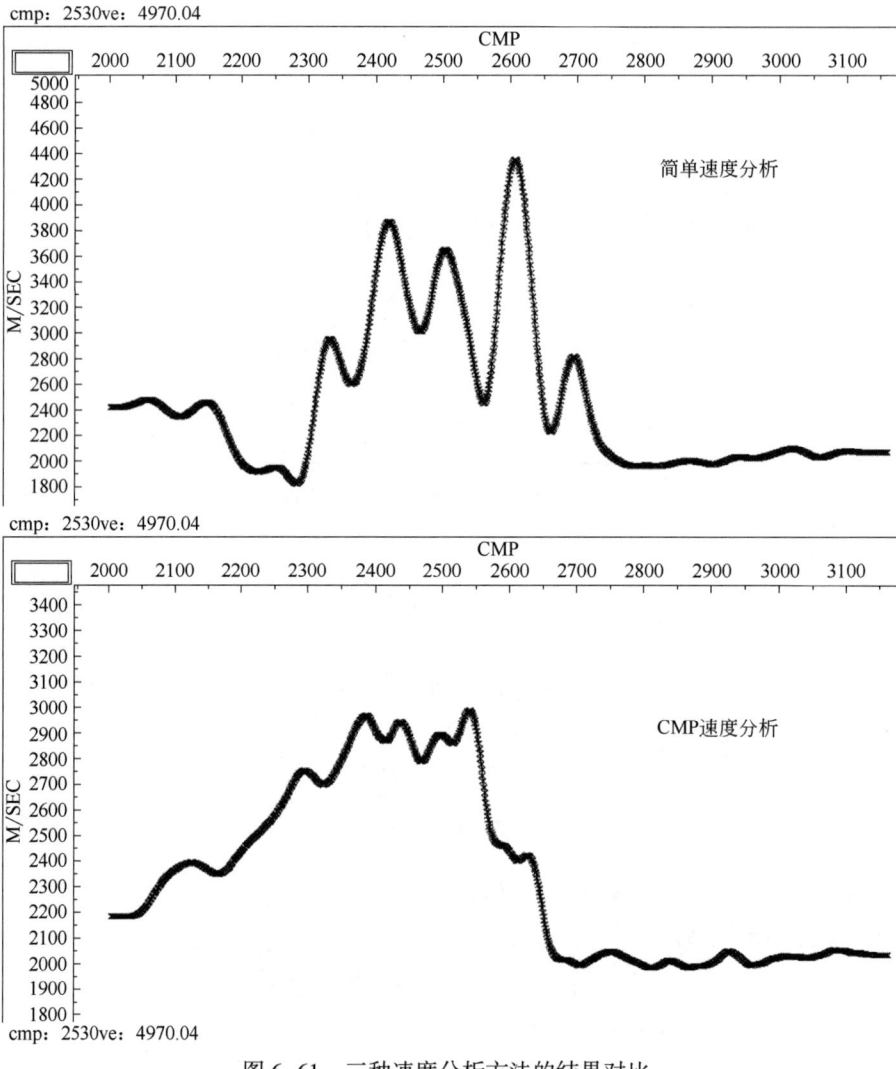

图 6-61 三种速度分析方法的结果对比

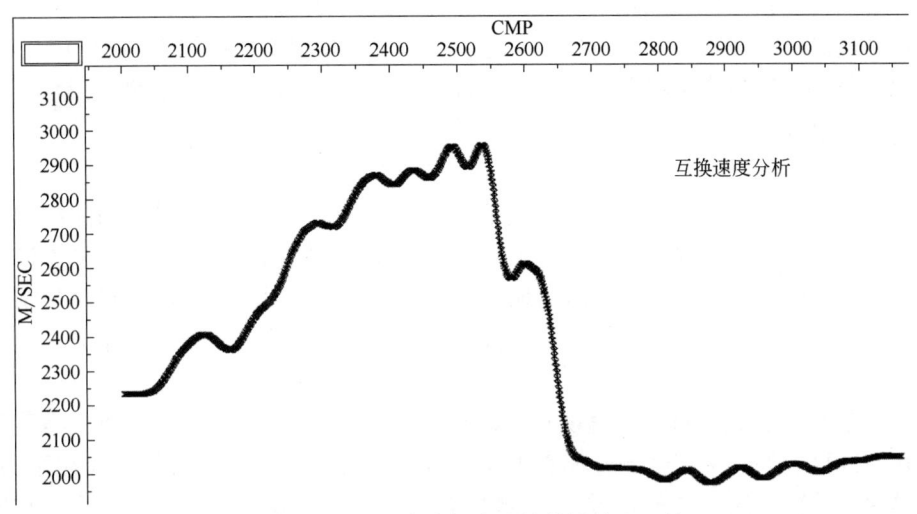

图 6-61 三种速度分析方法的结果对比（续）

二、表层折射模型建立

前面介绍了几种初至折射计算方法，通过这些方法能求得高速折射层速度、激发点和接收点延迟时，但将延迟时转换为垂直时间需要知道风化层速度，作基准面校正也需要知道高速层顶界面高程。因此，在计算静校正量之前必须先完成表层模型的建立。折射延迟时 t_d 到垂直 t_0 时间的转换公式为：

$$t_0 = \frac{t_d}{k} \tag{6-52}$$

其中转换系数：

$$k = \cos\left(\arcsin\frac{v_w}{v_g}\right) \tag{6-53}$$

根据式（6-52）和式（6-53）可得到低降速带厚度：

$$h_w = t_0 \times v_w = \frac{t_{dg} \times v_w}{\cos\left(\arcsin\dfrac{v_w}{v_g}\right)} \tag{6-54}$$

式中 t_{dg}——高速层折射波延迟时，s；
v_w——风化层速度，m/s；
v_g——高速折射层速度，m/s；
h_w——风化层厚度，m。

式（6-54）中 t_{dg} 和 v_g 是用初至波计算的延迟时和高速层速度，而高速层埋深 h_w 和低降速带速度 v_w 是未知的，由于存在两个未知数，反演会存在多解性。为了克服多解性影响，必须求出一个准确的参数来反演另一个参数。

对于风化层速度和厚度两个未知参数，在地震反射记录上是无法求取的，这就需要借助于表层调查资料。另外，为了保证模型的反演精度，以风化层速度约束来反演厚度为例，只有给出一个较准确的风化层速度，才能反演出准确的风化层厚度。而表层调查资料追踪的最高速度层往往较浅，无法提供与地震反射记录初至折射层深度匹配的近地表层速度，因此，对于表层调查资料还不能直接进行简单应用，否则，会导致模型反演误差，影响长、短波长静校正精度。解决这个问题有两种方法：

（1）小折射与地震反射记录初至折射的联合解释。如图 6-62 所示，小折射法追踪的最高速度为 v_1，而初至折射静校正方法追踪的速度为 v_2。由于小折射法没有追踪出地震反射记录上高速折射层，可以将小折射初至时间与相同炮检距的地震反射记录初至时间连接起来，进行统一的折射法解释，求出与地震反射记录初至折射层位匹配的近地表层速度或厚度，通过某个参数作为约束参数利用式（6-54）计算出另外一个参数，完成了模型约束初至折射反演。

（2）表层调查得到的近地表速度和延迟时与地震反射记录初至折射得到的速度和延迟时进行联合计算。如果采用微测井调查方法，没有办法实现与地震反射记录初至的相接，只能通过联合计算方法。如图 6-63，微测井资料得到了近地表 v_0、v_1 层的速度和厚度及 v_2 层的速度，而初至折射法追踪的是 v_g 折射层并已得到了该层速度和延迟时 t_{ig}。首先，利用微测井资料计算出 v_2 层延迟时 t_{i2}，这样可以根据第二节小折射解释的厚度计算公式求出 v_2 层厚度 h_g。这样就可以求出 v_g 层以上总的低降速带速度或厚度。最后用得到的低降速带速度或厚度作为约束参数，用式（6-54）反演出低降速带速度或厚度。

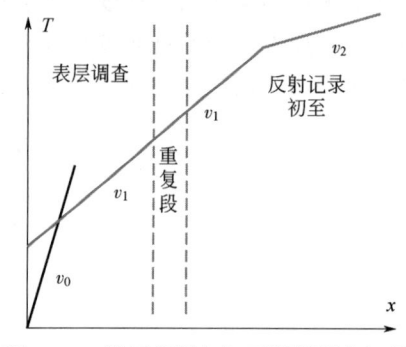

图 6-62　浅层折射与初至折射联合解释

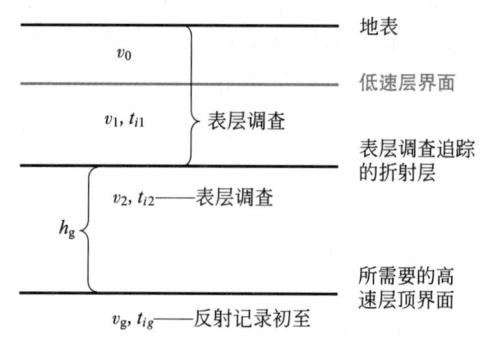

图 6-63　微测井与初至折射联合计算

三、静校正计算及应用

目前，初至折射静校正方法在解决短波长静校正问题方面，还是有着明显的优势。尽管在复杂山地地区普遍认为初至波波场比较复杂，初至波传播路径不完全符合折射波传播规律，但其应用仍能见到较好的效果，至少在目前的方法中还是最好的。其主要原因是：不管近地表波场如何复杂，近地表的速度从浅到深还是增加的，尽管有时没有良好的、全区稳定的折射界面，但其射线还是与折射波射线有着一定的等效性，即在近地表低速介质中射线以垂直分量为主，在较深部地层中射线以水平分量为主。因此，模型约束初至折射静校正方法也能解决复杂区大的静校正问题。图 6-64 为某山地三维层间关系系数法和模型约束初至折射静校正方法的叠加剖面对比，可见，后者剖面的信噪比和同相轴连续性明显好于前者。

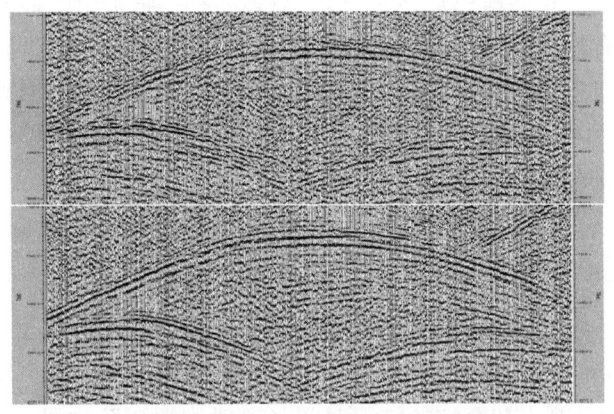

上：层间关系系数法。下：模型约束初至折射法

图 6-64　山地区不同静校正方法效果对比

图 6-65 是信噪比很低的复杂山地区不同静校正方法效果对比初叠加剖面，尽管该区表层调查控制点平均密度达到每平方千米 4.3 个点，并且绝大部分为微测井资料。但仅用表层调查资料的层间关系系数法仍然不能解决静校正问题，初叠加剖面的成像效果远差于模型约束初至折射法。

层间关系系数法　　　　　　　　　　　　模型约束初至折射法

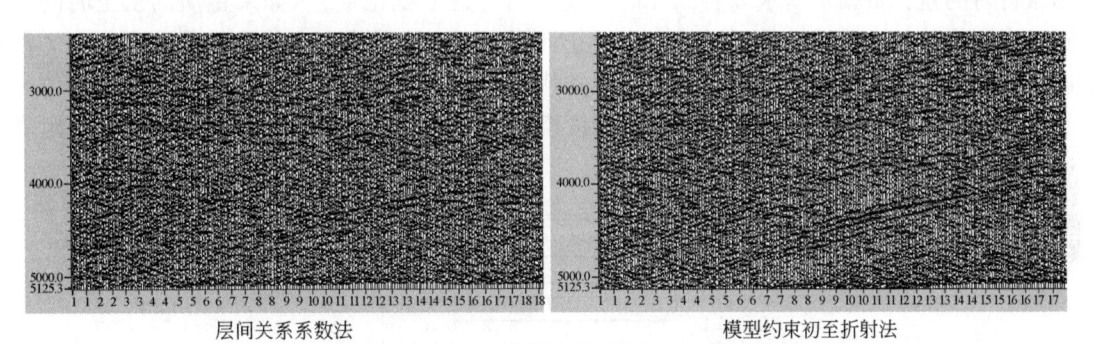

图 6-65　信噪比很低的山地区不同静校正方法效果对比

第五节　走时层析建模及静校正

层析技术最先用于医学，随后扩展到其他领域。应用于地球物理领域的研究开始于 20 世纪 80 年代初期，海湾石油公司与美国加州大学合作，从 80 年代开始利用反射数据重建地下速度结构，在 1984 年 SEG 年会上首次公布了地震层析成像的研究成果，引起轰动。层析技术在静校正方面的应用研究始于 20 世纪 90 年代初，国内、外许多公司或研究单位先后推出一些软件产品，但这些产品只是在理论模型试算或部分实际资料试验中见到良好的发展前景，由于探区表层地震地质条件的复杂性和层析技术的不成熟，始终没有得到广泛的推广应用。近年来，层析静校正技术得到较快发展，并在一些复杂区实际应用中见到了明显的效果。

1991年Sheriff对层析法给出如下定义：层析法是一种利用大量炮点和检波点综合观测结果求取速度与反射系数分布的方法。层析这个词是从希腊语"剖面绘制"（section drawing）派生出来的。在处理过程中，空间被分割为面元，观测值用穿过面元的射线路径的线积分表示。层析法用到的求解方法包括代数重构法（ART）、联合迭代重建法（SIRT）和高斯–赛德尔法。

一、方法原理

在层析技术中，地下介质被分解为许多面元，层析的目标就是求解每个面元的速度。从炮点到接收点的射线路径是由位于不同面元中的射线段组成，根据各个面元中射线段的长度和各面元的速度计算出初至波的旅行时间（一般称为初至时间）。根据该初至时间与实际观测值的差来修改各面元的速度值，然后利用新的速度模型再计算新的初至时间；根据新的初至时间与观测值的差来修改速度模型。如此迭代多次直到模拟计算的初至时间与观测时间差小于设定的门槛值为止。图6-66描述了层析计算的整个过程。首先定义成像域参数，即设定模型范围和面元尺寸，给出每个面元的初始速度值（建立初始速度模型）。然后根据观测系统和初始速度模型进行模型正演计算出初至波旅行时，求取该旅行时与实际旅行时的差，根据差值求取各面元的速度扰动（速度变化量）。如果正演的初至时间与实际观测值的差小于设定的门槛值，则停止计算。否则根据速度变化量修改速度模型，再进行初至时间正演及下面各步计算。如此迭代几次，直到正演的初至时间与实际观测值小于设定的门槛值为止，就得到了最终的速度模型。通过对该模型进行合理解释后（确定高速层顶界面）即可计算出静校正量。

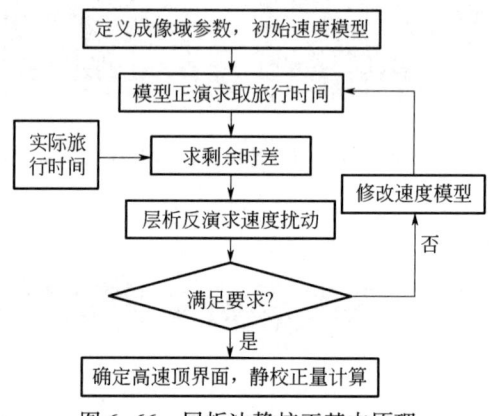

图6-66 层析法静校正基本原理

二、模型建立

图6-66讲述了整个层析方法实施的全过程，只要软件提供了一定的计算方法，层析方法的应用效果主要取决于用户的把握。在层析方法应用过程中，用户可调整的部分主要在成像域参数和初始模型的定义以及最终的模型解释，其影响最终应用效果的也无非是与此有关的几项参数。因此，在此主要讲解影响层析方法应用效果的几项关键环节。

(一）成像域网格化

如上所述，层析技术把模型空间划分为很多的网格单元，通过层析计算求得每个网格单元的速度，通常情况下，每个网格单元的速度是个常数。把定义模型范围内网格单元的大小（长、宽、高）称为成像域网格化。实践证明，不同网格尺寸所得的层析模型差异很大，其得到的静校正效果也有很大差异，因此，选取合理的网格尺寸是确保层析方法效果的最关键参数。

定义网格尺寸主要考虑几个方面：（1）勘探区存在的主要静校正问题（长波长静校正和短波长静校正）；（2）野外采集主要观测系统参数和初至拾取参数；（3）层析反演结果的收敛性和合理性。

首先，如果勘探区地形平坦、近地表速度和厚度变化缓慢，其静校正问题主要表现在影响构造形态的长波长静校正问题，而影响叠加效果的短波长静校正问题不突出，或者很小的短波长静校正问题可以通过反射波剩余静校正解决，这时网格尺寸可以选大些。图 6-67 为我国西部某地区利用表层调查模型内插法和层析法的初叠加剖面对比，层析法的网格尺寸为 Inline 方向 100m，Crossline 方向 200m，纵向 25m（以下表示为 Inline 方向网格尺寸×Crossline 方向网格尺寸×纵向网格尺寸）。对比两剖面可见，其叠加效果差异不大，而表层调查模型内插法存在明显的长波长静校正问题，层析法剖面的构造形态较合理，这时层析法采用大网格完全能够解决本区的静校正问题。

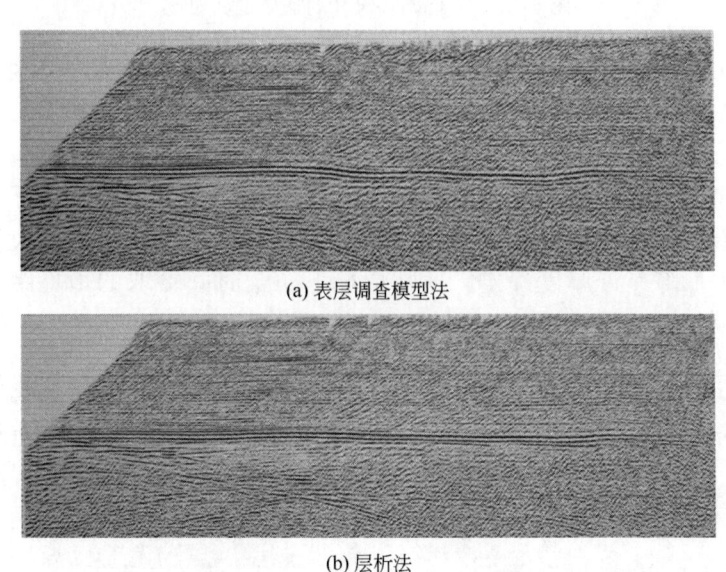

(a) 表层调查模型法

(b) 层析法

图 6-67　不同静校正方法的剖面

图 6-68 为另一个地区层析法不同网格尺寸的实例，可见，大网格的剖面叠加效果明显不如小网格的好，也就是说在短波长静校正问题较突出的地区，层析法应该选择较小的网格尺寸。

其次，对于野外采集观测系统参数来讲，水平方向的网格尺寸最好与道距、炮点距、接收线距和炮线距参数之间呈整数倍关系，其他并没有什么要求。对于网格尺寸和初至时间拾取的炮检距范围的关系，通常情况下以拾取较大炮检距范围的初至较好。

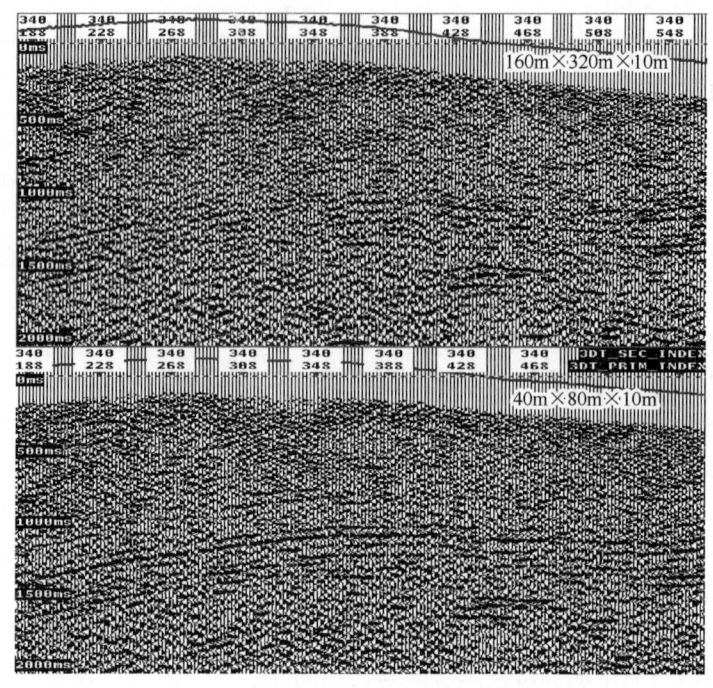

图 6-68　不同网格尺寸的初叠剖面对比

图 6-69 为不同初至时间拾取炮检距范围的层析反演速度模型，从最小炮检距道进行初至时间拾取时，层析反演的近地表速度较小低，低降速带厚度较薄，随着拾取的最小炮检距增大，其近地表速度和厚度都在增大。而实际上，该区近地表速度没有那么高，低降速带厚度也没有那么大。因此，应用层析法时，初至时间拾取最好从最小炮检距开始，这样有利于提高速度模型反演的精度。在初至时间拾取的最大炮检距选取方面，一般应根据低降速带厚度确定，通常情况下初至时间拾取的炮检距大了没有什么坏处。

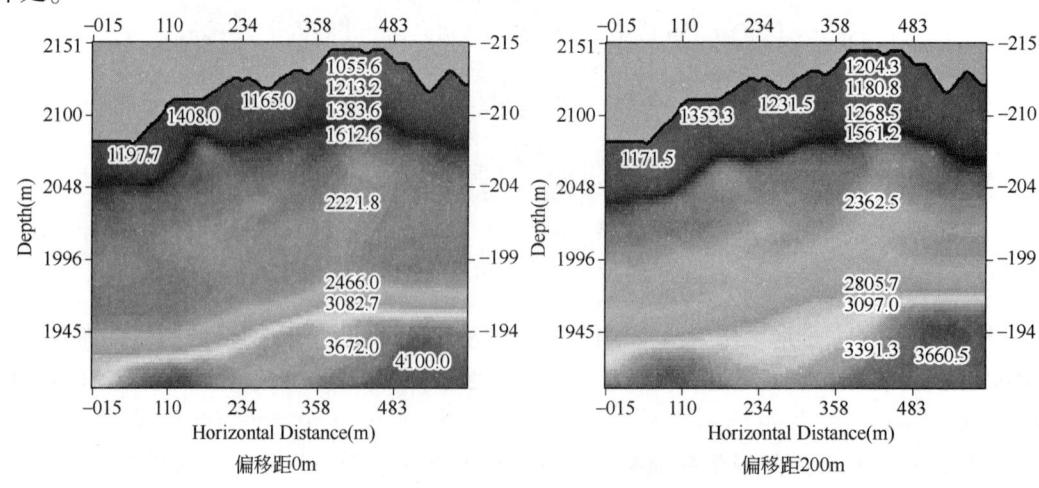

偏移距0m　　　　　　　　　偏移距200m

图 6-69　不同初至时间拾取炮检距范围的层析反演结果

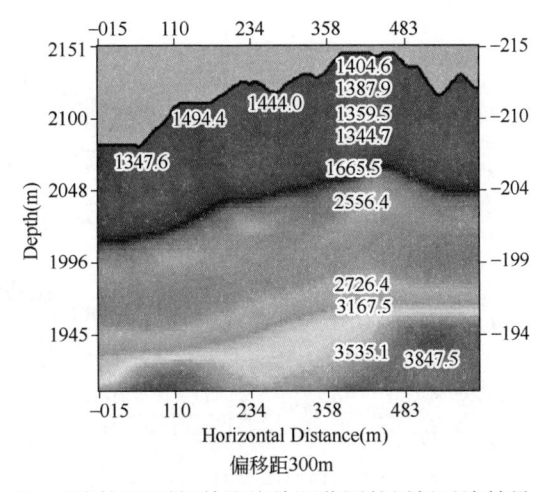

图 6-69 不同初至时间拾取炮检距范围的层析反演结果（续）

图 6-70 为初至时间拾取到 3000m 和 6000m 炮检距的不同深度单个网格内的射线条数曲线，可见，拾取的炮检距大，单个网格内的射线条数多，追踪深度大，有利于提高层析反演精度。图 6-71 为拾取不同炮检距范围初至所反演的速度模型，对比可见，在满覆盖范围内，拾取炮检距大的层析速度模型中的等速界面更光滑，结果更合理；而在满覆盖范围外，拾取炮检距大的层析速度模型的边界效应很小，模型精度更高。

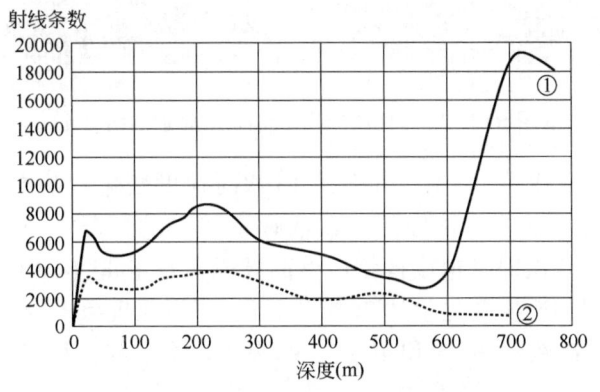

图 6-70 不同拾取范围的射线条数对比
①—初至拾到 6000m 的射线条数；②—初至拾到 3000m 的射线条数

图 6-72 为不同初至拾取炮检距范围的层析法初叠加剖面对比，拾取的炮检距范围大，剖面成像效果也好。综上分析可知，应用层析法对初至拾取的要求完全不同于初至折射法，它需要从最小炮检距道来拾取初至时间，并且尽量向大炮检距方向多拾取一些道，这样有利于提高模型反演精度、缩小边界效应的影响范围，最终提高静校正精度和剖面效果。至少对满覆盖范围之外的炮，尽量向大炮检距方向多拾取一些道，以减小边界效应的影响。

最后，关于层析反演结果的收敛性和合理性问题，主要从层析反演过程和结果上进行监控。确保层析反演结果的收敛是基础，只有在收敛的基础上才谈得上模型的合理性。图 6-73 为网格尺寸等于 4 倍道距时层析反演的速度模型和迭代收敛情况（两次迭

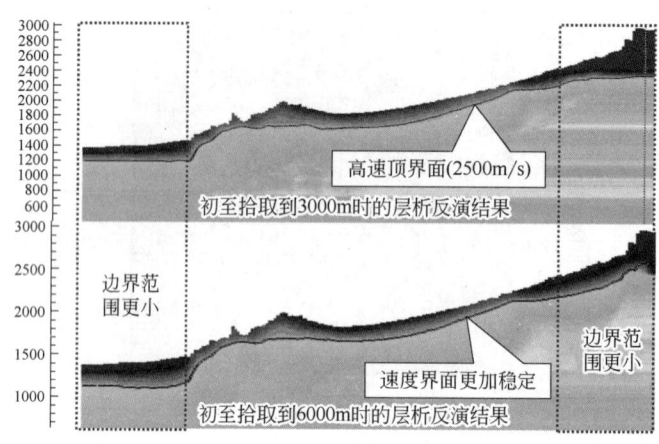

图 6-71 不同拾取范围的层析反演结果

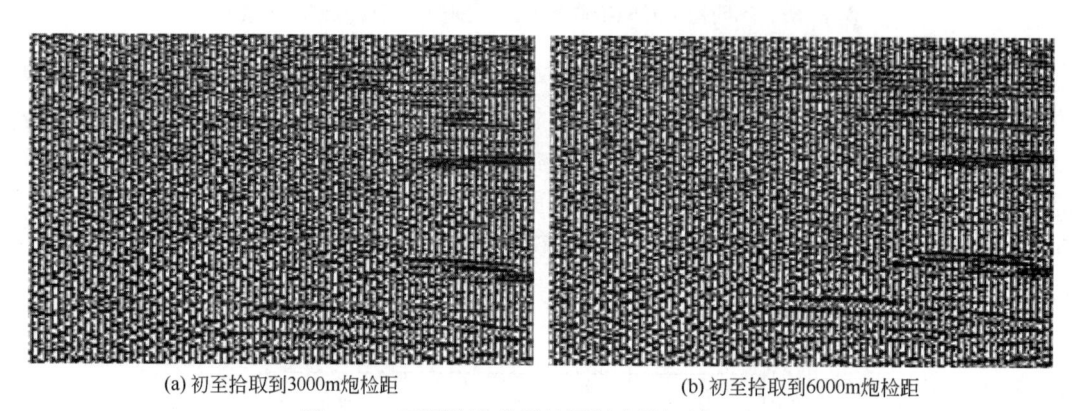

图 6-72 不同拾取范围的层析法叠加剖面对比

代之间的速度变化百分比),可见,其迭代 15 次时速度变化量基本小于 2%,个别网格稍大些,但总体上收敛还是比较好的。在选择小网格的情况下(网格等于道距),如图 6-74 所示,迭代 15 次时,速度模型虽然高频成分较丰富(分辨率较高),但收敛性较差(两次迭代之间的速度变化量达 70% 以上)。产生此现象的原因是不是迭代次数不够?为此,增加迭代次数到 30 次和 40 次,结果还是不收敛,其速度变化量分别为 24% 和 36%(图 6-75)。

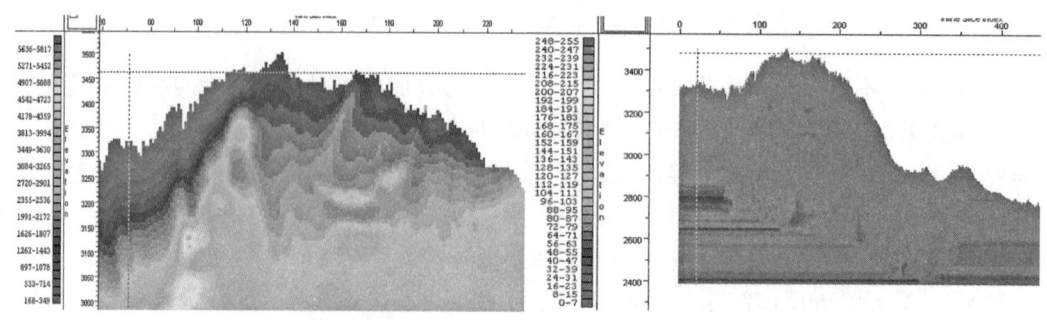

图 6-73 网格等于 4 倍道距时的层析模型和收敛情况

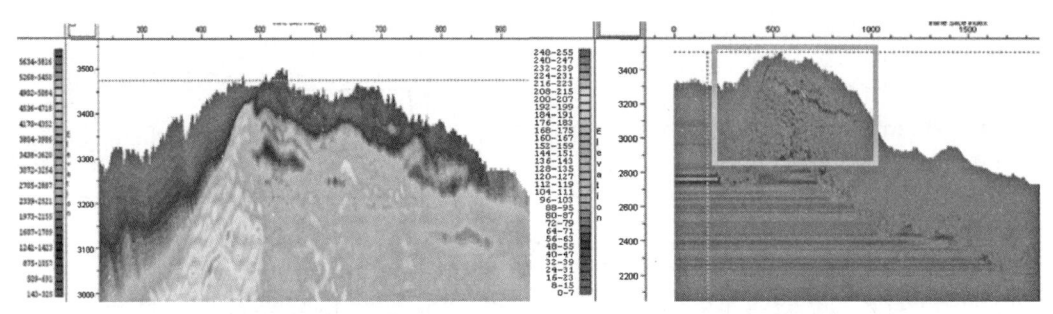

迭代15次的层析速度模型　　　　　　　　　　两次迭代间的速度变化量

图6-74　网格等于道距时的层析模型和收敛情况

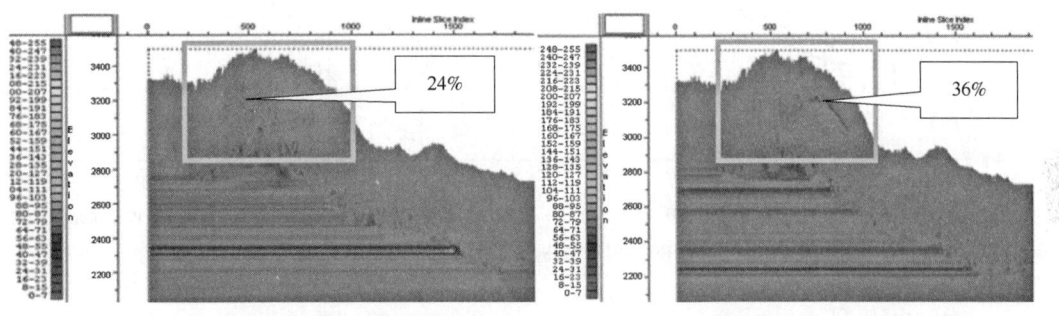

30次时两次迭代间的速度变化量　　　　　　40次时两次迭代间的速度变化量

图6-75　网格等于道距时迭代的层析反演收敛情况

分析产生上述现象的原因，主要是网格太小，致使每个网格之内的射线条数很少，导致反演结果不收敛。因此，选择适当的网格尺寸，保证单个网格内有足够的射线条数，确保模型的最终收敛。

关于模型的合理性，主要是指用层析速度模型计算的静校正量与实际静校正的逼近程度，还不能说是模型的准确性。通常情况下，由于层析反演的速度模型与实际模型有较大差异，主要目的是利用层析反演的模型进行静校正量计算，因此，只能通过静校正量的等效性来判断模型的合理性，即在某一深度范围内，用层析反演的速度模型与表层调查资料计算的低降速带校正量之间的差来判断模型的合理性。图6-76为不同网格尺寸层析反演的速度与微测井速度对比，可见，不同网格层析反演的速度与微测井的速度均有很大差别，突出表现在近地表层析速度远大于微测井速度，而较深层层析速度小于微测井速度，只有这样才能使初至波旅行时相等。因此，通过网格尺寸选取很难得到令人满意的速度模型，也不可能通过速度模型判断结果的合理性。图6-77为不同网格尺寸的垂直时间与微测井垂直时间的对比，可见，利用层析速度计算的垂直时间与微测井垂直时间有交叉现象，说明在交叉处两者时间相等，在这些位置的低降速带校正量是等效的。因此，可以通过层析反演的速度和由此计算的垂直时间与微测井资料的综合对比分析，确定一个合理的网格尺寸，也可以确定一个最佳速度层作为高速层顶界面，使低降速带校正量达到最佳等效状态，确保最终层析静校正效果。

通过上述对三个方面的综合分析，成像域网格尺寸的选取是一个非常重要的参数，网格大小直接关系到层析反演结果的对近地表模型的分辨能力，直接反应了解决不同波长静校正问题的能力。网格小，对模型的分辨能力高，其解决短波长静校正问题的能力就强；

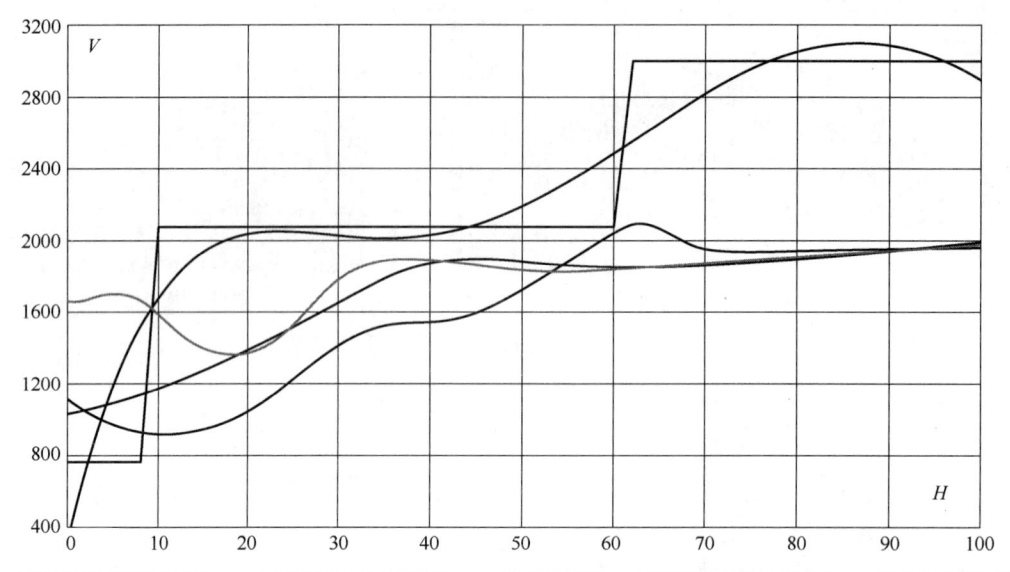

图 6-76　不同网格尺寸层析反演的速度与微测井速度对比

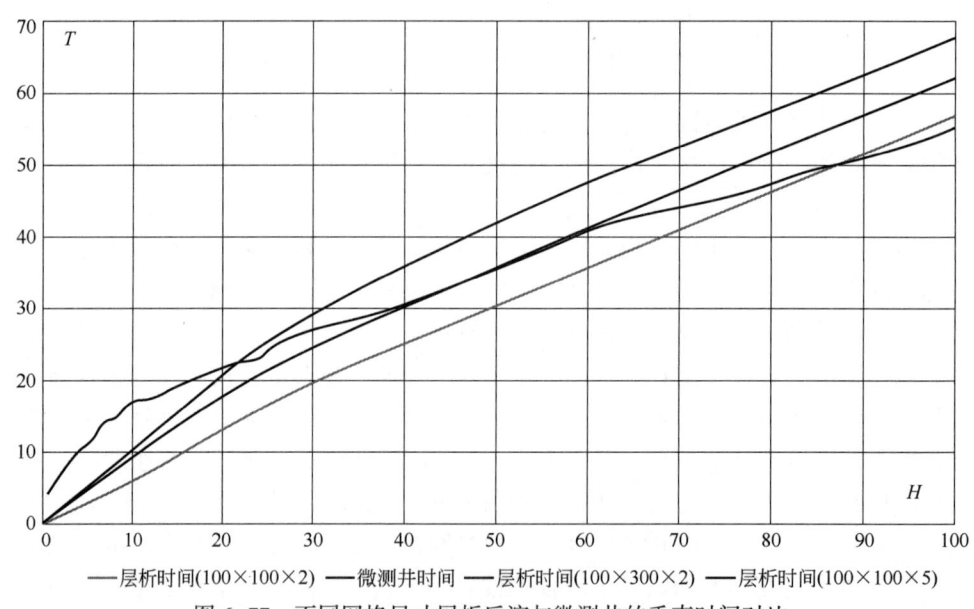

图 6-77　不同网格尺寸层析反演与微测井的垂直时间对比

反之,对模型的分辨能力低,解决短波长静校正问题的能力就弱。但影响网格选取因素很多,要综合考虑探区存在的主要静校正问题、野外施工参数、初至拾取参数、迭代的收敛性和结果的合理性等方面。根据上述分析结果,总结出网格尺寸选取的指导性原则:在确保层析反演结果收敛和合理的前提下,尽量选择较小的网格尺寸。

遵循上述指导性原则,通过多年来的实践,提出了通常情况下网格尺寸选择的具体原则和方法。具体原则:对于近地表速度变化剧烈地区,网格尺寸应小些,尽量精确描述速度的变化。但网格尺寸小了,使穿过网格单元的射线条数减少,必然影响速度反演精度。

要使射线条数足够,就要增大网格单元,这样又不能较准确地描绘速度变化情况。因此,在实际应用时,应根据工区具体情况,充分考虑两个方面的问题,合理选择网格单元大小。

选取办法:对于二维采集而言,沿测线方向的网格尺寸一般等于道距即可,如果迭代不收敛可适当扩大到1~2倍的道距;纵向网格尺寸为2~10m。对于三维采集而言,网格尺寸可参考施工参数来选择,一般情况下,Inline方向网格尺寸为道距的2~4倍,Crossline方向网格单元长度等于接收线距,垂向方向网格单元长度为10~20m。三维情况下,网格的选取较复杂,有时按照上述方法不一定是最佳的,必要时可以通过一定的试验确定。

(二) 模型底界的确定

所谓模型底界就是成像区域的最低高程,它决定了层析反演模型的最大深度范围。模型底界的定义主要考虑低降速带最大厚度、射线追踪的最大深度两个方面。模型底界首先应低于工区内地表最低海拔高程减去预计的最大低降速带厚度,这一点是必须满足的,通常选择的值要远小于该值。更重要的是模型底界要低于射线追踪的最大深度位置的高程,该值的确定一般无法准确估算,可以先选择一个较深底界进行2~3次迭代,根据射线追踪的最大深度确定正式迭代计算的模型底界。

对于模型底界的选择,一般要求实际值比射线追踪的最低高程更小一些。如果模型底界选择太浅,射线传播下去返不回来,甚至有些区域没有射线,影响模型反演精度。图6-78属于模型底界太浅的实例,可见在模型小号方向很大区域内没有射线,而大号区域的射线追踪深度也远大于模型底界,这时会对模型的反演精度带来很大影响。如果模型底界选择太深,造成深层无效网格太多,从而增加数据量、降低层析计算速度,增加的这些无用网格是没有意义的。

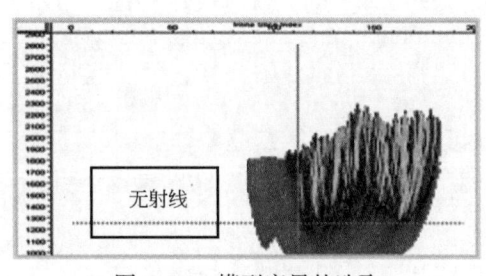

图 6-78 模型底界的选取

(三) 初始速度模型的建立

初始速度模型是用于层析反演迭代的起始模型,在层析计算之前,必须赋予每个网格一个初始速度值。根据表层结构特点和掌握的资料情况,初始速度模型的建立方法通常有三种。

(1) 利用表层调查资料建立初始速度模型。在第三节第二部分介绍了层间关系系数方法,该方法就是利用表层调查资料建立近地表模型,并把它作为层析反演的初始速度模型。图6-79就是利用表层调查资料建立的近地表模型经过网格化后的结果。该方法建立的表层模型具有层状介质特征,因此,它适合于表层结构为层状介质特征的地区。另外,还可以将表层调查资料与地震反射记录初至信息联合反演的结果作为层析反演的初始速度模型，即将第三节第一部分介绍的模型约束初至折射法的结果作为初始速度模型。

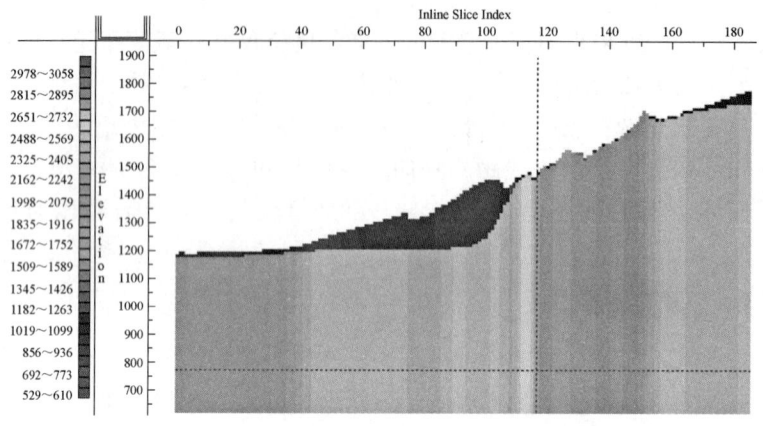

图 6-79　表层调查资料建立的初始速度模型

（2）利用地震反射记录的初至时间建立初始速度模型。在没有表层调查资料或表层调查资料很少的地区，如果近地表具有层状介质特征，可用利用地震反射记录的初至时间计算出各层速度和厚度，作为层析反演的初始速度模型。具体实现方法是：显示出全部或局部范围内初至时间与炮检距的关系，人工解释出各层速度（类似小折射法解释），计算出每层的厚度，将各层速度和厚度应用到全区，得到层析反演的初始速度模型。图 6-80 为利用该方法建立的初始速度模型。

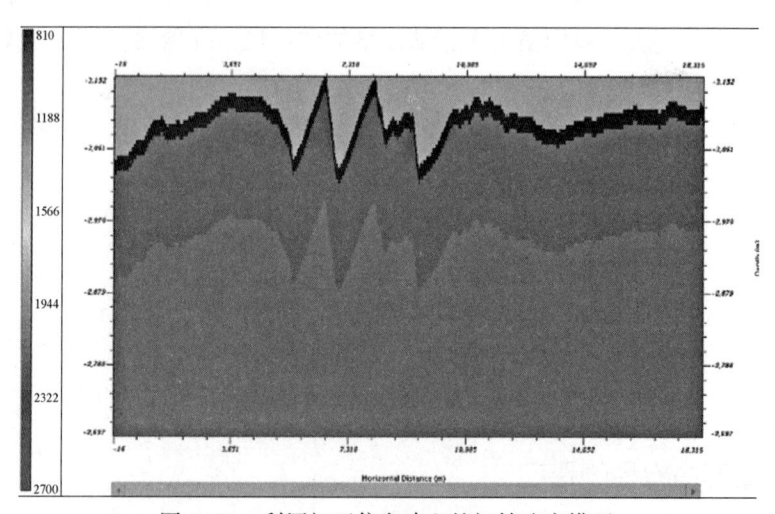

图 6-80　利用初至信息建立的初始速度模型

（3）速度梯度法建立连续介质初始速度模型。对于近地表为连续介质地区，可以根据速度随深度的变化规律，给出一个地表面速度值和速度随深度的变化量，自动生成一个速度随深度连续变化的模型，作为层析反演的初始速度模型。对于某地区具体的速度随深度的变化规律，可以通过时深关系曲线、表层调查资料、地震反射记录初至时间统计求得。图 6-81 为利用速度梯度法建立的初始速度模型。

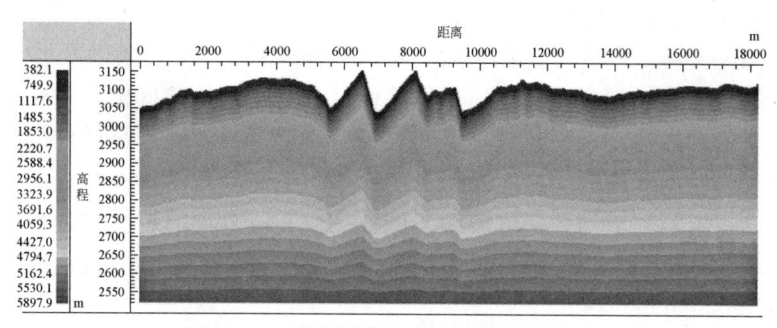

图 6-81 速度梯度法建立初始速度模型

当然，建立初始速度模型的方法还有很多，在此不一一列举。但不管采用什么方法建立初始速度模型，都需要将模型数据导入层析软件系统并对之进行网格化。有些初始模型建立方法已包括在层析软件系统中，其实现就很容易；如果层析软件中没有包括用户需要的建模方法，则需要另外软件建立模型并导入到层析软件中，这样实现就相对麻烦些。

初始速度模型对层析反演结果有什么影响，可能针对不同层析软件所采用的计算方法也不同一样，同一方法针对不同表层结构特点的工区或不同的采集方法和参数可能也不一样。图 6-82 是山地和山前带区采用速度梯度法和层间关系系数法建立的初始速度模型，分别经过 15 次迭代并收敛后得到的速度模型见图 6-83，对比图 6-83 中的两个模型，在有效深度范围内速度整体变化几乎没有差别，只是在细节上略有差异。此实例说明，不同的初始速度模型对层析的反演结果的影响很小。

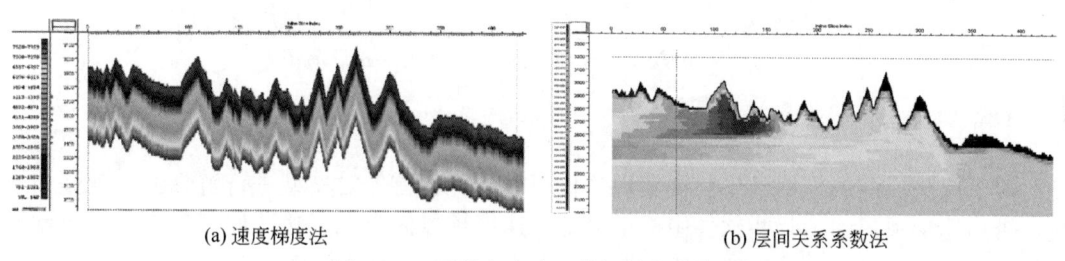

(a) 速度梯度法　　　　　　　　　　　　(b) 层间关系系数法

图 6-82　两种方法建立的初始速度模型

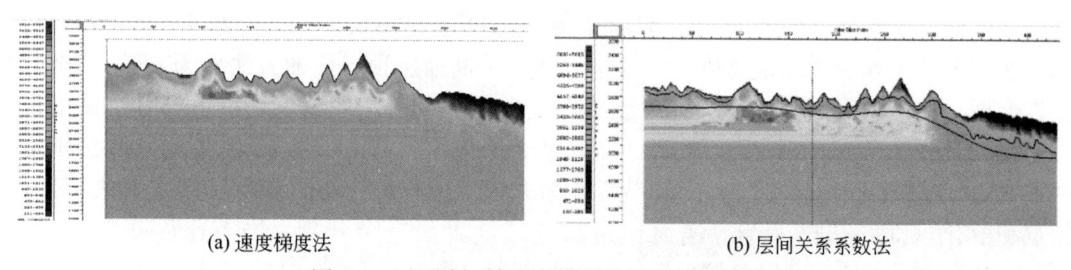

(a) 速度梯度法　　　　　　　　　　　　(b) 层间关系系数法

图 6-83　两种初始速度模型的层析反演结果

图 6-84 为沙漠区采用速度梯度法和层间关系系数法建立的两个初始速度模型，图 6-85 为两个初始速度模型经过 10 次迭代并收敛后的层析反演结果。对比图 6-85 的两个模型可知，在测线小号一边两个初始速度模型的反演结果基本一致，而测线大号一边的反演结果有着明显的差异。本实例说明不同的初始速度模型对层析反演结果有一定的影

响。通过大量的试验分析，初始速度模型对层析反演结果确实有影响，但针对不同算法、不同探区、不同采集参数和层析计算参数，其影响程度有所不同。在实际应用中，要尽量建立一个合理的近地表初始速度模型，但也不要过分追求初始速度模型的精度，如果能够建立一个高精度的初始速度模型也就不需要层析反演了，再者，过分要求初始速度模型的精度也会浪费很多时间和精力，有时是得不偿失的。实际操作中，在有表层调查资料的地区最好用表层调查资料建立初始速度模型，图6-85(b) 为应用表层调查资料建立初始速度模型的层析反演结果，在大号方向的高速层顶界面确实比图6-85(a) 的更稳定，更符合沙漠区的规律。

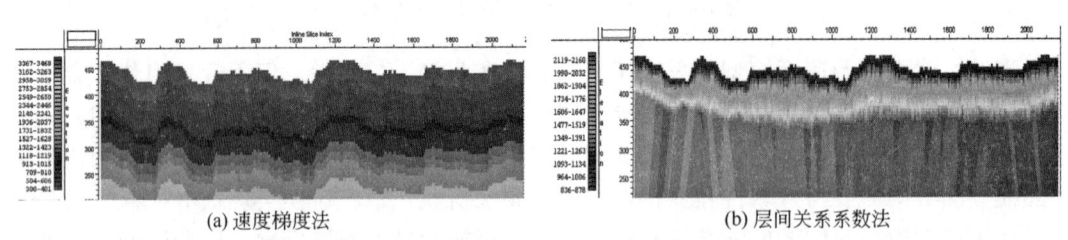

(a) 速度梯度法　　　　　　　　　　　　(b) 层间关系系数法

图 6-84　两种方法建立的初始速度模型

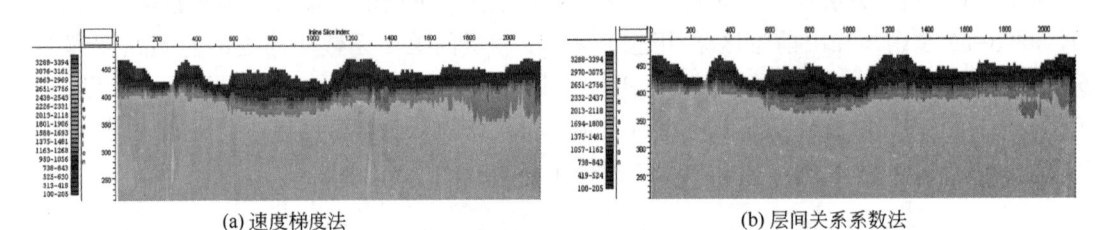

(a) 速度梯度法　　　　　　　　　　　　(b) 层间关系系数法

图 6-85　两种初始速度模型迭代 10 次的层析反演结果

（四）速度模型的解释

对于层析反演的模型结果，要实现静校正量计算，首先对模型进行解释，也就是要确定一个高速层顶界面。有些软件中提供多种高速层顶界面定义方法，如可以定义一个水平面作为高速层顶界面，这显然是不可取的。还有一种是将地表高程进行平滑后下移到一定深度作为高速层顶界面，这种方法确定的高速层顶界面一般不合理。还有的是定义一个等射线密度面，这种方法看似合理，但由于射线密度差异很大，其选择结果通常是不可用的。多年来的实践表明，定义以一个等速界面作为高速层顶界面的方法较为科学，其结果也较合理。该方法有两个优点：一是能从物理模型上说清楚静校正是校正到哪个速度层；二是校正到一个等速的界面上更方便校正速度的选取，有利于提高基准面静校正精度。图6-86为两个不同地区在层析反演模型上选取的等速界面，可见较好反映了其表层结构特点和变化规律。选择一个等速面作为高速层顶界面是个基础，当等速面变化平缓时（图6-86中的右图），可以直接用等速面计算静校正量。

如果有些地区的等速面起伏较剧烈，还需要对之进行必要的平滑和编辑处理。图6-87中粗线为2500m/s 的等速面，其在方块内变化比较大，而利用此面计算的静校正量并不能使剖面很好成像［图6-88(a)］。当对等速面进行了适当平滑和编辑处理后，得到图6-87中细线的高速层顶界面，利用这个高速层顶界面计算静校正量后的剖面成像效果得到明显提高［图6-88(b)］。

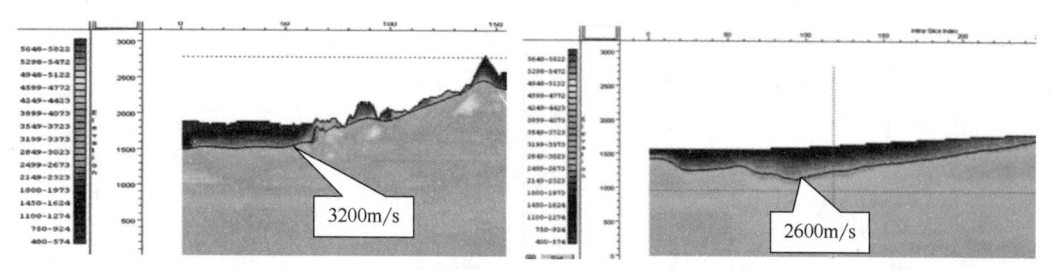

图 6-86 高速层顶界面的选取

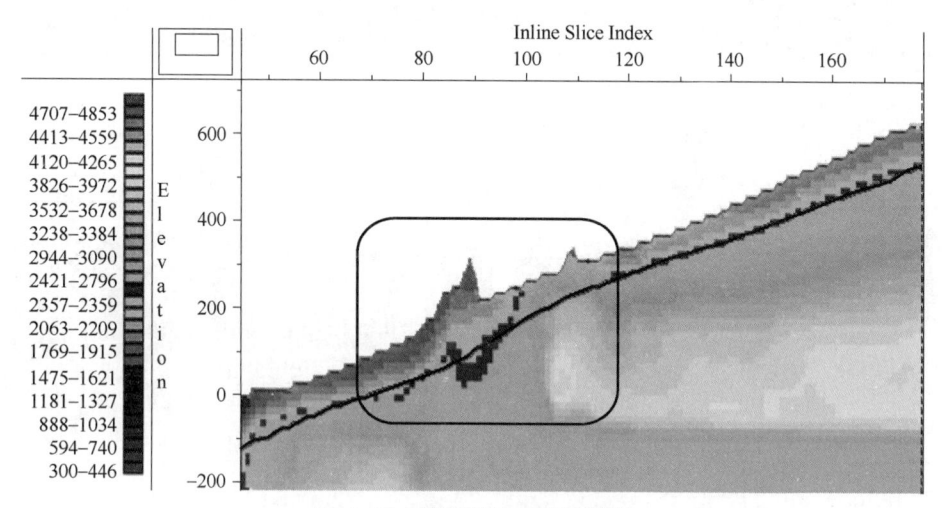

图 6-87 等速面的平衡与编辑

(a) 以等速面计算的静校正量   (b) 等速面处理后计算的静校正量

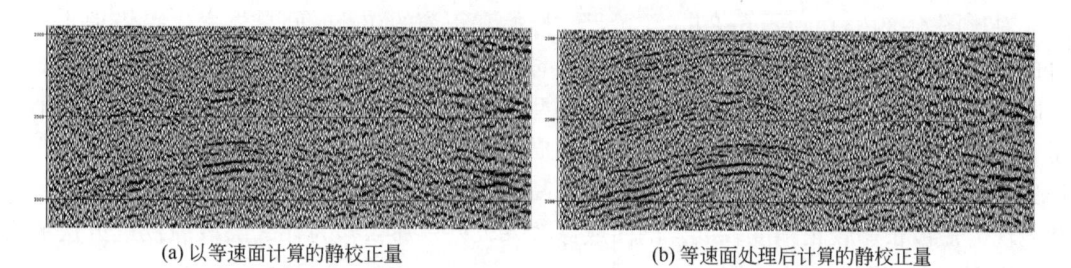

图 6-88 不同高速层顶界面计算静校正量初叠加剖面对比

三、静校正计算及应用

层析静校正技术，主要以解决长波长静校正为目的。随着应用研究工作的深入，对层析技术的认识逐渐提高，应用经验逐渐丰富，其解决短波长静校正问题的能力也明显提高。关于如何应用好层析静校正技术方面的措施和经验，前面已经做了总结。那么，当前的层析静校正技术在解决不同波长静校正问题方面的能力方面应该有个更为清楚的认识，以指导实际实施的方法确定与应用工作。

图 6-89 为原始初至时间和层析速度模型与正演初至时间的对比，其中图 6-89(a) 为原始拾取的初至时间曲线，根据该初至时间通过层析反演得到近地表速度模型[图 6-89(b)]，

由于该测线为专门针对表层的二维高密度采集试验线，其层析反演结果对表层模型刻画较精细。根据层析速度模型通过正演得到新的初至时间［图6-89(c)］。

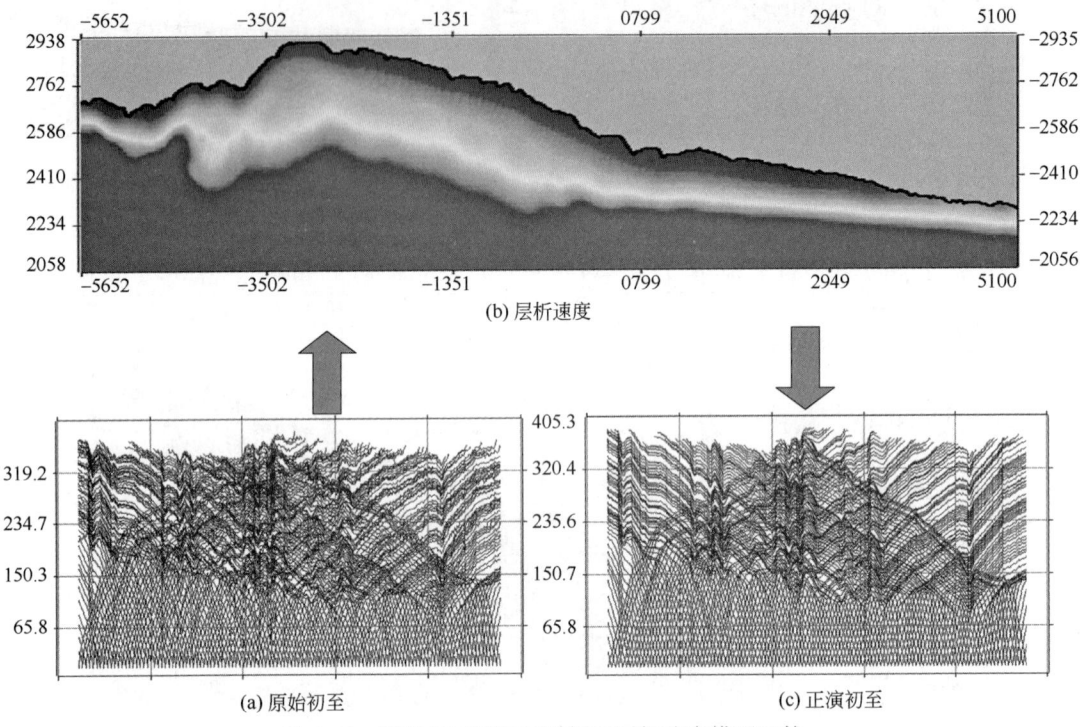

图6-89 原始与正演初至时间和层析速度模型比较

对比图6-89(a)和图6-89(c)可见，原始和正演的初至时间总体变化趋势是非常吻合的，但局部高频变化差异明显，原始初至时间的高频变化很丰富，而这些高频变化恰恰反映了静校正量的局部变化。在通过层析模型正演的初至时间中，这种高频变化明显削弱了，说明层析反演的速度模型本身不能很好描述其速度局部变化，使静校正量的高频变化消失了。因此，层析静校正方法本身在解决高频静校正问题方面就存在一定的局限性，通常表现为短波长静校正精度较低，剖面成像效果较差。那么，为什么层析静校正方法的成像效果有时会好于其他方法呢？

图6-90和图6-91分别为两个地区层析静校正方法与模型约束初至折射静校正方法的剖面对比，可见，层析静校正方法的剖面叠加效果明显好于模型约束初至折射法；类似这样的实例还有很多。总结层析静校正短波长静校正效果较好的实例，其近地表模型有一个共同的特点，就是低降速带很厚。图6-92为图6-90和图6-91两个实例的层析速度模型，可见，两个模型都存在巨厚的低降速带，其平均厚度在150m左右，最大厚度达400m以上，并且地形起伏相对较大。

在低降速带较薄的地区，也做过许多层析静校正方法的对比。图6-93为低降速带厚度较薄（10~40m）地区层析静校正方法应用的一个典型实例，其层析和模型约束初至折射静校正效果的对比剖面如图6-94所示。通过图6-94对比可见，层析反演静校正方法的效果远远差于模型约束初至折射静校正方法，因此，在低降速带较薄地区，层析静校正方法的应用效果较差。

(a) 模型约束初至折射方法　　　　　　　　　　(b) 层析静校正方法

图 6-90　层析与模型约束初至折射静校正方法的效果对比（实例一）

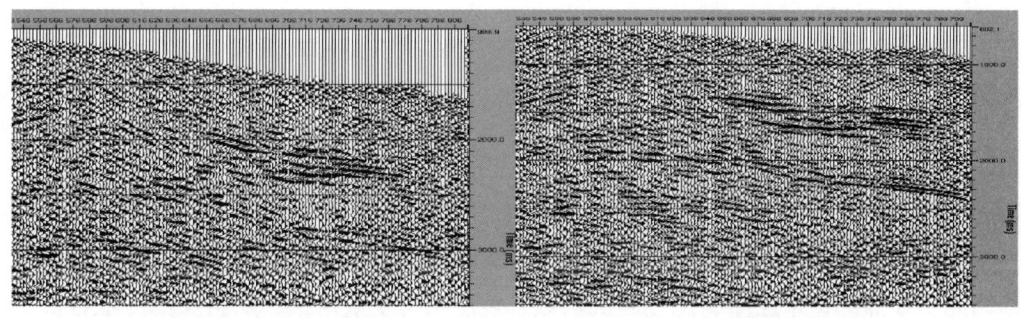

(a) 模型约束初至折射方法　　　　　　　　　　(b) 层析静校正方法

图 6-91　层析与模型约束初至折射静校正方法的效果对比（实例二）

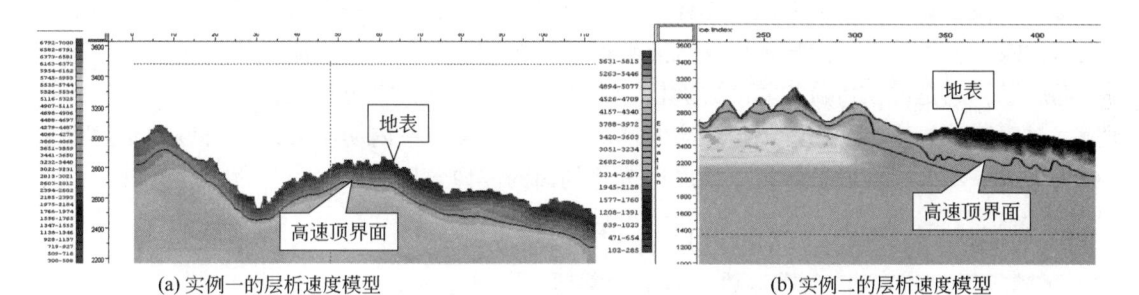

(a) 实例一的层析速度模型　　　　　　　　　　(b) 实例二的层析速度模型

图 6-92　两个实例的层析速度模型

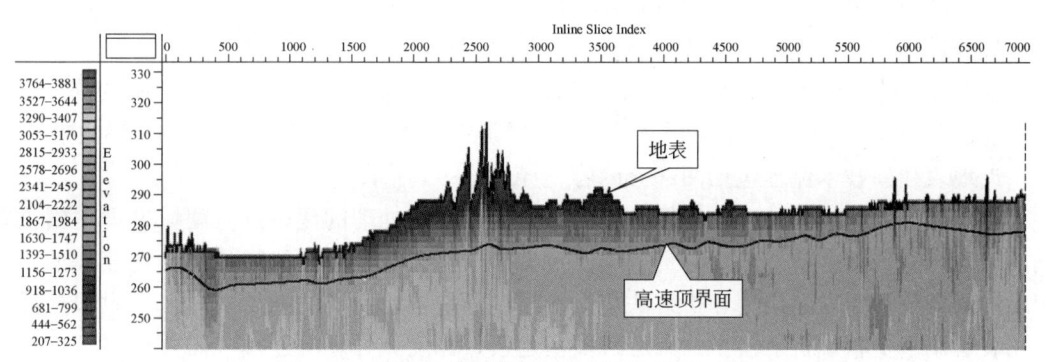

图 6-93　低降速带较薄地区的层析反演速度模型

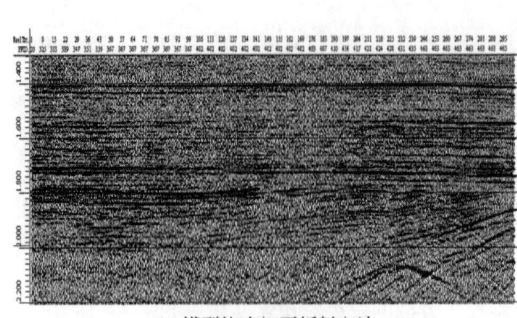

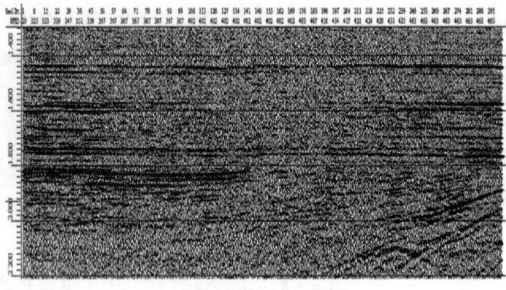

(a) 模型约束初至折射方法　　　　　　　　　(b) 层析静校正方法

图 6-94　层析与模型约束初至折射静校正方法的效果对比（实例三）

为什么层析静校正方法的应用效果与低降速带厚度有关？其原因主要有两个：一是层析反演方法是基于网格为常速的假设，而网格尺寸又不能选择的太小，当低降速带较薄时，它对模型局部变化的刻画精度较低，导致高频静校正变化损失严重，影响了剖面的成像效果。二是当低降速带较厚时，由于非地表一致性静校正的影响，初至折射方法本身的误差在增大。加之低降速带巨厚区多集中于大沙漠或山前带地区，表层多为连续介质特点，初至折射静校正方法的适用性变差，进而影响了初至折射法的精度。

因此，在低降速带巨厚、地形起伏剧烈且表层结构复杂地区，层析反演方法往往能够取得较好的静校正效果，该方法是解决这类地区静校正问题的首选。而在低降速带较薄的地区，模型约束初至折射法一般能够很好解决长、短波长静校正问题，在这些地区应主要考虑采用模型约束初至折射法。总体上，层析静校正方法在解决短波长静校正方面还是受到较大限制，虽然在低降速带巨厚区能够取得较好的效果，但也不能说静校正问题解决得很彻底了，只是说在目前的基准面静校正方法中是最好的，它对初至折射法是个很好的补充。对于短波长静校正问题仍很突出的情况，还需要配合室内初至波或反射波剩余静校正应用，进一步提高短波长静校正精度，改善剖面的成像效果。

四、面向叠前深度偏移的近地表建模

在常规时间域处理中只需提供静校正量，静校正满足处理需求即可，对近地表模型没有要求。前叠前深度偏移与常规时间域处理不同，不仅要提供精确的静校正，还要提供准确合理的模型，这对近地表建模与静校正工作要求更高了。

为了提高陆上复杂区近地表速度的反演精度在生产过程中针对叠前深度偏移的需求建立了一套合理的近地表建模技术流程，通过在实际资料中的应用，取得了较好的应用效果。

近地表建模技术流程包括两部分内容，如图 6-95 所示。

第一部分为时间域处理的建模，第二部分为深度域处理的建模。时间域处理建模主要利用表层调查资料、初至波走时资料建立近地表模型，综合多种资料建立近地表模型，利用表层调查资料建立的模型和折射法建立的模型当作层析反演的初始模型，有时根据需求利用表层调查资料或折射模型约束层析反演建模。深度域处理的建模，需要提供近地表模型和射线密度，根据射线密度的底界确定确定近地表模型与深度偏移模型的拼接范围确定，把表层模型与深度域模型拼接后进行最终叠前深度偏移。

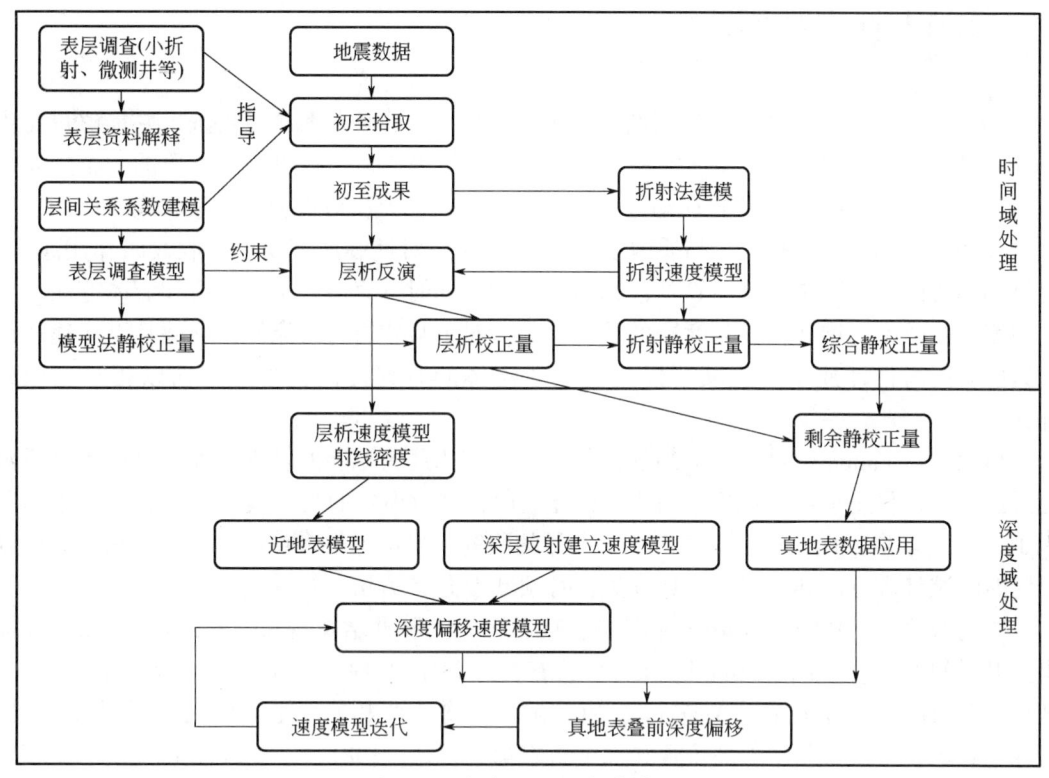

图 6-95　复杂区近地表建模流程

第六节　近地表 Q 建模

　　品质因子 Q 用来描述地层介质的黏弹性特征，能够量化因介质黏弹性性质引起的地震波能量衰减和频散，是表征地层吸收衰减性质的一个重要参数。完全弹性介质的 Q 趋近于无穷大，不存在介质对地震波的吸收衰减作用。非完全弹性介质的黏弹性越大，Q 越小，介质对地震波能量的吸收衰减作用越大。可靠的品质因子模型是进行反 Q 滤波的前提条件。同时，Q 也是描述岩石和流体特性（如孔隙度、渗透率、饱和度、黏度）的重要参数。对于某些岩石或流体，Q 甚至比速度更加敏感，同时估计速度和 Q 可以为岩石或流体的研究提供更多的依据，以相互论证或补充。

　　在实际数据处理过程中需采用相应的处理技术，如球面发散补偿、反 Q 滤波、时频域振幅补偿等，对地震波的振幅及频率衰减进行补偿处理，恢复传播过程中被衰减的振幅和频率成分。对近地表的吸收衰减进行补偿目前主要采用表层 Q 补偿技术，因此，确定表层 Q 是关键。现有近地表 Q 的确定方法可分为岩石样本测试 Q 估计和地层原位测量 Q 估计两大类。前者按照测试原理不同进一步细分为应力—应变法、驻波法和行波法三种，而后者按照野外观测技术的不同细分为面波法、大炮初至法、层析成像法、微测井资料估算法和井地联合 Q 反演等。

一、近地表 Q 求取方法

品质因子 Q 是用来描述了地层的内部本质特性——介质的黏弹性特征。它能够量化由于介质黏弹性性质引起的地震波能量衰减和频散，是表征地层吸收衰减性质的一个重要参数。完全弹性介质的品质因子 Q 趋近于无穷大，不存在介质对地震波的吸收衰减作用。非完全弹性介质的黏弹性越大，品质因子 Q 越小，介质对地震波能量的吸收衰减作用越大。可靠的品质因子模型是进行反 Q 滤波的前提条件。同时，衰减是描述岩石和流体特性（如孔隙度、渗透率、饱和度、黏度）的重要参数。对于某些岩石或流体，衰减甚至比速度更加敏感，同时估计速度和衰减可以为岩石或流体的研究提供更多的依据以相互论证或补充。

1962 年，Futteman 将岩石对地震波的吸收衰减描述为地层的基本属性，对地下介质对地震波的吸收作用进行了系统地阐述。在此之后，针对地层的吸收衰减参数，尤其是品质因子 Q 值的求取方面，许多学者进行了大量的研究，提出了很多算法，通常这些方法可以分为时间域计算方法和频率域计算方法、时频域 Q 估计方法、统计类方法。

时间域算法。1974 年，基于地震波衰减过程中的脉冲增宽现象，Stacey 与 Gladwin 提出上升时间原理。K Jartansson 和 Biai 等于 1979 年对该原理进一步研究，提出了升时法，利用上升时间（或脉冲宽度）进行 Q 值估测。与谱比法相比，上升时间法条件易满足，但存在缺陷，即最大斜率点的位置和确定斜率都有误差。1981 年，Tyce R C 提出了振幅衰减法。1985 年，Jannsen 提出了子波模拟法，利用旅行时差和频散关系，通过改变 Q 值，人为修正参考信号，直到与观测信号最佳近似。1986 年，Engelhard 等人在复地震道分析基础上提出了解析信号法。

频率域算法。1974 年，Bath 首次提出了谱比法，该方法取两个时间处或两个深度处的子波，进行频谱分析，求取频率域中两个不同时刻（或深度）子波频谱的比值，并求取比值的对数，频率与求得的频谱比对数呈现一种线性关系，Q 是拟合求得的频谱比斜率的函数，谱比法是当下品质因子计算方法应用最为广泛的一种方法。1997 年，Youli Quan 和 Jerry M. Harris 提出了质心频率偏移法（CFS），推导出品质因子 Q 与质心频率的关系，从 VSP 资料中估算地震的吸收衰减，该方法也视为上升时间法的频率域形式。质心频率法利用频谱的统计学特征，具有较强的抗噪性，但计算复杂，而且震源子波频谱必须满足高斯谱假设。2002 年，Zhang 等提出了峰值频率法，主要是根据峰值频率与 Q 之间存在的关系。Yih Jeng 等对频谱比法进行了改进，他们假定 Q_S、Q_P 与频率相关用于测量浅地表 Q 值。

1991 年，Tonn 利用合成 VSP 资料，针对多年来地球物理学家提出的各种 Q 值估算方法进行了比较，得出这些直接求取 Q 值的方法每种都有其局限性，总体的精确度和稳定性较差，总结出了没有哪一种方法可以普遍适用的结论。

时频域 Q 估计方法。2004 年，李宏兵等推导了小波尺度域的地震波能量衰减公式，并从反射地震记录中直接估算品质因子，并应用于定性刻画地震衰减属性，检测烃类的存在。2004 年，Elapavuluri 与 Bancroft 提出了互相关方法，通过扫描的方式来估计 Q 值。2008 年，赵伟提出利用零偏 VSP 资料在小波域计算介质 Q 值的方法，基于单程波传播理论得到了零相位子波情况下的时频域 Q 值计算方法。

统计法。通过对大量的资料处理，来统计处品质因子和纵波速度存在的经验关系，总结出广泛适用或者适用于某一工区的公式。其中，使用最广泛的为李庆忠经验公式。何汉漪确立了适用于莺歌海工区的 Q—v 经验公式。李生杰等获得准噶尔盆地南缘地区地层 Q 值与纵波速度 v 的经验公式。

品质因子 Q 计算方法近年来发展迅速，Q 计算方法层出不穷，本文参考众多博士、硕士论文及文章。

本节主要内容是地震波吸收衰减的基本原理和几种常用的 Q 值估算方法，这些方法都可以用于近地表的 Q 值求取。

（一）基本原理

1962 年 Futterman 曾经指出，当地震波在地下介质中传播过程中，要受到与频率衰减和频散引起的相位畸变的影响。他通过假设品质因子与频率无关，在此基础上导出了如下振幅和相速度频散关系式：

$$p(\omega,z)=p(\omega,0)\exp\left\{\frac{-\omega z}{2Qv(\omega)}\right\} \quad (6-55)$$

$$\frac{v(\omega)}{v(\omega_c)}=\left\{1+\frac{1}{\pi Q}\ln\left(\frac{\omega}{\omega_c}\right)\right\} \quad \omega<\omega_c \quad (6-56)$$

$$v(\omega)=\text{常数} \quad \omega\geqslant\omega_c \quad (6-57)$$

式中 Q——介质的品质因子；

Z——地震波传播路径长度；

$P(\omega,0)$——震源子波的振幅谱，波传播到 Z 处的振幅谱为 $P(\omega,z)$；

$v(\omega)$——ω 的相速度，ω_c 为上限截止频率，其对应相速度为 $v(\omega_c)$。

由上述方程不难看出，随传播路径和频率的增大，地震波振幅衰减也在增大。

当波在非完全弹性的岩石中传播时，由于存在射线的扩散和介质吸收变成了热能，致使地震波的振幅衰减、相位畸变。其中物质吸收振动能并将它变为热能的性质称为内摩擦。把 $\Delta E/E$ 求取的比值定义为内摩擦量，其中 ΔE 是经过一个应力循环时所消耗的能量，E 是当岩石应变为极大时所贮存的应变能，品质因子和内摩擦之间存在一定的比值关系。使用下式来定义 Q 值：

$$\frac{2\pi}{Q}=\frac{\Delta E}{E} \quad (6-58)$$

品质因子的定义也可以从能量损失、复速度、复模量等不同的方面进行，耗散或吸收可以通过应力 σ 与应变 ε 之间的复数黏弹性模量（m）线性关系来描述：

$$\sigma=m\varepsilon \quad (6-59)$$

品质因子可以定义为：

$$Q=\frac{\text{Re}(m)}{\text{Im}(m)}=\frac{1}{\tan(\theta)} \quad (6-60)$$

θ 为应力与应变之间的相位角。

地震波在一维黏弹性介质中的传播方程为：

$$\frac{\partial^2 u}{\partial t^2} = \frac{m}{\rho} \frac{\partial u^2}{\partial r^2} \qquad (6-61)$$

式中 u——地震波场；
t——时间，s；
ρ——密度，g/m³；
r——距离，m。

其解在频率域可以表示为：

$$u(r+\Delta r, f) = u(r, f) e^{jk\Delta r} \qquad (6-62)$$

其中：

$$k = \frac{2\pi f}{v(f)} \left(1 + \frac{j}{2Q}\right) \qquad (6-63)$$

$v(f)$ 是与频率有关的相速度，可以表示为：

$$v(f) = v_r \left(1 + \frac{1}{\pi Q} \ln \left|\frac{f}{f_r}\right|\right) \qquad (6-64)$$

将式（6-63）代入式（6-62），并忽略 $1/2Q$ 项，得到黏弹性介质中地震波传播的表达式：

$$u(r+\Delta r, f) = u(r, f) \exp\left(-\frac{\pi f \Delta r}{Q v_r}\right) \exp\left(-\frac{2jf\Delta r}{Q v_r} \ln \left|\frac{f}{f_r}\right|\right) \qquad (6-65)$$

式（6-65）包含 2 个指数项，第 1 个指数项为能量衰减项，第 2 个指数项为速度频散项。根据式（6-65），黏弹性介质中地震波的振幅谱可以表示为：

$$u(r+\Delta r, f) = u(r, f) \exp\left(-\frac{\pi f \Delta r}{Q v_r}\right) = u(r, f) \exp\left(-\frac{\pi f \Delta t}{Q}\right) \qquad (6-66)$$

（二）频率域 Q 值计算方法

频率域求取品质因子 Q 值的方法也有很多种：谱比法、峰值频率频移法、质心频率频移法、匹配拟合法等。

1. 谱比法

受衰减作用的影响，地震脉冲的频谱在其传播过程中发生很多变化：其振幅不断减小，峰值频率向低频移动，频带逐渐变窄等，谱比法是利用振幅衰减来计算 Q 值的，这种方法计算简单，理论精度高，是目前最为流行的 Q 值估算方法。Bath 及 Babble 等人进行了详细的探讨。

假设地震波在地层中的传播时刻 t_1 和 t_2 处的振幅谱分别用式（6-67）和式（6-68）表示。

$$B_1(f, t_1) = A(t_1) B_1(f) G_1(f) \exp\left(-\frac{\pi f t_1}{Q}\right) \qquad (6-67)$$

$$B_2(f, t_2) = A(t_2) B_2(f) G_2(f) \exp\left(-\frac{\pi f t_2}{Q}\right) \qquad (6-68)$$

其中，$A(t)$ 为包涵几何扩散、投射损失等与频率无关的函数，Q 则表示与频率有关的吸收衰减，$B(f)$ 为初始时刻地震子波的振幅谱，$G(f)$ 为检波器响应。谱比后取对数得：

$$\ln\left[\frac{B_2(f,t_2)}{B_1(f,t_1)}\right] = \ln\frac{A(t_2)}{A(t_1)} + \ln\frac{B_2(f)G_2(f)}{B_1(f)G_1(f)} - \frac{\pi f(t_2-t_1)}{Q} \qquad (6-69)$$

假设两个接收点具有相同的震源子波和检波器响应，则上式可简化为：

$$\ln\left[\frac{B_2(f,t_2)}{B_1(f,t_1)}\right] = C - \frac{\pi f(t_2-t_1)}{Q} \qquad (6-70)$$

显然频谱对数比值是一个线性函数，进行线性拟合，所得直线斜率为：

$$k = -\frac{\pi(t_2-t_1)}{Q} \qquad (6-71)$$

所以有下式进行 Q 值计算：

$$Q = -\frac{\pi(t_2-t_1)}{k} \qquad (6-72)$$

由于谱比法不受几何扩散和透射损失等与频率无关因素的影响，因此，谱比法成为应用最广泛的 Q 因子估算方法。比值对频率的关系表示在某个层段内衰减与频率的关系，频谱比法原理简单，但是容易受信噪比、拟合频段等因素影响。

2. 峰值频率频移法

峰值频率是频谱中最大振幅对应的频率，受衰减作用的影响，地震脉冲的峰值频率向低频移动，利用这种特性，Zhang 和 Ulrych 提出了峰值频率频移法计算 Q 值。

假设震源子波可由雷克子波表示，雷克子波的振幅谱可以由下式给出：

$$S_0(f) = \frac{2}{\sqrt{\pi}}\frac{f^2}{f_m^2}\exp\left(-\frac{f^2}{f_m^2}\right) \qquad (6-73)$$

f_m 是雷克子波的主频，即为峰值频率。

地震波在地层中传播时间 t 后，衰减后的振幅谱可以表示为：

$$S_1(f) = S_0(f)\exp\left(-\frac{\pi ft}{Q}\right) \qquad (6-74)$$

对式（6-74）关于频率求导，导数为零时的频率即为 t 时刻的峰值频率 f_p。

$$\frac{dS_1(f)}{df} = \frac{dS_0(f)}{df}\exp\left(-\frac{\pi ft}{Q}\right) + S_0(f)\exp\left(-\frac{\pi ft}{Q}\right)\left(-\frac{\pi t}{Q}\right) = 0 \qquad (6-75)$$

对式（6-73）关于频率求导：

$$\frac{dS_0(f)}{df} = \frac{2}{\sqrt{\pi}}\left(\frac{2f}{f_m^2}\right)\exp\left(-\frac{f^2}{f_m^2}\right) + \frac{2}{\sqrt{\pi}}\left(\frac{f^2}{f_m^2}\right)\exp\left(-\frac{f^2}{f_m^2}\right)\left(-\frac{2f}{f_m^2}\right) \qquad (6-76)$$

把式（6-76）带入式（6-75），可得 t 时刻的峰值频率 f_p。

$$f_p = f_m^2\left[\sqrt{\left(\frac{\pi t}{4Q}\right)^2 + \left(\frac{1}{f_m}\right)^2} - \frac{\pi t}{4Q}\right] \qquad (6-77)$$

所以品质因子 Q 可以用峰值频移表示：

$$Q = \frac{\pi t f_p f_m^2}{2(f_m^2 - f_p^2)} \qquad (6-78)$$

3. 质心频率频移法

地震波在地下传播时，根据地震波的吸收衰减理论，高频成分的能量比低频成分的能量衰减得快，因此，可以通过计算地震波传播过程中子波频谱的质心频率的偏移量，计算地层介质的品质因子。

假设地震震源子波振幅谱 $S(f)$ 是高斯谱，则可以表示为：

$$S(f) = \exp\left[-\frac{(f-f_S)^2}{2\sigma_S^2}\right] \tag{6-79}$$

其中，f_S 为震源子波质心频率，σS_2 是震源子波振幅谱的方差，其表达使分别为：

$$f_S = \frac{\int f S(f)\,\mathrm{d}f}{\int S(f)\,\mathrm{d}f} \tag{6-80}$$

$$\sigma_S^2 = \frac{\int (f-f_S)^2 S(f)\,\mathrm{d}f}{\int S(f)\,\mathrm{d}f} \tag{6-81}$$

同样的，经过介质的吸收衰减后，检波器接收到的信号的质心频率和 f_R 方差分别为：

$$f_R = \frac{\int f R(f)\,\mathrm{d}f}{\int R(f)\,\mathrm{d}f} \tag{6-82}$$

$$\sigma_R^2 = \frac{\int (f-f_R)^2 R(f)\,\mathrm{d}f}{\int R(f)\,\mathrm{d}f} \tag{6-83}$$

$H(f)$ 是介质的响应函数，常 Q 模型下，地震吸收衰减是频率的线性函数，因此 $H(f)$ 可写成下式：

$$H(f) = \exp\left(-f \int \alpha_0 \,\mathrm{d}l\right) \tag{6-84}$$

其中：$\alpha_0 = \pi/(Q_v)$

接收点的振幅谱可以写成：

$$R(f) = GS(f)H(f) = C\exp\left(-\frac{(f-f_R)^2}{2\sigma_s^2}\right) \tag{6-85}$$

其中：

$$f_R = f_S - \sigma_S^2 \int_{ray} \alpha_0 \,\mathrm{d}l \tag{6-86}$$

$$f_d = 2f_S \sigma_S^2 \int_{ray} \alpha_0 \,\mathrm{d}l - \left(\sigma_S^2 \int_{ray} \alpha_0 \,\mathrm{d}l\right)^2 \tag{6-87}$$

$$C = G\exp\left(-\frac{f_d}{2\sigma_s^2}\right) \tag{6-88}$$

由上面推导可得：

$$f_R = f_S - \sigma_S^2 \pi L / (Q_v) \tag{6-89}$$

其中，L 为射线路径。

所以：

$$Q = \frac{\pi t \sigma_S^2}{f_S - f_R} \tag{6-90}$$

4. 匹配拟合法

匹配拟合法的中心思想是找到两个观测点之间的转换函数。假设存在两个观测点深度1和深度2，两个信号进行匹配需要转换函数。转换函数近似为互功率谱和功率谱的比值：

$$H_{12}(f) = \frac{Crosspower\ spectrum(1,2)}{Powerspect\ rum(1,1)} \tag{6-91}$$

则转换函数的比率为：

$$\ln\left|\frac{H_{21}(\omega)}{H_{12}(\omega)}\right| = (const.) - k\omega \tag{6-92}$$

斜率为：

$$k = \frac{x_2 - x_1}{cQ} = \Delta t / Q \tag{6-93}$$

式中，$\omega = 2\pi f$ 示主频，Δt 表示两个观测点之间的时间差，C 为常数。依据转换关系比值对数与时间差之间的直线关系，拟合出斜率求出 Q 值。

（三）实际数据分析

1. 井中激发地面接收微测井数据

图 6-96 左为准噶尔盆地某工区井中激发地面接收微测井数据，右为速度分层结果。该数据的观测系统为：激发深井 33m，井中激发 26 次；地面 12 道接收，1~3 道偏移距 1m，4~6 道偏移距 2m，7~9 道偏移距 3m，10~12 道偏移距 4m。采用相同地面道相邻激发点计算 Q 值，显然这样计算 Q 值不能保证激发因素的一致性。

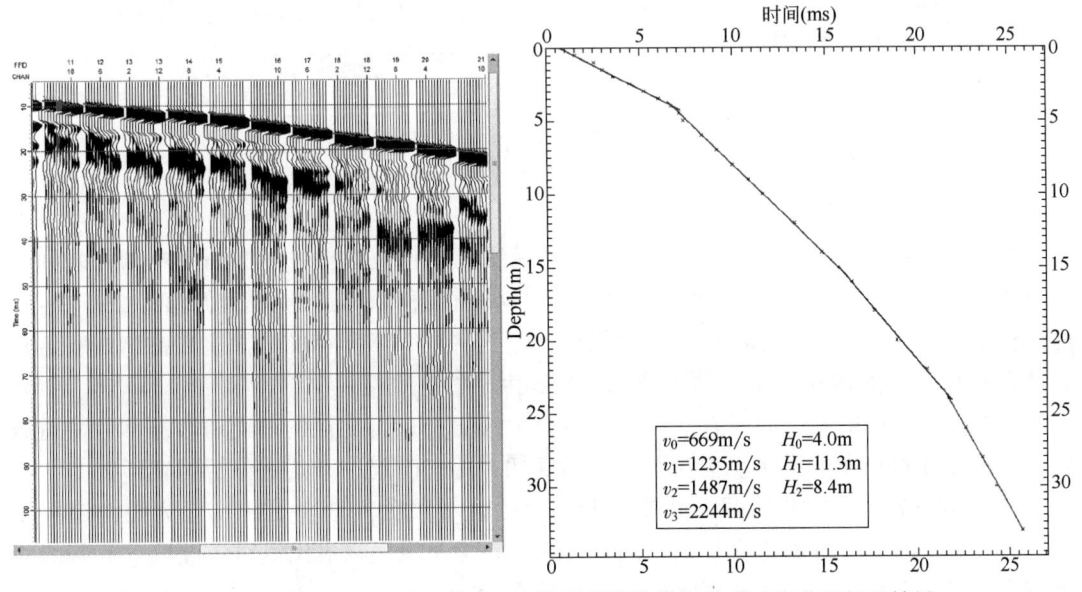

图 6-96　准噶尔盆地某井中激发地面接收微测井数据及其速度分层解释结果

图 6-97 显示的是每炮第一道数据，偏移距为 1m，激发深度从浅到深，采用固定增益方式显示。从这个共检记录上看，能量从浅到深的衰减规律不明显。

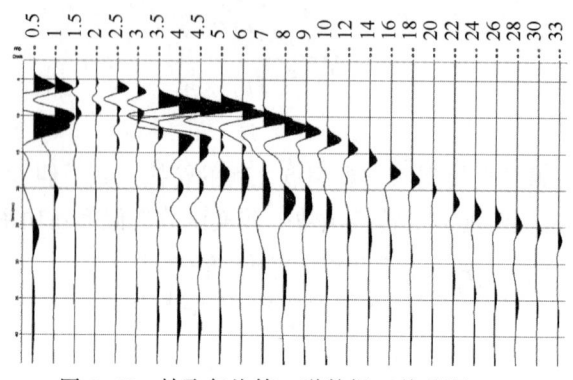

图 6-97　抽取每炮第一道数据（偏移距 1m）

分别采用谱比法、质心频率频移法以及峰值频率频移法计算得到的 Q 值曲线如图 6-98 所示。图中三种算法的 Q 值计算结果比较接近，但是与速度曲线没有相关性，且 Q 值曲线分别不合理。尝试了多个探区的多口井中激发地面接收微测井数据计算 Q 值，很难得到理想的结果，所以采用这种数据很难获得准确的近地表 Q 值。

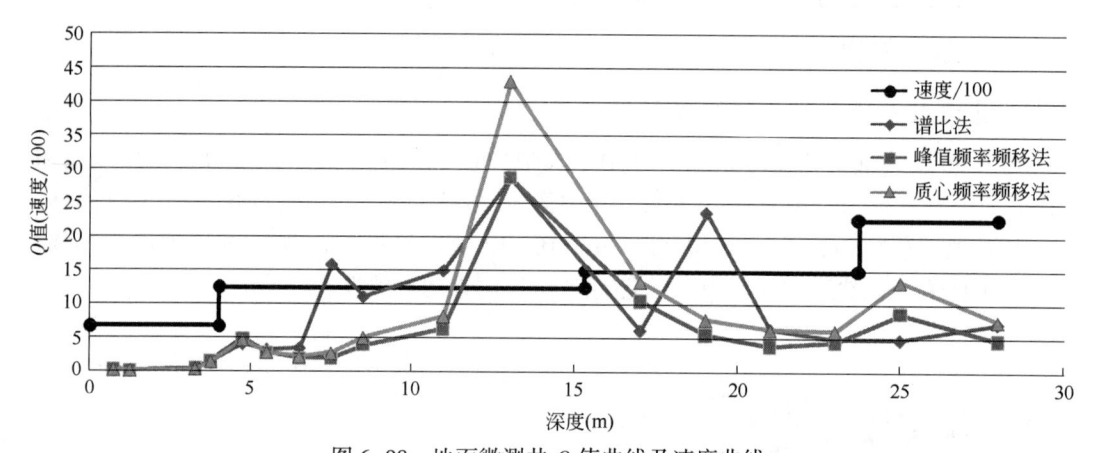

图 6-98　地面微测井 Q 值曲线及速度曲线

2. 双井微测井数据

图 6-99 为吉林油田某工区的双井微测井观测系统示意图，井深 20m，两口井之间的距离 5m，激发井中放了 22 炮，共 13 道接收，1~4 道偏移距 1m，5~8 道偏移距 2m，9~12 道偏移距 3m，13 道为井底接收道，偏移距 5m。选择同一激发点的地面道数据和井底道数据计算 Q 值，显然这样计算 Q 值不能保证接收因素的一致性。

选取高速层中的某个激发点，例如选择激发深度 15m 的炮点的地面道数据和井底道数据，如图 6-100 所示。图中①为初至，②为底切，用来确定用于频谱分析的波形数据。

图 6-101 为两道数据的振幅谱图和振幅谱比值对数图，图 6-101(a) 为地面道振幅谱，图 6-101(b) 为井底道振幅谱，图 6-101(c) 为两道振幅谱比值对数曲线，右侧绿线为谱比法拟合直线。谱比法计算所得的 Q 值为 2.35。

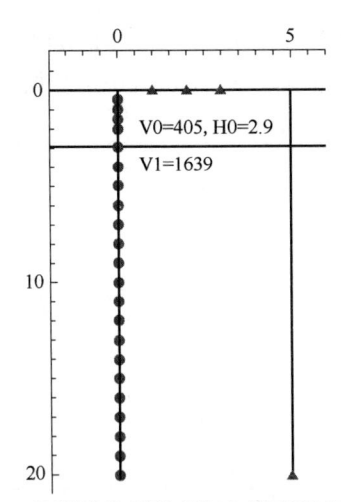

图 6-99　双井微测井观测系统示意图及近地表结构图

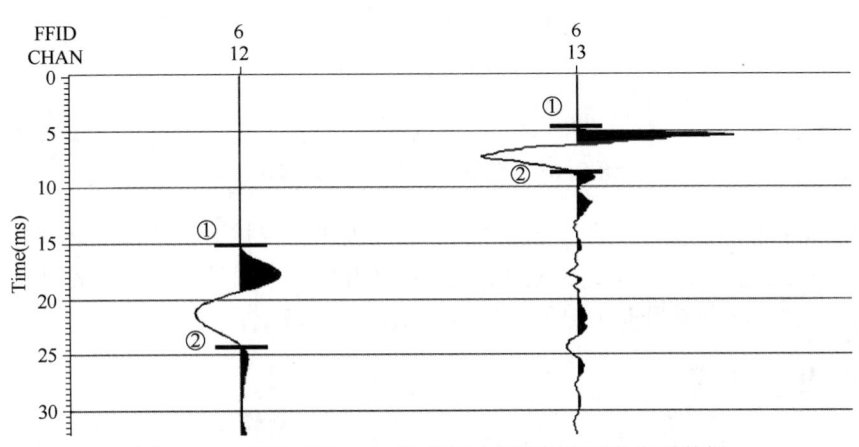

图 6-100　激发深度 15m 炮点的地面道数据和井底道数据
①—初至；②—底切

(a) 地面道振幅谱

(b) 井底道振幅谱

(c) 频谱振幅比值对数图

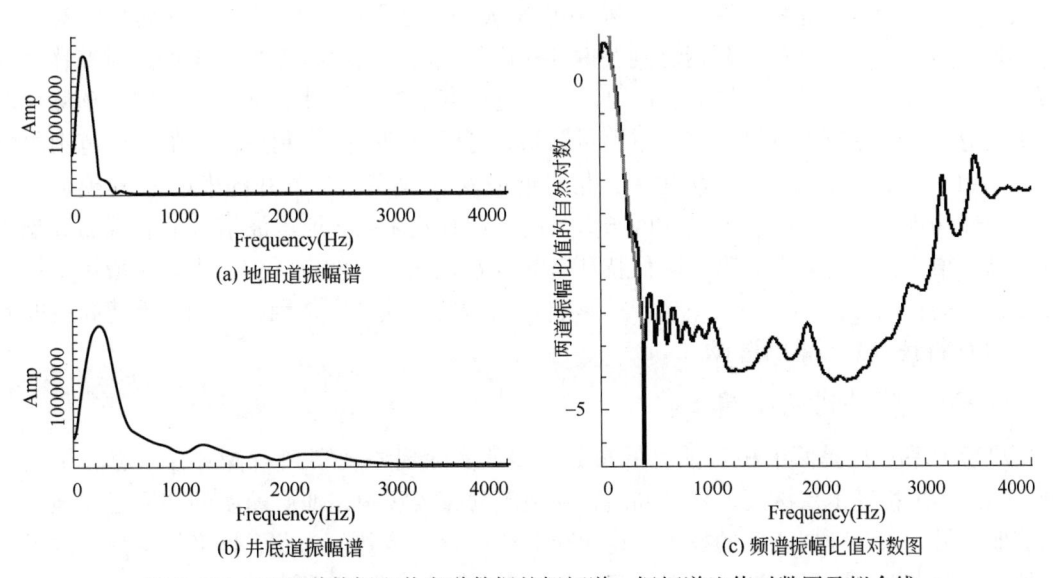

图 6-101　地面道数据和井底道数据的振幅谱、振幅谱比值对数图及拟合线

高速层中每个炮点的地面道数据和井底道数据都可以计算出一个 Q 值,实际计算中选择高速层中的多个炮点,计算出多个 Q 值,如图 6-102 所示,取平均值作为最终的表层 Q 值,该点表层最终 Q 值为 1.52。

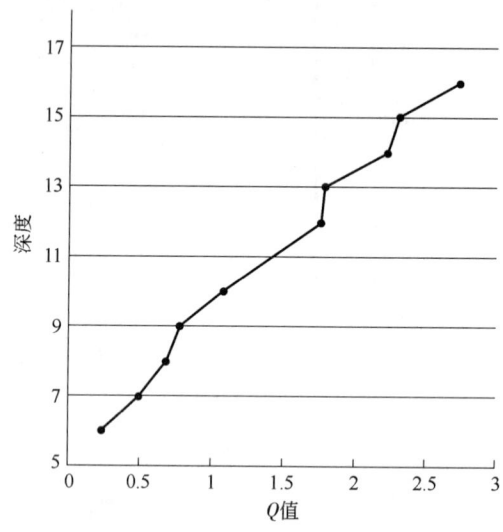

图 6-102　计算 Q 值与深度对应曲线

在准噶尔盆地、塔里木盆地、吐哈油田、辽河油田、吉林油田等多个区域选择了多口双井微测井数据,选择同一激发点的地面道数据和井底道数据计算 Q 值,都能得到稳定的结果,所以双井微测井是目前主流的近地表 Q 值调查手段。

二、近地表 Q 建模

地下介质通常是黏滞的,在其吸收衰减的作用下将导致地震波振幅的衰减以及相位延迟效应。描述介质的这种黏滞性通常采用 Q 来表征。建立一个高精度的 Q 模型将对准确补偿地震波振幅损失和相位延迟起到关键性作用,从而大大改善带 Q 补偿的逆时偏移或者最小二乘偏移的成像精度。同时,Q 可以在一定程度上指示岩性和油气,对储层预测也具有重要意义。根据野外观测和实验室测量结果,可以得到空间控制点上有限深度范围内的 Q,常用的方法有经验公式法 Q 建模、相对近地表 Q 建模、微测井约束的 Q 建模等。同时,地球物理反演方法是获取品质因子参数的一种有效途径。地震波信号的衰减随着频率的提高而增强,这种数据频带的降低特征是常规 Q 反演的出发点。但此类方法依赖于相应速度模型的精确度,速度的误差将严重影响 Q 模型的反演精度。因此,同时重建高精度的速度和 Q 将是一个不错的选择。

(一) 经验公式法 Q 建模

尽管 Q 和速度是两个相互独立的参数,但从实际现象观察,二者又有一定的相似之处,如基本上都随地层深度递增。同时,在地震勘探实践中,地层速度的获取远比地层 Q 的获取容易,获取地层速度的技术也远比获取地层 Q 的成熟。为此,许多学者都曾试图建立地层速度与地层 Q 之间的经验关系,以避开直接求取 Q 所面临的困难。如李庆忠

(1994) 给出了速度与 Q 间的经验公式：
$$Q = 3.156 \times V^{2.2} \times 10^6 \qquad (6\text{-}94)$$

由于 Q 随频率变化很小，吸收衰减主要取决于地层岩石的致密程度，越致密岩石 Q 越大。而岩石的致密程度与纵波的传播速度有关，因此可以建立纵波速度与 Q 的经验公式。结合层析反演得到的近地表的厚度和速度模型，计算得到近地表空变的 Q 模型。但是需要说明的是该经验公式是对大套地层吸收规律的总结，并非是速度与 Q 的绝对关系，而且通常层析反演的速度会比实际的速度偏高，因此计算所得到的 Q 相对较大，与实际有所差异，这种方法误差相对较大，但可以用于分析近地表对地震波吸收衰减的相对影响。

（二）相对近地表 Q 建模

相对 Q 是分析地震记录共炮域和共检域能量得到的相对振幅衰减值和表层结构调查所建立的表层模型旅行时，利用地震初至信息求取相对振幅衰减系数，再利用初至层析反演得到的表层速度模型计算得到近地表的旅行时，利用旅行时与振幅衰减系数的关系式求取近地表的 Q，计算公式如下：

$$R \times scale = \frac{A(f)}{A_0(f)} = e^{-\frac{\pi f t}{Q}} \qquad (6\text{-}95)$$

式中　R——相对振幅系数；
　　　$scale$——对相对振幅系数进行的处理；
　　　f——频率；
　　　$A_0(f)$、$A(f)$——地层吸收前、后地震信号的振幅谱；
　　　t——地震波在近地表的传播时间。

因为是利用振幅衰减关系计算得到的，与实际 Q 存在误差，可称之为相对 Q 场。这种方法计算难度相对较大，对道集的初至振幅的拾取和振幅的衰减系数计算至关重要。可以利用双井微测井求取的绝对 Q 进行校正，校正后的 Q 模型可以用于近地表 Q 补偿处理。

（三）微测井约束的 Q 建模

在野外近地表微测井调查，利用时间、频率域 Q 计算方法求取近地表 Q 与相应的近地表速度值，得到了井点处准确的 Q—v 关系对，拟合出低速带厚度与 Q 的关系曲线，或是拟合速度—厚度—Q 的关系方程，再结合初至层析反演得到的表层速度模型，通过关系曲线或是关系方程计算得到整个工区的近地表 Q 模型，这种方法计算的 Q 与实际 Q 模型较为接近，计算效率相对较高，Q 模型较可靠。

（四）谱比法 Q 层析反演方法

前面介绍了时间域与频率域的几种代表性 Q 估算方法。时间域方法一般是利用子波振幅的变化估算 Q，计算简单，但由于受到几何扩散、透射损失等非地层吸收的影响，因此时间域方法往往难以求取准确的 Q。频率域方法通常基于信号频谱的变化来估算 Q，不受频率无关因素的影响，应用较为广泛。其中，谱比法由于其相对简单的原理及较好的适用性，工业化应用程度较高。但由于其对噪声较为敏感，反演结果有时并不稳定。质心频率频移法利用信号衰减前后的质心频率变化估算衰减量，进而求得 Q。与谱比法相比，该方法抗噪性强，计算稳定，但算法复杂，且依赖于震源子波假设。相对于时间域算法，这些方法有其优势，但傅立叶变换需要利用窗函数提取子波，易受到干涉、子波截断效应等影响。

针对常规 Q 估算方法的不足，随着速度层析反演技术的发展，Q 估算方法逐渐与各种层析反演技术相结合。近年来，许多学者提出了多种 Q 反演的方法，如谱比法 Q 层析反演方法、Q 波形层析反演等。谱比法 Q 层析反演是在频率域 Q 层析反演基础上，建立的一种与走时层析反演类似的 Q 层析反演方法，该方法利用了地震波在频率域的振幅信息来求取 Q。与传统频谱比法相比，该方法采用相同道不同频率振幅求取频谱拟合直线的斜率，再通过迭代拟合方法求取 Q，在保证反演稳定性和精度的情况下，提高了计算效率，下面简要地介绍一下原理。

（五）波形 Q 层析反演方法

全波形反演基于数据匹配残差最小化的思想实现地下介质参数的重建，由于充分利用了地震信号的波形信息，全波形反演理论上可以得到最高精度的反演结果。而利用波形反演技术重建地下 Q 模型的方法，则称为 Q 波形反演（若只利用初至波波形反演近地表的 Q 模型，则习惯称为 Q 波形层析）。波形反演方法依赖于求解波动方程预测波形，Q 波形反演方法自然要求数值求解能够描述衰减机制的黏声或黏弹方程。求解黏声或黏弹方程可以在频率域或者时间域进行，而在频率域求解用复速度表达的黏声或黏弹方程，因为需要对大型矩阵进行 LU 分解，内存消耗巨大，特别在三维情况下，目前的机器性能往往难以满足，限制了其在实际问题中的应用。而在时间域求解，则涉及弛豫因子与应变的卷积运算，这要求在求解当前应力、应变时存取所有以往时刻的应力、应变量，对内存的要求同样巨大。为了克服时间域求解的内存消耗问题，不同的学者通过不同的近似模型得到了不同的近似方程，主要可分为两类：一类是通过不同的物理模型等效近似地球介质的黏弹现象，具有代表性的有麦克斯韦模型、Kelvin-Voigt 模型以及标准线性体模型。另一类是通过数学模型等效近似介质在地震波频带范围内的常 Q 特征。

在这两类近似模型中，第一类模型对应的黏弹或黏声方程在数值求解过程中需要存储大量辅助变量，且 Q 在方程中以隐式形式存在，难以进行直接的参数反演。第二类模型对应的比较有代表性的方程是 Caputo M（1967）提出的分数阶方程以及由此导出的后续一系列修正方程，但这些方程中普遍存在分数阶导数的阶数与参数相关的问题，求解时需要在空间域与波数域之间频繁切换，大大降低了模拟效率，且需要假设参数的空间变化平缓，在强非均质介质条件下存在较大的数值误差。为此，Xing G 等（2019）利用级数展开以及系数优化技术提出了一种常分数阶黏声方程，此方程中分数阶导数均为常数，避免了数值求解中的多域切换。同时，该方程中振幅衰减和速度频散项的完全分离，为 Q 补偿的逆时偏移和波形反演提供了便利。

第七章　地震采集新技术、新方法

第一节　"两宽一高"地震采集技术

地震勘探技术发展的过程就是不断提高勘探精度和效率的过程，始于20世纪80年代的三维地震勘探极大地提高了勘探精度，确保了油气的持续发现与产量稳定。进入21世纪后，勘探目标由常规油气藏逐步向复杂构造油气藏、地层岩性油气藏及剩余油气藏等转变，对勘探目标刻画的要求由构造为主转向构造与物性并重，对勘探精度的要求也越来越高。如何满足新时期的需求，地震勘探工作者进行了一系列的研究探索，逐步形成了"两宽一高"（宽频、宽方位、高密度）地震勘探技术，并成为现阶段的主体勘探技术。

一、宽频勘探

（一）宽频勘探的内涵

地震勘探分辨率是指地震勘探技术能够区分地下空间构造（或地层）的最小准确测量值。它包括纵向分辨率（垂直分辨率）和横向分辨率（水平分辨率）两个方面。纵向分辨的地层越薄越好，横向分辨的地质体越小越好。

纵向（或称垂向）分辨率就是分辨薄层顶底反射的能力。当两个相邻子波的时差大于或等于子波的半个视周期，则两个子波是可分辨的，否则是不可分辨的。如图7-1所示。子波视周期或者说时间延续度越短，分辨能力越强。通过傅立叶变换可以知道，在时间域越短就意味着在频率域越宽。

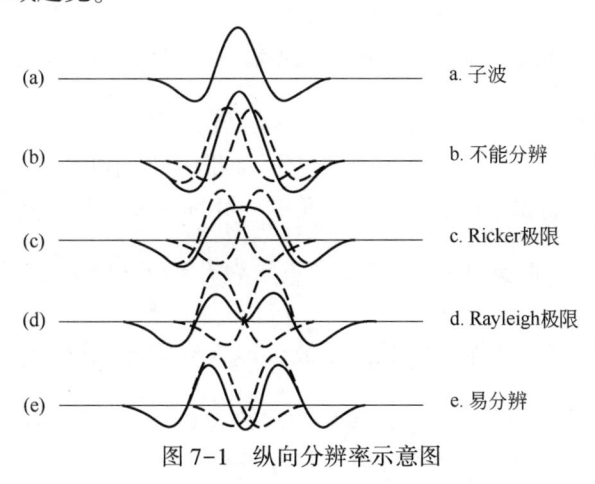

图7-1　纵向分辨率示意图

（a）　　　　　a. 子波
（b）　　　　　b. 不能分辨
（c）　　　　　c. Ricker极限
（d）　　　　　d. Rayleigh极限
（e）　　　　　e. 易分辨

横向分辨率为分辨地质体大小或确定其边界的能力，一般认为是一个菲涅尔带。如果地质体的宽度比第一菲涅尔带小，则该反射表现出与点绕射相似的特征，故无法识别地质体的实际大小，只有当地质体的延续度大于第一菲涅尔带时，才能分辨其边界。其也与子波频宽密切相关。

由此可以看出，要想提高地震勘探精度，核心就是提高地震勘探的有效频带。

（二）宽频勘探的作用

（1）宽频是提高地震勘探精度的基础。带通型子波是地震勘探中最具有典型意义的代表性子波。通常将带通子波通频带的下限称为 f_1，上限为 f_2，将 f_2-f_1 称为绝对频宽 B，即：$B=f_2-f_1$；将 f_2 与 f_1 之比称为相对频宽 R，即 $R=f_2/f_1$，并通常以2的对数为单位，称为倍频程 $ROCT$，即 $ROCT=\log_2(f_2/f_1)$，例如，当 $f_2=32$，$f_1=4$ 时 $ROCT=3$，称为3个倍频程。

李庆忠院士对带通地震子波的包络与子波振幅谱的宽度的关系进行了较为深入的分析。其研究表明，对于零相位子波，绝对频宽决定了子波包络的形态，即其胖瘦程度，相对频宽决定了子波的振动相位数。亦即绝对频宽相同的两个零相位子波具有相同的子波包络，相对频宽相同的两个零相位子波具有相同的振动相位数（图7-2）。

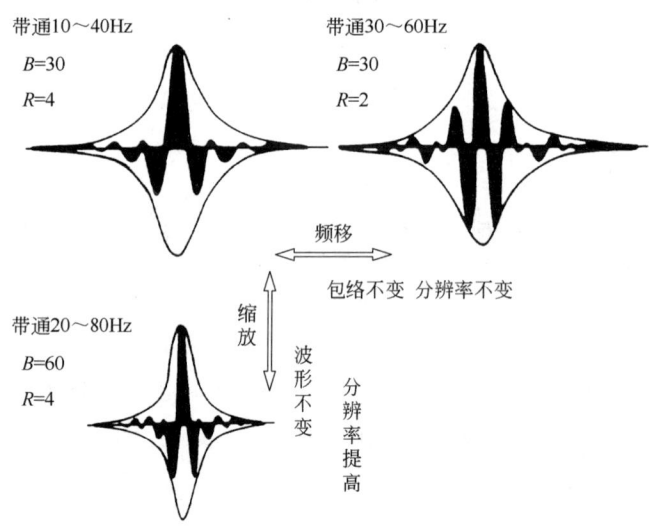

图7-2 零相位带通子波的分辨率与振幅谱绝对频宽和相对频宽的关系

李庆忠院士经过分析认为，当绝对频宽一定后，无论子波频带向高频端或低频端移动时，尽管因相对频宽变化而引起子波振动相位数的变化，但因子波的包络不变故分辨率不变。

这一问题上，俞寿朋先生也进行了深入研究，并进一步证明，该零相位带通子波的振幅包络为 $\left|\dfrac{2}{\pi t}\sin B\right|$，其主瓣宽度为 $W=2/B$，主频为 $f_p=(f_1+f_2)/2$，子波的周期数为 $N_c=(f_1+f_2)/(f_2-f_1)$，对于具有 k 个倍频程的子波，即 $f_2=2kf_1$，则有 $N_c=\dfrac{2^k+1}{2^k-1}$，相应的关系曲线如图7-3所示。并认为"起作用的周期数大约为 $0.8N_c$"，"决定分辨率的是振幅谱的绝对宽度，而相对宽度决定子波的相位数，与分辨率没有直接关系"。但是相对宽度不够，

可能导致旁瓣过大，形成假轴，导致错误的解释结果。

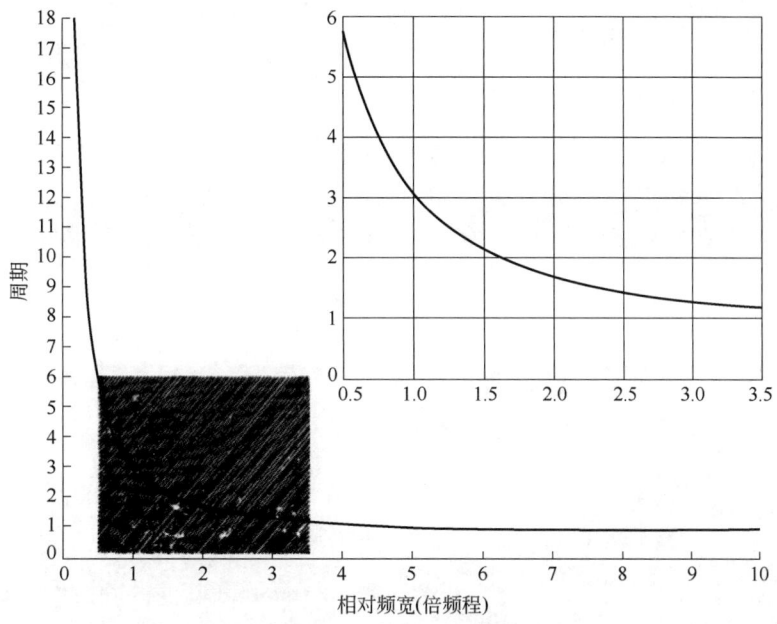

图 7-3 子波周期数与振幅谱相对宽度的关系曲线

只有获得的地震数据有足够宽的频带，才能够获得薄层和小型沉积圈闭的高分辨率图像，并实现深部目标体的清晰成像，提供更多的地层结构及细节信息，提高地震资料的解释水平。在地震资料解释中，无论地震信号的频带有多宽，但能够被解释人员所使用的信号一定是比噪声要强数倍的一段连续频率（波数）成分。只有在信噪比高的这一段频率（波数）成分中，解释人员才能较清楚地识别出地下地质信息。能够使用的频率（波数）成分越多，越容易识别地质目标。若把具有一定信噪比能够为解释人员所用的一段连续频率（波数）成分的宽度定义为有效带宽，则有效带宽越宽，解释人员能够使用的地震成果资料的频率（波数）成分越多，越容易识别的地下地质目标。

（2）拓展低频可以提高深层勘探能力。在相当一段时间内，将拓展频带的重点放在了拓展高频上，但是由于地震波在传播过程中，地震波的吸收衰减量与频率成正比，即高频衰减明显大于低频，因此拓展高频是十分困难的。如果拓展方法不当，还会出现低频被压制、高频又没有得到的情况，使地震子波旁瓣增大，出现旁瓣引起的假同相轴。在认识到这个问题之后，开始将拓展低频作为重点。由于低频在传播中衰减量小，因此在低频拓展后，深层成像能力得到提高。

（3）低频信息可以提高反演精度。图 7-4 是相同地点在其他参数都相同的情况下采用不同起始频率进行的全波形反演速度建模结果对比。明显地显示采用 1.5Hz 起始频率较 4.5Hz 起始频率反演的速度模型更为精确。

研究与实践结果指出，低频信息对石油天然气等烃类赋存有特殊的响应，如低频伴影指示。图 7-5 是不同频率剖面显示对比。宽频带剖面相对应的 10Hz 共频率剖面，明显的低频能量出现在储层的下方，其他地方则难以看到；宽频带剖面相对应的 30Hz 共频率剖面低频阴影区消失，在储层正下方的反射层能量有些减弱。

(a) 反演起始频率4.5Hz

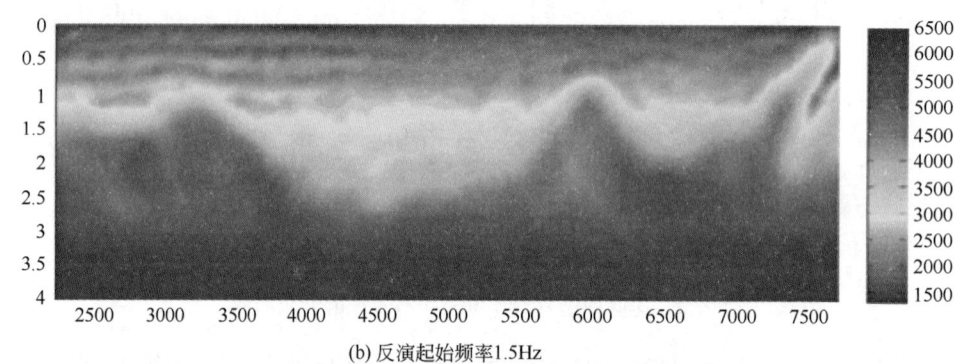

(b) 反演起始频率1.5Hz

图 7-4　不同起始频率全波形反演速度模型结果对比

(a) 10Hz共频率剖面　　　　　　　　　　　(b) 30Hz共频率剖面

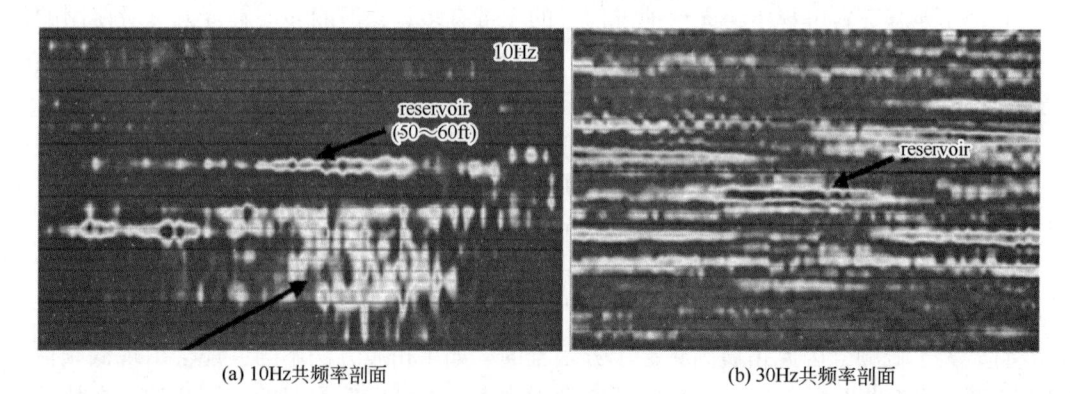

图 7-5　不同频率剖面显示对比

二、宽方位勘探

（一）宽方位勘探的内涵

宽方位地震勘探是指采用较宽方位的三维观测系统获取较完整的地球物理数据，即每个面元（或地下成像点）在较宽的方位上包含分布着不同偏移距的地震信息，最大限度地保留油气地质目标的各向异性信息。

三维观测系统排列片方向（检波线方向）为纵向，垂直排列片方向（激发线方向）

为横向，观测系统横向最大炮检距与纵向最大炮检距的比值，称为观测系统的横纵比。

如图 7-6 所示，也有人将排列片宽窄之比与横纵覆盖次数之比的平均值定义为观测系统方位的宽窄。通常认为当观测系统的横纵比小于 0.5 时为窄方位地震观测系统，当观测系统的横纵之比大于 0.5 时为宽方位地震观测系统。也有人进一步将其细化为当观测系统的横纵之比小于 0.5 时为窄方位地震观测系统；当观测系统的横纵之比在 0.5~0.6 时为中等方位地震观测系统；当观测系统的横纵之比在 0.60~0.85 时为宽方位地震观测系统；当观测系统的横纵之比在 0.85~1.0 时为全方位地震观测系统。

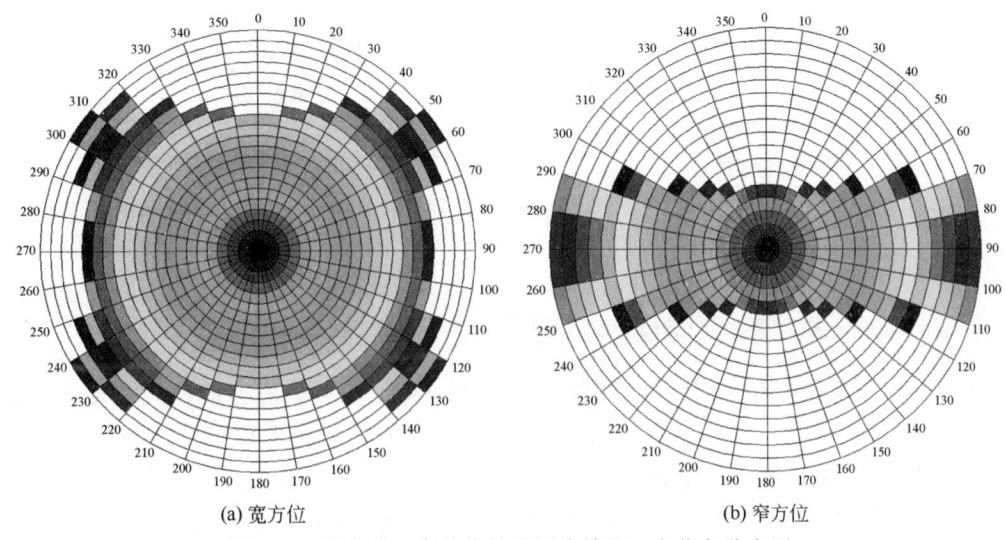

图 7-6 宽方位、窄方位的观测炮检距—方位角分布图

（二）宽方位勘探的作用

（1）利于方位各向异性分析。宽方位地震数据在共炮检距数据上方位角分布比较宽，不同方位的地震数据含有地下介质各向异性的运动学和动力学特征等地震信息，并且存在较大差异。而在 OVT（Offset Vector Tile；偏移距矢量片）数据体上进行数据规则化处理，既考虑了不同方位的差异，又很好地保存其所在方位的特征。而窄方位数据，在一些方位上只有小炮检距而没有大炮检距信息，不能很好地反映地下介质的各向异性。

（2）利于微小断裂的识别。油气在地下的运移和分布与断裂和裂隙密切相关，常规勘探只能发现大的断裂，而很难发现小断裂和裂隙。而宽方位地震勘探可以利用旅行时和速度的方位各向异性预测裂缝方向和密度。最小旅行时方向指示裂缝发育方向；最大和最小旅行时之间的时差可用于确定裂缝密度，时差越大表示裂缝密度越大。

图 7-7 是有裂缝存在时，不同方向的 AVO 情况。在平行裂缝方向振幅响应基本不随炮检距（或入射角）变化，在垂直裂缝的方向，振幅随炮检距（或入射角）会发生比较大的变化。如果用窄方位采集，无论是否观测到这种 AVO 变化，都难以判定是否有断层存在；而如果采用宽方位采集，可以应用纵波属性（反射振幅或群速度）随方位与炮检距的变化关系检测出裂缝方位、密度及分布范围。

（3）提高成像质量。地震勘探在不同方位上成像质量是有差异的，如果采用窄方位观测，有些复杂部位可能会成像质量不好，而采用宽方位观测，其在某方位成像不好，可能

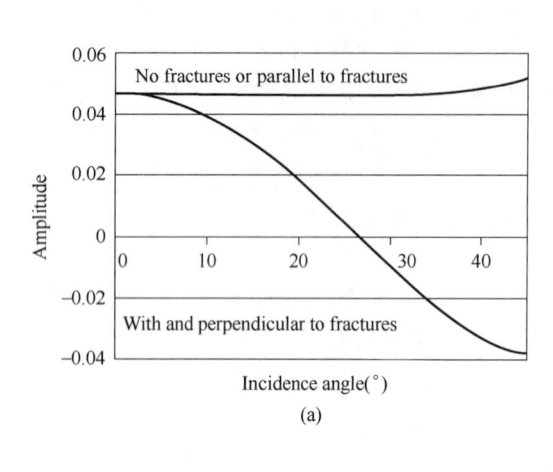

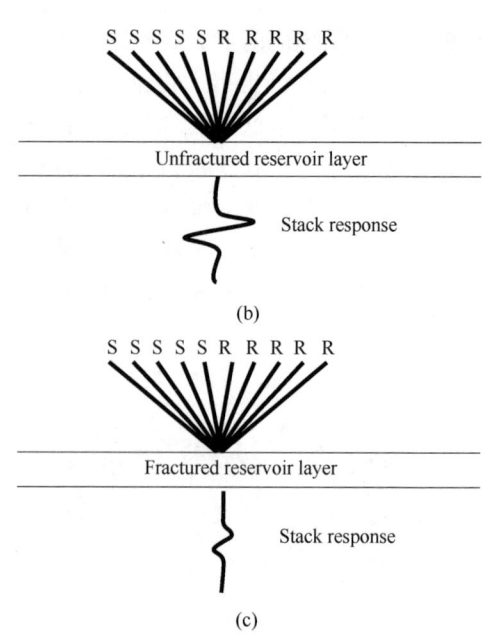

图 7-7　平行裂缝（或无裂缝）与垂直裂缝方向的 AVO 对比

在另一些方位上成像变好，因此可以提高最终成像质量。另外，宽方位角能够衰减一些人为干扰和一些规则干扰，可以很好地衰减相干噪声并更有效地衰减多次波，因此可以提高信噪比。但是要实现真正意义的宽方位观测，需要在炮点域、共检波点域、共中心点域的不同观测方位都有足够的近中远炮检距且分布比较均匀，并且不同观测方位都有满足成像需要的覆盖次数，也就是说在不同观测方位的覆盖次数要足够高并且不同观测方位的炮检距分布比较均匀合理。因此，宽方位勘探要与高密度相结合，才能凸显宽方位勘探的意义。

三、高密度勘探

（一）高密度勘探的内涵

地震勘探是在地表采集地震数据，通过一定的数学物理方程来反演地下形态和物理特性，这就存在着一定的误差，误差往往满足一定的概率分布，基于 Bayes 估计理论框架获得要估计的地下介质弹性参数场满足的后验概率密度函数，即当地表观测的空间采样密度增大时，地震波反演成像的结果精度就会提高。

空间采样密度可以用炮密度、道密度和覆盖密度三个角度描述其变化。炮密度也叫激发密度，是单位面积内激发的炮点数，用每平方千米的激发点数表示；道密度也叫接收密度，是单位面积内的接收点数，用每平方千米的接收点数表示；覆盖密度也叫炮道密度，是单位面积的面元数乘以覆盖次数，即单位面积内的炮检对数表示。其既与采集工作量密切相关，又与地震成像质量密切相关。因此高密度勘探的实质就是提高覆盖密度。因为覆盖密度是单位面积内的炮检对数，也可以理解为单位面积所记录的道数，因此设计中也经常将其称为道密度。无论强化炮密度还是道密度，都是提高完成地质任务所需要的覆盖密度，只有这样才能提高地震勘探的分辨率、信噪比和保真性，从而提高地震勘探的油气勘探能力。

(二) 高密度勘探的作用

(1) 减小组合低通效应。常规采集时由于空间采样间隔较大，在室内难以识别和压制噪声，为了提高信噪比通常在野外要组合，而组合在压制干扰的同时，也往往压制了高频信号。图7-8为野外直接组合，与室内进行时差校正后叠加的对比，可以看出，直接组合振幅与频率均会减低。而高密度采集时，一般采用单点或小组合，避免了组合对振幅和频率的影响，减小了低通效应。

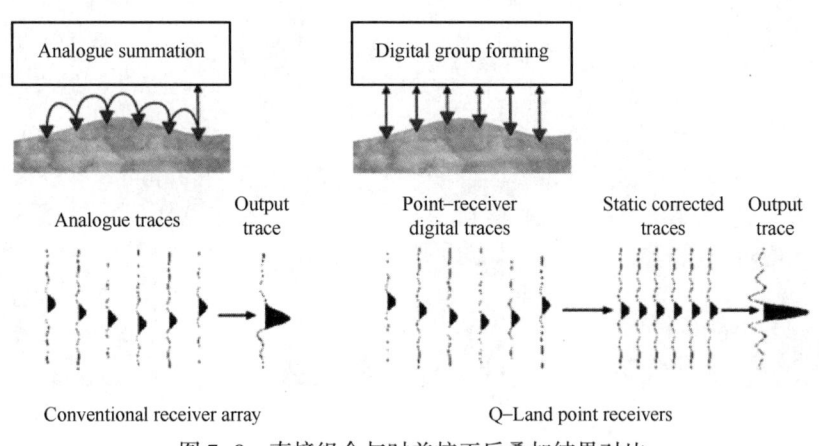

图7-8 直接组合与时差校正后叠加结果对比

(2) 利于信噪分离。高密度地震勘探因为采样密度高，其不仅能够满足对有效信号的充分采样，也能够满足主要干扰波的充分采样，在处理中进行信号分析时噪声和信号容易识别。图7-9为不同道距的FK谱，可以看出道距越小信号与噪声越容易区别，正是这种特点，消除了处理时假频带来的影响，大大提高了FK域中信号与干扰的可分离性。

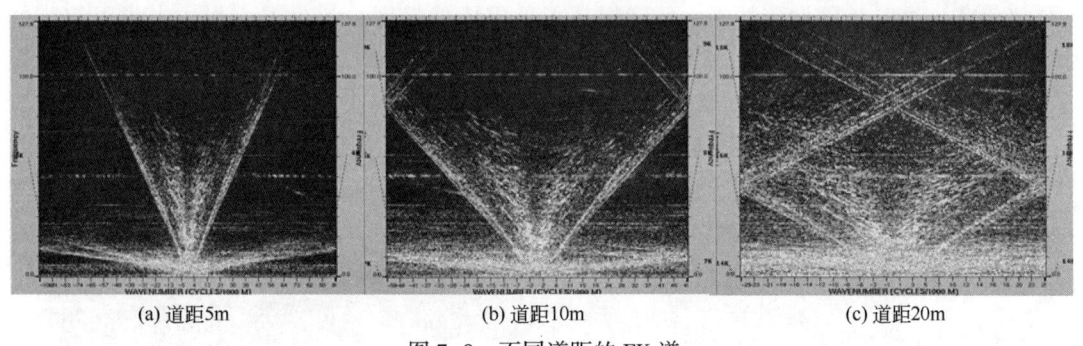

(a) 道距5m　　　　　　　　　(b) 道距10m　　　　　　　　　(c) 道距20m

图7-9 不同道距的FK谱

图7-10为利用高密度数据进行FK去噪的结果，可以看到，在采样密度足够高时，信号与线性噪声在FK域很容易识别，线性噪声能够被很好地压制。

(3) 提高成像分辨率。从纵向分辨率而言，空间采样间隔的大小与出现空间假频的频率大小直接相关，空间采样间隔越大，出现假频的频率就越低，特别是在陡倾角的位置。就横向分辨率而言，目标体至少要有2~3个以上空间采样点，才能分辨。由此可见，只有缩小空间采样间隔，才可以避免假频，提高地震成像的分辨率。

(4) 减少采集脚印。由于地震数据采集不是连续采样，而是离散采样，故任何三维观

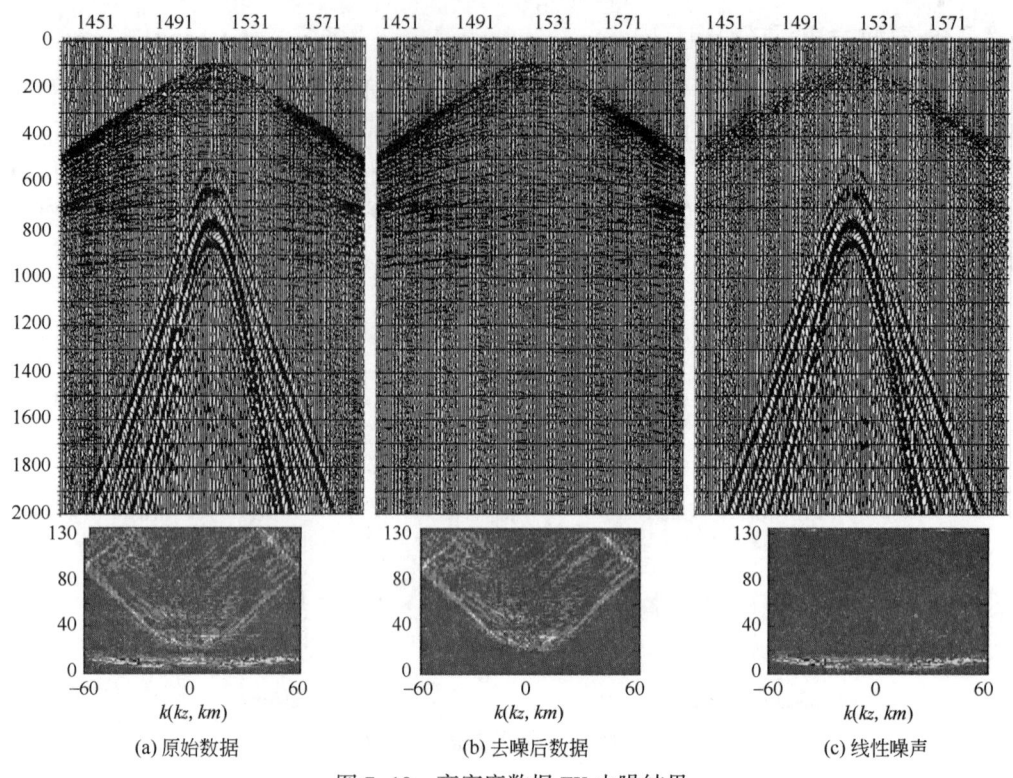

(a) 原始数据　　　　　　　　　(b) 去噪后数据　　　　　　　　　(c) 线性噪声

图 7-10　高密度数据 FK 去噪结果

测方案都会产生采集脚印，在时间和深度切片上表现为振幅和相位发生了周期性变化。采集脚印会引起地震偏移成像中出现地层结构模式发生规律性变化的假象。通过提高空间采样密度，特别是减小炮线距和检波线距，可以减小采集脚印。

"两宽一高"地震勘探技术大幅度提高了地震成像精度，解决了一些过去难以解决的问题。以淮南丁集煤矿为例，常规勘探只能发现 5m 以上的断层，而 2~3m 的小断层对煤矿的安全生产十分重要，为此淮南煤矿找到东方公司帮助解决小断层识别问题。东方物探公司采用了全数字高密度地震勘探方法，使该区勘探精度得到大幅度提高，煤层构造起伏、煤层厚度变化和小断层的识别能力显著增强，如图 7-11 所示，圈中的小断层在常规勘探中无法识别，而高密度勘探中清晰可见。

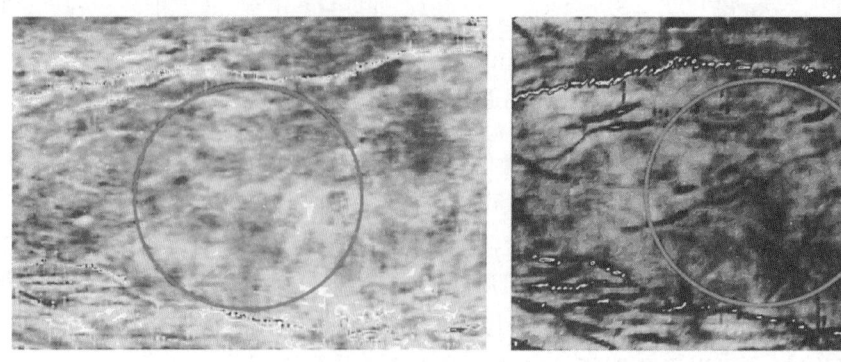

图 7-11　常规（左）与高密度（右）地震勘探结果切片对比

第二节 节点采集技术

一、陆上节点采集技术

高密度空间采样是提高资料品质和油藏描述精度的关键，随着"两宽一高"采集技术的广泛推广及应用，地震采集接收道数已达几十万道，而在地表复杂区、高陡山体区等（图7-12），由于野外施工困难，高密度采集推广难度大。

图7-12 塔里木盆地秋里塔格构造带高陡山体区

高精度、低成本采集规模推广应用的关键在于"可操作、降风险、低成本"。有线仪器受制于先天条件，在"带道能力、排列检查、布设难度、使用成本"等方面严重制约了高精度地震采集技术在地形复杂区的推广应用，同时也对地震采集技术的发展形成了阻碍。为摆脱线缆对地震仪器的束缚，技术人员开始研发能自主记录地震数据的"无缆"设备，东方物探公司作为节点仪器研发的先行者，在21世纪初研制出GPS授时地震仪，并成功在河南某煤田勘探项目中开展应用，标志着我国无线节点式地震仪器雏形初步形成。美国Geospace公司在2007年推出了首款节点仪器GSR（图7-13），标志着陆上节点地震仪器采集技术的逐步成型。

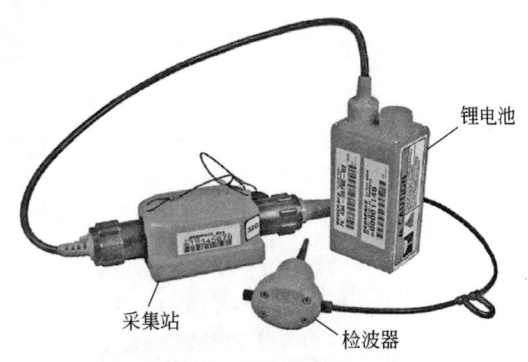

图7-13 Geospace公司研制的GSR节点仪器

GSR节点仪器在BP公司认可和推动下，通过与ISS技术的结合，该设备在2012年伊拉克鲁曼拉勘探项目崭露头角，名噪一时。随后，Fairfield公司推出了Z-Land节点仪器，Sercel公司则在借鉴节点技术的同时又传承传统仪器的理念，推出UNITE新产品，该节点仪器实现了实时QC功能，并能与有线仪器进行混采施工（仅限于自己公司生产的有线仪器）。随着市场需求的日益增加，陆上节点地震仪器生产厂商加大了在研发、制造方面的投入，节点仪器制造技术得以快速提升。

近年来，节点仪器在国际油价低迷、勘探市场萎缩大环境下得以快速发展，东方物探公司在深耕节点仪器研发领域多年后，推出具有完全自主知识产权的 eSeis2.0 节点仪器，目前 eSeis2.0 节点仪器已在国内各探区开展规模应用（图 7-14），取得较好效果。

图 7-14　东方物探公司自主研发 eSeis 节点仪器在国内各探区规模应用

陆上节点采集技术是指使用节点采集系统进行野外地震勘探作业的采集方法。陆上节点采集系统一般由节点仪器、数据管理系统、充电、下载柜、节点状态监控设备等主要设备组成（图 7-15）。

节点仪器

数据管理系统　　充电、下载机柜　　节点状态监控设备

图 7-15　陆上节点采集系统

和有线仪器相比，节点仪器具有"重量轻、无带道限制、布设方便、安全环保、等待

作业时间短"等优点，但自 Geospace 公司 2007 年推出 GSR 节点仪器，此后十多年的时间，节点仪器的发展几乎处于停滞状态。从 2019 年开始，在国际油价持续走低大环境下，节点仪器的优越性得以凸显，也涌现出许多生产节点仪器的厂家。据不完全统计，目前市场上已有节点仪器生产厂家多达 14 家，相比于有线仪器，节点仪器种类也相对较多（表 7-1）。

表 7-1 常见的体式节点仪器

生产厂家	节点名称	模数转换	生产厂家	节点名称	模数转换
Sercel	Unite/WTU-508	24 位	知微汇众	ALLXSEIS	32 位
GeoSpace	GSR/GSX/GSB	24 位	北京锐星远畅	Hardvox	32 位
GeoSpace	GCL	24 位	BGP	eSeis	32 位
Inova	Hawk	24 位	Fairfield	Zland	24 位
SAS	Orion	32 位	GTI	NuSeis NRU	24 位
iSeis	Sigma	32 位	Wireless Seismic	RT3	24 位
Global	AutoSeis	32 位	DTCC	Smartsolo	24 位
知微汇众	FLEXSEIS	32 位	Innoseis	Quantum	24 位

（一）原理及施工流程

节点仪器在有线仪器基础上发展而来，将数据采集、存储、通信、时钟、供电五个主要模块集合在一起，摆脱了对线缆的依赖。节点仪器虽然借鉴了有线仪器采集作业原理，但其在野外工作具有自身特点，工作流程如下：节点仪器首先在室内进行自检，合格后被布设到野外；放线人员通过排列助手将其激活，节点仪器通过时钟模块与卫星通信，获取精确至微秒级的时间，之后开始连续采集野外地震数据资料，并就地存储于自身存储模块；等采集任务结束，节点仪器被回收至数据下载中心，此时由数据管理系统通过充电、下载柜，将节点仪器存储模块内采集的地震数据进行下载；下载完成后，数据管理系统依据激发系统导出的 TB 时间对连续数据进行切分，并根据需要合成共检波点道集或共炮集数据（图 7-16）。

节点采集在野外施工关键节点有四个："参数导入→设备检测→野外布设→QC 回收"（图 7-17）。施工中，地震队主要通过对关键节点控制保证节点仪器在野外能正常工作。

（二）节点采集质量控制

节点仪器从诞生到现阶段大规模推广使用经历了十多年时间，然而和有线仪器相比，使用节点仪器采集在质量控制方面还没有系统、完善的流程和方法。本教材在编写过程中，收集了大量使用节点仪器在野外作业实际项目资料，在借鉴一线技术人员智慧、经验基础上，梳理归纳出三部分质控要点：一是节点仪器测试质控，二是节点仪器采集过程质控，三是节点仪器采集数据下载、切分质控，供大家参考。

1. 节点仪器测试质控

节点仪器测试分三个阶段：上线前、施工中和回收后。

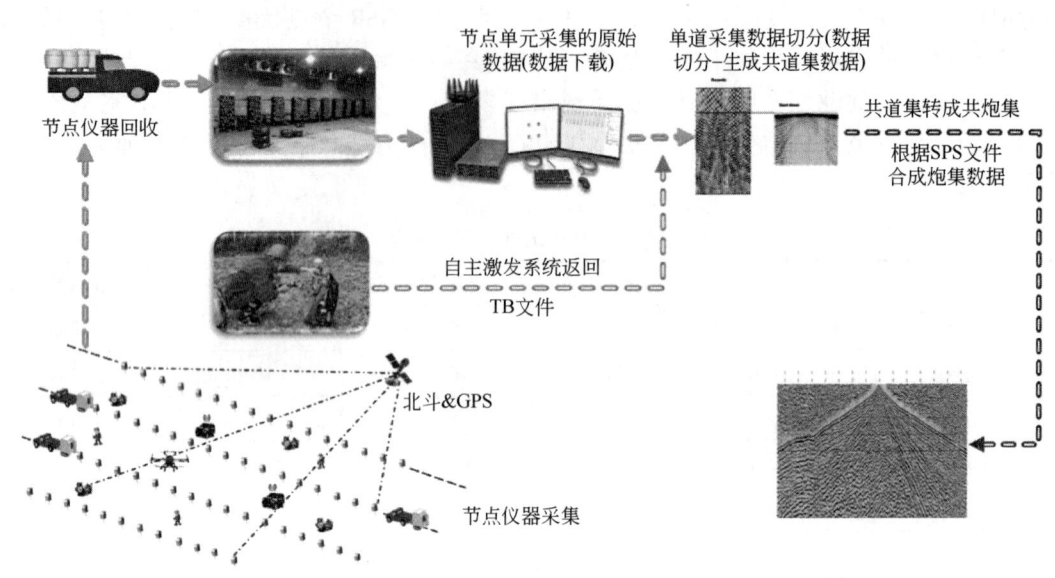

图 7-16　使用节点仪器采集工作流程示意图

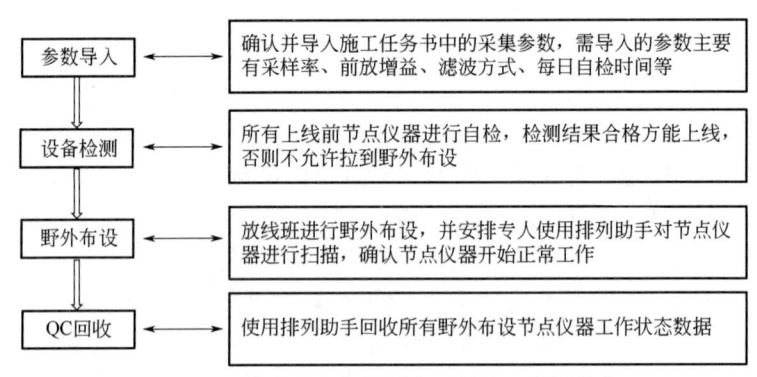

图 7-17　使用节点仪器采集野外施工关键节点

1）上线前

节点仪器上线前应按照相应节点仪器标准，检查节点仪器年检合格证书，确保全参数符合仪器标准中给定指标。如 eSeis 节点仪器，可查询标准 Q/SY BGP·K2876—2020《eSeis 节点地震数据采集系统检验项目及技术指标》，根据年检要求及技术指标（表 7-2）核查 eSeis 节点仪器年检报告是否合格。

表 7-2　eSeis 节点仪器采集通道测试项目及技术指标

测试条件		测试项目和技术指标		
采样间隔（ms）	前放增益（dB）	等效输入噪声（μV）	动态范围（dB）	总谐波畸变（dB）
0.5	0	≤1.90	≥119.4	≤−114.0
	12	≤0.60	≥117.6	≤−110.5
	24	≤0.35	≥111.9	≤−106.0

续表

测试条件		测试项目和技术指标		
采样间隔（ms）	前放增益（dB）	等效输入噪声（μV）	动态范围（dB）	总谐波畸变（dB）
1.0	0	≤1.20	≥121.7	≤-114.0
	12	≤0.41	≥120.2	≤-110.5
	24	≤0.19	≥114.8	≤-106.0
2.0	0	≤1.05	≥125.0	≤-114.0
	12	≤0.40	≥121.8	≤-110.5
	24	≤0.16	≥116.8	≤-106.0
4.0	0	≤0.98	≥125.0	≤-114.0
	12	≤0.28	≥123.7	≤-110.5
	24	≤0.13	≥120.0	≤-106.0

2）施工中

节点仪器野外采集时应设定日检时间，确保在野外布设节点仪器每24小时工作周期内有一次自检记录，自检内容可查看相关节点标准，表7-2为eSeis节点仪器相关标准中给出示例，内容包括时间、剩余空间、电压、电阻、检波器连接状态、存储卡状态、模数转换状态、GPS模块状态等。

除了日检外，为更好监控节点仪器工作状态，还需要对在线排列进行巡检，巡检首先是为了查看节点仪器是否正常工作，其次要回收节点仪器QC数据，QC数据内容不同节点间存在细微差别，主要内容有时间、存储空间、电压、电阻、检波器连接状态、存储卡状态、模数转换状态、GPS模块状态等，表7-3为eSeis节点仪器相关标准中给出示例。

表7-3　eSeis节点仪器定时自检数据报告

线号	点号	节点ID	时间（UTC）	采样间隔（ms）	固件版本	空余空间（%）	电压（V）	电阻（Ω）	运行状态				结果
									检波器	SD	AD	GPS	

节点仪器回收至下载中心后，解释组应负责收集并保存节点仪器日检数据表，日检结果及QC数据将作为评判节点仪器是否正常工作重要依据，也是节点仪器采集资料质量控制项目。

3）回收后

节点仪器回收至数据下载中心后，应按照该生产项目的生产参数，对当日返回营地的节点单元进行轮检，检测内容含电气指标测试和检波器指标测试，具体测试项目可查阅节点仪器相关标准，以eSeis节点仪器为例，轮检的电气指标内容有：前放增益、等效输入噪声、动态范围、总谐波畸变、共模抑制比、增益精度等，检波器指标主要是：自然频率、电阻、灵敏度、阻尼等，对比相关仪器标准，可以检查节点仪器各项指标是否正常。

如表7-4为eSeis节点仪器检波器测试项目和技术指标；上述电气指标均可在eSeis节点仪器相关技术标准中查到，不再赘述。

表 7-4 eSeis 节点仪器检波器测试项目和技术指标

类型	测试项目和技术指标			
	自然频率允差	直流电阻允差	灵敏度允差	开路阻尼允差
5Hz	−10%~10%	−10%~10%	−7.5%~7.5%	−10%~10%
10Hz	−5%~5%	−7.5%~7.5%	−5%~5%	−7.5%~7.5%

注：各项目的标准值是指检波器（串）在 20~22℃时出厂测试指标值或计算值。

2. 节点仪器采集过程质控

在野外地震采集过程中，使用节点仪器和使用有线仪器最大的区别在于获取数据的时效性，无论是 QC 数据还是地震资料数据，节点仪器均无法达到有线仪器在线传输的效果，因此，节点仪器采集过程的质控对后期获取合格的地震资料较为关键，本部分将从节点仪器野外布设、节点仪器 QC 数据回收、节点仪器采集环境噪声监测、节点仪器采集数据下载与切分等方面系统梳理质控方法。

1）节点仪器野外布设

目前常用的节点仪器有分体式和一体式两种类型，分体式节点仪器野外布设只需保证外接检波器埋置符合地震勘探施工要求：平、稳、正、直、紧；一体式节点仪器检波器内置，除了保证埋置时平、稳、正、直、紧的标准外，还需要注意站体顶端不宜低于地面，以免影响节点内置 GPS 模块正常工作。

2）节点仪器 QC 数据回收

QC 数据回收分两种情况控制，首先是大排列铺设阶段，保证所有铺设节点 QC 数据 100%回收；另外一种情况是采集过程中排列轮转阶段，采用对节点仪器巡检方式进行 QC 数据回收，巡检频次和周期可依据项目所在勘探区复杂程度而定，在一个巡检周期内应保证在线节点巡检率和 QC 数据回收率为 100%，如勘探区人口聚集，情况复杂，每日巡检率设定为 30%，四天一个巡检周期，即四天内对所有在线排列完成巡检及 QC 数据回收，解释组负责收集和保存节点仪器 QC 数据。

3）节点仪器采集环噪监测

经调研，目前国内、外在使用节点仪器项目中对环噪监测主要有：使用有线仪器监测、选取背景噪声较大区提前布设节点仪器录制、选取具有实时传输功能节点仪器监测（图 7-18），通过以上三种手段都能有线调查工区干扰源分布情况，但在当前使用节点仪器进行高效采集作业情况下，是否需要规避背景干扰以提高资料品质还有待进一步研究。

4）节点仪器采集数据下载与切分

从节点仪器采集施工流程可以看出，节点仪器采集最终数据下载与切分是在数据下载中心通过数据管理系统完成的，该过程需要的辅助数据有激发系统导出的 TB 时间文件和 SPS，其中，TB 时间文件主要包含激发点位位置信息及激发时间，激发时间分两种格式记录（Shot Time——时间戳，Shot Time2——北京时间），要求 TB 时间精确至毫秒级。而 SPS 文件和有线仪器使用的 SPS 文件无差异，其质控方法不再赘述。最终切分合成数据的质控相对也较为简单，因为当前上交数据仍为炮集数据，节点仪器采集最终生成的炮集数据和有线仪器生产的炮集数据并无差别，依然可以通过现有的质控软件进行数据评价，图 7-19 为 KLSeis Ⅱ平台专门对地震数据进行质控 KL-RTQC 软件。

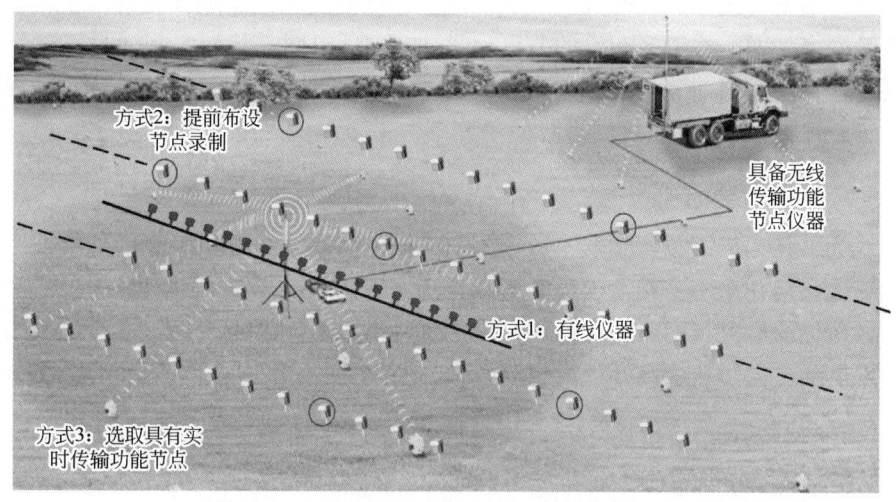

图 7-18 节点仪器采集环境噪声监测方法示意图

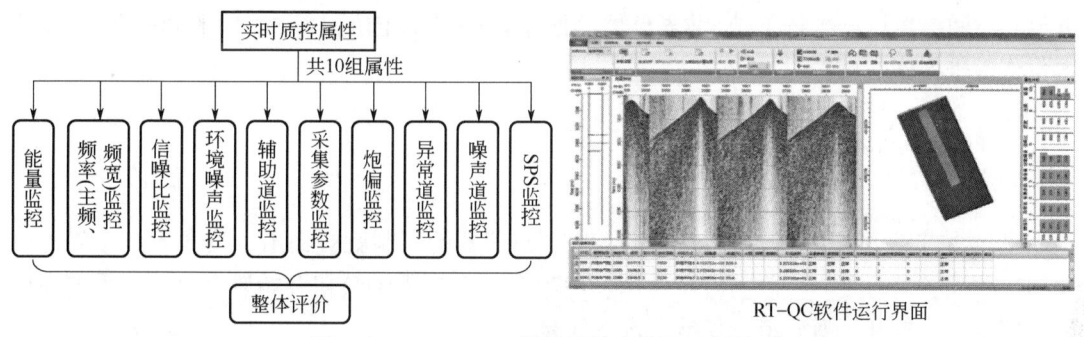

图 7-19 KL-RTQC 软件质控内容及运行界面

随着陆上节点仪器采集技术的不断发展，使用节点仪器采集最终上交数据将由炮集转变为共接收点道集数据，这样将提高地震资料上交效率，以满足各油田公司日益高效的勘探需求，目前东方物探公司采集技术中心正在深入开展共接收点道集数据质控的研究及软件开发工作。

（三）节点采集技术应用

2014 年国内引入 HAWK 节点仪器，并首次在鄂尔多斯盆地长庆探区开展应用，取得预期效果；随着"两宽一高"技术的广泛推广，地表复杂区对节点仪器需求与日俱增，当前使用节点仪器勘探项目数量几乎和有线仪器勘探项目数量相同，据不完全统计，2022年，东方物探公司在国内探区采用节点仪器采集项目为 58 个，截至 2022 年结束，东方物探公司在国内各探区累计采用节点仪器进行地震勘探项目达 177 个。

二、新型节点仪器

随着科技的进步，地球物理学家的前沿思想逐渐能被实现，如，使用数字检波器替代

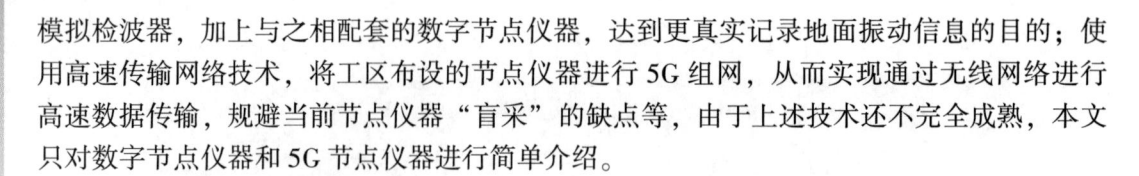

模拟检波器，加上与之相配套的数字节点仪器，达到更真实记录地面振动信息的目的；使用高速传输网络技术，将工区布设的节点仪器进行 5G 组网，从而实现通过无线网络进行高速数据传输，规避当前节点仪器"盲采"的缺点等，由于上述技术还不完全成熟，本文只对数字节点仪器和 5G 节点仪器进行简单介绍。

（一）数字节点仪器

普遍认为，相比于模拟检波器，数字（MEMS）检波器具有相对更低的失真、对电磁污染不敏感，并且几乎不受频散现象的影响。为了室内 FWI 处理的需要，MEMS 检波器成为大家竞相研究的对象，同时，在市场需求的推动下，数字节点仪器也成为陆上节点仪器未来一个发展的方向，目前已知的数字节点仪器有 Wing，由 Sercel 公司推出，但现在还停留在试验阶段。

（二）5G 节点仪器

随着 5G 通信技术的快速发展，地震采集海量数据的无线传输成为可能，地球物理学者萌发出制造 5G 节点仪器，以弥补当前陆上节点仪器无法实时传输数据的缺点。目前东方物探公司等单位已进行了 5G 节点仪器的原型机研发，相信随着 5G 技术的普及，5G 节点也将逐步得到应用。

三、海底节点采集技术

早在 20 世纪 60 年代，自主采集的海底节点仪器的研制就被提出，技术人员希望可以使用这种设备进行更为精确的海洋勘探。1970 年，美国石油公司开始研究自主式无缆地震采集技术，也拉开了海底节点仪器研发的序幕。

海底节点仪器，英文全称 Ocean Bottom Node，简称 OBN，是一种能单独布设在海底进行自主采集地震资料的多分量地震仪器。目前 OBN 海上采集的施工流程大致为：利用水下机器人将 OBN 布设在海底→开机后自主进行地震采集→回收 OBN→下载数据。

海底环境极为复杂，施工过程中会遇到各种各样难以预料的状况，如何将大量的 OBN 准确高效的布设在设计好的点位是大家关注的问题。野外施工普遍采用 TMS（Tether Management System，线缆管理系统）和 ROV（Remotely Operated Vehicles，远程遥控机器人）设备完成 OBN 的高效布设。布设 OBN 的过程就像在海底"放风筝"，施工人员通过 TMS 控制收放线，将携带有 OBN 的 ROV 释放指定位置后，ROV 携带 OBN 自主到达预设点位，完成 OBN 的准确布设。

但一台 ROV 可搭载 OBN 数量有限，为了提高 OBN 布设效率，技术人员研发了专门运输 OBN 的 HSL（High Speed Loader，快速装载系统），当 ROV 搭载的 OBN 即将布置完毕时，HSL 就会满载 OBN 运输到 ROV 所在位置，完成后续 OBN 布设。

借助 ROV 的监视系统，可将 OBN 准确布置在设计好的点位，这大大提高了后期油藏数据的准确性，同时 OBN 底部具有较强的抓地能力，可以很好地与海底地层进行耦合，极大提升了地震数据的采集质量。

第三节 可控震源高效采集技术

高效采集指采用多组激发源同时进行地震采集作业的方法，通常指可控震源高效采集。可控震源高效采集（High productivity Vibroseis Acquisition）利用多组震源同时施工来提高采集效率，主要包括交替扫描、滑动扫描、独立同时扫描、距离分隔同步扫描和动态扫描等方法。同时，高效采集配套技术的发展和完善是高效采集方法得以推广应用的保障。

一、几种可控震源高效采集方法

（一）交替扫描（FS，Flip-flop Sweep）

交替扫描是指两组或两组以上的可控震源作业，当前一组可控震源完成振动激发并延续听时间后，下一组可控震源才能开始扫描的施工方法，如图7-20所示。

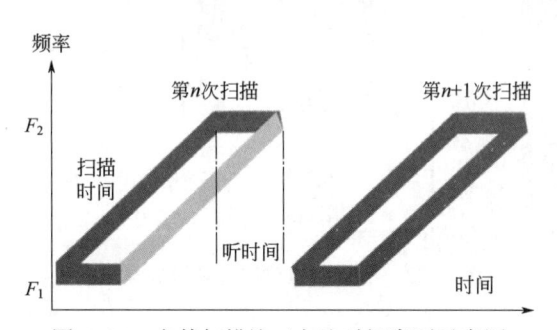

图7-20 交替扫描施工方法时间序列示意图

（二）滑动扫描（SS，Slip Sweep）

滑动扫描是指可控震源相邻振次启动时间间隔符合滑动时间定义要求的多组可控震源连续作业的施工方法，如图7-21所示。滑动时间（slip time）是相邻扫描的时间间隔，滑动扫描技术发展初期通常要求滑动时间在数值上大于等于听时间并小于相关前记录长度。滑动扫描数据分离采用每组震源扫描信号与相对应的原始记录数据做相关运算，如图7-22所示。

（三）独立同时扫描（ISS，Independent Simultaneous Sweep）

独立同时扫描是指多组可控震源按设计距离要求自主激发、仪器连续记录的施工方法，如图7-23和图7-24所示。任意一组震源准备好了就可以随时起振，连续记录的数据包含本震点未相关的地震信息和其他震源同时工作而在排列上产生的噪声。

（四）距离分隔同步扫描（DSSS，Distance Separated Simultaneous Sweep）

距离分隔同步扫描是指同步激发的震源组间距离满足初至干扰不影响最深目的层以上

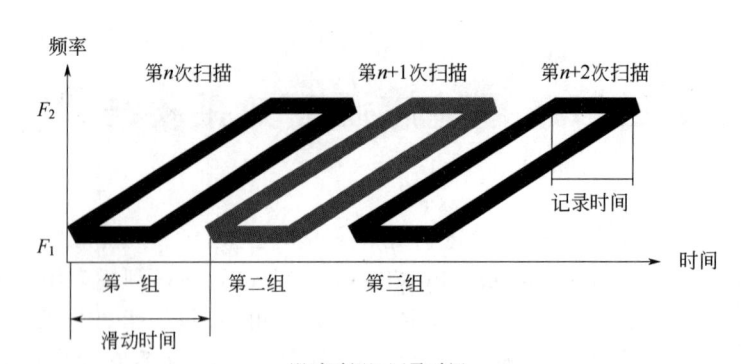

图 7-21 滑动扫描时间序列示意图

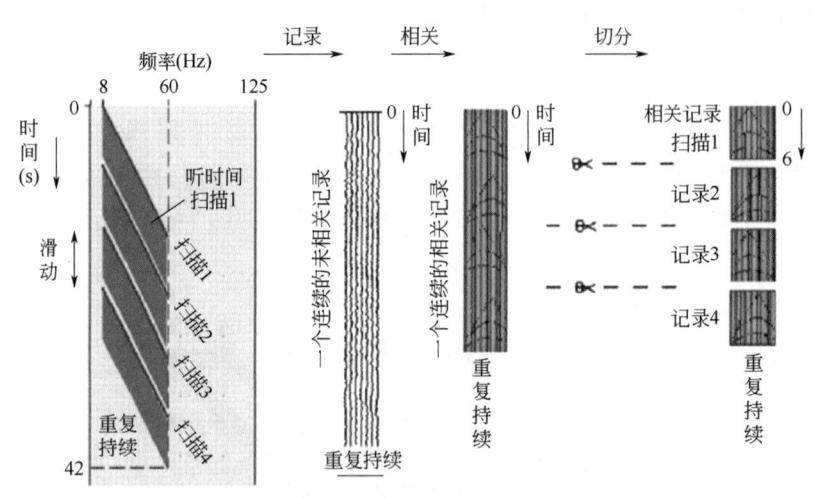

图 7-22 滑动扫描单炮记录形成示意图

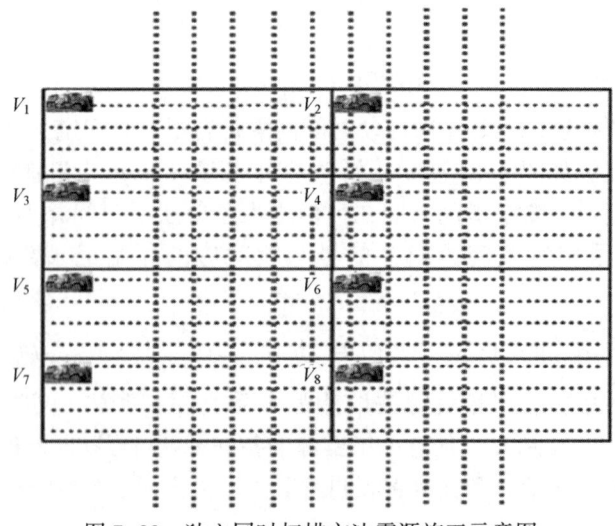

图 7-23 独立同时扫描方法震源施工示意图

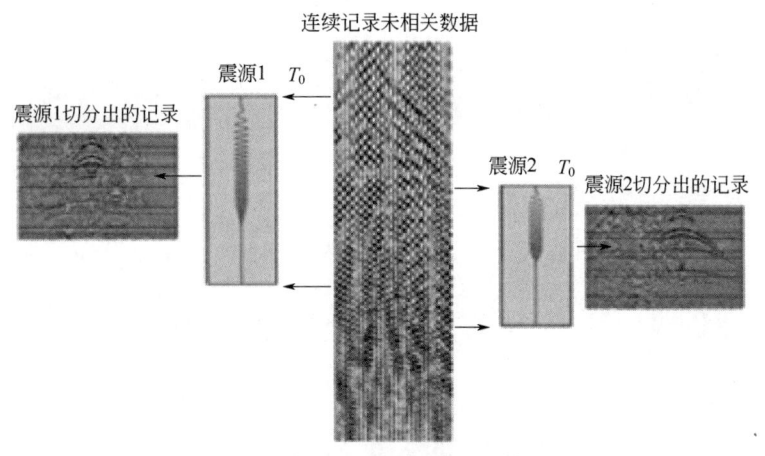

图 7-24 独立同时扫描从连续记录中提取单炮记录示意图

信息要求的同步激发施工方法（同步激发的震源组也称"激发串"）。激发串间可采用交替或滑动扫描施工方式，如图 7-25 所示。这样的施工效率是单纯交替或滑动的 N 倍（N 为激发串内同步激发震源的组数）。数据分离采用扫描信号与原始接收数据做相关运算。

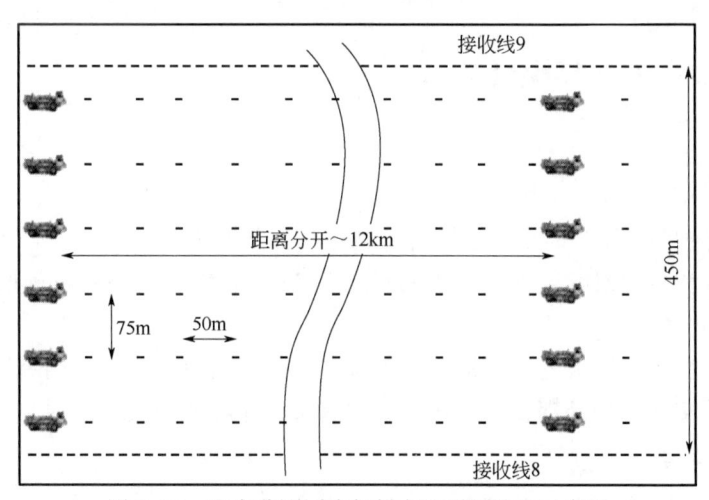

图 7-25 距离分隔同步扫描方法震源施工示意图

（五）动态扫描（DS，Dynamic Sweep）

动态滑扫是指多组可控震源在满足时距规则（时距规则 time-distance rule，振次之间时间间隔与距离关系曲线）的条件下，交替扫描、滑动扫描或者距离分隔同步扫描等联合施工的方法。一般情况下，滑动扫描通过滑动时间拆分地震记录，DSSS 是通过距离拆分地震记录。动态扫描就是同时将滑动时间和震源组间距离两者都考虑进来，在震源组间距离满足条件的情况下，滑动时间可以缩短，以至可以同步激发；在震源组间距离较小时，滑动时间就需相应的延长。如图 7-26 所示，在 2km 范围内，震源采用交替扫描，在 2~12km 震源采用滑动扫描，滑动时间可以根据距离增加相应缩短。在超过 12km 的情况下，采用 DSSS 施工。这样就成倍地提升了采集效率，当然相应的设备投入也要增加。

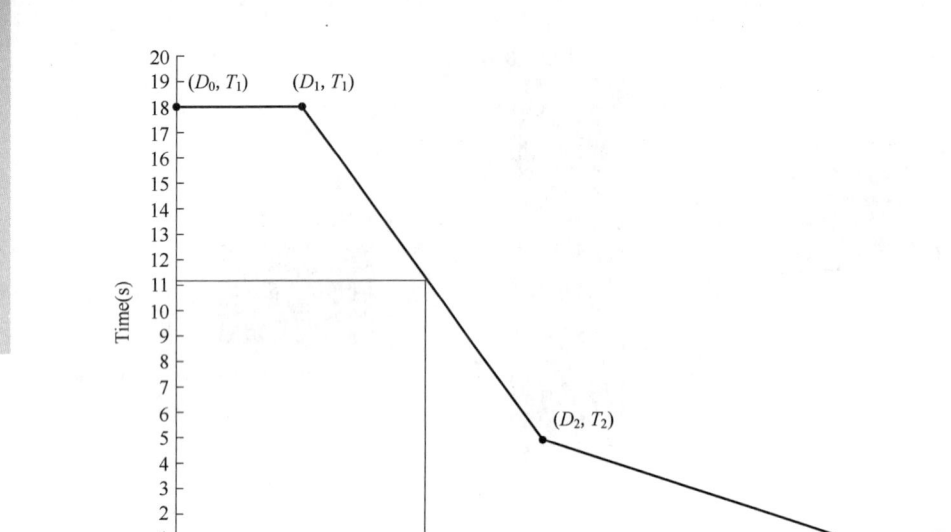

图 7-26　动态扫描—相邻振次时间距离规则

二、可控震源高效采集配套技术

（一）高效采集设计技术

可控震源高效采集设计时，主要综合评估分析以下几方面：

（1）高效采集方法对共激发点（共接收点）道集品质影响分析及预期达到成像效果评估。

（2）高效采集资源配置与工作量、施工方法、施工效率、生产周期等经济性评估。

（3）高效采集配套的处理和解释技术应用后预期最终成像效果评估。

1. 观测系统设计原则

道距、炮距、接收线和炮线距等观测系统因素的确定首先要满足常规分析论证的要求，在此基础上，通常高效采集方法要求更高的炮道密度（单位面积内炮检对的数量）。炮道密度的选择应满足完成地质任务对资料信噪比的要求。随着资料处理技术的发展和处理能力的提高，对野外采集资料信噪比和炮道密度的要求也会相应弱化，同时不同的高效采集作业方式应设计合理的道炮比。

2. 采集工程技术设计及要求

（1）扫描长度、扫描频率、出力大小、斜坡设置、震源台数和振次等参数设计和论证同传统常规方法。

（2）滑动时间、震源组数、震源组间距离、震源扫描信号顺序编排等参数设计是地质任务、处理技术、地震资料品质、采集密度、工区大小、施工效率及投资等多因素综合分析优化的结果。

(3) 记录的能量、信噪比等满足地质任务的要求。
(4) 仪器、震源和现场质量控制软硬件应符合所选施工方法的技术要求。
(5) 设备投入应满足施工效率的要求。
(6) 选择交替扫描、滑动扫描、独立同时扫描或距离分隔同步扫描等高效方法中的一种或几种组合。

（二）高效采集施工技术

可控震源高效采集施工设计野外各个环节，各个环节必须密切配合才能实现高效，避免出现木桶效应。下面以东方物探公司自主研发的数字化地震队为例（DSS，图7-27）阐述可控震源高效采集野外施工组织。

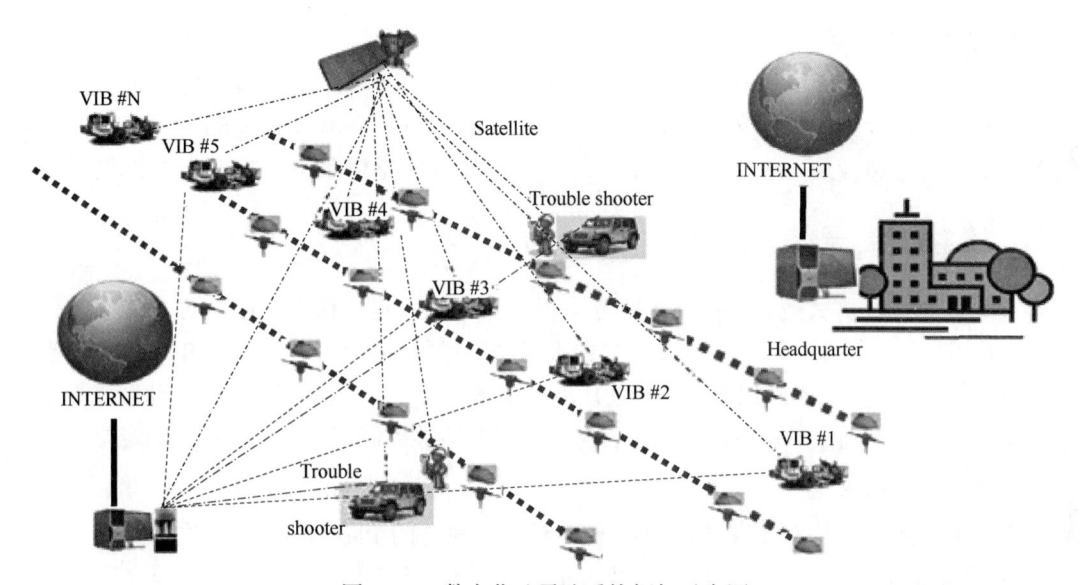

图7-27 数字化地震队系统框架示意图

东方物探公司的数字化地震队，又称为 DSS 系统，是一套独特的地震采集作业管理系统，可以极大地提高生产效率，简化管理流程，并适合多种生产模式。数字化地震队可以进行无桩号导航方案，适合震源组野外独立施工、推土机施工及其他工程车辆导航等情况。数字化地震队有以下特点：

1. 智能生产流程

系统提供手动及自动放炮功能，在自动放炮模式下，可实现无人值守的生产模式。此外，系统还提供滑动扫描及交替扫描的生产模式配置功能，通过配置时间及距离的曲线，实现最佳的生产效率。

2. 实时质量控制

系统提供 TB、扫描状态及底板信号等仪器数据的实时回传，实现实时质量控制及数据互相关，从根源上避免废炮的产生。

3. 仪器远程控制

系统与多种震源仪器设备实现无缝对接，提供远程参数设置、数据存储及控制等功能。系统还对箱体提供时间一致性的检测功能，确保箱体工作正常，从而无须再进行箱体的月检、季检等操作。

4. 生产进度监控

系统提供生产进度的实时统计及分析功能，可以随时掌握项目进度及震源的工作状态，并提供丰富的图表及报表以便管理人员和生产人员进行回顾和分析。

5. 实时导航预警

系统中的车载终端提供实时导航及危险对象的预警功能。实时导航包括无桩号施工及特殊地点导航；危险对象预警提供200ms间隔的预警能力，并且可以根据优先级对多种危险对象同时进行预警，为车辆在复杂环境中的驾驶提供了可靠的保障。

6. 高速无线链路

系统提供的高速无线链路指高速大功率双工电台链路，可以保证有效覆盖数百公里的工区，无须架设中继设备，从而简化通信环境的搭建、维护和减少相关的开支。高速无线链路的数据传输速度从115.2kbps到1Mbps，为实时质量控制和实时数据相关提供了可靠的支持。

7. 厘米级定位

系统通过RTK方式或OmniSTAR服务来提供厘米级的定位精度。RTK方式无须支付额外服务费用，但需要额外架设基站和专门的人员进行维护和管理；OmniSTAR服务需要支付额外服务费用，但无须额外架设基站和使用专门技术人员。考虑到小队生产启动后，需要频繁移动及24小时作业，OmniSTAR更适合恶劣环境及能够提供较好的连续可靠的定位服务。

8. PMP管理理念

系统采集的生产数据及设备使用情况，可以与现有的PMP系统进行数据共享，从而将PMP理念真正贯穿到整个生产过程及末梢。

9. 地震队作业平台

系统功能涵盖了地震队野外作业的各个环节，实现完整的生产数据管理链条，从震源的生产数据采集，到小队生产管理数据的汇总，是一套完整的地震队作业平台。

（三）高效采集质量控制技术

可控震源高效采集方法与常规采集方法比较，一般有以下几方面特点：（1）一般采用非常规的施工方法，仪器自有功能在高效采集方法探索应用阶段还不能完全满足质量控制的需要，需要用户采取一些措施、手段来弥补；（2）数据量大，常规的存储介质和记录回放方式等不能适应高效采集技术的发展；（3）采集效率高，要求质量控制方面对资料的处理速度与采集效率相匹配；（4）针对不同的高效采集方法可能需要针对性的质量控制软件和处理软件；（5）施工和组织方式的不同要求质量控制流程和措施也要相应的改变。针对这些特点，可控震源高效采集有相应质量控制方法。

1. 高效采集现场实时监控

1）日检

（1）采集站和检波器日检要求。传统有线仪器要求对当日首炮排列进行测试分析，通常要求合格率为100%。而高效采集要求排列上的采集站和检波器在每天参与接收前必须要做日检测试，但合格率不要求一定达到100%，只要在规定的标准范围内就可施工。这样一天要做分批日检，从第二次日检开始只做即将用到参与接收的排列即可，日检中发现的问题要在规定的炮数内完成整改，并在班报中备注清楚。

（2）激发装置日检要求。高效采集每天要求对可控震源做日检，日检内容随装备技术进步有所变化，对于每次扫描都记录力信号的项目就可以取消"无线一致性测试"日检测项目。

2）存储介质

高效采集日效率可上万炮，因此要求大的存储介质和高传输存储效率。高效采集时一般选用磁盘，磁盘与磁带比较有以下优点：

(1) 容量大：一般300GB或更高。
(2) 连接方便，传输速度快。
(3) 适合野外使用，并有成功应用的经验。
(4) 文件查找方便，利于现场质量监控。
(5) 稳定性好、数据性高。高效采集一般在野外选择磁盘存储地震数据，室内转录到高容量的磁带上来进行备份保存。

3）原始记录质量监控

高效采集通常根据生产效率回放部分排列，利用质量控制系统（KL-RTQC、ESQC-PRO）对炮集进行分析。如果质量控制系统能准确无误地监控每一炮，可考虑取消或适当减少纸记录的回放。对于需要在室内进行数据分离的可控震源施工采集方法（例如：HFVS、ISS），现场重点分析激发的能量和噪声水平，取消纸记录的现场回放。

4）激发点位质量监控

可控震源高效采集要求实时定位每台震源的坐标，不再要求野外技术人员通过初至判断炮点位置。每天采集前必须对每台震源的GNSS精度进行检查，平面坐标误差在1m之内方可投入施工生产；实时监控震源组合中心的点位，与设计平面误差控制在标准规定的范围之内，如果由于特殊原因误差超出规定范围，要求测量组测量实际点位。如果因为特殊原因震源GNSS系统无法正常工作，在有一定措施保障下（如：测量组带点）并经甲方监督许可可以进行施工，要利用现场质量监控系统对每个震点进行检查（利用初至波曲线判定点位）。

5）记录质量实时监控分析

可控震源高效采集利用人工"相面法"对记录质量分析远远低于施工效率，达不到实时监控的目的，通常要依靠现场质量控制分析系统来完成对辅助道、不正常道、激发点位、记录能量、记录频率等的监控。

6）仪器工作状态、震源工作状态实时监控

高效采集中对仪器和震源的工作状态监控非常重要，尤其对一些无法实时看到炮集或道集记录的施工方法。对仪器和震源工作状态的监控主要依靠仪器和震源质量监控软件来完成，需要达到对每一接收道和震源每一次扫描的实时监控。

2. 高效采集室内质量控制

1）周期检测数据分析与显示

及时对周期检测数据进行分析和统计，并输出相应的图件和统计表。可控震源监控主要包括（图7-28）可控震源一致性测试数据分析、可控震源属性文件分析、可控震源野外采集点位分析和可控震源扩展QC文件分析。接收系统质量（采集仪器及辅助设施）监控包括（图7-29）采集站测试数据（SEG-D或SEG-Y）分析、采集站测试结果（Text文件）分析、检波器在线测试数据（检波器野外日检Text文件）分析和检波器测试数据（检波器测试仪测试文件）分析等。

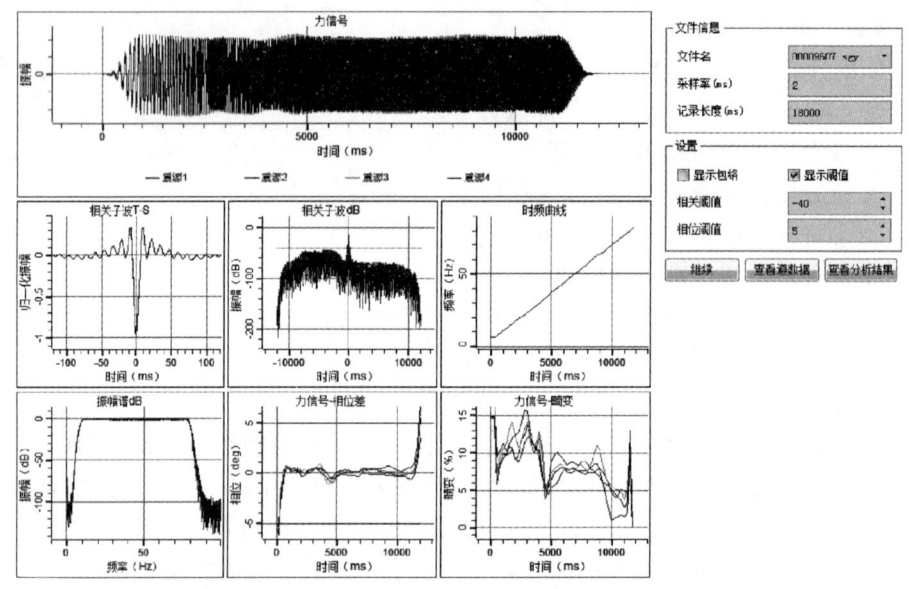

图7-28 VibEQA软件可控震源质量监控部分功能

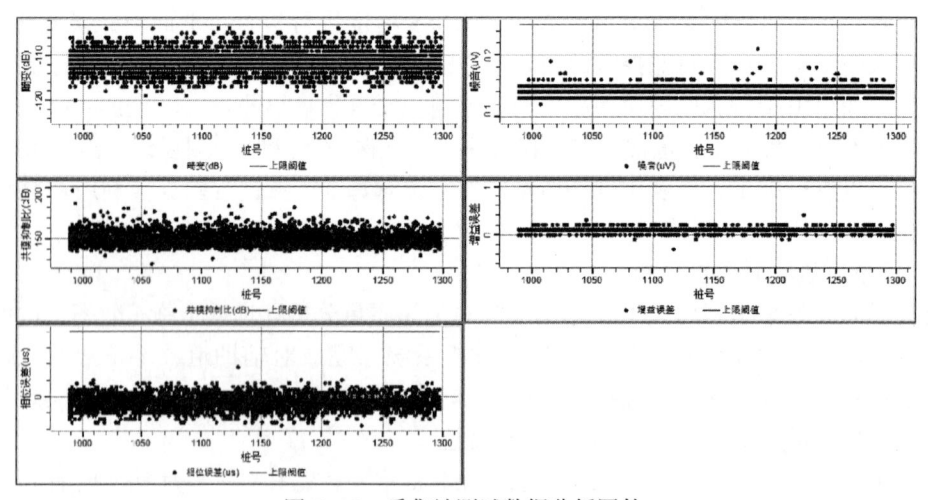

图7-29 采集站测试数据分析图件

2）观测系统检查

观测系统检查包括炮点位置检查、检波点位置检查和炮检关系检查。因为在野外采集震源采用DGPS实时定位，所以炮点坐标是准确的。而检波点坐标一般不会错，在室内为了验证检波点坐标是否正确，可适当选几炮加上炮检点高程做线性动校，所选炮只要能把当天所用到排列都检查到即可（如图7-30）。

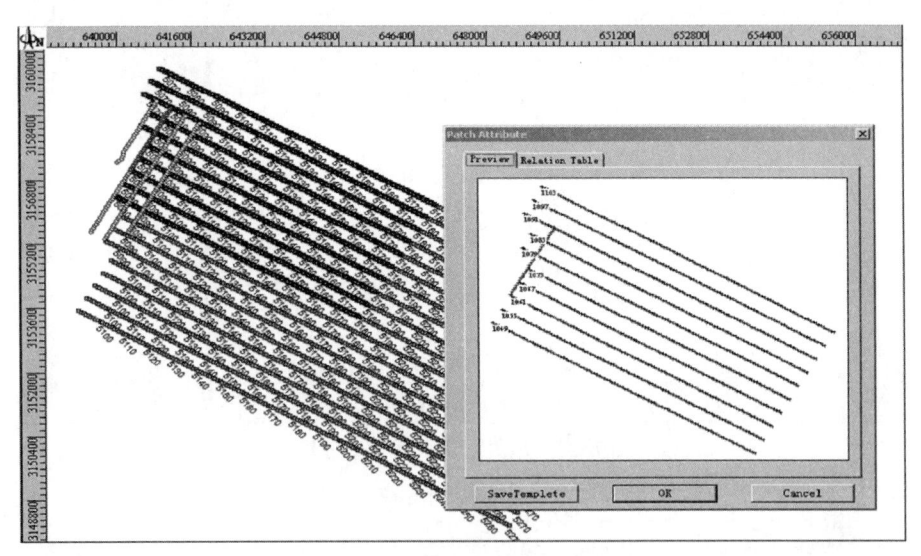

图7-30　软件检查观测系统图示

3）地震资料的定量分析与显示

可控震源高效采集通常采用定量分析的方法，对一些出现异常的地方再重点关注。定量分析一般包括：炮集能量分析（图7-31）、噪声分析和频率分析（图7-32）等。

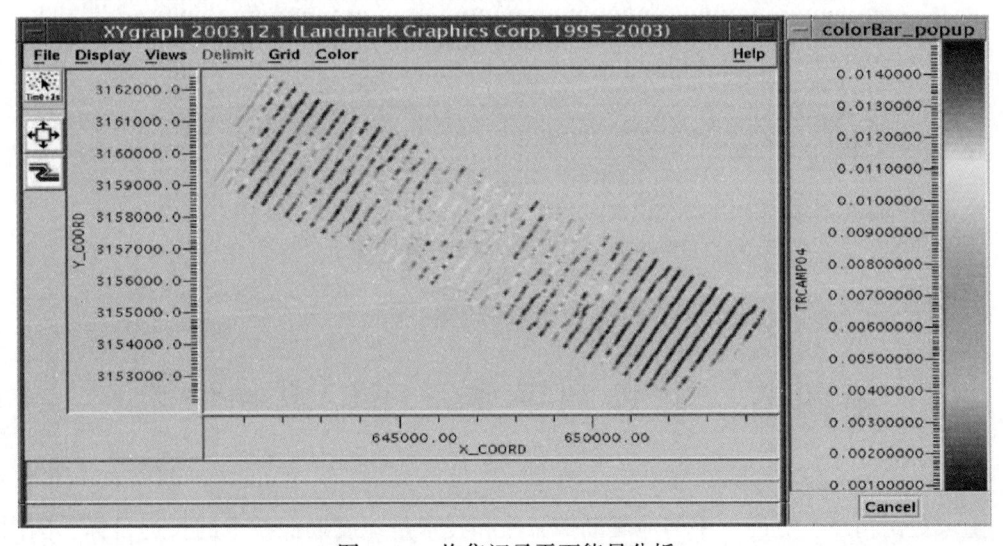

图7-31　炮集记录平面能量分析

4）辅助道的检查

在可控高效采集过程中辅助道的检查非常重要，辅助道不正确可能影响到炮集是否正确，尤其在可控震源高保真采集项目中，辅助道（力信号）将参与记录分离。可采用辅助道集中显示（图7-33），这样哪炮辅助道有问题很容易发现。

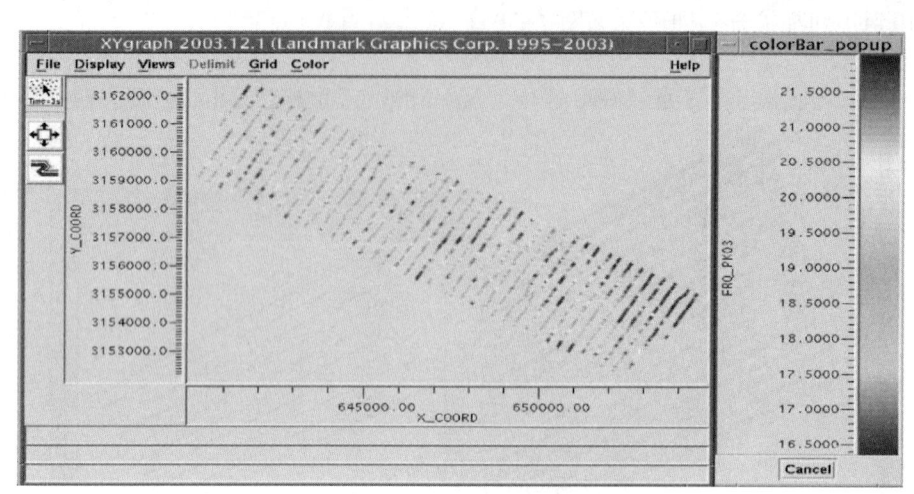

图 7-32 炮集记录平面频率分析

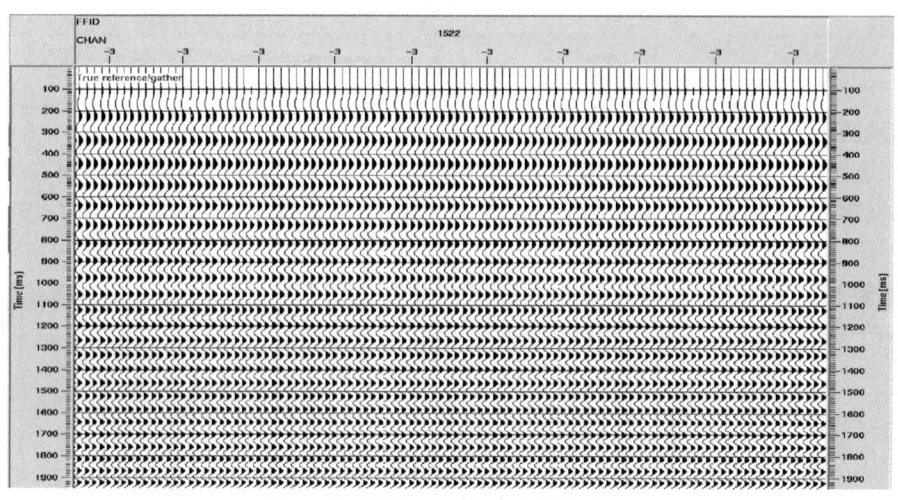

图 7-33 炮集记录辅助道集中显示

第四节 非规则采集及压缩感知技术

追求更高精度、更高效率的地震勘探方法和技术是地震勘探技术的长远目标，国内外地球物理勘探学家们一直在做方法和理论的探索。

在过去几十年中，地震勘探中记录的数据呈指数级增长，不仅接收点的数量、密度大幅增加，而且激发点的数量、密度也大幅增加，除此之外，在多波多分量勘探中，还需要记录多个分量的数据，这些都导致野外记录的数据成倍地增加，而且在大多数情况下，地震数据是沿空间的两个方向进行规则采集，采集方案也一直是在时间和空间方向上满足Nyquist采样定理。

压缩感知（Compressed Sensing，CS）提供了一种更宽泛的采样标准，通过随机采样和最优化数据重构的方式，可以用远少于 Nyquist 采样定理所要求的样本来重构完整的信号。

CS 绕过奈奎斯特采样过程，使用较少的测量次数直接获取"压缩"信号表示。如果将数据测量仅限于某些类型的信号，特别是稀疏或可压缩的信号，就会发生一些有趣的事情。稀疏信号的长度与常规采样信号的长度相同，但除少数非零值外，所有值均为零。当在另一个域（例如，傅立叶变换域、小波域等）中表示时，信号也可以是稀疏的。例如，时域中的单个正弦曲线具有许多非零值，但可以在傅立叶域中表示为单个非零值。稀疏和可压缩的信号有很多，地震信号在傅立叶域、Radon 域、曲波域等域中往往是可压缩的。虽然 CS 理论保证稀疏信号可以通过其压缩测量值完全描述，但它并没有讲述该如何恢复它。压缩测量信号恢复是求解欠定矩阵的反问题，它不同于信号处理和恢复中常见的最小二乘优化方法，它是一个凸优化问题，可以用线性规划或贪婪算法有效地解决。

基于压缩感知的地震勘探技术，与常规勘探技术相比，能够大幅降低地震勘探野外数据采集的数量，采集完成后在室内重构出规则的目标数据。这项技术主要有以下几种应用场景：第一是获得更高空间采样带宽的数据，在相同投资、相同设备投入的情况下，通过设计更小点距和线距的非规则采集方案，最终重构出更高空间带宽（更高密度）的数据；第二是降低勘探成本，通过设计更少的非规则炮检点，减少野外的采集成本，而达到常规采集的资料的成像效果；第三是扩大勘探面积，在相同投资和设备投入的情况下，通过设计非规则采集方案，相同数量的炮检点覆盖更大面积；第四是在复杂地表区，一定程度上重构出缺失的炮检点数据。从数学上讲，CS 的本质是降维，用低维空间去研究高维空间；从信号上讲，CS 的本质是采样，从奈奎斯特采样的频率相关到稀疏度相关；从工程上讲，CS 本质是降成本或在相同成本下提高数据精度，从物理测量成本转移到数学计算成本，用数学计算来弥补实际采样的不足。

一、压缩感知地震采集设计

从近年来国内外研究成果看，压缩感知地震采集设计主要有两个方向，一个基于空间随机采样的方法，例如随机采样、分段随机采样、Jitter 及其改进的采样方法，以及基于感知矩阵相干 μ 值的采样方法等，另一个是基于地质模型的非规则优化设计方法，这种方法依赖于非规则地震数据重构技术，并且需要巨大的计算量。KLSeis Ⅱ 地震采集设计软件具有基于空间随机采样的设计功能。这里介绍一种基于 Jitter 的分段随机采样方法，主要分为两个步骤：第一步是根据项目需求，设计规则观测系统，主要考虑该项目采用压缩感知技术的目的是减小炮检点投入数量、扩大勘探面积或者提高空间分辨率；第二步是对规则网格的观测系统进行稀疏性约束的不规则观测系统优化设计。具体不规则观测系统优化设计方法为：

（1）根据勘探需求确定接收点的欠采样比例因子 P。
（2）假设某条具有 N 个接收点的接收线，可以表示为：

$$X = \{x(1), x(2), \ldots, x(N)\} \tag{7-1}$$

（3）给出稀疏性约束长度 L，将 X 分成若干个长度为 L 的子集 S，对每个子集 S_i，根据欠采样比例因子，确定采样位置，则该子集的实际接收点为：

$$X_r = \begin{cases} x(h(m)) \\ 0 \end{cases} \tag{7-2}$$

其中，$h(m)$ 表示随机保留 M 个接收点位置，0 表示空掉的接收点。

（4）激发点的不规则方法与上述方法相同。

（5）将不规则化后的激发点和接收点输出为观测系统文件。

图 7-34 是稀疏性约束的随机采样示意图，用来说明规则观测系统的不规则化的过程，图中为一段采样点位置，黑色的点为保留的采样点，白色的点为空掉的采样点，选择约束长度 $L=4$，欠采样比例因子 P 为 50%，沿着该线，每 4 个点为一个子区，在每个子区中随机选择 50% 的采样点，即 $L \cdot P = 2$ 个采样点，且最大点间隔为 4 个点。欠采样比例因子的选择，需要考虑约束长度参数，使得 $L \cdot P$ 为整数。最大采样点间隔同样由这两个参数决定，例如当 $L=4$，$P=25\%$，则最大点间隔为 6。这种不规则化的方法不仅适用于二维观测系统也适用于三维观测系统，图 7-35 是某规则的三维观测系统的部分显示，图 7-36 是非规则化后的观测系统的部分显示，其中炮检点分别保留了 50%。

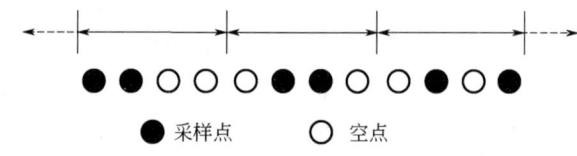

图 7-34 稀疏性约束的随机采样示意图

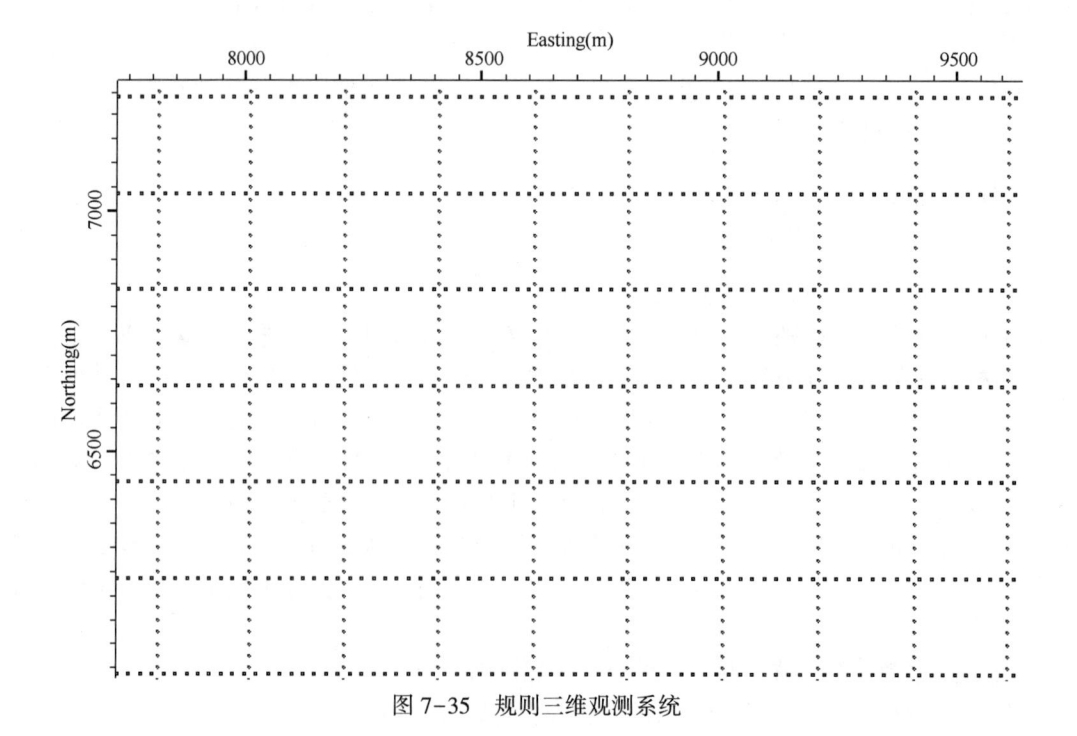

图 7-35 规则三维观测系统

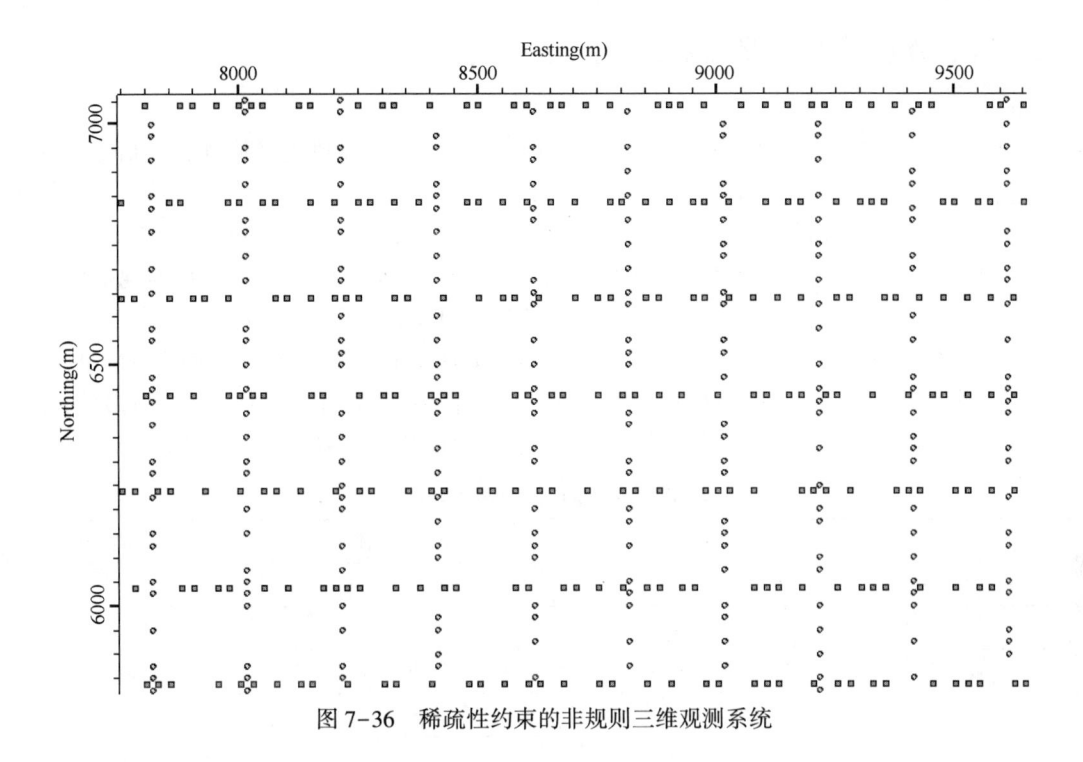

图 7-36　稀疏性约束的非规则三维观测系统

二、非规则地震数据重构方法

信号的稀疏性或可压缩性是压缩感知理论的重要前提和理论基础，基于稀疏变换的压缩感知方法，压缩感知理论认为：如果信号是稀疏的或者通过稀疏变换可以在某个变换域得到稀疏表示，设计一个与变换基不相关的测量矩阵进行观测并得到少量观测数据，那么通过各种求解最优化问题的重构算法可大概率地将观测数据恢复为原来的数据。Herrmann 最先提出了基于曲波变换的促稀疏算法 CSRI（Curvelet Recovery by Sparsity-Promoting Inversion）。对于基于稀疏变换的地震数据重建方法，有多种数学变换可供选择，如 FFT 变换、Radon 变换、Curvelet 变换和 Seislet 变换等。在最常用的几种变换中：FFT 变换最易实现，但它主要适用于线性同相轴居多的情况，而对于弯曲同相轴居多的情况，其重建效果略差；Curvelet 变换具有多尺度和多方向性，可对非平稳地震数据进行最优局部分解，将地震数据进行稀疏表示；Seislet 变换是基于小波提升算法而开发的针对地震数据的变换方法，可提供比经典小波变换更有效的地震数据压缩能力。一般地，稀疏变换的系数衰减速率越快，地震数据在该变换域就越可得到更稀疏的表示，也就更适用于基于稀疏变换的数据重建中。

非规则数据重建问题本质是利用最优化方法求解一个线性问题，即 $b=Ax$，假设条件：A 表示抽稀算子，相当于非规则观测系统，是一个欠定矩阵，x 表示地震数据，为稀疏向量，b 表示压缩采样的数据，数据重建过程通过式（7-3）实现，其中 C 为逆稀疏变换，例如逆傅立叶变换或逆曲波变换，$data$ 表示重建的规则数据。

$$\min\|x\|_1 \ s.t. \ \|AC^T x-b\|_2 \leqslant \tau \tag{7-3}$$

三、陆上节点数据压缩感知技术应用实例

通过对一个实际二维规则观测系统进行稀疏性约束的非规则化，并对非规则化的数据进行重构，分析应用效果。表7-5是重构前后的参数对比，从表7-5中可以看出，原始规则观测系统的炮距和道距都是10m，非规则化后道距为10m、20m、30m或40m，炮距为10m或20m，而保留的总道数是原始规则数据的37.5%。重构的过程也是数据规则化的过程，重构后炮距和道距都是10m。图7-37、图7-38和图7-39是重构前后单炮记录对比，图7-37是原始单炮，图7-38是按照稀疏性约束方法进行采样的记录（保留50%的道），图7-39重构后的记录。图7-40是原始规则数据的叠加剖面，图7-41是重构后数据的叠加剖面，从图中可以看出重构记录叠加剖面的波组特征和原始数据的波组特征一致。

表7-5 重构前后参数对比

	原始	非规则抽稀	抽稀数据重构
道距（m）	10	10/20/30/40	10
炮距（m）	10	10/20	10
接收道数	800	400	800
炮数	876	657	876
总接收点数	1677	838	1677
总道数	700800	262800	700800

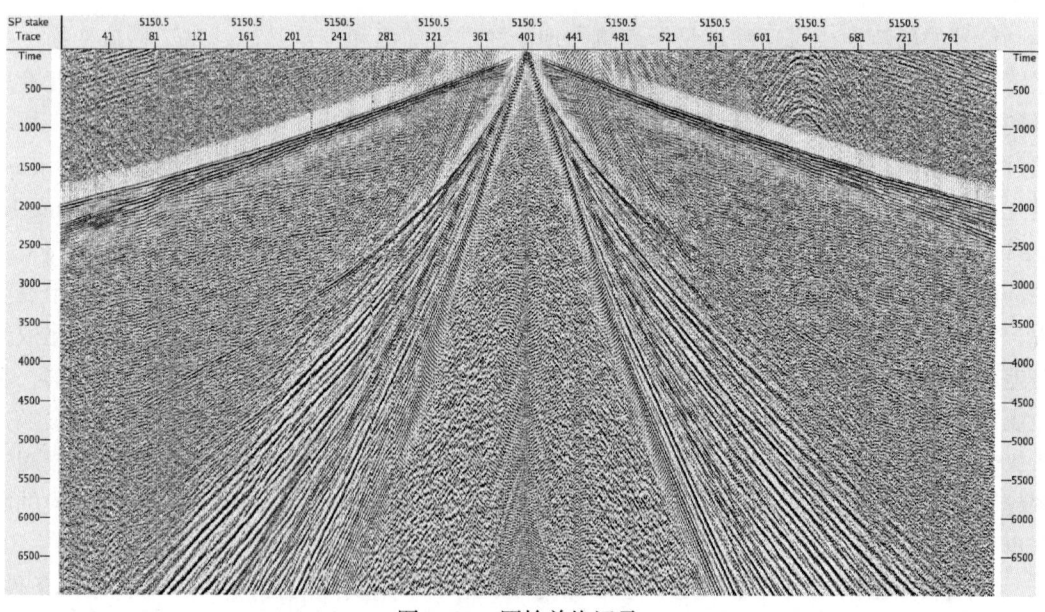

图7-37 原始单炮记录

目前来看，压缩感知地震勘探技术适用于资料信噪比高，波场连续的构造勘探项目，能否解决岩性勘探问题，需要继续探索验证；在复杂地表区具有一定局限性，不能够重构出大面积缺失的高精度数据；随机噪声和散射噪声，在曲波域或傅立叶域不能被重构。

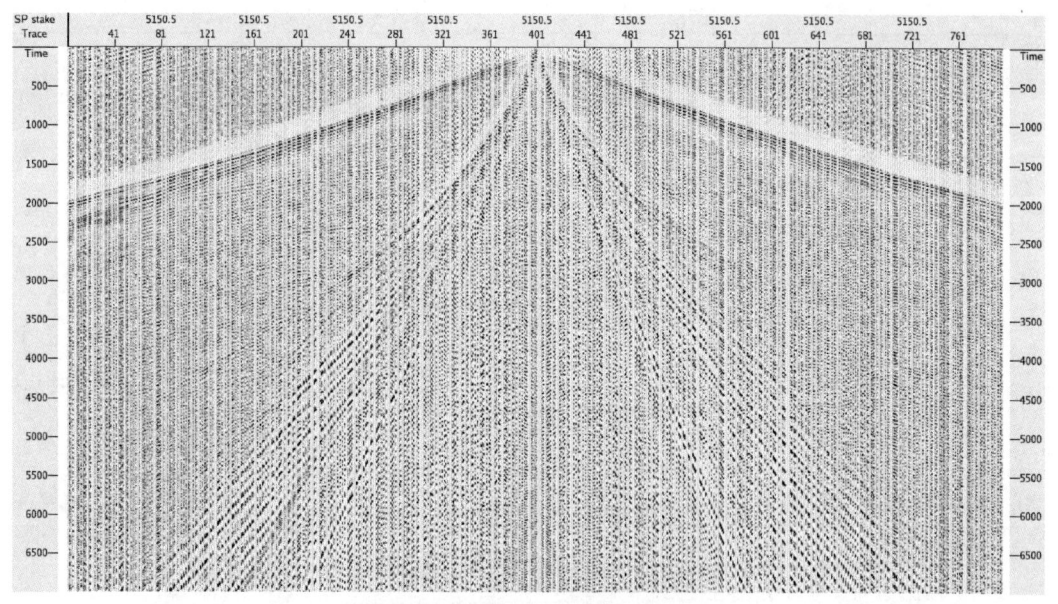

图 7-38 随机抽稀的原始单炮记录

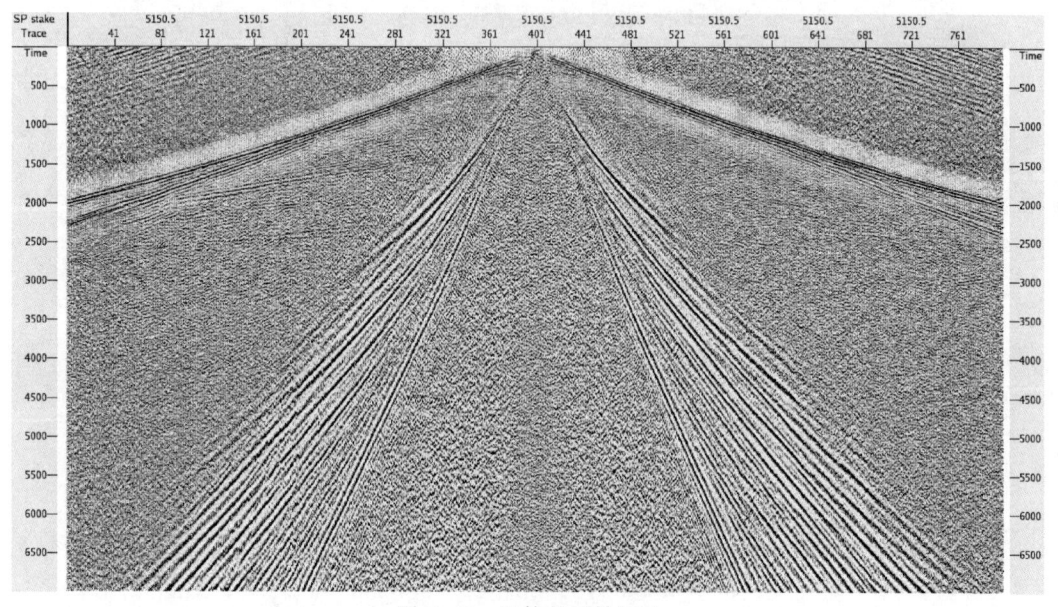

图 7-39 重构的原始记录

虽然压缩感知地震勘探技术还没有完全被业界完全接受，但它提供了提高地震采集效率、经济性以及最终处理数据质量的潜力。目前，国内外都有大批学者和机构在研究该项技术，国外以康菲和 OXY 公司为代表的油田公司已经开展了实际的资料采集试验，国内中国石油、中国石化以及中国海洋石油的有关单位都开展了相关方法的研究、实际资料采集和处理试验，探索这项技术在实际生产中所遇到的挑战及应对措施。

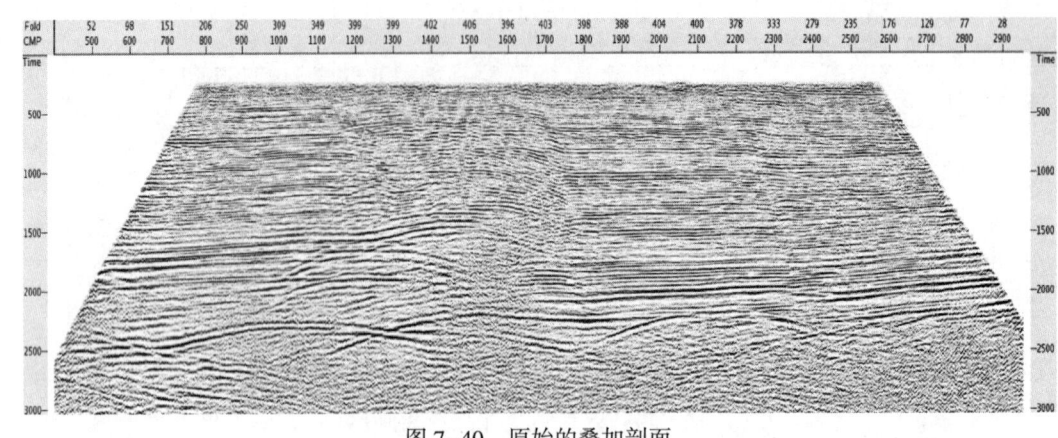

图 7-40　原始的叠加剖面

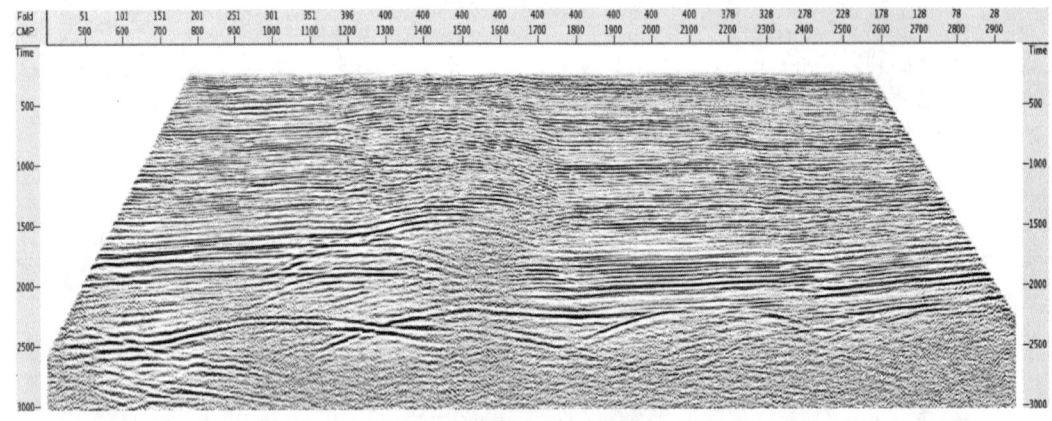

图 7-41　重构后的叠加剖面

第五节　多分量地震采集技术

一、多分量地震采集概述

（一）多分量地震采集概念

单分量地震勘探，也就是常规纵波勘探，是采用纵波震源或者脉冲源激发，常规检波器接收的勘探方法。多分量地震采集指的是由多种波震源激发或纵波震源激发、多分量检波器同时接收的地球物理勘查活动。根据采集所使用的震源和检波器的特点，可以将多分量地震采集分为三分量地震采集、四分量地震采集、九分量地震采集。

三分量地震采集是指纵波激发、三分量检波器接收，三分量检波器记录的主要是纵波与转换横波。多波勘探经常采用的就是这种方法。

海上四分量地震采集是指在海上用纵波震源激发、在海底用 x、y、z 和水中压力检波器接收纵波和转换波。而陆上四分量地震采集则是用两类横波震源（SV 波和 SH 波）分别激发、两水平分量（x 分量和 y 分量）检波器进行接收，所以又称为横波采集。

九分量地震采集是指用三个方向的震源分别激发，三分量检波器同时接收，称为三源三分量地震采集，能够记录到九个分量的地震记录，记录包含了几乎所有地下主要类型的体波信息，如纵波（PP 波）、横波（SS 波）、转换纵波（SP 波）和转换横波（PS 波）等，有人称为全波场地震采集。

（二）多分量地震采集技术特点

对于纵波激发、三分量接收的三分量地震勘探而言，与纵波勘探相比，具有如下优点：

（1）三分量地震勘探的最大优点是采集费用并没有增加多少，但得到三倍于常规纵波勘探的地震数据，所包含的反射波信息量极大提高。这是因为三分量地震勘探仍然采用常规纵波震源激发，震源的费用没有增加，只是每道多了两个水平分量检波器接收，记录的数据量增加了两倍。

（2）同时记录到了两种波（P—P 波、P—SV 波），可以得到纵波速度、横波速度以及两种波的成像剖面，从而有利于提高构造解释和储层预测的精度。

（3）利用纵波与横波速度比值研究岩性可以降低多解性。而单纯利用纵波速度研究岩性存在严重多解性。

（4）联合利用纵波和转换波的旅行时、振幅等特性，可以进行气藏识别研究；

（5）利用上行转换横波的分裂可以研究裂缝并进行裂缝参数提取。

对于横波源（这里指横波可控震源）激发、三分量接收的三分量地震勘探而言，与纵波勘探相比，具有如下优缺点：

（1）能够获得纯横波分量（SH—SH，SV—SV）资料，资料的采集处理可类比纵波源处理，无须面对转换波路径不对称等难点问题。

（2）纯横波资料在解决气云区高精度构造成像、薄互层储层预测、裂缝及方位各向异性问题中具有独特的优势。

（3）横波勘探需要考虑震源平板与地表耦合，面临横波激发能量弱、横波静校正问题复杂、横波激发费用高等固有的问题。

二、多分量地震观测系统设计

（一）转换波传播特点

在设计转换波观测系统参数以前，首先必须了解转换波的传播特点和性质。

如图 7-42 所示，当炮点产生的下行 P 波非垂直入射到各界面上产生反射时，不仅产生反射纵波，而且产生横波。这种横波实际上是由纵波入射到界面上，发生了波类型的转换而生成，故统称为转换波 P—SV 波。

由震源产生的下行 P 波，遇到界面后转换形成 SV 波。然后上行传播到地面。对于水平反射层，时距曲线方程可写为：

$$t_{PS} = \frac{1}{v_P}\sqrt{x_P^2 + z^2} + \frac{1}{v_S}\sqrt{(x-x_P)^2 + z^2} \tag{7-4}$$

式中 v_P, v_S——介质纵波和横波速度，m/s；

X——炮检距，m；

x_P——震源点到转换点的水平距离，m；

Z——反射界面深度，m。

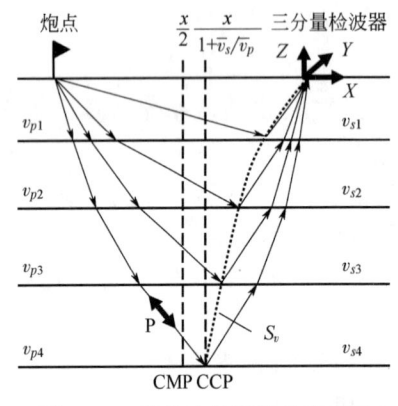

图 7-42 转换波传播路径示意图

可以看出，转换波的传播主要特点有：

（1）转换波由于下行波是纵波，上行波是横波，故其射线路径是不对称的，其共转换点（CCP）位于 $\dfrac{x}{1+v_S/v_P}$ 处，与纵波的共中心点（CMP）位于 $\dfrac{x}{2}$ 处有较大差别，且不同深度、不同速度比的地层，其转换点各不相同。对于同一炮检点，其 CCP 偏向接收点的一方，随着地层由深至浅逐渐向接收点靠拢。

（2）转换波的时距曲线不是双曲线，极小值点位置也不在炮检距中心点位置上。

（3）纵波垂直入射到分界面上，不会产生转换波，转换波只是在中等炮检距上会有较大的能量。

（4）横波的频率和波传播的速度都远低于纵波，纵、横波频率的比值一般在 1.5~2.5 之间变化，速度比在 1.5~5.0 之间，浅层速度比相对较大。由于横波速度小于纵波速度，故转换波的视速度小于纵波视速度。

（5）转换波强弱与界面两侧的岩性有着紧密的联系，通常情况下 x 分量记录到的 P—SV 波远比 y 分量强．信噪比相对较高。只有当裂缝发育，各向异性严重时，转换波 P—SV 波分裂成快、慢横波，才会同时在 x 和 y 分量上均记录到较强的波。

（二）转换波观测系统参数设计

基于转换波的上述特点，在三分量地震观测系统设计过程中我们应坚持以下设计原则：

（1）以 CCP、v_S/v_P 为基础，合理设计观测系统参数。

（2）不同地层转换点为渐近线，观测系统设计应以最深目的层为基础。

（3）以先验模型为基础，进行射线追踪或波动方程数值模拟论证观测系统。

（4）CCP 面元内的覆盖次数和炮检距分部要相对均匀。

本节三分量地层观测系统参数设计主要讨论与常规纵波不同的一些参数设计方法：

1. 道距及面元

三分量检波点距（道距 Δx）的确定既要考虑纵波也要考虑转换波对采样的要求，按时间剖面上反射波不出现空间假频。防止偏移时产生偏移噪声，叠前二维滤波要求野外记录不出现空间假频、满足横向分辨率的要求进行计算，转换波的计算公式与纵波相同，对于转换波来说，计算时频率采用转换波的频率，可从转换波时间剖面和单炮上获取，速度采用转换波等效速度 v_{PS}，即：

$$v_{PS} = (v_P v_S)^{\frac{1}{2}} \tag{7-5}$$

由于转换点不在炮点和检波点之间的中点上,而是在偏检波点的一个 x_c 距离处,根据转换波转换点的渐近线计算公式,即:

$$x_c = \frac{x}{1+\dfrac{v_S}{v_P}} \quad (7-6)$$

式中　x——炮检距,m;
　　　v_S——平均 S 波速度,m/s;
　　　v_P——平均 P 波速度,m/s。

因此,二维 CCP 间距大小为:

$$\frac{\Delta x}{1+\dfrac{v_S}{v_P}} \quad (7-7)$$

式中　Δx——检波点间距,即道距,m。

2. 最大炮检距

(1) 分析转换波反射系数。

从理论计算的反射系数与入射角、排列长度的关系曲线可知,转换波在小炮检距能量较弱,在中炮检距、远炮检距能量较强。从实际的处理资料分析也可以看出,小于 2000m 炮检距的转换波叠加基本上不能成像,在中远炮检距有很好的转换波反射成像(4000~7000m)。因此在转换波勘探时应选择比常规纵波勘探更大的炮检距,一般情况下,转换波勘探时其最大炮检距应是目的层埋深的 1.5~2 倍。

(2) 考虑转换波动校正拉伸和速度分析精度。

如果炮检距 x 较小时转换波的动校正公式可近似为:

$$\Delta t = \frac{x^2}{2t_{0PS}v_{PS}^2} \quad (7-8)$$

式中　x——炮检距,m;
　　　t_{0PS}——转换波旅行时,s;
　　　v_{PS}——转换波等效速度,m/s。

(3) 建立纵波、横波地震地质模型,采用射线追踪或波场数值模拟的方法分析入射角与排列长度的关系。

(4) 分析野外实验的转换波单炮记录,选取合适的最大炮检距。

3. 最小炮检距

若只从转换波采集考虑,从以上分析可知最小炮检距可以选得很大(一般 1000~2000m),但由于考虑到 z 分量纵波采集,因此在能避免近炮点干扰的情况下,尽量减小最小炮检距。

4. 覆盖次数

覆盖次数的选择要考虑能压制各种干扰、提高信噪比和有利于反射波的成像。由于转换波的信噪比相对低于纵波,因此,为确保转换波成像效果,应选择比常规纵波勘探更高的覆盖次数。对一个新工区,最好进行覆盖次数试验来选择。对一个成熟工区,则要分析现有资料来选择适当的覆盖次数。

（三）横波传播特点

横波是质点的振动方向与传播方向垂直的弹性波，根据偏振方向的不同可分为：偏振方向垂直于传播射线平面的 SH 横波和偏振方向位于传播射线平面内的 SV 横波。SH 横波在传播过程中不产生转换波，SV 横波在传播过程中产生转换纵波。

若采用横波源激发，水平分量接收得到纯横波地震资料，横波传播的路径理论上和纵波是类似的，传播路径对称，只是传播的速度低，且具有两个不同的偏振方向，若考虑地层的各向异性特征，横波还有快慢波分裂的特性，需要在采集方案设计中进行方位各向异性分析。

（四）横波观测系统设计

基于横波的上述特点，横波观测系统设计应坚持以下原则：

(1) 采用小道距和小线距提高地震波场空间采样密度，解决横波空间成像问题。

(2) 增加覆盖密度提高横波目的层实际有效覆盖次数，有利于提高目的层的成像信噪比。

(3) 考虑横波传播有效偏移距较短及吸收衰减快的特点，选择适中的最大偏移距即可满足横波采集需求。

1. 面元道距选择

根据理论研究表明弹性纵横波波动方程基本一致及纵横波射线路径对称，纵波观测系统设计理论公式和处理方法可以直接用于纯横波。根据空间采样定理和菲涅耳带成像原理，空间采样间隔必须小于视波长的一半，接收线距不大于菲涅耳带半径，其公式如下：

$$\Delta X \leqslant \frac{v_{\text{rms}}}{4f_{\text{max}}\sin\theta} \tag{7-9}$$

$$RLI \leqslant \left[\frac{v_{\text{rms}}^2 t_0}{4f_{\text{dom}}} + \left(\frac{v_{\text{rms}}}{4f_{\text{dom}}}\right)^2\right]^{\frac{1}{2}} \tag{7-10}$$

式中 ΔX——面元，m；

RLI——接收线距，m；

v_{rms}——均方根速度，m/s；

F_{max}——反射波最高频率，Hz；

F_{dom}——反射波主频率，Hz；

t_0——反射波时间，s；

θ——目的层地层倾角。

小面元观测能有效减少空间假频，提高空间采样密度，实现波场"无污染"均匀采样，提高目标体空间成像精度。

2. 排列长度选择

根据纵波、横波叠加道集及速度谱分析，横波排列长度设计与纵波有明显区别，横波单炮记录有效波同相轴主要集中在近偏移距，目的层反射波双曲线明显比纵波短，因此横波排列长度一般小于纵波，横波排列长度为目的层的深度 1~1.2 倍，纵波排列长度为目的层深度 1.5~1.8 倍。

3. 覆盖次数选择

横波观测通过大幅度增加覆盖密度，提高目的层有效覆盖次数，提高横波低幅度构造成像信噪比和增强目的层有效波能量。随着覆盖次数增加，纵波、横波剖面目的层信噪比明显提高，特别浅层成像会更清晰，采用高覆盖才能获得目的层高信噪比资料。

三、多分量地震采集方法

（一）测线部署原则

测线部署要根据部署目标、地表类型和野外施工条件决定。通常在研究区域性岩性变化时，可先作纵波、横波联合大剖面测量，一方面利用纵波、横波识别沉积岩各层系的岩性整体变化，另一方面可了解不同地表类型（如沙漠、戈壁、草地、沼泽等）对接收转换波、横波的差异，开展针对性分析。从目前国内不同地区的转换波、横波勘探来看，在沙漠、戈壁、丘陵区一般不能得到很好的转换波和横波资料。因此，多分量地震测线部署的原则为：一是要使线束垂直构造、岩性体走向（而对于裂缝应使S波偏振斜交裂缝走向，以观测S波分裂）；二是要选择好的地表类型，适合转换波、横波的激发和接收，当进行纯横波采集时，要考虑激发地表是否适合横波可控震源激发。

（二）近地表结构调查

纵、横波联合表层结构调查，目前常用的有多波微测井、多波小折射、面波法等。其中，多波微测井是近几年推广应用比较成熟的方法。多波微测井的关键是横波激发源，要确保激发足够能量的纯横波，其次是确保井下三分量检波器与井壁的良好耦合。

多波微测井的具体实施过程是：在距井口约 2m 处，放置一块厚大于 10cm、宽约 40cm、长约 2.5m 的木板，上面和两端分别固定钢板，并用重物（一般采用汽车车轮）压住木板，然后用大锤分别敲击木板的两端，产生一组极性相反的剪切波（S 波），由于横波能量较之纵波要弱，两个方向的横波记录保证了资料的完整采集和随机误差的剔除。用大锤敲击上面钢板，产生压缩波（P 波）。地面采用小地震仪观测，井下采用井中三分量检波器接收（图 7-43）。采集时，先把检波器下到井底，在一个深度点依次进行多次激发以便于垂直叠加提高信噪比，然后将检波器提升到另一个深度再行记录。

（三）干扰波调查与分析

干扰波调查方法与纵波相同，可采用"盒式"干扰波调查、常规二维干扰波调查。干扰波数据采集时，接收采用三分量检波器，x 分量指向排列大号方向。"盒式"干扰波调查采用雷达图分析三分量各类噪声在不同方位的发育强度，以利于我们分析各种地震波（干扰波）的传播方向和物理参数，从而进行干扰波压制方法的研究，分析不同检波器组合形式对干扰波的压制效果。利用"盒式"干扰波调查数据进行组合和垂直叠加，可以更准确地预测在地震采集中所需要的覆盖次数，改变以往覆盖次数的确定可采用定量估算的方式。二维干扰波调查主要分析规则干扰波，如面波、折射干扰（主要包括纵波折射、转换波折射、横波折射和多层折射）及各类环境噪声的发育范围、能量、频率、速度、波长等。

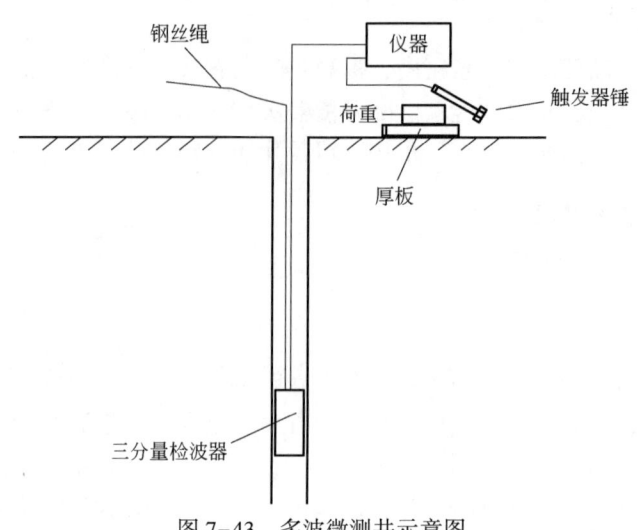

图 7-43　多波微测井示意图

（四）激发方式与参数选取

陆上转换波激发方式与纵波类似，一般采用炸药震源、纵波可控震源，水域勘探采用空气枪激发，由于转换波旅行时大于纵波，转播横波能量和频率衰减快，因此在参数选取方面主要考虑比常规纵波更大的激发能量，主要是采取增加药量和可控震源出力的方法。

陆上横波激发有多种方式，典型的有：

（1）炸药震源：三排炮法、壕沟爆炸索法。

（2）非炸药震源：水平横锤、倾斜气压震源、垂直力偶可控震源。

（3）横波可控震源：横波勘探主要采用横波可控震激发，目前，东方物探公司已经具有额定出力 30000 磅的大吨位横波可控震源 EV56S，有效保障横波激发能量，在能量不足的情况下可以采用组合激发，横波激发过程中要特别关注震源激发的方向性。

（五）接收方式与参数选取

三分量检波器有两种：一种是 x、y、z 正交型三分量检波器，z 分量与地面垂直，采用垂直检波器，x、y 分量采用水平检波器；另一种是 U、V、W 对称正交型检波器，三个分量与地面夹角均为 54.74°，其主要优点是采用相同工艺和技术的线圈，具有相同的性能。

三分量检波器对埋置条件要求极其严格，何仁权等对三分量检波器的埋置误差进行了分析。其结论是：（1）若以 10% 误差为限，偏差角度应控制在 3° 左右，一般进行二维三分量采集时可以此为参考；（2）若以 5% 误差为限，偏差角度应控制在 1° 左右，一般进行三维三分量采集时可以此为参考。

目前，海上接收传感器系统主要有两类：一是节点式，二是电缆式。

四、多分量地震采集质控

（一）检波器定位与埋置

二维、三维采集中三分量检波器的 x 方向必须根据线束的方位角用专用的检波器定位仪确定方位，并规定统一指向排列大号方向。要求 x 分量方向与测线方向角度误差：二维采集时控制在±3°范围以内；三维勘探时角度误差控制在±1°度范围以内。

三分量检波器摆放和埋置应做到"平、稳、正、直、紧、准"。在埋置时可自制小洛阳铲、小型钻孔机等工具深埋检波器，也可采取加长检波器尾锥的措施，以确保检波器与地表的良好耦合。检波器埋置质量是多分量地震采集质量控制的重点。

（二）表层速度调查

多分量地震勘探对表层静校正精度要求很高。因此，野外表层速度结构调查十分重要。其质量控制的重点是：（1）表层调查点的布设是否具有代表性；（2）调查点的密度是否满足静校正计算的需要；（3）调查点的检波器接收资料是否合格。

（三）野外记录评价

多分量地震采集质量评价应以转换波资料（x 分量和 y 分量）为主，尤其是以 x 分量的野外记录能量监控为重点，其标准是野外各试验点用最佳激发参数激发所得到的标准 x 分量记录。

（四）横波激发角度质控

横波激发具有方向性，震源车车头朝向测线大号与小号方向，激发出来的单炮记录极性相反，如果是地表复杂地区震源车头朝向与测线存在一定的夹角，也会造成记录信息的极性存在偏差，进而影响横波资料品质，因此施工中需要准确获得激发角度信息。

以 VSC 导航系统作为硬件基础，通过对导航软件功能的完善，增加了横波角度计算、显示及记录功能，实现基于导航定位系统的横波激发方位角度检测和记录，施工过程中要严格控制激发角度，保证激发方位的准确性。

第六节　地物识别和物理点设计技术

当前油气勘探向更细、更深、更广、更难、更具挑战的领域发展，超高效物探采集技术的不断推陈出新，高效、高精度、低成本的物探装备，以及更高精度的数据处理成像能力和地质信息挖掘能力等都对智能化物探技术提出了迫切的需求。"云大物移智+VR+业务创新+装备研发"将赋能未来物探行业持续发展与数字化转型，低成本、高精度、智能化物探发展战略是在物探行业提升国际高端竞争力的关键。

一、地物智能识别技术

很多地区施工环境复杂，障碍物众多，炮检点布设困难，高效采集实施难度大，效率提升空间小。有必要针对复杂区的地震采集实施难题，开展针对性的技术研究，并在生产项目中应用，解决复杂地表区高效地震采集的瓶颈问题，为今后安全、优质、高效完成复杂区地震采集项目打下坚实基础。如何快速、高效、智能的实现地物识别是亟待解决的问题。

（一）地物智能检测算法现状

地物智能检测的本质是分类，意在为每一个像素赋予一个对应的地物类别。地物智能检测的实现难点是如何有效地进行影像特征提取与基于特征的分类，如何提取有辨识度的地物特征用于将像素按照其所属类别正确归类是实现高分影像地物智能分类的关键。地物智能检测的逐像素分类虽然是为每个像素赋予一个指定的地物类别，但其分类策略一般还是分为基于像素的方式和面向对象的方式两种。

1. 基于像素的分类方法

基于像素的分类方法通常以依赖像素的灰度信息为主，在影像的分类分割上取得过不错的效果。

2. 面向对象的分类方法

同基于像素的分类方法不同，面向对象的分类方法将影像分割后的对象或者区域作为最小分析单元，以弥补基于像素的分类方法存在的上下文关系或者空间关系的缺失。

基于像素的方法和面向对象的方法虽均有其各自的优势，但是，面对高分辨率遥感影像地物分类问题，依旧存在些许不足。在能够利用全局/局部空间结构信息的情况下尽量减少人工先验知识的参与，融合地物的特征提取与分类过程，形成一体化端对端的高分遥感影像地物分类过程，相信能成为一种更具有优势的分类策略。

（二）数据标注及学习样本原理

样本是研究中实际观测或调查的一部分个体。样本的作用是在监督学习中，样本通常不仅作为神经网络模型学习数据特征的来源，还要负责验证和评估模型的好坏程度，以及对训练完的模型在现实环境中的表现如何做出测试。在深度学习领域，训练数据对训练结果有种至关重要的影响。在计算机视觉领域，除了公开的数据集之外，对很多应用场景都需要专门的数据集，做迁移学习或者端到端的训练，这种情况需要大量的训练数据，取得这些数据方法有人工数据标注、自动数据标注。样本一般分为训练集、验证集、测试集这三种类型。

1. 训练集

训练集：用来学习神经网络模型参数。

训练集样本是带有标签的数据集，神经网络的输入值是样本的值，输出值是和标签值形状类型一致的，用来和标签值做损失求解，用于后向传播更新权重。例如：训练地物检测模型的训练集数据输入值是带有标定道路的像素值矩阵，标签是道路的坐标值和置信度，而输出是和标签形状类型一致的值。

2. 验证集

验证集：用来评估模型性能。

验证集样本同样是带有标签的数据集，不同的是训练集同时参与网络的每一次前向和后向运算，目的是为了学习更多的数据特征，而验证集是固定每隔 N 个轮次只进行一次前向运算，其目的是为了验证模型的训练程度如何，是否可以停止训练。例如：训练道路检测模型的验证集每隔 10 次进行一次前向运算获得输出结果和标签对比，检验结果是否达到目标。

3. 测试集

测试集：用来检测模型表现情况。

测试集样本是不带标签的数据集，所以测试集的数据是在模型训练结束后使用的，用来测试模型的泛化能力。例如：训练道路检测模型的测试集在模型训练结束后输入模型，模型输出为测试集里每张图像上的道路位置坐标和置信度，因为没有标签做对比，所以只有人可以判断道路识别的结果是否准确。

随着神经网络层数增加，深度神经网络的模型参数越来越多，这使得在训练时需要更大规模的标签数据。如果训练数据较少，网络模型很难找到最优解，并且具有更多的维数和小数据的问题会导致过拟合，这意味着模型虽然已经取得了实际结果，但是仅适用于参与训练的数据集，在测试数据上不一定能够达到预期效果。数据标注的流程如图7-44所示。

对图像进行切割并标注，根据不同的网络模型、硬件配置情况，对原始卫星影像数据进行切割，本示例切割大小为437×437（像素）。

对标定的属性边界信息及图片进行提取。将标定的边界多边形（mask）提取为png格式数据，如图7-45所示。

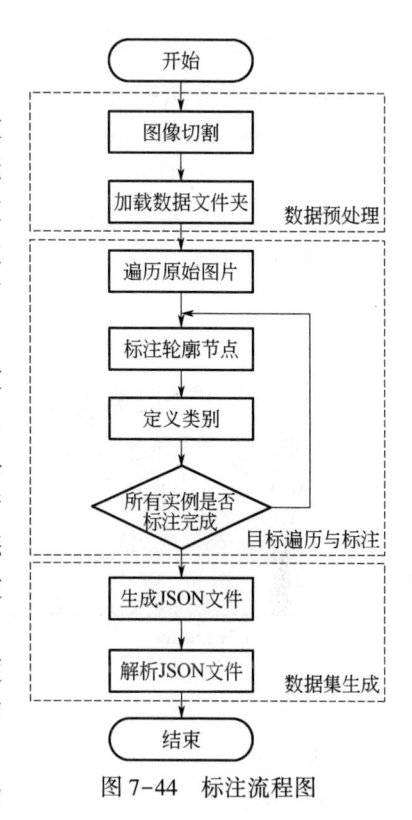

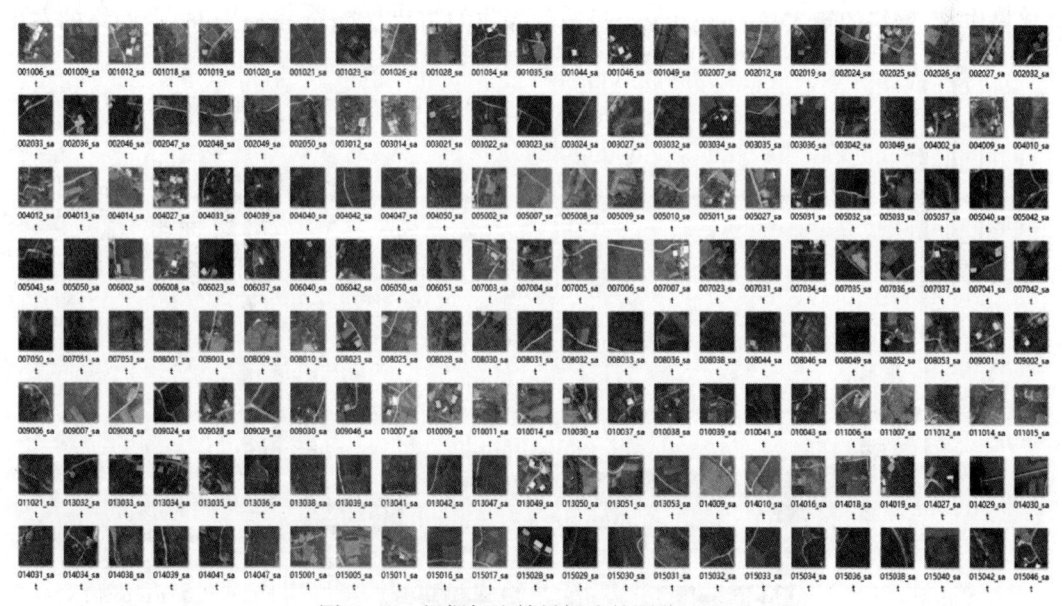

图7-44 标注流程图

图7-45 根据标注结果提取的图片（png）

掩膜信息即保存的标定范围，标定区域数值记为1，未标定区域记为0，因此掩膜信息仅包含0、1。

（三）基于卷积神经网络的地物智能检测方法（U-Net）

在深度学习方法中进行图形识别处理的最基本方法就是卷积神经网络（Convolutional Neural Network，CNN），它是一种前馈神经网络，它的人工神经元可以响应一部分覆盖范围内的周围单元，对于大型图像处理有出色表现。而全卷积网络（FCN）则是从抽象的特征中恢复出每个像素所属的类别。即从图像级别的分类进一步延伸到像素级别的分类（图7-46）。本书采用基于FCN的U-Net神经网络进行分类应用及原理介绍。

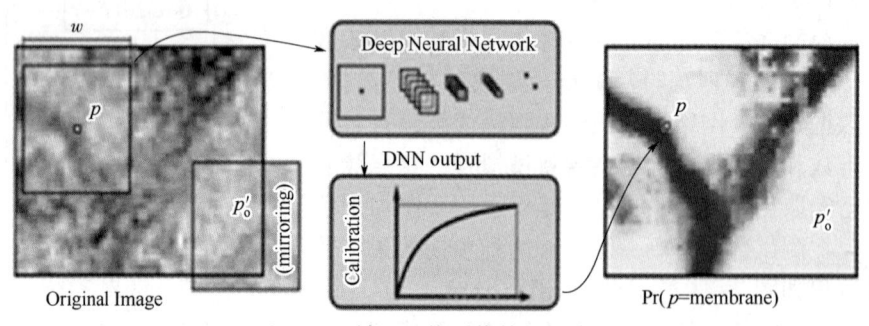

图7-46　神经网络图像特征提取图

1. U-Net主要思路

U-Net神经网络就是对图像的每一个像素点进行分类，在每一个像素点上取一个patch，当作一幅图像，输入神经网络进行训练。其主要优势是对细节把握很好。

U-Net的U形结构如图7-47所示。网络是一个经典的全卷积网络（即网络中没有全连接操作）。网络的输入是一张边缘经过镜像操作的图片（input image tile），网络的左侧

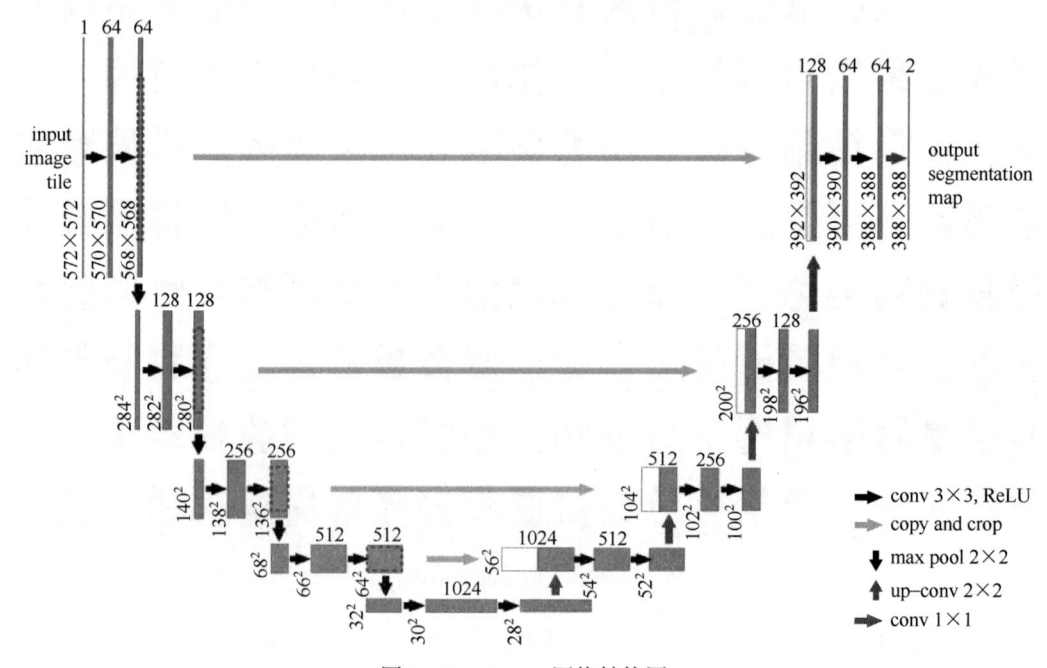

图7-47　U-Net网络结构图

是由卷积层和 Max Pooling 层构成的一系列降采样操作,将这一部分称为压缩路径(contracting path)。压缩路径由 4 个 block 组成,每个 block 使用了 3 个有效卷积和 1 个 Max Pooling 降采样,每次降采样之后 Feature Map 的个数乘 2,按图中所示的 Feature Map 尺寸变化。

2. U-Net 的损失函数

U-Net 网络使用的是带边界权值的损失函数:

$$E = \sum_{X \in \Omega} \omega(x) \lg(P_{l(x)}(x)) \tag{7-11}$$

其中 $P_{l(x)}(x)$ 是损失函数,$l(x)$ 是像素点的标签值。

$$\omega(x) = \omega_c(x) + \omega_0 \exp\left(-\frac{(d_1(x)+d_1(x))^2}{2\sigma^2}\right) \tag{7-12}$$

其中 $\omega(x)$ 是像素点的权值,$\omega_c(x)$ 是平衡类别比例的权值,$d_1(x)$ 是像素点到距离其最近的元素的距离,$d_2(x)$ 是像素点到距离其第二近的元素的距离,ω_0 和 σ 是常数值。

(四)基于 U-Net 网的地物智能检测

基于 U-Net 网的房屋、道路识别结果,对图像的每一个像素点进行分类,在每一个像素点上取一个 patch,当作一幅图像,输入神经网络进行训练。初步的识别结果如图 7-48 至图 7-53 所示。

原图　　　　　　房屋识别效果图

图 7-48　U-Net 网房屋识别结果

原图　　　　　　房屋识别效果图

图 7-49　U-Net 网房屋识别结果

　　　　　原图　　　　　　　　　房屋识别效果图
　　　　　　图7-50　U-Net网房屋识别结果

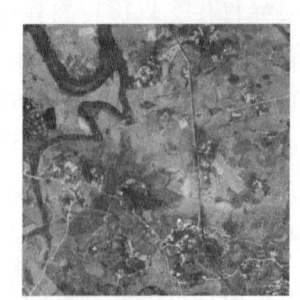

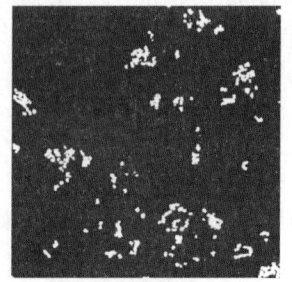

　　　　　原图　　　　　　　　　道路识别效果图
　　　　　　图7-51　U-Net网道路识别结果

　　　　　原图　　　　　　　　　道路识别效果图
　　　　　　图7-52　U-Net网道路识别结果

　　　　　原图　　　　　　　　　道路识别效果图
　　　　　　图7-53　U-Net网道路识别结果

二、地震采集物理点智能设计技术

（一）地震采集物理点智能设计技术简介

在地物智能识别的基础上，针对水网、城镇、农田等复杂地表地震观测设计和实施难题，研究实现以人工智能识别技术为基础的自动避障方法，进行物理点的精准预设计，从根本上解决了复杂区高效采集所面临的点位布设难题，是保障采集施工高效安全的必要基础工作。

复杂区高效采集所面临问题主要表现在三个方面：

1. 地表障碍密集影响采集效率

在人口密集或自然环境复杂的地区，多样且覆盖广泛的障碍物，如建筑物、河流、池塘和植被，严重影响施工，高效采集难以实施。

复杂地表区障碍物具有"类型多、面积大、分布密"等特点，村镇、大棚、养殖场等多种障碍物严重，楼房遮挡严重，通信问题突出。

2. 复杂通行条件增加震源施工难度

在起伏地表区进行施工，受可控震源车爬坡能力限制，需要为震源点设计合理位置，并满足物理点布设均匀和安全保障需求。

3. 物理点频繁调整施工组织困难

由于复杂地表施工存在安全隐患多，工农关系复杂，物理点位会经常变动，增加了施工组织的复杂性，难以满足高效作业的需求。

（二）保障施工安全的数字围栏

采用地物智能识别技术形成的矢量地物信息，将影响地震采集施工的地物作为障碍物，在勘探区存在障碍物时，需要根据障碍物的属性设定安全距离。通常爆破源与人员、其他保护对象之间的安全距离称为爆破安全距离。为保证井炮的施工安全，井炮激发点的位置与人员或其他应保护对象之间必须保持最短的间隔长度。爆破有害效应随距离的增加而有规律地衰减，一般会使用距离作为安全尺度，将炮点的位置选在爆破有害效应允许的限度之内。

根据地物种类的不同属性，对点、线、面状的障碍物分别计算其安全距离（表7-6）。点状障碍物如机井、坟墓等，安全区域是以点状地物自身为圆心，点状障碍物属性确定的安全距离为半径的圆形区域（图7-54）。

表7-6 华北某工区施工安全距离表

障碍物	距离（m）	障碍物	距离（m）
房屋	60	高压线	25
养殖场	60	变电站	50
坟墓	30	高速公路	50

续表

障碍物	距离（m）	障碍物	距离（m）
机井	50	省级公路	30
塑料大棚	20	县级公路	20
防洪大堤	30	乡级公路	10
天然气管线	50	铁路	100
地下光缆	30	高铁	500

图 7-54 点、线、面状障碍物的数字围栏区域

线状障碍物如道路、管线等的电子围栏区域，计算线状障碍物的安全距离区域是以线状障碍物为轴线，向线目标的法线方向平移安全距离的长度，轴线两端用半圆弧连接所形成的多边形区域。线目标安全距离区域可以采用两种基本算法：角平分线法和凸角圆弧法。面状房屋、大棚、厂房等面状障碍物的电子围栏区域，采用角平分线法、凸角圆弧法计算区域外侧的安全区域，算法与线状基本一致（图 7-54）。

（三）复杂区物理点智能设计技术

复杂区物理点智能设计技术就是利用相关资料，根据设计要求，综合考虑施工方案优化的因素，在室内进行设计并模拟论证其有关属性，最终达到指导野外现场快速、合理施工的目的。基于观测系统属性均匀的物理点预设计技术对地表复杂区炮检点布设位置选择、合理改变观测系统以及提高现场施工效率具有重要指导意义。

按照"避高就低、避陡就缓"原则，根据不同的地表类型采用灵活的炮点偏移方法，最大程度保持偏移距的均匀分布，同时兼顾施工效率。根据面元属性信息的缺失情况，反向设计炮点位置。反向设计炮点有效降低了加密点的冗余量，最大限度地控制了加炮率。

1. 复杂障碍区炮检点自动避障

结合国内外各个物探分公司的实际需求，为了减轻复杂地表区的炮检点优化布设的工作量，KLseis 开发了自动避障功能。自动避障是按照施工设计或甲方要求的偏移规则，对炮检点按照面元网格的整数倍，在障碍区以外实现自动偏移（图 7-55）。该功能可以按照就近偏移、Inline 方向偏移、Xline 方向偏移、Inline 与 Xline 联合偏移的方式实现规则偏移，同时也提供了同向偏移、平滑处理等功能。

2. 基于观测系统属性均匀的物理点智能设计

常规障碍区内炮点的自动避障后，出现炮点点位连续性变差、有效激发点减小的问题。按照"波场连续性采样"原则，为最大程度保证面元属性均匀，对偏移距离和间隔进行优化，得到的最优参数，面元属性均匀性明显提高（图 7-56）。

第七章 地震采集新技术、新方法

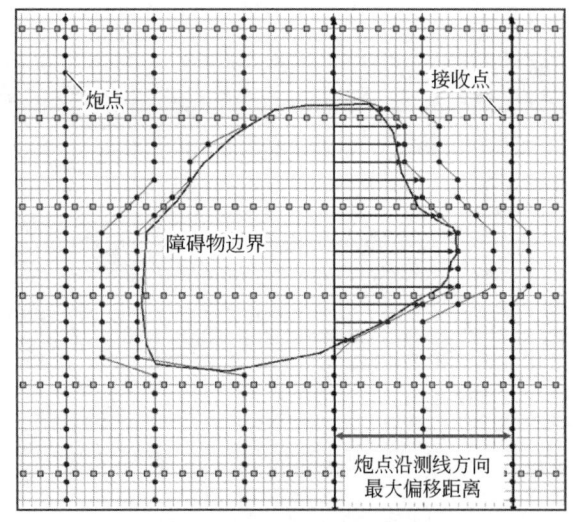

图 7-55 炮检点自动避障

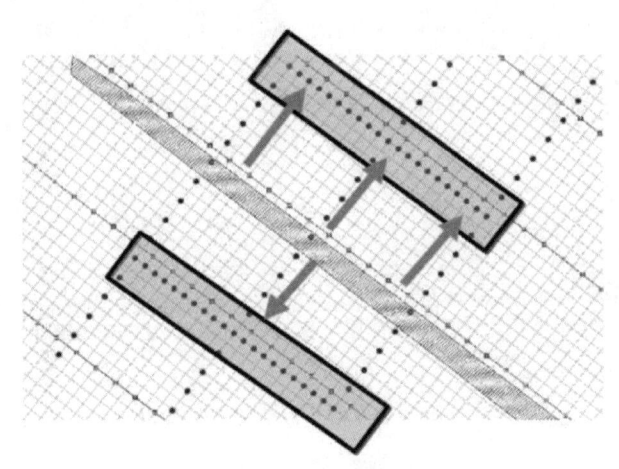

图 7-56 炮点偏移规则示意

以某工区障碍物炮点设计为例，图 7-57(a) 和图 7-57(b) 展示不同偏移算法的结果对比，从图中可以看到，新方法能够最大限度满足覆盖次数的均匀性，偏移后点位均匀分布在障碍物周围，更加符合城区施工特点。

通过与人工设计结果相对比，使用智能点位设计结果如图 7-58 所示，计算出面元的覆盖次数明显得均匀很多，避免部分区域出现面元缺失。

3. 基于施工难度的检波点智能偏移设计

在山体高大起伏剧烈地区，需要精确的接收点进行设计，以保证施工的效率与安全，检波点偏移与炮点偏移相比具有一定的特殊性，需要考虑接收点的连续性（图 7-59）。

4. 基于面元细分优化算法的炮点地形优化技术

基于真地表模型，根据计算各种地形因子，通过面元细分优化算法，将炮点偏移到沙丘平缓，易于施工的位置，减轻了施工作业工作量（图 7-60）。

(a) 旧方法　　　　　　　　　　　　　(b) 新方法

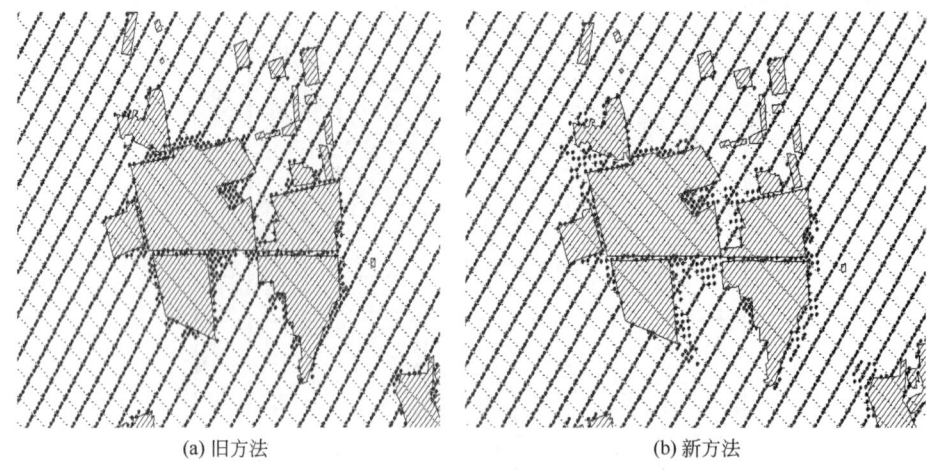

图 7-57　不同炮点偏移方法的炮点分布对比

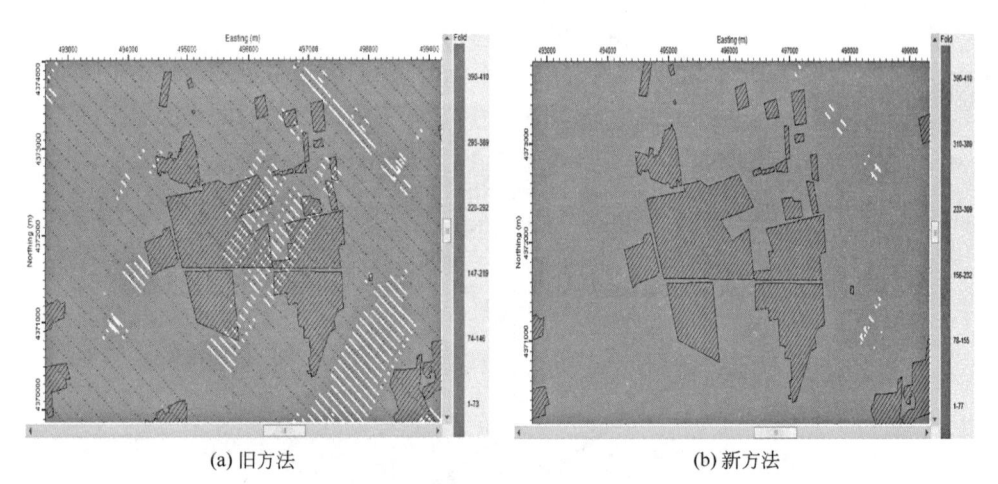

(a) 旧方法　　　　　　　　　　　　　(b) 新方法

图 7-58　不同炮点偏移方法的面元分析对比

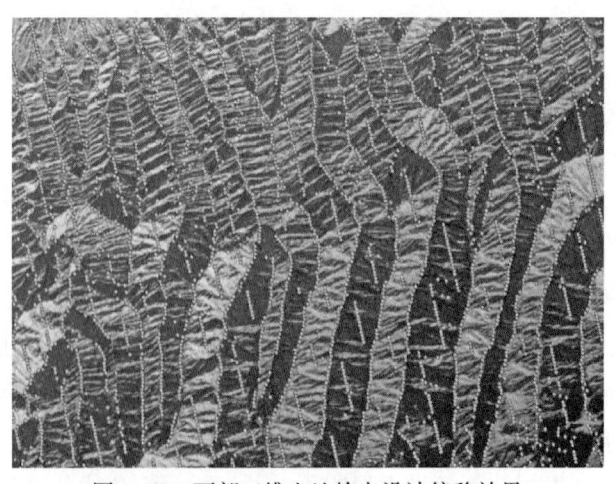

图 7-59　西部三维山地检点设计偏移效果

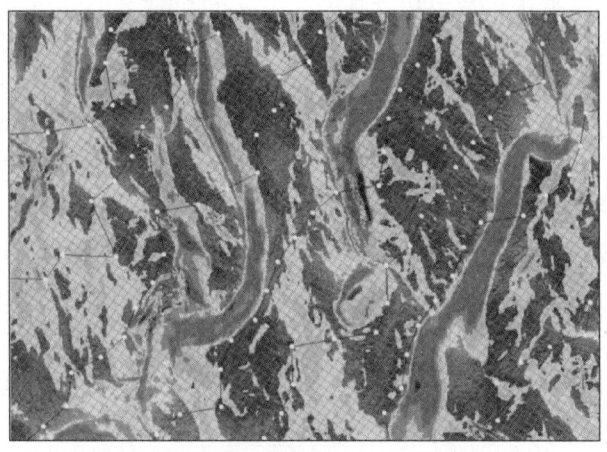

图 7-60　西部沙漠区域激发点预设计效果

5. 基于炮点贡献度加密设计

基于"炮点贡献度"的炮点辅助加密技术，根据面元属性信息缺失情况，反向设计炮点位置，最大限度降低加炮率。选中覆盖次数不足的面元，计算周围位置炮点的贡献率，以方便选择合适的位置（图 7-61）。

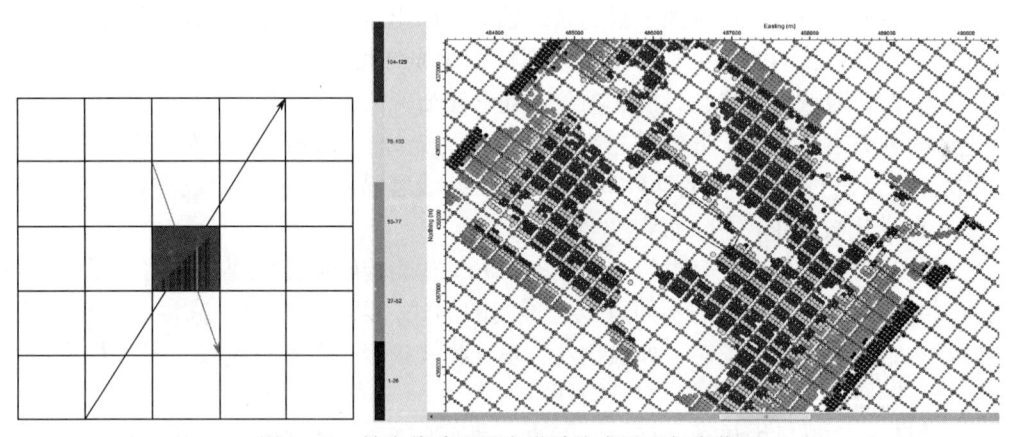

图 7-61　缺失偏移距反向设计炮点及可加密位置

第七节　光纤传感技术

一、光纤传感基础知识

首先来认识一下光，光是一种电磁波，可见光部分波长范围是 390~760nm（纳米）。原子中的电子吸收能量后从低能级跃迁到高能级，再从高能级回落到低能级的时候，所释放的能量以光子的形式放出，被引诱（激发）出来的光子束（激光）中光子光学特性高度一致，这就是激光。激光相比普通光源单色性、方向性好，亮度更高。光纤传感激光光源主要是850nm，1310nm，1550nm三种波长。激光在光纤中会产生弹性散射（瑞利散射）和非弹性散射（拉曼散射和布里渊散射），当温度、压力、应力、应变等发生变化时，这些散射也会发生相应的振幅、相位、频率、偏振等变化，针对这些散射的变化通过不同解调方法就可以得到光纤链路上的环境参数变化，进而实现光纤传感。

光纤传感的主要媒介是各种光纤，单模光纤是指在工作波长中，只能传输一个传播模式的光纤，通常简称为SMF（Single Mode Fiber）。目前，在有线电视和光通信中，是应用最广泛的光纤。由于光纤的纤芯很细（约10μm）而且折射率呈阶跃状分布，只能形成单模传输。可传播多个模式的光纤称作多模光纤（MMF：Multi Mode Fiber）。纤芯直径为50μm，由于传输模式可达几百个，与SMF相比传输带宽主要受模式色散支配。光纤光栅是一种通过一定方法使光纤纤芯的折射率发生轴向周期性调制而形成的衍射光栅，是一种无源滤波器件。由于光栅光纤具有体积小、熔接损耗小、全兼容于光纤、能埋入智能材料等优点，并且其谐振波长对温度、应变、折射率等外界环境的变化比较敏感，在光纤传感领域得到了广泛应用。螺旋缠绕光纤（HWC）主要用于增加传感的横向灵敏度，传统光纤分布式声波传感技术对轴向应变较为敏感，仅为单分量观测，为实现与布设方向更大夹角的应变和震动的观测，受光纤检波器和分布式声传感技术的启发，实际应用中，可以通过对光纤进行缠绕布置获得更加丰富的光纤轴向方向组合，从而在确保获得不同方向振动信号的同时实现信息的连续采集。多角度螺旋缠绕光纤可以实现多分量应变及震动传感，同时保持分布式测量的优势，目前该项技术还处于研究阶段。

光纤的种类很多，对于分布式光纤传感中用的光纤，其设计和制造的原则主要包括：(1) 损耗小；(2) 有一定带宽且色散小；(3) 接线容易；(4) 易于成缆；(5) 可靠性高；(6) 制造比较简单；(7) 价格低廉等。

光缆是利用置于包覆护套中的一根或多根光纤作为传输或传感媒质并可以单独或成组使用的线缆组件。根据环境的不同可以有不同的形式，以满足防水、高温、高压等需求。光缆的基本结构一般是由缆芯、加强钢丝、填充物和护套等几部分组成，另外根据需要还有防水层、缓冲层、绝缘金属导线等构件。

光散射是光在介质中传播过程中发生的一种普遍现象，是光与物质相互作用的一种表现形式。当光辐射通过介质时，大部分辐射将毫无改变地透射过去，但有一部分辐射则偏离原来的传播方向而向空间散射开来。散射光在强度、方向、偏振态乃至频谱上都与入射光有所不同。光散射的特性与介质的成分、结构、均匀性及物态变化都有密切的关系。产生光散射的原因概括地说，在宏观上可看作是介质的光学不均匀性或折射率的不均匀性所引起，它使介质中局部区域形成散射中心。从电磁辐射理论的分析，则归结为由于介质在入射光波场作用下产生的感应电极化。从量子理论来看，光的散射可以看作光子与各种微观粒子（分子、原子、电子、声子）相互作用的结果。如果散射光子吸收能量，其频率向高频偏移（称为反斯托克斯漂移，Anti-Stokes shift），如释放能量，则向低频偏移（斯托克斯漂移，Stokes shift），一般较弱。

光在光纤中的散射主要为如下三种类型：(1) 瑞利散射：即散射光子能量与入射光子能量相同，与传输介质未发生能量交换的弹性散射，其散射强度约为入射光的千分之一。

瑞利散射对温度和应变均敏感，但温度和应变系数较低，使用超窄线宽光源和相干探测的方案（COTDR、φ-OTDR），可以实现高精度、高空间分辨率的温度和应变的传感，基于瑞利散射的传感器具有更大的传感距离和更高的频率范围，更适合动态信息的传感，一般情况下假设温度变化较为缓慢，可以忽略，主要用于动态应变或声波观测，但目前认为不能提供绝对应变。（2）布里渊散射：散射光中有少部分光子与声学声子或磁振子自旋波能量的交换导致入射光发生频移（约11GHz），这类散射称作布里渊散射。布里渊散射对于温度和应变均敏感，虽然基于自发布里渊散射原理的传感信号强度较弱（比瑞利散射功率小20~30dB），但其温度和应变系数较大，辅以外差检测技术，构成布里渊光时域反射仪（BOTDR），也可实现长距离绝对温度、绝对应变的静态测量，但对于高频应变探测能力较差。（3）拉曼散射：拉曼散射是光子与光学声子相互作用的结果，其频移量约10T Hz。光纤中自发拉曼散射最弱（比瑞利散射功率小40~60dB），在探测时必须采用雪崩光电二极管（APD），而APD的雪崩噪声较大，必须进行较长时间的平均（通常在10s以上）才能得到可用的温度分布曲线。其最大的优势是只对温度敏感，不存在温度、应变交叉敏感的问题。

　　光纤传感技术始于1977年，伴随光纤通信技术的发展而迅速发展起来的，光纤传感通过测量光纤中传输的光波的强度、波长、频率、相位或偏振态等发生变化，测量这些光参量的变化即"感知"外界信号的变化。这种"感知"实质上是外界信号对光纤中传播的光波实时调制。根据被外界信号调制的光波的物理特征参量的变化情况，可将光波的调制分为光强度调制、光频率调制、光波长调制、光相位调制和偏振调制等五种类型。

　　分布式声波传感技术（Distribute Acoustic Sensing，DAS）是一种典型的利用光纤作为传感敏感元件和传输信号介质的传感系统。原理是激光脉冲在光纤中传输时，外部的扰动（地震波、温度、压力等）会产生光纤的微小应变，导致散射回来的调制信号产生相位变化，这样扰动信号就可以由解调装置捕获并记录下来，通过一系列解调算法恢复出沿光纤不同位置的温度和应变的变化，实现分布式的测量。

　　随着油田勘探开发的深入，面临的问题也愈加凸显，其一是高精度勘探瓶颈需要新的技术突破，其二是成本控制需要更加经济高效的勘探手段。面对新的复杂油气藏勘探开发需求，现有检波器的点式地震波观测方法面临很多局限性。面向油气勘探开发的分布式光纤传感地震采集系统具有高灵敏度、高空间分辨率、大容量、部署灵活简便、成本尽可能低等特征，近年来得到快速发展，有望成为新一代具有颠覆性的新技术。

　　光纤传感技术在VSP中的应用，由于其突出的优势，十分符合深地油气探测用地震检波系统的高要求，已经成为未来油气勘探领域中极具发展潜力的地震监测测技术。分布式光纤传感地震采集系统除了传统光纤传感器具备的天然无源、抗电磁干扰特性等优点以外，在油气勘探的地震信号采集方面还具有如下优势：

　　（1）探测灵敏度高。由于是基于声波调制光纤波导光相位的检测原理，所以可以探测到非常微弱的声波信号，非常适用于深部地震波勘探。

　　（2）信号采集密度高。分布式光纤传感地震采集系统的光纤本身就是传感器，其铺设密度和空间分辨率是其他类型传感器，如电子地震检波器、点式光纤传感器所无法比拟的，一根光纤上可采集到高达数万点的地震数据。

　　（3）探测容量大、距离长、效率高。分布式光纤传感地震采集系统的光纤自身可实现大容量数据传输，集信号传感与传输为一体；由于传输损耗低，探测距离可到数百公里；同时，光纤本身就是传感器，决定了其在野外铺设效率上具有极大优势。

随着新型分布式光纤声波传感方法研究和技术应用的突破，将能应用于地面和井中的地震波勘探，有望显著提升现有地震采集系统的技术水平。这种方法不仅可为复杂油气资源的高效、低成本勘探提供革命性的技术手段，而且可为揭示地下精细结构、预测自然灾害等提供新型的监测方法，将有望突破我国高端地震检波仪完全依赖进口的瓶颈，因而具有非常重大的科学意义和应用价值。

二、分布式光纤传感技术概述

分布式光纤传感技术根据传感光类型不同可分为散射光传感和前向光传感两类。其中，散射光又分为瑞利散射、拉曼散射和布里渊散射三类。基于不同光学效应的传感技术可以检测不同的物理参量，基于瑞利散射的光纤传感技术工程上主要用于检测振动与声音信号，基于拉曼散射的光纤传感技术工程上主要用于温度的测量，而基于布里渊散射的光纤传感技术工程上主要用于应变与温度的双参数测量。基于前向光干涉的光纤传感技术工程上主要用于振动与声音的检测。

分布式光纤传感技术中，光源向光纤中发送探测光，探测光在光纤中前行的同时在背向产生上述的三种散射光。通过检测光纤中散射光的偏振、幅度、频率、相位，得到光纤上连续分布的温度、应变、振动等参数的空间分布信息，从而实现分布式测量。严格来讲分布式光纤传感应当具备两大特征：第一，光纤本身是传感器；第二，传感信息具有"场"的特征，比如"温度场""声场""应变场"等。分布式光纤传感除了按照上述的散射类型进行分类以外，也可以按照传感信号解调方式进行分类：一种是时域测量，即光时域反射仪技术（OTDR）；另外一种是频域测量，即光频域反射仪技术（OFDR）。

分布式光纤声波传感（DAS）主要是利用了当光纤受到声波/振动时，光纤的长度（应变效应）、纤芯的折射率（光弹效应）、纤芯的直径（泊松效应）都会发生改变这一特性。对于特定长度的光纤，特定波长的光在其中传输时，光弹效应和泊松效应引起的相位变化可以忽略，瑞利散射的相位变化与应变成正比。

相位敏感型光时域反射仪（φ-OTDR）是地震勘探中应用最广泛的一种DAS仪器，主要利用瑞利散射的相位信息进行传感，有直接探测与相干探测两种实现方法。其中，直接探测结构更为简单，信号处理简单，但准确还原波形较为困难。相干探测的信号灵敏度更高，拥有更高的空间分辨率和信噪比，频带响应范围更宽，能准确还原信号。工程上主要应用在地震波探测、周界安防、轨道交通等检测场合。相干探测型φ-OTDR与直接探测型的区别在于引入本征光提升散射光信号功率，增强系统信噪比。光电探测器输出的信号经IQ解调可获得正交信号，经过进一步的处理便可解调出振动信号的幅值与相位。当前φ-OTDR的挑战主要有：信号衰落的抑制与实时振动波形还原、传感距离与空间分辨率提升、振动方向识别与振动类型智能模式识别。

在φ-OTDR中，系统的噪声主要由相干衰落噪声、偏振衰落噪声、共模噪声、光源噪声等组成。相干衰落由φ-OTDR自身缺陷所致，通常选用相干性较好且光纤内散射点和散射率都是随机分布的光源，在光纤的任意位置RBS都会产生相长或相消的干涉现象。在幅度解调中，相干衰落会使信噪比（SNR）降低，在相位解调中，相干衰落对应的点会使其前后区域的相位解调发生不连续突变，极易出现多处衰落点。干涉仪中的偏振光在传输时偏振态会发生随机变化，从而对检测信号的幅度造成影响。若两束偏振光的偏振态恰好正交，则光的干涉光强会完全消失，即偏振衰落，光纤中的 RBS 光在传输过程偏振态会发生变化，导致偏振衰落，通过改变偏振接收就能解决该问题。共模噪声与光源噪声均属于物理噪声，且二者在 φ-OTDR 中也不是影响信噪比的主要因素；φ-OTDR 中由于光源频漂或光纤沿线环境变化导致传输模式发生变化的现象也被称为共模噪声；φ-OTDR 中由于光源发出的连续光波频率带宽不符合要求或自身消光比不足引起的衰落噪声也被称为光源噪声。

光纤传感仪器的主要参数包括脉冲周期 T_s（即重复频率）、脉宽、采集卡频率等，这些参数决定了大部分仪器性能指标。当然，还有一些仪器指标对仪器性能有很大的影响，如消光比、频漂、入射光功率、扫频范围等。光纤传感仪器的性能指标主要包括：传感距离、空间分辨率、频率响应、信噪比、动态范围、灵敏度等。

三、光纤布设方法及耦合工艺

光纤是光纤传感的主要媒介，光纤的布设与耦合直接关系到光纤传感的数据质量与成败，目前在油气勘探开发中主要以井下布设为主。井下布设方式与完井类型、监测目的等现场具体情况直接相关，一般来说，对于水力压裂的监测，光纤安装在套管内时，对井筒内流体流动事件敏感，安装在套管外部并通过固井与地层相连时，对地层中声学事件敏感。最常采用的安装方式一般分为永久式安装和作业短时监测两类。

永久式安装又可以分为套管水泥固井射孔、裸眼封隔器、油管外壁三种，采用套管水泥固井射孔方式完井时，光纤固定在生产套管外侧预制凹槽中，并在预设射孔段使用护套进行防护，随生产套管下井后固结在套管与水泥环之间，当采用裸眼封隔器进行完井时，光纤固定在封隔器管柱外侧同时每隔一段用卡箍固定，压裂滑套和膨胀封隔器中均预留了光纤通过的路径，在地面进行组装固定后随裸眼封隔器一起下井；光纤还可固定于油管外壁，随油管一同入井，属于永置式安装，用以对油套环空的温度动态进行长期监测，这种安装方式还通常用于筛管完井和智能完井的情况，可进行长期监测。

对于临时性光纤，特别是针对水平井，测井仪器的传输方式主要有管柱输送、爬行器输送、硬电缆输送、连续管输送 4 种方式等。管柱输送只适用于钻完井测井，无法实现储层经过增产改造后井筒高压情况下测井作业；爬行器输送受限于水平井特殊的井身结构，存在爬行器爬不下去，井筒支撑剂、桥塞残余碎屑卡住爬行器腿导致工具串遇卡风险，导致传统的电缆爬行器测井手段在改造过的气井水平井中无法进行；硬电缆输送改造成本高，国内暂无成熟技术；连续管输送测井工艺是利用连续油管的刚性和可带压作业等特性，解决气井水平段测试仪器输送难题，使测试仪器能够顺利下入水平井段。因此，目前水平井中主要通过连续油管技术将光纤带入井下。

国外主要油田施工过程中一般采用套管外布设，即钻井完成后，光纤随生产套管一起下井，布设于套管外面，然后进行固井作业，将光缆直接用水泥固结在套管与地层之间，这样做的好处是光缆与地层的耦合效果最优，资料采集质量较高，但施工难度也相对较大，需要钻井公司的协助与配合，存在一定井下作业风险。目前多采用套管中自由悬置布设方式，由于这种方式光缆与地层的耦合较差，采集资料的信噪比往往不高，由于光缆与套管常常不能紧密贴合，采集资料多受电缆波干扰较大。为增强光纤与套管壁的耦合，需要通过磁吸附或弹簧弓等辅助方式使光纤尽可能贴井壁接收信号。套管内布设光缆时，为确保光纤正常工作，需要设计光缆尾端保护装置、光纤出井口装置。

光缆在套管外固井布设时，由于套管与套管连接处有套管接箍，套管接箍的直径一般比套管的直径大 2cm 左右，在套管与光缆下井过程中，接箍不可避免地与地层会发生磕碰，而光缆与套管接箍位置正好与地层岩石发生直接接触并挤压，容易造成光缆的折断损坏，使光缆下井施工失败。这时需要设计专用的套管接箍保护装置，对套管接箍与光缆接触部分进行保护，以保证光缆下井过程中不被损坏。光缆在套管外固井布设时，除了安装套管接箍位置的光缆保护器之外，为了保持油套管在裸眼段中的居中，保证固井、完井质量，还需要对传统的套管扶正器进行修改完善，以保证油套管在裸眼段中相对于井壁的居中率满足井下作业要求。

当铠装光纤缆捆绑固定在垂直井、斜井或水平井的套管外侧并用固井水泥永久性固定后，如果要在储层段进行射孔作业，则需要探测铠装光纤缆在套管外的具体深度位置和地理方位，在射孔时采用定向射孔技术，避开套管外的铠装光纤缆。探测光纤布设方位主要由磁方位扫描、套外声波成像、声波振动器等方法，目前这些技术都还在发展阶段，其探测精度和避射成功率仍有待进一步提高。

地面光纤地震数据采集系统是由逐点布设在地面的单分量或三分量光纤检波器采集地面二维或三维地震数据，或者在地下埋置铠装光缆，采集沿铠装光缆分布的分布式光纤地震数据。在地面工区内，按照二维检波器测线或三维测网布设光纤检波器，或者沿着地面检波器测线或测网开挖浅沟埋置铠装螺旋光缆，配合地面人工震源组成的光纤地震数据采集系统，就可以进行地面光纤地震数据采集。

四、分布式光纤传感技术应用

近年来国内外对于井中地震技术的关注热点主要集中在分布式光纤声波传感器（DAS）应用上，各大国际地球物理会议上，涉及井中地震技术的学术论文中与 DAS 技术相关的占近一半。多家公司增加了对 DAS 传感器研究投入，已取得较好 DAS—VSP 成果的国外企业和机构主要包括：Silixa、OptaSense、Fotech、Halliburton、斯伦贝谢、澳大利亚科廷大学等。另外 READ AS、贝克休斯、Sercel、加拿大自然研究所等公司也积极开展了相关研究。DAS 在多个领域与常规检波器仪器一起应用，甚至可能逐步代替后者，如 2D/3D VSP 井旁构造成像、时移 VSP 动态监测 CO_2 注气、储气等。光纤仪器参数优选、DAS 资料去噪等处理是目前的研究热点。

2017 年 Optasence 公司使用 DAS 传感器进行储层监测，通过仪器升级有效提高了采集资料信噪比、降低了震源消耗。其研发的第四代多波长 DAS—VSP 设备采集资料品质远高于第三代单波长设备（图 7-62）。采用多光源系统进行采集，相比原来的单光源系统，扫描次数由 16 次降为 4 次，总扫描时间由 4.26min 降到 1.06min，有效提高了采集效率、降低了震源重复激发的消耗。

第七章 地震采集新技术、新方法

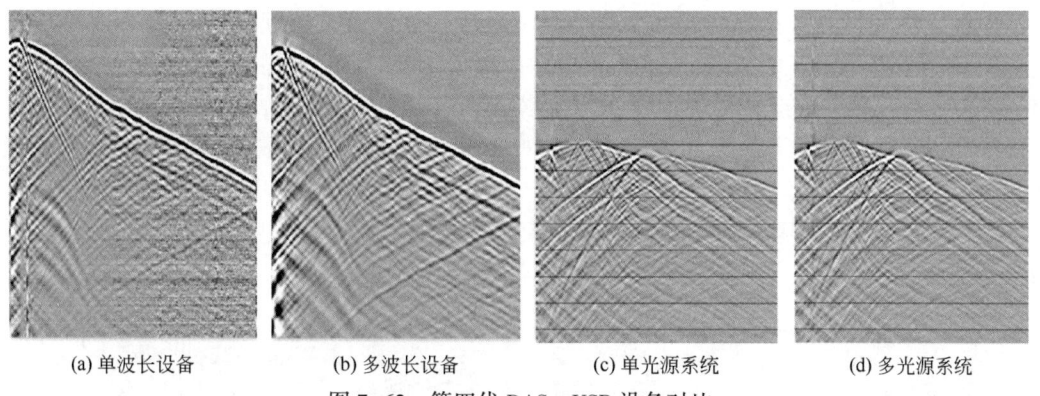

(a) 单波长设备　　　(b) 多波长设备　　　(c) 单光源系统　　　(d) 多光源系统

图 7-62　第四代 DAS—VSP 设备对比

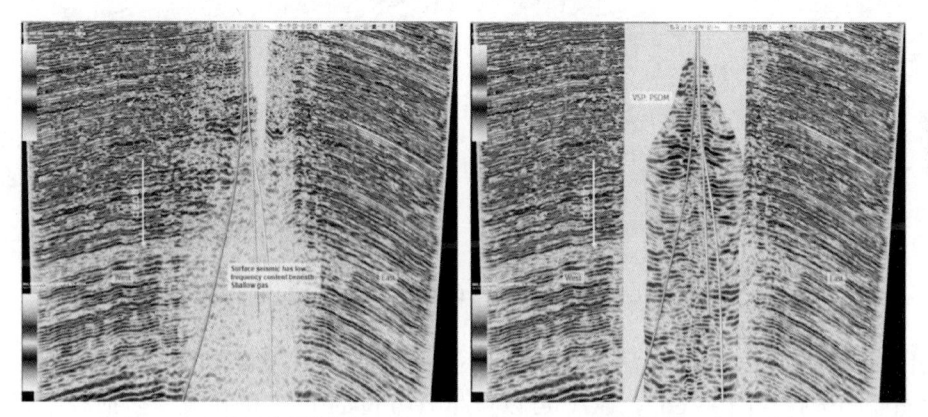

图 7-63　地面地震成像（左）与 DAS—VSP 成像镶嵌（右）对比
（蓝线标记井口位置，红线和绿线标记两个标志层）

2018 年 Schlumberger 提出了一种混合使用光纤和常规检波器的井中地震混合采集装置（图 7-64），并首次在卡塔尔近海的斜井 3D VSP 采集中成功试验。七芯电缆中的一根光纤记录 DAS 数据的同时 12 级常规检波器用七根导线和一个铠装（接地）用于供电和遥控，

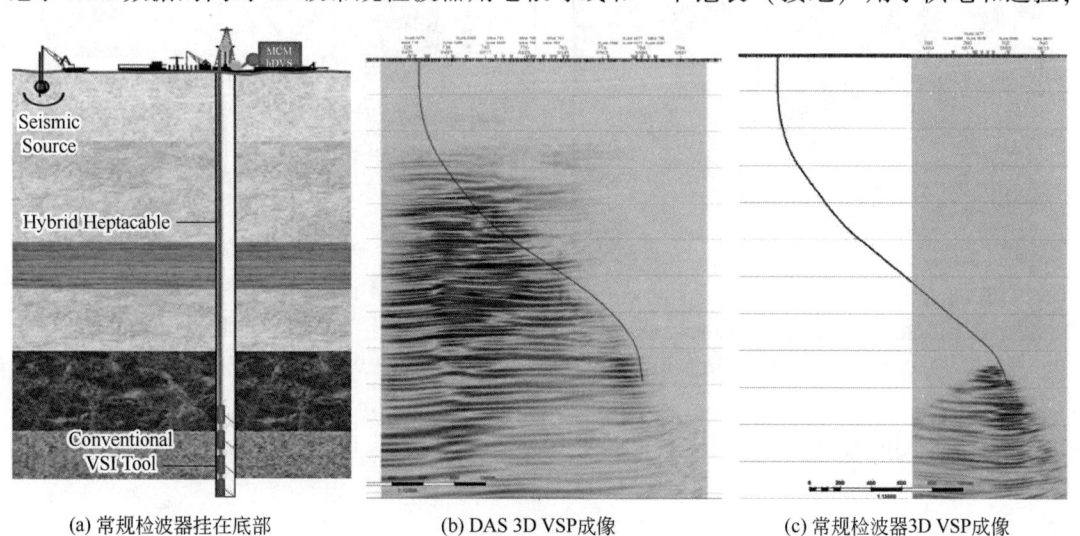

(a) 常规检波器挂在底部　　　(b) DAS 3D VSP成像　　　(c) 常规检波器3D VSP成像

图 7-64　井中地震混合接收及成像对比

287

上部电缆无主动耦合及推靠，最大井斜 55°。通过三分量检波器获得深层高分辨率成像，通过 DAS 获得上覆层时深关系、速度和成像。由于 DAS 接近于垂直 z 分量，适合于零偏 VSP。通过混合测井电缆将常规地震 3C 传感器和 DAS 仪器相结合，扩展了应用的可能性。

2015 年 Shell 进行了光纤 DAS 固定方式对比试验，分别将两根光纤固定在同一口井的套管外和油管外，采集 DAS VSP 资料进行对比。采集得到的 VSP 近偏共炮集记录如图 7-65 所示。油管上固定的光纤会记录到大量连续的谐振干扰，噪声解释为油管与套管内壁之间的碰撞。

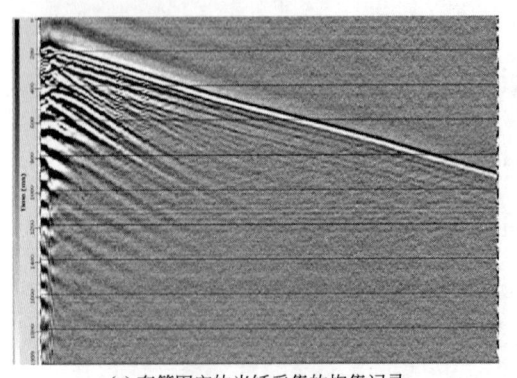

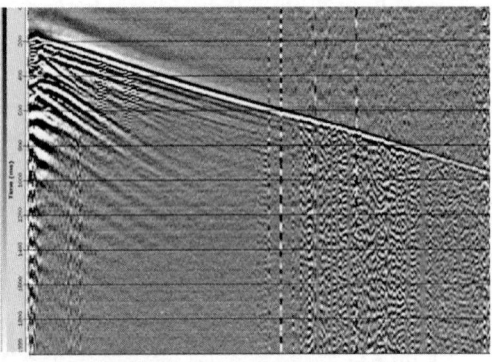

(a) 套管固定的光纤采集的炮集记录　　(b) 细管固定的光纤采集的炮集记录

图 7-65　套管和油管固定的光纤采集得到的 VSP 近偏炮集记录

2017 年澳大利亚 Curtin 大学在 Otway 地区利用地面轨道振动震源（SOV）进行了 DAS VSP 动态监测试验（图 7-66）。SOV 可以产生各方位的 P 波和 S 波，扫描频率至 80Hz，扫描时间 155s。分别在 SOV1 和 SOV2 点进行激发，采集 VSP 资料，进行永久储层动态监测，VSP 成像与地面地震成像吻合较好。高灵敏光纤信噪比和分辨率均较标准光纤高（图 7-67、图 7-68）。

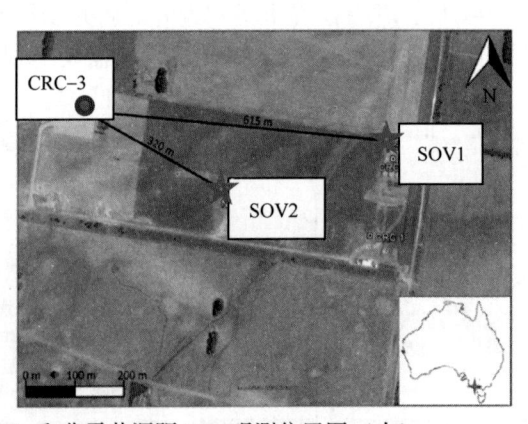

图 7-66　地面轨道振动震源（SOV，左）和非零井源距 VSP 观测位置图（右）

五、技术发展展望

随着光纤传感技术的不断发展和完善，其在油气勘探与压裂监测等多个领域中得到了

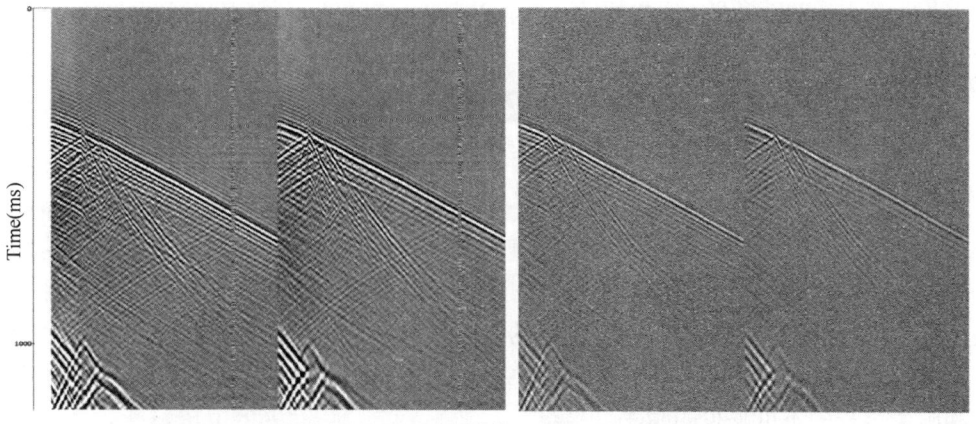

图 7-67 高灵敏光纤（左）和单模光纤（右）采集 VSP 资料对比

(a) 单模VSP成像　　　(b) 高灵敏光纤VSP成像　　　(c) 地面地震镶嵌

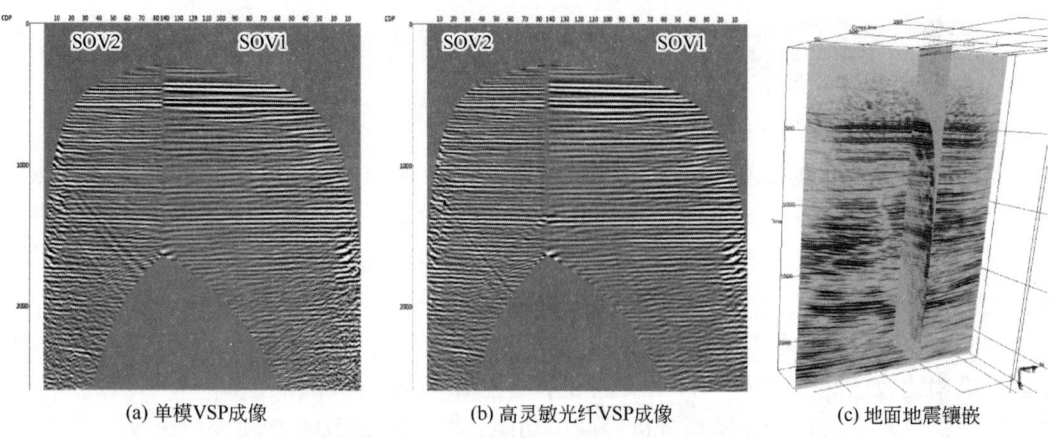

图 7-68 单模和高灵敏光纤 VSP 成像及其与地面地震镶嵌

广泛应用。分布式光纤声波传感系统（DAS）作为分布式光纤传感技术的前沿领域，实现了声波和温度信号的综合监测。当前，DAS 技术以其监测的灵活性和可扩展性特点受到广泛的关注，其应用也扩展至石油物探、测井、压裂、油气开发等多个领域。进一步提高 DAS 技术传感距离、测量精度、动态信号分析算法等方向将是未来进一步研究的重点。下一步光纤传感技术在油气勘探开发中的研究热点包括：

（1）多频或扫频激光源消除相干衰落噪声。
（2）螺旋光纤提高横向灵敏度。
（3）多分量矢量波场传感。
（4）多参数同步传感技术。
（5）避射工艺确保光纤布设完整性。
（6）耐氢损光纤提高光纤使用寿命。
（7）自动化的边缘计算和 5G、物联网、云计算相结合实现智慧油田。

随着这些热点技术和瓶颈技术的逐步突破，光纤传感在以智慧油田为代表的油气开发新技术浪潮中将会扮演越来越重要的角色。

第八章　地震采集软件

地震采集是地震勘探三个环节中的第一个环节，地震采集得到的地震单炮的品质直接影响地震资料处理和地震资料解释结果，直接关系到地震勘探的成功与否。随着地震开发的不断深入，对地震采集的要求越来越高，如何采集到好的地震资料受到采集设计、工区地表、地质条件和施工质量控制等多方面的影响，其中地震采集设计和施工方法是否合理起着关键的作用，因此作为地震采集设计工具的地震采集软件变得很重要，成为地震采集设计和施工过程中不可缺少的帮手。

第一节　国内外地震采集软件简介

目前，国外主要地震采集软件有 GMG（绿山）、OMNI、NUCLEUS、NORSAR、Tesseral 和 Vecon 等，国内主要地震采集软件有 KLSeis、ReLand、SeisWay 和 ToModel 等，其中，KLSeis、GMG 和 OMNI 被国际油公司认可，应用比较广泛，被称为地震采集三大主流软件。

（1）GMG 软件。最早由美国绿山地球物理公司研制，是进入中国比较早的国外软件，在国内应用比较广泛。GMG 软件主要核心系列包括 Mesa 系列和 Millennium 系列。Mesa 系列主要包括观测系统设计和模型分析等应用功能，可以完成 2D/3D 地震勘探设计及 QC 分析和 2D/3D 正演模型分析，可进行射线追踪模拟。Millennium 系列主要包括折射波静校正和层析反演静校正功能，主要功能包括观测系统定义、全自动初至拾取、大炮折射初至模型法静校正和层析反演法静校正。

（2）OMNI 软件。加拿大 GEDCO 公司研制的地震采集设计软件，也是进入中国比较早的国外软件，在国内有比较广泛的用户。功能涵盖陆地、海上、过渡带和 VSP 采集设计，其采集设计功能比较强大。软件也具有一些特色功能，例如基于三维模型的目的层参数论证、多种面向处理的观测系统评价分析等功能。具有基于三维模型的目的层参数论证，可以针对三维目的层层状模型进行各种观测系统参数的论证，使论证更加全面、精确，并且可以将论证结果显示在三维模型上；具有三维深度域覆盖次数、复杂模型照明、复杂模型正演、三维数据叠加、叠前时间偏移脉冲响应、DMO 脉冲响应、组合响应叠加、菲涅尔加权覆盖次数、能量密度等多种面向处理的观测系统评价分析功能。

（3）NUCLEUS 软件。挪威 PGS 公司开发的地震采集软件，主要针对海上地震勘探而设计和开发，主要功能包括采集设计和模型正演。采集设计系列软件包括海上震源模型分析、子波分析、海上观测系统设计和噪声分析等功能模块；模型正演系列主要包括一维反射模型、二维模型射线追踪、二维波动方程正演和三维模型正演等功能模块。软件的海上采集设计分析功能全面，尤其是设计系列模块的气枪组合的设计分析、子波分析和噪声分析功能很有特色。

（4）NORSAR 软件。挪威 NORSAR 公司研发地震采集软件，是基于模型的采集设计软件，包括二维和三维模型正演及采集设计。三维模型正演采用非拓扑一致性的开放式模型表示方法，为复杂三维地质模型的创建提供了很大的灵活性。采用波前重构射线追踪方法，保证了在开放式模型中所有计算、追踪是连续的，在模型的不完整或者不连续区域不进行射线追踪。根据射线追踪结果能够针对目的层生成照明分析图、花图、照明矢量图等，从而进行成像分辨率分析，辅助观测系统或模型分析。

（5）Tesseral 软件。由 Tesseral 公司研发的软件，主要用于模型建模和正演，包括二维和三维模型正演。软件的采集设计功能非常简单，只有简单的炮检点布设、覆盖次数计算和照明功能，采集设计功能只是 Tesseral 软件的辅助功能，其主要功能还是模型正演，模型正演功能比较强大。

（6）Vecon 软件。由 GeoTomo 公司研制，该软件专门用于二维和三维 VSP 勘探设计与建模，可根据地面地震、测井资料等资料快速建模，利用射线追踪和全波长模拟来优选观测系统。Vecon 软件的主要功能包括二维模型构建、二维时深转换、二维声波有限差分模型正演、VSP 模型正演、三维模型构建、三维 VSP 观测系统设计和三维 VSP 射线追踪等。

（7）ReLand 软件。由北京锐浪石油技术有限公司开发的地震采集软件，软件包括地震采集观测系统设计、二维地质模型正演模拟分析、地震采集监控系统、静校正和地震信噪比增强处理系统等模块。

（8）SeisWay 软件。由中国石化开发的地震采集软件系统，主要包括参数论证、观测系统设计、近地表资料分析、地震模型与正演、质量控制与分析、采集项目管理、测量数据处理和 SPS 数据处理等子系统。

（9）ToModel 软件。由北京帕美智软件公司研制的软件，主要用于静校正量计算，包含三项技术：初至拾取、层析静校正和折射波剩余静校正。

第二节　KLSeis Ⅱ 软件平台

KLSeis 地震采集工程软件系统是东方地球物理公司研发的具有自主知识产权的地震采集软件。软件的研发可以分为两个阶段：第一代 KLSeis 和第二代 KLSeis Ⅱ。1998—2010 年为 KLSeis 软件阶段，软件的最高版本为 KLSeis V6.0，有 14 个模块。2011 年至今为 KLSeis Ⅱ 软件阶段，截至 2023 年底软件最高版本为 KLSeis Ⅱ V4.0。

KLSeis Ⅱ 软件采用插件化结构设计，功能之间相对独立，方便二次开发和维护，用户可以在该软件的上添加自己的算法和功能，KLSeis Ⅱ 软件平台具有开放性、高性能、跨平台和支持海量数据等特点。

一、软件平台架构

KLSeis Ⅱ 的整体体系结构如图 8-1 所示，分为四个部分：核心层、平台层、业务管理层和应用层。其中，KLSeisⅡ的核心是插件内核，提供了插件的基本结构和管理；平台层包括了应用程序框架、数据管理、二维显示、三维可视化和并行计算等基本组件和功能；业务管理层包括了脚本配置管理、数据服务、窗口服务，提供了把插件装配为产品的机制；应用层提供了 KLSeisⅡ的产品系列，包括了地震采集设计、模型正演照明、数据采集质控、近地表静校正和可控震源技术等五个系列，每个系列又包含多个应用软件。在这个结构中，扩展点和服务机制贯穿了从核心到应用的整个 KLSeisⅡ架构，为 KLSeisⅡ的开放性提供了基础；产品定制工具、作业定制工具等 KLSeisⅡ工具为应用开发和第三方开发者提供协助。

图 8-1　KLSeisⅡ软件平台体系结构图

插件内核：定义插件的基础结构，实现插件管理的基础机制，为 KLSeisⅡ的开放性奠定基础。

数据管理：提供基础的数据 IO 机制，支持大数据的处理，并在此基础上提供面向应用的数据模型。

应用程序框架：提供开发应用程序所需的界面元素和界面管理机制，包括界面元素和组合了各界面元素的主框架。界面元素包括 Ribbon 界面、数据树、图层树、属性窗口、多窗口机制和切分窗口等。

二维显示：提供开发二维显示程序所需的完整框架和面向应用的二维显示组件，包括二维绘图框架、通用图件组件、观测系统显示和地震数据显示等。

三维可视化：提供开发三维可视化程序所需的完整框架和面向应用的三维可视化组件，包括三维绘图引擎、三维可视化算法、真地表显示和体显示等。

并行计算：提供多机并行框架、单机并行库等并行技术，为高性能的单机、多机和 cluster 计算提供支撑。

脚本配置管理：提供了应用程序的脚本配置和解析，可支持 KLSeisⅡ应用程序通过脚本文件来灵活的配置和修改软件界面。

数据服务：提供给应用开发者访问 KLSeisⅡ软件数据模型的一组接口，以服务的形式提供。

窗口服务：提供给应用开发者访问 KLSeisⅡ软件窗口资源的一组接口，以服务的形式提供。

产品定制工具：提供给开发人员使用的一个 KLSeisⅡ软件定制工具，可以把已有的插件组织为一个产品，并定义产品的界面。

作业定制工具：提供给开发人员使用的一个 KLSeisⅡ作业定制工具，可以把已有的作业插件按照流程组织为一个完整的作业。

二、软件平台特点

KLSeisⅡ软件平台为物探行业内首创的具有开放式、大数据、高性能、跨平台和多语种等特点的地震采集工程软件平台。它突破了海量数据快速处理、高效计算、超大采集数据三维可视化等多项技术瓶颈，支持 Windows 和 Linux 操作系统，以插件内核为基础，提供了标准的应用程序框架、海量数据管理、并行计算框架、二维显示和三维可视化技术、公共算法库等基础设施，实现了地震采集化设计、数据采集质控和模型正演照明等物探软件的快速开发和集成。

（一）开放式

KLSeisⅡ软件平台采用插件化结构设计，数据结构的统一化和插件的标准化提升了插件的重用率，实现了插件的共享。软件提供了二次开发工具包 KL-SDK，用户可以利用 KL-SDK 开发新的插件、功能和应用软件，实现了软件平台的开放性。KL-SDK 开发工具包实现了软件界面交互设计、代码编写与调试、产品集成与发布等功能，为新功能的开发与集成提供了极大的便利，提升了软件开发和维护效率。

（二）大数据

KLSeisⅡ软件平台在业内提供了一套海量数据处理与管理技术，通过高效 IO 与灵活的缓存调度策略确保海量数据的高效访问，实现了 TB 级卫星遥感数据的处理、千万级炮检点的观测系统快速计算和立体显示、TB 级地震数据的监控和分析、百 GB 级地震体数据的快速渲染和切片分析，为高密度、宽方位地震采集技术的工业化提供了坚强技术支撑。

（三）高性能

KLSeisⅡ软件创建了单机多核并行、CPU 和 GPU 异构并行及多机通用并行计算框架，研发了 CPU 与 GPU 协同异构并行、数据缓存动态分配、三维数据降维存储和三维矩形网格数据分布式存取等方法，实现了复杂运算和海量数据的高效处理，满足了三维波动正演和照明等大数据量运算的工业化应用。

（四）跨平台

KLSeisⅡ的相同代码在 Windows 和 Linux 系统上编译后可直接在 Windows 和 Linux 系统下安装，可以在 PC、工作站或计算机集群上运行，并保持了完全一致的界面风格和操作方法。

（五）多语种

KLSeisⅡ采用中文和英文两种资源，实现了中文和英文版本的自由切换，满足了地震采集软件国际化应用的需要。

三、软件开发工具包（KL-SDK）

KL-SDK 是为软件研发人员设计的一整套快速开发工具，以闭源方式公开了大量的 KLSeis Ⅱ 软件平台资源，拥有海量数据处理能力，超大观测系统及 TB 级地震数据的显示能力，支持高密度采集数据的三维可视化功能，提供了强大的高性能计算框架及安全可靠的授权管理服务。KL-SDK 使普通软件人员专注于专业领域需求、大大简化了物探采集软件的开发难度、缩短了软件的研发周期、降低了行业软件的开发门槛。

KL-SDK 广泛应用于东方地球物理公司国际勘探事业部和各物探处的软件研发中，已经使用 KL-SDK 开发了近 20 个采集应用软件或插件，如节点采集数据质控软件、面波近地表结构反演软件、气枪震源实时质量控制软件等。KL-SDK 为国际和国内一线生产技术人员提供了便捷快速的开发工具，解决了生产中的各种迫切问题。通过 KL-SDK 的推广应用，推进了采集技术的发展和配套技术的协同，逐渐形成以 KLSeis Ⅱ 应用软件为主体、用户开发软件或插件为补充的地震采集工程软件生态系统。

KL-SDK 的配套工具有设计器、开发工具、帮助工具和翻译器。它涵盖了产品的设计、编码、调试及发布环节，提供了采集软件开发全生命周期的支撑。

（一）设计器

设计器提供了 Ribbon 界面设计、数据树设计以及插件调度管理等功能，实现以可视化的方式设计软件和插件的界面，可以及时了解软件的全貌，便于修改和完善。使用设计器大大简化了界面、数据树和插件的设计流程，降低了编程难度。

（二）开发工具

开发工具内嵌到 Microsoft Visual Studio 中，实现了智能化的辅助编码、辅助调试功能和软件发布功能。在软件开发之初自动生成项目或插件的代码及相关设置，开发过程中提供便捷的插件调试和辅助编程功能，在开发完成后生成独立于开发环境的可运行产品，大大减少了软件开发的工作量及出错概率，使程序员可以专注于专业领域功能的开发。

（三）翻译器

为了方便用户将汉语翻译成英文，专门设计了翻译器，通过交互方式对软件或插件的界面、菜单及功能键进行英文翻译，以实现软件的国际化。

（四）帮助工具

KL-SDK 帮助工具为用户提供了 KLSeis Ⅱ 软件平台的 API 联机帮助和数据管理、二维显示、三维显示、表格等常用组件的编程指南，并提供了强大的信息检索功能，方便用户进行软件开发。

第三节　KLSeis Ⅱ 应用软件功能

KLSeis Ⅱ 包括地震采集设计、模型正演、数据质控、近地表静校正和可控震源等五大技术系列二十多个应用软件，是目前世界上功能涵盖范围最完备的地震采集软件。KLSeis Ⅱ 软件的最新版本是 V4.0，软件整体水平和性能保持国际领先。KLSeis Ⅱ V4.0 具备 5 万平方千米超大面积观测系统设计的能力；50 万道级的单炮数据的实时质量监控在 10s 内完成；初至波二次定位精度达到 2m；现场采集数据的转储拷贝能力达到每日 30TB；支持 eSeis、Z100 和 MASS 等常用节点的数据切分和合成。

一、地震采集设计系列软件

KLSeis Ⅱ 地震采集设计系列软件包括陆上地震采集设计、拖缆地震采集设计和数据驱动地震采集设计等软件，主要应用于观测系统设计和分析评价，服务于技术投标、采集方案预设计和采集施工，能根据用户要求完成平原、山地、过渡带、海洋等各种复杂地表的观测系统设计及方案优化，具有布设方式灵活、自动化程度高、实时交互编辑、面元动态分析和超大数据处理等特点。

（一）陆上地震采集设计（KL-LandDesign）

陆上地震采集设计软件主要包括陆上观测系统的布设与编辑、面元分析、GIS 辅助设计和参数论证等功能，具备强大的观测系统设计能力、灵活易用的交互编辑功能以及完整的观测系统属性分析评价体系，可充分满足设计人员不同阶段的采集方案设计需求。

1. 采集参数论证

采集参数论证是基于工区近地表结构与目的层的地球物理模型对激发参数、接收参数及炮检点组合参数进行分析论证，为确定地震采集参数提供依据。激发参数论证利用虚反射原理对不同激发井深的下传地震波能量和频率响应进行分析，确定最佳激发井深。接收参数论证包括道距、最大炮检距、接收线距、最大非纵距和偏移孔径等分析，通过综合多方面因素来确定最终的接收参数。组合参数论证利用干扰波与有效反射之间特征差异分析不同组合距和组合基距对干扰波的压制效果，从而确定最佳组合距和组合基距。

2. 观测系统设计

观测系统设计可布设各种规则与不规则的观测系统，包括线束状、砖块状、斜交状、锯齿状、纽扣状、辐射状、圆环状和正弦状等观测系统，能够实现推拉式和大十字等复杂模板的满覆盖布设。针对工区地表障碍区，提供了多种炮检点变观方法，能自动或者交互完成城镇区、农田水网区和高陡山地等各种复杂地表情况下的变观设计。可以对不同障碍物设置不同的安全距离和对不同安全距离设置不同的药量规则，然后根据这些规则来自动设计炮点位置和药量大小；也可根据不同障碍物的安全距离以及偏移后的激发点位置自动检查实际井位采用的药量是否符合地震勘探安全距离的规定，实现基于障碍物安全距离的激发因素设计和检查。

3. 观测系统分析

观测系统分析可以对面元的叠后属性进行分析，也可以对观测系统的叠前属性进行量化分析，为优化采集观测系统提供科学依据。

在叠后属性分析方面，可以统计分析面元的覆盖次数、方位角、炮检距和离散度等信息，支持考虑高程的面元分析与转换波分析，可以实时、动态显示覆盖次数变化。

在叠前属性分析方面，可以进行均匀性、加权覆盖、DMO 叠加、PSTM 脉冲响应、速度分析精度、噪声压制和波场连续性等面向叠前偏移的观测系统属性定量分析，量化评价观测系统的优劣，提高观测系统设计的科学性。

4. GIS 辅助设计

GIS 辅助设计充分利用遥感数据具有精度高、信息丰富和成本低等特点，将包含地理信息的影像数据或卫星遥感数据作为背景；也可以利用高程信息建立工区的立体地表，计算工区的坡度、起伏度等地表特性以及炮检点的布设风险区；可以在平面和三维立体视图之间任意切换，方便进行炮检点优化布设，使设计方案更加符合实际地理状况。

（二）拖揽地震采集设计（KL-Streamer）

拖缆地震采集设计软件主要用于海上地震数据采集观测系统设计、四维地震采集设计与质量监控。软件主要功能包括六个模块：模板设计、航迹设计、航线优选、方案实施、观测系统分析和 4D 分析与质量监控，采用全新的观测系统设计流程，简化了繁杂的航线编辑操作，可方便地完成各种观测系统的拖缆采集设计。

1. 模板设计

模板设计可以设计单船模板和多船模板，还可以设计多子模板。软件的多子模板设计可以满足船队设备不足时通过多次采集达到勘探需求的情况。模板设计充分考虑到宽方位勘探、undershoot 勘探以及首尾放炮施工的特点，通过简单明了的设置即可满足复杂配置的需求。

2. 航迹设计

航迹设计主要包括航迹满覆盖布设、多边形布设、滚动布设和环形布设等功能，可以手动和交互添加航迹。根据施工的需要，用户可以对航迹进行属性编辑，如航迹分组、优先级设置、方位角设置、有效性设置、打断/合并设置、完成/未完成设置、船速设置、航迹类型设置、模板选择、施工参数设置以及桩号编辑等。当勘探区域内存在障碍物时，可以提取 undershoot 线，进行双船作业航迹设计，对障碍物区覆盖次数进行补偿。

3. 航线优选

航线优选是拖缆勘探采集设计的重要环节，它直接关系到观测系统设计的实施效果。生产过程中，由于拖缆船无法完成小角度转弯，存在一个最小转弯半径，如果完成第一条航线后转到相邻的航线进行施工，船舶需要绕行很长的一段路径，会大量浪费生产时间和增加施工成本，因此要进行航线的优选。软件根据航线分布和船的最小转弯半径对航线进行自动优选，达到航线路径最短的目的。航线优选采用模拟退火算法、赛道算法以及遗传算法求取整个拖缆勘探项目最优的换线航线路径以及避障路径，确定航迹施工顺序，并可以随着施工进度，对施工顺序进行自由调整。

4. 观测系统面元统计和分析

观测系统面元统计和分析与陆上地震采集设计的面元分析功能基本相同，但在面元计算时，增加"扩展面元"和分段偏移距计算功能。

5. 四维采集分析

在海上进行拖缆四维采集时，由于拖缆和炮点的位置都无法保证和第一次采集时的位置相同，因此拖缆海上四维采集需要进行重复性分析，因此设计了海上四维采集分析功能。基于第一次原始地震采集的 P190 文件提取观测系统，进行优化处理，例如短线处理、Infill 线处理等，形成 Baseline 数据，即炮点位置和每一炮的羽角信息。然后以第二次生产的观测系统数据与第一次采集的 Baseline 进行对比分析，以面元重复性来评价四维施工的质量，进而对两次施工的地震数据进行对比分析。

（三）数据驱动采集设计（KL-DataDriven）

数据驱动采集设计充分利用以往采集的地震资料，实现对采集参数的精细设计与优化，提高新采集项目的勘探精度，为面向目标勘探、油藏开发的二次或三次地震资料采集提供技术支撑和分析工具。

1. 观测系统参数分析

空间采样分析是利用炮集数据或者偏移剖面分析观测系统的道距，包括 F-K 谱分析法和混叠频率分析法。

炮检距设计是利用炮集数据或者动校正后的 CDP 道集分析最大炮检距，包括折射波干涉法、目的层能量法和动校拉伸切除法三种方法。

2. 非纵波场模拟分析

非纵波场模拟分析是利用实际的二维单炮资料，在单炮上拾取目的层、折射波和面波等，利用有效波、折射波和面波的时距方程来建立三维地质模型，通过模型正演来模拟三维观测，确定观测系统的非纵（横向）排列片范围。

3. 炮检组合分析

炮检组合分析是利用已有单炮资料来模拟分析不同组合图形、不同组合基距、不同组合方向的炮检组合对实际地震记录干扰波的压制效果，从而可以少做或不做野外炮检组合试验。

4. 三维数据体成像分析

三维数据体成像分析功能是利用已有的地震资料通过模拟处理得到设计的观测方案的最终成像效果，从而分析观测系统的优劣或者变观设计是否满足要求。利用工区以往实际采集的经过动校正后的道集数据，按照面元内炮检距的分布将地震道按炮检距分配到面元内，生成每一个面元的 CDP 道集，然后进行水平叠加，作为每个面元的输出，从而产生整个工区的 SEGY 叠加数据体（图 8-2）。

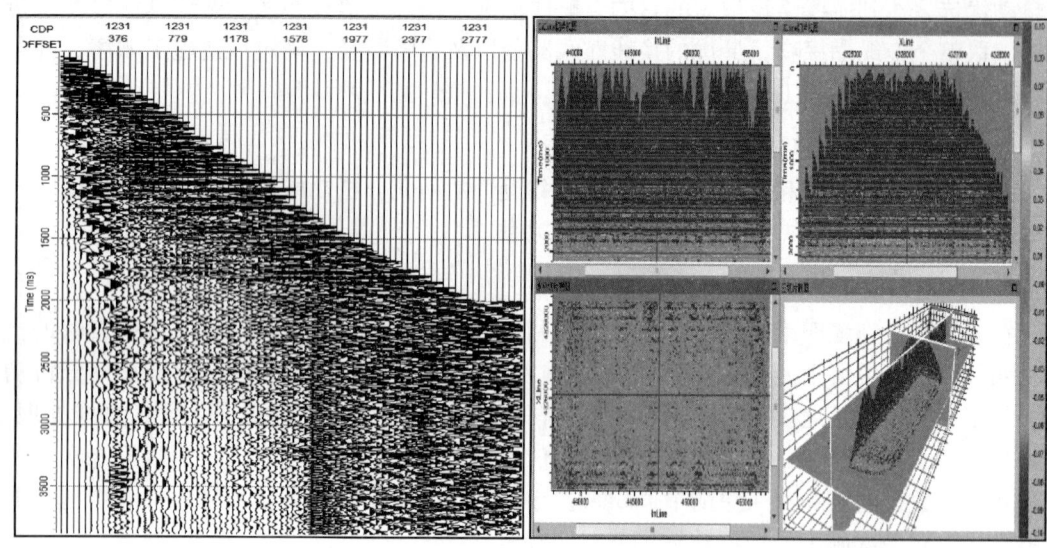

图 8-2 CDP 道集（左）及叠加数据体切片显示（右）

（四）二维 VSP 采集设计（KL-2DVSPDesign）

VSP 地震采集是不同于地面地震采集的一种施工方式，需要在井中激发或者接收，因此 VSP 的采集设计和分析方法和地面地震采集设计有所不同。二维 VSP 采集设计软件是专门用于 VSP 地震采集设计和分析的工具，能够实现零偏、非零偏及 Walkaway 等观测方式的设计，其主要功能包括炮检点范围分析和论证、观测系统布设、成像范围和属性分析。

1. 炮检点范围分析和论证

VSP 采集一般采取地表激发、井中接收的施工方式，由于井中埋置检波器比较困难，因此检波器的级数比较少（目前一般都在 120 级以下），并且激发的炮数也比较少。为了确保能够得到目标层的反射信息，炮点和检波点的位置必须合理，因此，需要对炮检点的位置和范围进行分析和论证。

输入井轨迹和地质目标层位置，将检波器布设在井轨迹中，软件会自动显示地面激发点的合理位置范围，给出目的层反射所需要的最小和最大炮检距。用户可用鼠标分别拖动炮点和检波点的位置，相应的检波点或者炮点的位置会随之调整；也可移动目标层的位置，炮检点的位置也会相应变化，通过交互分析得到合理的接收点和激发点的合理位置，确保能够获得目标层的反射。

2. 观测系统布设

根据分析得到的合理的接收点和激发点的范围，可布设各种规则或不规则的观测系统，实现零偏、非零偏和 Walkaway 等观测方式。炮检点可以布设在地表或井中，也可以进行交互编辑激发点与接收点的位置。

3. 成像范围和属性分析

观测系统布设完成后就可进行成像范围和属性分析；可以设置不同深度的多个目的层，软件基于均匀介质的反射原理对各个目的层求取目标层的反射点，所有反射点的范围就是成像范围；还可针对不同深度的目的层进行面元属性分析，包括覆盖次数、入射角分布和面元平均入射角等属性分析，为优化 VSP 采集观测系统提供科学依据。

二、模型正演照明系列软件

KLSeis Ⅱ 模型正演照明系列软件包括二维模型正演与照明软件、三维地质建模软件和三维模型正演与照明软件。软件可应用于地震勘探的采集、处理和解释环节。在地震数据采集环节可为野外观测系统设计提供参考数据，用以优选观测系统设计方案，从而得到最佳采集效果；在地震资料处理环节可为处理人员选择合理的处理方案提供科学依据；在地震资料解释环节可帮助解释人员验证地质解释方案和确定构造模式的正确与否。

（一）二维模型正演与照明（KL-2DModeling）

二维模型正演与照明是一套适用于复杂地表条件和地下构造的二维建模及地震数值模拟软件，功能包括地质建模、射线追踪正演、波动方程正演、波动照明分析和成像分析等。软件正演算法丰富，可满足不同条件的计算需求；波动方程正演功能实现单机异构并行及多机并行等高效计算，可充分利用各种计算设备，缩短计算时间；照明分析功能能够快速完成复杂地质条件下的照明计算，也可根据目的层的反向照明结果进行炮点变观分析，改善目标区的成像效果；成像分析功能可以快速评价观测系统对偏移成像效果的影响。

1. 地质建模

采用优化的块状结构描述地质模型，实现了强大的复杂构造建模功能，其优点是能够描述复杂的地质模型、减少数据冗余、可快速追踪闭合块。软件能够建立砂体、尖灭、剥蚀、岩丘、逆掩推覆及真地表模型等复杂模型（图 8-3），支持导入建模、拓绘建模、交互建模，支持常属性及梯度属性定义，支持深度域及时深转换建模。

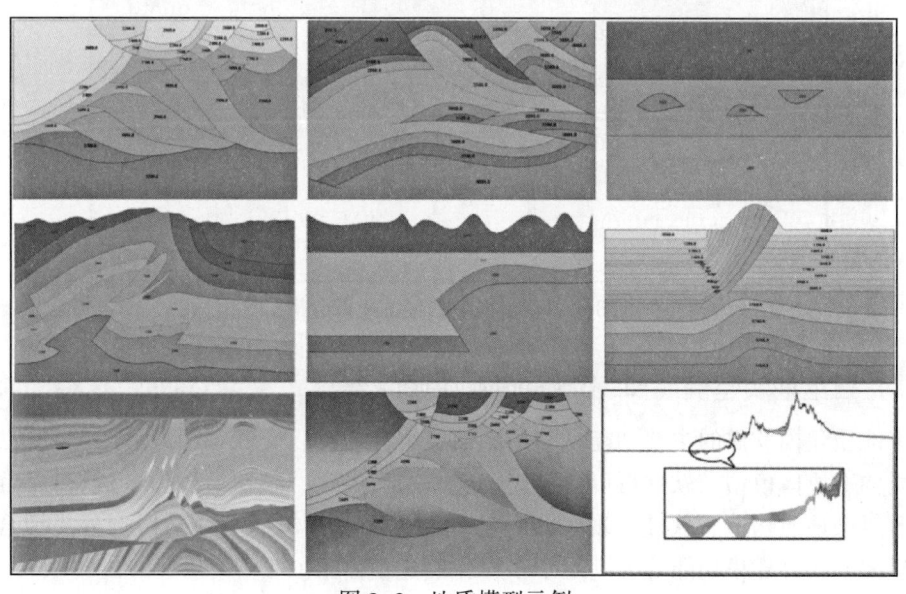

图 8-3 地质模型示例

2. 射线追踪正演

射线追踪正演基于改进的块状模型结构实现了试射迭代法快速射线追踪，能够完成水平地表和起伏地表条件下共炮点射线追踪和自激自收射线追踪。共炮点射线追踪可实现反射波、折射波、直达波、转换波、多次波和绕射波等射线追踪及基于目的层的 CRP 覆盖次数分析，同时实现了分选射线类型进行地震记录模拟。

3. 波动方程正演

波动方程正演采用一阶速度—应力方程利用交错网格高阶有限差分法求解，实现了声波方程正演、弹性波方程正演、黏滞弹性波正演、双相介质声波正演、双相介质弹性波正演和可控震源声波正演等功能，可获得自激自收、地面地震和井中地震记录。波动方程正演具有模拟精度高、适用于任意复杂的地质模型的优点。实现单机异构并行和基于客户端的多机并行等高性能计算方式，解决了计算效率低的问题，可满足实际生产需求。

4. 波动照明分析

波动照明分析分为单程波照明和双程波照明。单程波照明采用局部余弦小波束法进行波场延拓，能够完成复杂地质条件下单向照明和双向照明计算，实现不同观测方式的照明度对比分析；也可以根据目的层的照明结果可以进行反向照明计算，完成炮点变观分析及验证，来优化野外观测系统设计。双程弹性波单向照明实现了基于炮点的单向照明分析计算，精度高，适用于复杂模型。

5. 成像分析

成像分析是基于模型和观测系统，成像分析功能实现对地震采集数据的快速偏移成像，用于评价观测系统对于偏移成像效果的影响（图 8-4）。采用单程波叠前深度偏移算法，具有计算速度快、内存要求低等特点。

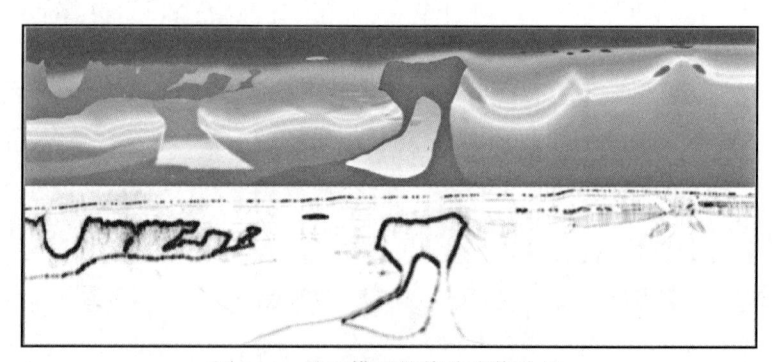

图 8-4 基于模型的偏移成像分析

（二）三维地质建模（KL-3DGeoModeler）

三维地质建模软件的主要功能是利用剖面及解释数据以交互编辑或者半自动方式建立三维地质构造块体模型。软件可以建立正、逆断层、尖灭、超覆、砂体、透镜体和蘑菇形侵入体等复杂地质构造。软件实现了多种辅助建模功能，包括多种网格剖分、拟合算法、几何体建模、融合建模功能等，满足了多样化的建模需求。

软件研发了高效的曲面拟合、曲面局部求交、多值曲面造型、基于接触关系的层面构建和非拓扑一致块体构建与离散化等技术，实现了非拓扑一致建模，具有较强的复杂构造建模能力。支持经典剖分、规则剖分和过点剖分等多种三角网格剖分；支持反距离加权、最小曲率、层次 B 样条及滑动克里金等多种拟合算法；支持在三维空间对剖面、层面、断面对象进行各种可视化编辑和修改；支持交互定义或批量导入参数建立理论几何体；支持对地层面进行自由编辑，任意拉伸压缩或旋转层面；支持对地质模型整体放大和缩小。

1. 剖面数据建模

剖面数据建模实现了灵活方便的二维、三维剖面编辑功能和半自动层面建模功能，满足了数据稀疏情况下的建模需求。软件可以利用一个或多个垂直剖面数据，通过数据的内插、外推，形成层面数据，再经过对断层和地层面的交切裁剪，建立整个地质模型。

2. 解释数据建模

解释数据建模功能实现了丰富的散点预处理、散点交互编辑、分片构面、网格编辑等功能，可以充分利用各种解释数据进行准确的地质建模。软件可以导入断层、地层散点数据，通过对数据的抽稀、平滑和分组，然后对层面进行内插和外推，形成层面数据，再经过层面的交切裁剪，建立整个地质模型。

3. 断层构建

断层建模包括构建单个断层的初始面、定义断面边界、编辑网格形态，以及处理相交断层的交切裁剪。断层构建可以对断面的形态、边界进行编辑。对于相交断层，实现了基于断层接触关系的断层自动构建技术，可以建立正断层、逆断层等各种复杂关系断层。首先设置好所有相交断层之间的关系（主辅、主主、辅主），软件自动按照断层的接触关系将多余的断面去掉，保证断层关系的合理性，可以大大减轻断层构建的工作量。

4. 地层构建

地层构建技术包括地层与断层的交切处理及地层之间的相交处理。地层与断层的交切处理可以自动计算断层与地层形成交线，再把同一个地层不同断块的交线连接为交线环，自动将地层分为多个地层片。地层与地层的相交处理技术通过定义相交地层的关系来自动处理不合理的相交地层，避免出现两个地层交叉而导致的地层面穿时等不符合地质规律的现象出现。

5. 块体构建

软件实现了非拓扑一致块体构建技术，大幅提升了复杂构造块体构建成功率，缩短了建模周期。软件可构建由层面子网组成的块状模型，也可构建由层面转换形成的网格模型。构建网格块时，软件不要求进行层面的交切处理，大大降低了用户的建模工作量。

（三）三维模型正演与照明（KL–3DModeling）

三维模型正演与照明软件功能包括模型加载及预处理、观测系统定义、声波方程正演和单程波层位照明分析等功能。三维模型正演与照明主要用于辅助地震采集观测系统设计及优化采集观测系统。

1. 三维模型正演

三维波动正演通过采用高阶有限差分方法求解三维声波方程进行波场模拟计算，产生波场快照和模拟记录等数据。用户可以分别查看波场快照和模拟记录；可以进行波场快照和模拟记录联动显示；可以对模拟的地震数据进行一些简单的处理，例如分频处理、添加噪声等。

2. 三维波动照明

三维波动照明采用广义屏算子进行单程波照明分析，包括双向层位照明、双向体照明以及基于照明结果的照明对比，可以建立不同观测方式照明结果的方案对比，并可以通过曲线对比进行定量分析（图8-5）。

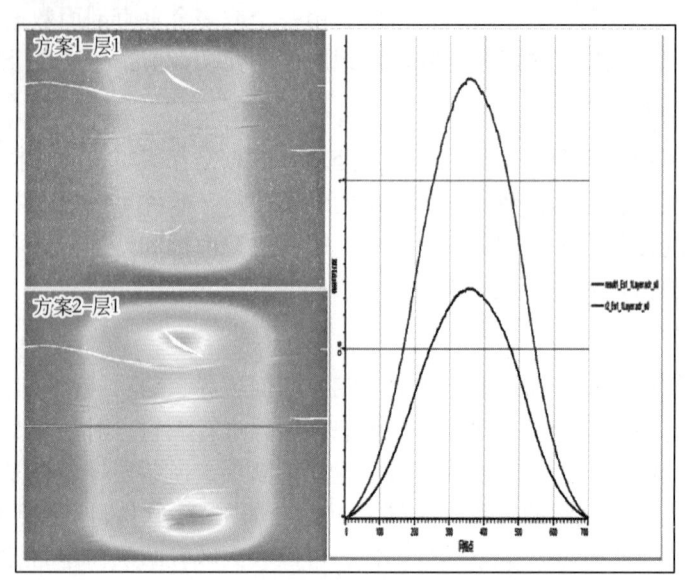

图8-5 不同观测方式的照明能量对比分析

三、数据采集质控系列软件

地震采集资料贯穿地震采集的全过程，包括采集的各工序、各环节产生的用于证明本工序质量的资料和记录地震响应的地震数据。对它们的正确性、数据品质进行现场质量监控与分析评价极其重要，关系到地震采集成果的可靠性、保真度和精度。

KLSeis Ⅱ 数据采集质控系列软件包括地震采集实时监控、地震数据分析与评价、地震数据转储与质控、地震辅助数据工具包等软件。

（一）地震采集实时监控（KL-RTQC）

随着高密度、高效采集技术的普及和应用，地震采集单炮接收道数越来越多（数万道/炮），野外采集效率也越来越高（几千~几万炮/日），通过人工肉眼对单炮记录回放来进行监控的传统方法已无法满足野外采集现场质量控制的要求。地震采集实时监控软件通过局域网络与地震采集仪器主机连接，传输地震单炮数据文件到质控主机，质控主机实时分析地震采集数据多种属性、可控震源和检波器的工作状态，对有问题单炮和设备进行报警提示，及时通知操作员进行处理，避免了大面积废炮产生。

为适应高效、高密度地震勘探采集项目的需求，软件采用多线程并行计算，在大数据量处理和高效运算方面具备较高的性能，可满足高效、高密度地震采集项目需求。地震采集实时监控适用于目前主流仪器，如 Sercel 公司的 408、428 和 508 仪器，INOVA 公司的 G3iHD 等仪器。

1. 单炮记录的基本属性分析

分析的属性包括能量、主频、频宽和信噪比等。将当前炮的属性与标准炮的属性进行比较，如果超出设定的门槛，就判定单炮的某一属性异常。标准炮设定有两种方式，一种是人工定义，即指定某一炮为标准炮，另一种方式为多炮平均方式，将已采集的多个单炮计算的属性的平均值作为标准炮。在属性监控时可按工区地表条件来划分区域，不同地表条件的区域作为单独的单元进行评价，可以避免监控过程中的误判问题。

2. 排列状态监控

排列状态监控包括环境噪声、异常道和检波器工作状态的监控。环境噪声监控是通过统计初至前能量强弱来分析环境噪声大小，提示仪器操作人员注意环境噪声的强弱，适时进行采集；异常道监控是通过对极值道、串接道、掉排列、断排列、单频干扰道、强振幅道和零漂道等野外不正常工作道进行统计，及时提示仪器操作员对有问题的道进行整改；采集设备状态监控是通过对检波器阻值、倾斜度和漏电信息进行分析，监控野外采集设备的工作状态，对有问题的设备及时进行报警提示。

3. 炮点偏移监控

炮点偏移监控是通过理论初至时间与实际初至时间对比判断炮点偏移是否超限，提示仪器操作员注意核对炮点坐标或观测系统是否正确。

4. 采集参数监控

采集参数监控是通过监控地震记录中采样间隔、记录长度、前放增益、扫描长度和滤波类型等参数，确保采集参数设置的正确性。

5. 辅助道监控

辅助道监控是对记录单炮数据辅助道的 TB 和扫描信号进行实时分析，监控辅助道是否正常，对有问题的辅助道及时报警。

6. 可控震源属性监控

可控震源属性监控是对可控震源的出力、相位、畸变和状态码等属性进行实时监控，实时分析各可控震源的工作状态。

(二) 地震数据分析与评价 (KL-DataAE)

传统的地震数据评价由人工进行评价，结果受评价人员的经验与技术水平的影响，而地震数据分析与评价软件采用定量的方式分析地震记录的品质，分析结果更加准确可靠。地震数据分析与评价软件从点到面实现了地震采集数据定量分析。点分析是通过对试验或采集的单炮记录的多种属性进行详细分析；面分析是通过对全工区资料的多种属性进行统计分析，从面上了解采集区块资料品质情况。

1. 点分析

对某一单炮记录的各种属性进行详细分析，分析属性包括：频谱、能量、信噪比、

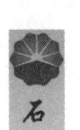

F—K 谱、时频和自相关等。点分析主要用于试验资料分析，首先导入试验因素，根据试验因素对数据进行筛选和排序，再进行详细对比分析，分析方式多样，可进行单道、时窗和全道集分析，时窗分析又包括矩形、双曲线和沿轴多种时窗分析方式。

2. 面分析

对单炮数据利用拾取的时窗或整道集进行分析，得到单炮的多种属性值，采用平面图的方式进行显示。分析内容包括属性分析和噪声分析，属性分析主要包括平均能量、均方根能量、最大能量、主频、频宽、高截频、低截频和信噪比等分析；噪声分析包括弱振幅道、背景噪声、野值、低频噪声和单频干扰道等分析。为了更清楚地了解采集区块整体品质情况，面分析的所有属性可按炮域、CMP 域、检波点域等多域进行分析。可以分析不同的地表条件对激发和接收因素的影响，分析高压线、公路等外界干扰对资料品质的影响，从而确定采集区块不同地理位置资料品质的差异产生的具体原因。

3. 数据预处理

通常情况下，采集的原始单炮数据的噪声很强，有时不易直接对原始数据进行分析，可以对单炮数据进行初步的处理后再进行分析。地震数据分析与评价软件的预处理包括区域滤波、频率扫描、带通滤波、增益、能量均衡、顶切和线性动校正等功能。

（三）地震辅助数据工具包（KL-ADTools）

随着无桩施工、节点地震采集等高效采集技术的推广应用，地震采集效率显著提高，传统的地震采集辅助数据处理方法已无法满足生产需求。地震辅助数据工具包软件主要用于处理和质控野外地震采集施工中产生的辅助数据。其主要功能包括地震辅助数据处理与质控、地震采集观测系统建立、地震辅助数据批量处理、地震采集效率分析和地震采集班报生成等功能。

1. 地震辅助数据处理与质控

地震辅助数据处理与质控主要用于野外地震辅助数据的处理、质控和统计分析，可以快速地完成关系数据生成、SPS 数据整理、废文件删除、重复炮剔除、补炮文件生成、空废文件统计、头卡编辑、生产时效统计、动态滑扫统计和 T—D 检查等功能。

2. 快速建观技术

快速建观技术是通过激发点和接收点的实际桩号建立观测系统，该方法可以建立各种观测系统，具有快速、简单等特点，特别适用于野外炮检点变观后的观测系统建立。

3. 智能化辅助数据的处理与质控

智能化辅助数据的处理与质控工作是每天都做的重复性工作，需要花费大量时间。针对这一特点，开发了智能化辅助数据处理与质控技术，可以实现地震辅助数据的"一键处理"。在开工之初先进行"流程和参数定制"，之后的数据处理与质控只需输入数据即可快速完成辅助数据的处理与质控。

4. 生产效率分析

生产效率分析是采用多种时空统计分析方法对生产效率进行统计分析，可以帮助技术人员分析影响震源施工效率的主要因素，对施工管理提供科学的决策信息。

5. 电子班报生成

在地震数据采集中，许多探区需要生成电子班报，而且各个探区的电子班报格式均不相同。基于这一特点，软件为每个探区定制不同格式的电子班报模板，不同探区根据自己的模板生成电子班报，极大地提高了班报生成的效率。

（四）地震数据转储与质控（KL-SeisPro）

随着可控震源高效采集和高密度采集的快速发展，每日的数据量达到 TB 甚至 PB 级，野外采集中数据转储的压力越来越大，迫切需要专业的软件来完成此项工作。地震数据转储与质量监控软件是一套集地震数据拷贝、格式转换、质量控制和数据分析功能为一体的数据转储质控软件。软件支持磁盘和磁带多份数据同步输出，具有适用性强、输出格式灵活、效率高的优点。

1. 地震数据转储

地震数据转储与质控软件可实现磁盘或磁带 SEGD/SEGY 数据输入，磁盘与磁带多份数据同步拷贝输出的功能，数据转储格式包括 SEGD→SEGY、SEGY→SEGD、SEGD/SEGY→GeoEast。可识别 Sercel 408/428/508、GSR、Zland、G3i、Scorpion、Hawk 和 Aries 等多种地震仪器记录的数据格式。在海量数据采集项目中，磁带输出采用不写 EOF 和 Blocking 格式，可以大大提高了写磁带的速度。

2. 地震数据质控

在对地震数据进行转储的同时还可以对数据进行质控。在地震数据的深层和浅层设置不同的时窗，在数据拷贝的同时，实现对单炮数据的能量、坏道、死道、排列异常、炮能量、局部断排列和主频七种属性的质控分析，将识别出的问题炮的文件号放到可疑炮列表，以便于查询。

（五）节点采集质量控制软件（KL-NodeQC）

节点采集质量控制软件是集数据切分、时钟漂移校正、旋转分析和质量控制等功能为一体的节点数据质控软件，具有一套较完整的节点质控技术，适用性强，速度快，是陆上或海上采用节点仪器采集时进行质量控制的有效辅助工具。

1. 连续记录数据切分

连续记录数据切分是通过节点仪器生成的连续记录数据和精确的炮点激发时间信息切分生成检波点道集数据或炮集数据。支持多种类型节点、多种格式（SEGD、SEGY）和多分量（Inline、CrossLine、Vertical、Hydrophone）的数据切分，可实现各种观测系统的数据快速切分。支持炮点及检波点信息的自由文本输入，软件扩展性强，可灵活自定义输出数据道头信息，满足不同甲方的个性化要求。

2. 时钟漂移校正

由于海洋节点是布设在海底，因此无法采用 GPS 来授时，而是采用原子钟来计时。由于各原子钟的性能差异，有的节点会存在时钟漂移，因此要对节点数据进行时钟漂移校正。时钟漂移校正可以对单一节点进行线性动校正分析、对多个节点进行互相关分析来判断时钟漂移类型，软件支持线性、非线性和跳变等 13 种时钟漂移模型的校正。

3. 多分量旋转分析

软件可以对多分量数据进行旋转分析，可判断数据是否旋转。对未旋转的数据，通过交互分析 Azimuth、pitch 和 roll 三个角度来进行数据旋转，还可以对已旋转的数据进行反旋转。

4. 数据质控

数据质控可以对切分后的地震数据进行质量控制，提供了多种质控手段对炮点信息、RMS、节点姿态、节点位置和数据完整性等进行质控，分析输入信息及处理过程的正确性，达到提供高地震数据品质的目的。

（六）气枪实时质控软件（KL-AGQC）

软件功能包括对气枪属性和近场子波的实时质控，并提供对各类气枪属性的统计分析。

1. 气枪属性实时监控

气枪属性实时监控是通过实时读取枪控器的属性数据，以柱状图的方式显示在监控界面上，通过阈值判断气枪属性的异常值，从而发现工作状态异常的气枪，达到实时监控气枪的工作状态是否正常的目的。气枪属性数据分析可采用平面图、柱状图、表格方式进行异常气枪统计，便于整条测线气枪属性的分析。

2. 近场子波实时监控

近场子波实时监控是通过图形定性显示和计算定量分析两种方式监控。一是将近场子波按照三种方式进行排齐，以图形显示方式定性监控近场子波的变化趋势；二是对近场子波进行定量分析，计算得到近场子波的振幅值和互相关等属性，来监控近场子波的形状变化。

（七）初至波二次定位（KL-FBP）

海底节点往往无法准确地布设到理论设计的位置，因此要对节点进行二次定位。初至波二次定位软件利用初至信息来确定海底节点的坐标位置，主要包括初至拾取、位置分析和定位精度评价等功能。具备高精度的初至拾取和定位计算能力，且能够给出定位精度的量化评价指标，是一套从初至拾取、定位计算到定位精度评价的完整的高精度定位软件，可充分满足海上采集人员的定位需求。

1. 初至拾取

初至拾取采用的是能量比算法，该方法拾取的精度较高，包括自动拾取、交互拾取、初至编辑及文件输出等功能。自动拾取通过对定义时窗内的地震数据进行能量比算法来确定初至的位置。交互拾取可以通过鼠标在地震记录上交互定义和修改初至位置，对于自动拾取不准确的道可以通过交互操作对不正确的初至进行修改。

2. 位置分析

位置分析（定位）是初至波二次定位软件最核心的内容，有矢量叠加定位、扫描拟合定位和能量叠加定位三种方法，同时提供一种交互定位方法。

矢量叠加定位根据炮检点的初始坐标位置以及残差逐步迭代逼近准确的检波点位置。

扫描拟合定位与矢量叠加定位实现方法不同，需要拟合一定范围内的误差值求取极小值得到定位坐标。能量叠加定位是根据网格化后能量值最大点进行二次定位，得到检波点的实际坐标，这种方法不需要拾取初至。

交互定位是通过鼠标移动某个检波点位置，实时显示线性动校正（LMO）的道集效果，LMO后初至拉平时对应的位置即是检波点的正确位置。

3. 定位精度评价

初至波二次定位软件提供三种量化的定位精度评价方式：叠加能量、残差向量分布、初至密度。

对于校正后的道集，在初至附近选择一个时窗，对时窗内的道集进行同向叠加，可得到最大的能量值。若检波点位置不正确，LMO后道集不能被拉平，此时的叠加能量小于最大值。可以根据叠加能量来判别道集的拉平程度，即检波点位置的准确程度。

初至向量图中，炮点到检波点的连线长度为定位残差。检波点位置不准确会造成向量图发散且检波点不居中，向量图的离散度越小，定位精度越高。

初至密度也能够直观地反映检波点坐标位置的准确与否。检波点位置正确的初至分布是集中的，检波点位置不正确会导致初至分布发散，因此，初至密度越大，定位精度越高。

四、可控震源技术系列软件

KLSeisⅡ可控震源技术系列软件包括可控震源扫描信号设计、可控震源施工参数设计、可控震源作业方案设计以及可控震源与接收系统质量分析等软件。能够进行可控震源各种扫描信号设计、多种施工方式下的参数设计、施工效率估算、生产排列分析以及对震源属性和采集站等设备的质量控制等。

（一）可控震源扫描信号设计（KL-VibSign）

可控震源扫描信号设计软件主要功能有两个：扫描信号参数的方法论证和扫描信号的生成。可以实现"常规、组合、整形、高保真、低频、串联、分段和横波"8大类扫描信号设计与分析，设计的扫描信号能适应各主流型号的震源箱体，可充分满足用户在可控震源扫描信号设计和分析方面的需求。

1. 扫描信号设计

软件可以设计8种扫描信号，包括常规扫描信号、组合扫描信号、整形扫描信号、高保真扫描信号、低频扫描信号、串联扫描信号、分段扫描信号和横波震源信号。常规扫描信号可以设计线性、dB/Hz、dB/Oct和T—Power等类型的扫描信号，也可以完成包括整形扫描、低频扫描、分段扫描信号、横波震源扫描等特色扫描信号设计，输出的扫描信号能够被Sercel、Vibpro和Forcetwo等主流电控箱体所识别。

2. 扫描信号分析

软件可以对设计的扫描信号进行分析和对比，包括信号的频谱分析、相关子波分析、时频分析及特定扫描信号的特殊分析，如常规扫描信号的谐波分析和组合扫描信号的叠加子波分析等功能。支持多个扫描信号的对比，便于扫描信号的优选。

（二）可控震源施工参数设计（KL-VibParam）

可控震源施工参数设计是可控震源施工中的一个关键环节，它对可控震源在施工中的资料品质及施工效率起着决定性的作用，尤其是在高效可控震源采集中，参数设计如果不合理，会对后续的资料处理带来很大的麻烦。软件可以进行可控震源施工参数的论证与选取，能够对常规采集信噪比论证、滑动扫描时间、空间分离同步扫描（DSSS）距离和独立同步扫描（ISS）信号相关性评价等高效采集的关键参数进行分析。

1. 可控震源常规参数设计

可控震源常规参数设计包括采集参数分析、谐波分析和斜坡设计三个主要功能。采集参数分析主要是分析震源台数、出力、扫描长度、频宽对信噪比改善的影响；谐波分析主要分析理论谐波的位置和实际力信号谐波能量；斜坡设计主要用于常规震源在进行扩展低频扫描时的扫描信号的起始斜坡设计，原因是对于特定震源型号，其流量和重锤行程是固定的，低频段的出力受到两者的限制，因此根据震源的流量和重锤的行程来设计起始频率和斜坡，设计的斜坡曲线必须是在流量曲线和行程曲线之下，以避免震源的出力超出限制而使震源受到损害。

2. 滑动扫描参数设计

可控震源滑动扫描施工时，震次间的相互重叠会导致谐波对资料的品质产生影响。如何合理选择滑动时间（即震次间的间隔时间），使得相邻震次间尽量避开最强谐波对基波的影响，对震源滑动扫描施工具有重要的指导意义。

通过选择合理的滑动时间，使得具有强能量的二阶谐波和三阶谐波不会对上一炮的基波产生影响。在软件上输入起始频率、终止频率、信号长度、相关后记录长度和谐波阶数，能够生成谐波位置分布图，通过拖动震次间分隔线可合理选择最佳的滑动时间。

3. 空间分离同步扫描参数设计

可控震源采用空间分离同步扫描施工时，同一震次两炮资料之间的相互干扰程度取决于同步震源组之间的激发距离远近。同步激发源距离过近，两炮之间的目的层相互影响。

设计空间分离同步扫描（DSSS）施工时震源的距离可以通过模型参数分析和控制曲线分析两种方式实现。模型参数分析是给定地质模型参数（包括层速度、层厚度、检波点距、总道数等），利用模型模拟包含直达波和反射波的单炮记录，通过分析单炮记录上的反射波是否相互干扰来判断激发距离是否合适，如果两炮的激发距离足够大，邻炮干扰不会影响到当前炮的目的层。控制曲线分析是通过拾取探区实际单炮的初至时间线和反射波曲线来选取合适的激发距离。

4. 独立同步扫描参数设计

独立同步扫描（ISS）相邻震次间起震时间间隔短，因此扫描信号在时间上的重叠率高，会导致邻炮噪声污染大，因此要求设计的独立同步扫描信号相关性弱，有利于数据分离和消除邻炮噪声的影响。

软件功能包括ISS信号设计和重复概率估算。ISS信号设计通过将信号进行拆分，形成不同速率的扫描信号，使信号的相关性小。重复概率估算是估算相邻相关后炮集时间上重合的概率来评价邻炮间的相互影响程度，单位时间内相邻炮集时间上的重合率越高，邻炮间的相互影响越大。根据给定的可控震源组数、扫描长度、搬点最小（最大）时间、相关后记录长度和统计时间，软件能够模拟出相关后炮集记录不同重合概率内的炮数和完全不重合的炮数。

（三）可控震源作业方案设计（KL-VibPlan）

软件主要功能是震源效率估算、排列分析和作业方案分析三个部分，主要用在地震勘探项目的前期，用于效率估算及有限设备下的排列分析，实现震源生产能力和资源投入达到最佳匹配，避免出现排列等震源或震源等排列等现象，并提供多种作业方案供优化选择。

1. 效率估算

不同的施工方法和不同的设备数量的施工效率不同，软件能够实现二维、三维和不同施工方式的效率估算，可以进行单组常规、交替扫描、滑动扫描、动态滑扫、高保真（HFVS）和ISS的效率估算，以及不同施工方式下的效率对比，可以利用表格和分析图件来显示对比结果。

可控震源效率估算功能实现包括三步：一是搬点时间和作业时间的设置；二是根据实际情况选择合理的作业方式及不同作业方式下的施工参数和扫描参数的设置；三是对比分析不同施工方式下的效率对比，为施工方式的选择提供合理参考。

2. 排列分析

在设备总道数、观测系统模板和要求达到的效率都固定的情况下，以设备总道数为约束，接收线数为变量，分析不同方案的备用炮数和不同施工方向下排列摆放数量，进行施工线束数和施工方向的优选，达到震源效率和排列摆放效率之间的平衡。

3. 作业方案分析

在较大的三维工区施工时，由于设备数量的限制，排列在施工方向上一次不能完全铺满，影响放炮的效率，在这种情况下可以采用Zipper分区的方式进行施工。将工区分成几个块（Zipper），在块与块分界处重复部分的检波点或者炮点，达到既能够满足设备数量限制的要求，又能够达到整个工区观测系统属性不变的目的。不同的Zipper划分方案和不同的边界重复方式决定了需要的设备配备数量。通过对不同Zipper分区方案的施工效率进行分析，优选最佳的Zipper分区方案。

（四）可控震源与接收系统质量分析（KL-VibEQA）

可控震源与接收系统质量分析软件主要用于陆上地震采集设备（可控震源和接收系统）工作状态的质控，主要通过数据质控进行分析。此外，软件还提供了VibProHD箱体VSS转储与分析、VE464箱体力信号和扩展QC分析等常用工具。

1. 可控震源质量分析

可控震源质量分析主要功能包括震源属性分析、震源点位分析、震源一致性测试数据分析和震源扩展QC分析。

震源属性分析包括震源相位、畸变和出力等分析，可以统计各台震源属性的超限数量。震源点位分析能够对震源的组合中心进行分析，查看震源在空间上的分布位置、震源组合中心位置与设计的炮点位置的平面误差和高程误差、统计平面误差和高程误差的超限情况等。震源一致性测试数据分析内容包括真参考信号和震源参考信号的起始时间误差、相关子波、振幅谱、相位误差及力信号的谐波畸变等。震源扩展 QC 分析能够分析震源的扩展 QC 文件中的相位、畸变和出力等。

2. 接收系统质控分析

接收系统质控分析主要功能包括采集站测试结果分析、采集站测试数据分析和检波器测试结果分析。采集站测试结果分析能够分析 Sercel、G3i 及 Aries 仪器的采集站的日检结果，验证各个采集的日检结果是否正常，统计超限的采集站数量等。采集站测试数据分析能够分析 Sercel、G3i 及 Aries 仪器的采集站的测试数据，计算得到各个采集站的各项属性，包括畸变、噪声、共模抑制比、增益误差和相位误差等。检波器测试结果分析能够分析检波器通过检波器测试仪测试后的测试结果，支持 SMT200、SMT300、SMT400 和 SGT-Ⅱ等格式，分析内容包括噪声、电阻、频率、阻尼、灵敏度、畸变、阻抗和极性等。

五、近地表静校正系列软件

KLSeisⅡ近地表静校正系列软件包括近地表调查、模型静校正、折射静校正、层析静校正等软件，为地震采集环节提供了近地表调查资料解释、近地表建模、静校正量计算与质控的全过程服务。能够完成小折射、微测井的资料解释，推出了高精度初至时间拾取方法和实用的辅助功能，提供了快速高效初至折射静校正方法及适用于连续介质及层状介质的多种层析反演方法，能够方便地实现多种方法静校正量的联合应用。

（一）近地表调查（KL-LVL）

近地表调查软件主要用于野外采集环节的小折射和微测井资料解释以及 Q 值计算，其主要功能包括观测系统定义、初至自动与交互拾取及资料解释。近地表调查子系统具有以下特点：能够完成各类表层调查资料的处理和解释；方便、快捷的班报填写方式；合理的炮集显示方式、准确的初至自动拾取功能；强大的自动解释和交互解释功能；规范的文本输出和图形输出。

1. 动力学特征分析

常规的微测井调查只利用初至的时间信息，只能得到不同层的速度。动力学特征分析充分利用微测井调查的初至所包含的信息得到振幅和频率等动力学特征来综合进行近地表的分层，使分层结果更加准确。利用微测井不同深度激发的初至来计算初至的振幅、频率等属性，获取能量和频率随深度的变化关系，结合时深曲线来进行近地表分层；也可利用所有微测井控制点的分析结果，构建全工区的空间动力学特征，辅助表层结构分析和全区的激发井深设计。

2. Q 值计算

地震波在传播过程中，地层会损耗地震波能量，造成振幅衰减和频率降低，通常用品质因子 Q 描述波在传播过程中介质吸收的特征。在地震资料处理中，Q 值可以提供能量补偿信息，因此准确地估算品质因子 Q 有助于提高成像精度。软件提供三种 Q 值计算方法：谱比法、峰值频移法和质心频移法。利用多个控制点的 Q 值可以建立整个工区的 Q 模型。

（二）初至拾取（KL-FBPicker）

初至拾取软件是用于二维或三维炮集地震数据进行初至拾取的软件，包括观测系统定义、初至时间自动拾取、交互拾取、质量监控及批量编辑等功能，为初至折射、层析反演和初至波剩余静校正及海上检波点定位等提供重要的基础数据。

1. 初至拾取方法

初至拾取采用基于能量比迭代拾取地震道初至波的自动拾取方法，该方法首先计算地震数据两个相邻时窗的能量比，并从比值特征和设置的能量参数中确定初至；然后利用一定的判定条件对初至进行评价，确定可信度低的初至，最后对可信度低的初至进行重新拾取。

软件具有自动拾取和手工交互拾取功能。初至自动拾取可根据需要定义初至拾取位置（起跳点、波峰和波谷），通常情况下均能得到准确的初至时间，针对低信噪比道或者异常初至开发了自动剔除和二次拾取功能；可以对单炮进行线性动校正和静校正应用，使地震数据初至更加平滑，便于更精确地进行初至拾取。

2. 初至质控

软件具有丰富的质量监控功能来监控和评价初至拾取的精度，包括初至数据的共激发点域、共检波点域、共中心点域及共炮检域显示，初至和地震数据上应用线性动校正与静校正量等。初至分块剔除功能对整个工区进行分块，以块为单位对初至进行监控和异常初至的剔除，是一种高效的剔除异常点的手段。

（三）折射静校正（KL-RefraStatics）

折射静校正是基于初至波走时的折射法近地表建模与静校正计算软件，主要功能包括基础数据的导入、观测系统定义与质控、折射速度计算（互换法、CMP域拟合法）、延迟时计算（高斯迭代法）、模型反演、折射静校正量计算、初至波剩余静校正量计算及质量监控等功能。折射静校正利用了地震记录初至中包含的丰富的近地表信息，一般能获得较高精度的长波长静校正量、短波长静校正量，如短波长静校正量难以满足处理要求，也可以与初至波剩余静校正结合使用。

1. 层位划分

层位划分即对初至数据进行折射分层，是在共中心点初至道集中选择计算折射层速度和延迟时所用初至的炮检距范围。通过选取多个有代表性的控制点，在每一个控制点的共中心点初至道集上使用鼠标进行炮检距范围拾取。

2. 折射速度和延迟时计算

折射速度计算是利用初至时间及观测系统数据计算折射波的速度，计算方法主要包括互换法和CMP域拟合法。互换法是利用两炮共同的地面检波点之间的关系，消除地表起伏影响，计算折射波速度，计算量大但计算精度高。CMP域拟合法是把根据共炮点道集拾取的初至时间抽成CMP道集，在CMP道集中按炮检距排列初至时间，用最小二乘法拟合初至，其斜率的倒数就是CMP位置的折射层速度，该方法计算量小但精度略低。当采用单边放炮观测系统时，不能采用互换法计算折射速度，而只能应该本方法计算折射速度。

延迟时表示由于低降速带造成的折射波延迟时间。延迟时计算就是根据基本折射方程、初至时间以及折射层速度来计算炮检点的延迟时。

3. 模型建立和静校正计算

根据延迟时、折射层速度及表层速度或表层厚度反演近地表模型（折射界面、风化层速度或厚度），然后利用近地表模型来计算静校正量。

（四）层析静校正（KL-TomoStatics）

层析静校正是基于初至波走时的层析法近地表建模与静校正计算软件。层析反演方法包括单尺度网格层析、多尺度网格层析和可形变层析三种方法，能够进行连续介质和层状介质模型的反演。层析静校正能较好解决中波长静校正、长波长静校正问题，结合初至剩余静校正方法可以较好地解决大幅度短波长静校正问题。

1. 层析反演

三维单尺度网格层析：采用规则的长方体对近地表速度模型进行离散，然后通过射线追踪和层析反演的迭代计算得到最终的近地表速度模型，射线追踪采用的是一种快速的两点射线追踪技术，反演算法采用多次迭代的同步迭代重构技术。

二维多尺度网格层析：在层析正反演过程中，对结果有明显影响的参数是层析网格的大小。层析网格小，正演的精度高，但是反演中由于单个网格内射线条数太少，会导致反演结果不稳定；层析网格太大，正演的精度低，导致反演的误差大，降低了静校正量的精度。多尺度网格层析可以很好解决普通网格层析存在的上述缺点。多尺度网格层析就是把层析模型按照不同的尺度重新进行网格划分，模型中的每个慢度扰动量在不同尺度的模型中有不同的结果，层析模型中某个位置的慢度扰动量是不同尺度模型中同一位置慢度扰动量的总和。

二维可形变层析：可变形层析是在多尺度层析基础上发展而来的，该方法不仅反演模型的背景速度，而且同时反演速度场在模型中的几何形态和空间位置，地层界面是平滑的，能够真实反映层状的近地表结构。可变形层析不同于常规层析网格层析，在正演模型剖分时，在水平方向，可变形层析是沿着速度界面进行的，剖分后在速度界面上不存在速度模糊的情况，所以可变形层析正演的精度高。

2. 模型解释及静校正量计算

层析反演得到速度模型后，软件可以根据给定速度范围快速自动确定高速顶界面，用户也可以交互进行高速顶界面提取和修改。确定了近地表高速顶后，就可以计算模型静校正量。

（五）模型静校正（KL-LVLStatics）

模型静校正是基于表层调查成果数据建立近地表模型然后进行静校正量计算的方法。模型静校正软件包括关系系数静校正、时深曲线静校正和 Q 值模型建立等功能。

1. 关系系数静校正

首先输入控制点的表层调查结果，给定搜索半径，软件自动计算出每一个控制点位置处的关系系数；然后再给定插值半径，计算出每一个接收点和激发点的关系系数，软件根据关系系数自动建立近地表模型，进而利用近地表模型计算静校正量。如果表层调查点个数太少或没有，可以根据经验给出相应层的关系系数。

2. 时深曲线静校正

在沙漠等地区，近地表速度不是突变的，而是连续变化的，在这种情况下可以采用时深曲线静校正方法来计算静校正量。首先利用每口微测井拟合的时深关系曲线，内插出时深关系曲线方程系数的空间变化情况，其次建立出具有连续介质特征的近地表模型，最后直接进行静校正量计算。

3. 近地表 Q 建模

可以根据 Q 值调查点直接建立近地表 Q 模型，也可以利用以往大量的速度调查点建立速度模型，由速度模型转化为近地表 Q 场，再利用 Q 值调查点进行标定得到相对准确的近地表 Q 模型。

（六）近地表面波反演（KL-SWI）

近地表面波反演软件主要用于地震数据瑞雷面波（Rayleigh Wave）和勒夫面波（Love Wave）频散分析、基于频散曲线的表层反演和静校正量计算。软件具备强大的数据 QC 功能、灵活易用的交互编辑能力，可充分满足面波近地表建模和静校正计算需求。

1. 频散分析

频散分析是对原始地震记录的面波进行频散分析来建立频散谱。可以选择合适的炮检距范围、频率范围进行频散分析，也可以对频散谱进行优化来凸显频散曲线，方便用户交互或批量快速拾取。频散分析的方法有相移法、F—K 法和 TauP 法三种，在频散分析时自动进行半波长解释和显示，方便用户快速了解近地表速度模型。

2. 频散曲线反演

频散曲线反演包含用半波长解释建立模型和用频散曲线迭代反演建立模型两种方法，在迭代反演中又分为瑞雷波和勒夫波两种不同类型面波的反演方法。反演时可以对频散曲线中的基阶和高阶进行联合反演，建立高精度的横波速度模型。软件可以对某一个单炮进行反演，也可以对多个或者所有炮进行批量反演。反演采用多线程并行方法提高计算效率。

3. 静校正量计算

对于用面波建立的速度模型，软件提供等速界面、地表平滑和外部导入等多种方式来建立高速顶界面，也可以对高速顶界面进行平滑处理和手动修改。确定了近地表高速顶后，就可以计算模型静校正量。可以对地表高程、高速界面和静校正量等属性进行平面显示和电子表格显示，方便用户进行查看和质控。

参 考 文 献

[1] 陆基孟，王永刚. 地震勘探原理［M］. 青岛：中国石油大学出版社，2011.
[2] 孙成禹，李振春. 地震波动力学基础［M］. 北京：石油工业出版社，2011.
[3] 刘金中，马铁荣. 可控震源的发展概况［J］. 石油科技论坛，2008，(5)：38-42.
[4] 陈浩林. 气枪阵列子波数值模拟［J］. 石油地球物理勘探，2003，38（4）：363-368.
[5] 周如义，魏铁，张新峰，等. 可控震源高效交替扫描作业技术及应用［J］. 石油地球物理勘探，2008，43（增刊2）：15-20.
[6] 林君. 电磁驱动可控震源地震勘探原理及应用［M］. 北京：科学出版社，2004.
[7] 凌云，高军，孙德胜，等. 可控震源在地震勘探中的应用前景与问题分析［J］. 石油物探，2008，47（5）：425-438.
[8] 倪成洲. 基于近场测量气枪阵列远场子波模拟软件研发［J］. 物探装备，2008，18（1）：11-17.
[9] 陶知非. 世纪之交可控震源的发展与变化［J］. 物探装备，2000，10（1）：1-10.
[10] 曹务祥. 可控震源技术使用误区分析［J］. 石油地球物理勘探，2006，41（3）：341-345.
[11] 大港油田科技丛书编委会. 地震勘探资料采集技术［M］. 北京：石油工业出版社. 1999.
[12] 孙传友，高光贵. 遥测地震仪器原理［M］. 北京：石油工业出版社，1992.
[13] 刘益成，罗维炳. 信号处理与过抽样转换器［M］. 北京：电子工业出版社，1997.
[14] 曹志刚，钱亚生. 现代通信原理［M］. 北京：清华大学出版社，1992.
[15] 洪祖扶. PB5-09GCR 磁带机［M］. 西安：西北工业大学出版社，1990.
[16] 姜岩峰. 微电子机械系统［M］. 北京：化学工业出版社，2006.
[17] 李海，宋元胜，吴玉蓉. 光纤通信原理及应用［M］. 北京：中国水利水电出版社，2005.
[18] 杨根兴. 计算机硬件技术基础［M］. 北京：高等教育出版社，2005.
[19] 戴梅萼. 微型计算机技术及应用［M］. 北京：清华大学出版社，1991.
[20] 黎连业. 计算机网络与工程实践教程［M］. 北京：科学出版社，2007.
[21] 鲁士文. 网络连接设备的原理和实用技术［M］. 北京：电子工业出版社，2008.
[22] 祁才君. 数字信号处理技术的算法分析与应用［M］. 北京：机械工业出版社，2005.
[23] 张三慧. 大学物理（电磁学）［M］. 北京：清华大学出版社，1999.
[24] 王雪文. 传感器原理及应用［M］. 北京：北京航空航天大学天出版社，2004.
[25] 牟永光. 三维复杂介质地震物理模拟［M］. 北京：石油工业出版社，2003.
[26] ［美］Gijs J. O. Vermeer，李培明，何永清. 三维地震勘探设计［M］. 北京：石油工业出版社，2008.
[27] 蔡锡伟，何宝庆，张阳，等. 考虑倾斜地层地震偏移的空间采样参数设计［J］. 石油地球物理勘探，2020，55（5）：973-978.

[28] Xiao-Bi Xie, Shengwen Jin, Ru-Shan Wu. Wave-equation-based seismic illumination analysis [J]. Geophysics, 2006, 71 (5): 169-177.

[29] 谢小碧, 何永清. 地震照明分析及其在地震采集设计中的应用 [J]. 地球物理学报, 2013, 56 (5): 1568-1581.

[30] 贺振华, 王才经. 反射地震资料偏移处理与反演方法 [M]. 重庆: 重庆大学出版社, 1989.

[31] 董敏煜. 多波多分量地震勘探 [M]. 北京: 石油工业出版社, 2002.

[32] 李培明, 柯本喜, 等译. 反射地震勘探静校正技术 [M]. 北京: 石油工业出版社. 2004.

[33] 长春地质学院, 成都地质学院, 武汉地质学院. 地震勘探原理与方法 [M]. 北京: 地质出版社, 1980.

[34] 钱荣钧, 王尚旭. 石油地球物理勘探技术进展 [M]. 北京: 石油工业出版社, 2006.

[35] 魏铁, 张慕刚, 汪长辉, 等. 可控震源高效采集技术及在国际项目中的应用 [J]. 石油科技论坛, 2012, 31 (2): 7-10.

[36] 梁晓峰, 肖虎, 贺立勇, 等. FTP 实时质量监控技术 [J]. 石油地球物理勘探, 2008, 43 (增刊2): 101-103.

[37] 石双虎, 邓志文, 段英灰, 等. 高效地震勘探数据采集智能化质控 [J]. 石油地球物理勘探, 2013, 48 (增刊1): 7-11.

[38] Futterman W I. Dispersive body waves [J]. Geophys Res, 1962, 7 (13): 5279-5291.

[39] Gladwin M T, Stacey F D. Anelastic degradation of acoustic pulses in rock [J]. Phys. Earth Planet Int., 1974, 8 (2): 332-336.

[40] Kjartansson E. Constant Q wave propagation and attenuation [J]. J. G. R., 1979, 84 (4): 4737-4748.

[41] Tyce R C. Estimating acoustic attenuation from a quantitative seismic profile [J]. Geophysics, 1981, 46 (10): 1364-1378.

[42] Jannsen D, Voss J, Theilen F. Comparison of methods to determine Q in shallow marine-sediments from vertical reflection seismograms [J]. Geophysical Prospecting, 1985, 33 (4): 479-497.

[43] Bath M. Spectral Analysis in Geophysics [M]. New York: Elsevier, 1974.

[44] Quan Y L, Harrisy J M. Seismic attenuation tomography using the frequency shift method [J]. Geophysics, 1997, 62 (3): 895-905.

[45] Zhang C, Ulrych T J. Estimation of quality factors from CMP records [J]. Geophysics, 2002, 67 (5): 1542-1547.

[46] Yih Jeng, Jing-Yih Tsai, Chen Song-Hong. An improved method of determining near-surface Q [J]. Geophysics, 1999, 64 (5): 1608-1617.

[47] Rainer Tonn. The determination of the seismic quality factor Q from VSP data: A comparison of different computational methods [J]. Geophysical Prospecting, 1991, 39 (1): 1-27.

[48] 李宏兵，等. 小波尺度域含气储层地震波衰减特征 [J]. 地球物理学，2004，47（5）：892-898.

[49] Hongbin Li, Measures of scale based on the wavelet scalogram with applications toseismic attenuation [J]. Geophysics, 2006, 71 (5): V1ll-V118.

[50] 赵伟，葛艳. 利用零偏移距 VSP 资料在小波域计算介质 Q 值 [J]. 地球物理学报，2008，51（4）：1202-1208.

[51] 李庆忠. 走向精确的勘探道路—高分辨率地震勘探系统工程剖析 [M]. 北京：石油工业出版社，1994.

[52] 何汉漪. 海上高分辨率地震技术及其应用 [M]. 北京：地质出版社，2001.

[53] 李生杰，施行觉，叶林，等. 准噶尔盆地岩石品质因子与速度分析 [J]. 内陆地震，2001，15（3）：224-231.

[54] 李生杰，施行觉，忘宝善，等. 地层衰减数据体的建立 [J]. 新疆地质，2001，19（2）：146-149.

[55] 于倩倩，李振春，张敏，等. 谱比法地震衰减层析反演方法研究 [J]. CT 理论与应用研究，2017，26（5）：533-541.

[56] 于承业，周志才. 利用双井微测井资料估算近地表 Q 值 [J]. 石油地球物理勘探，2011，46（1）：89-92.

[57] 凌云，高军，吴琳. 时频空间域球面发散与吸收补偿 [J]. 石油地球物理勘探，2005，40（2）：176-182.

[58] 裴江云，陈树民，刘振宽. 近地表 Q 值求取及振幅补偿 [J]. 地球物理学进展，2001，16（4）：18-22.

[59] 刘学伟，邰圣宏，何樵登. 一种考虑噪声干扰的地表风化层 Q 值反演方法 [J]. 石油地球物理勘探，1996，31（3）：367-373.

[60] 李君君，王志章，张枝焕，等. 质心频率线性拟合法估算品质因子 Q [J]. 石油地球物理勘探，2015，50（2）254-259.

[61] 陈志得，王成，刘国友，等. 近地表 Q 值模型建立方法及其地震叠前补偿应用 [J]. 石油学报. 2015, 36（2）：188-196.

[62] 李合群，孟小红，赵波. 地震数据 Q 吸收补偿应用研究 [J]. 石油地球物理勘探，2010，45（2）：190-195，229.

[63] 李伟娜，云美厚. 基于微测井资料品质因子 Q 估计 [J]. 中国科技信息，2017，6，75-76.

[64] 李伟娜，云美厚，党鹏飞，等. 基于微测井资料的双线性回归稳定 Q 估计 [J]. 石油物探，2017，56（4）：483-490.

[65] 程志国，娄兵，姚茂敏，等. VSP 井控 Q 值提取和补偿方法在玛湖地区的应用 [J]. 物探化探计算技术，2015，37（6）：749-753.

[66] 孙成禹. 谱模拟方法及其在提高地震资料分辨率中的应用 [J]. 石油地球物理勘探，2000，35（1）：27-35.

[67] 陈志德，王成，刘国友，等. 近地表 Q 值模型建立方法及其地震叠前补偿应用 [J]. 石油学报，2015，36（2）：188-196.